铁路职业教育铁道部规划教材

数字传输系统

卜爱琴　主　编

沈瑞琴　主　审

中国铁道出版社有限公司

2023年·北　京

内 容 简 介

本书为铁路职业教育铁道部规划教材。本书共分十章。主要介绍了SDH传输技术、传输系统、光接口、SDH网同步、SDH参数的测试、DWDM传输系统、基于SDH的多业务传送平台(MSTP)、光传送网OTN等内容。

本书可作为高等职业教育通信相关专业教材,也可作为成人教育以及现场工程技术人员的培训教材或参考资料。

图书在版编目(CIP)数据

数字传输系统/卜爱琴主编.—北京:中国铁道出版社,2011.8(2023.8重印)
铁路职业教育铁道部规划教材
ISBN 978-7-113-13267-5

Ⅰ.①数… Ⅱ.①卜… Ⅲ.①数字传输系统—高等职业教育—教材 Ⅳ.①TN919.3

中国版本图书馆CIP数据核字(2011)第150730号

书　　名:数字传输系统
作　　者:卜爱琴

策划编辑:武亚雯　朱敏洁
责任编辑:朱敏洁　　**电话:**(010)51873205　　**电子信箱:**312705696@qq.com
封面设计:崔丽芳
责任校对:孙　玫
责任印制:樊启鹏

出版发行:中国铁道出版社有限公司(100054,北京市西城区右安门西街8号)
网　　址:http://www.tdpress.com
印　　刷:北京铭成印刷有限公司
版　　次:2011年8月第1版　2023年8月第4次印刷
开　　本:787 mm×1 092 mm　1/16　**印张:**16　**字数:**400千
书　　号:ISBN 978-7-113-13267-5
定　　价:42.00元

本书由铁道部教材开发小组统一规划，为铁路职业教育铁道部规划教材。本书是根据铁道部高职教育铁道通信专业教学计划《数字传输系统》课程教学大纲编写的，由铁路职业教育铁道通信专业教学指导委员会组织，并经铁路职业教育铁道通信专业教材编审组审定。

本书系统地介绍了数字传输系统的基本知识。和其他同类教材相比，首次引入了OTN的基本概念，介绍了OTN设备在铁路通信中的应用。通过学习本书，读者能够全面系统地了解现代数字传输系统的特点、基本原理及最新技术的应用，为从事传输系统方面的工作奠定了良好的基础。

本书共分十章，内容安排如下。

第一章主要介绍了传输系统的概念、分类、光传输系统的组成和特点。

第二章介绍了SDH传输技术，包括SDH的帧结构、复用映射原理、SDH的开销。

第三章介绍了SDH的网元类型及功能、SDH的逻辑功能描述、SDH网络的拓扑结构、SDH的自愈保护、SDH传输系统的性能指标、SDH传输系统在高速铁路通信中的应用。

第四章介绍了光接口在传输系统中的位置、光接口的分类、应用代码及参数等。

第五章介绍了网同步的基本概念、SDH网同步的结构及SDH网元的定时方法等内容。

第六章主要介绍SDH设备的硬件结构、单板功能、网元配置、T2000网管、SDH设备的日常维护和故障处理等内容。

第七章介绍了SDH传输分析仪、误码测试仪、光功率计常用测试仪表的使用、SDH光接口参数、误码性能参数的测试。

第八章介绍了DWDM系统的组成、传输方式、关键技术、DWDM系统的网元类型与组网、以及320GDWDM设备等内容。

第九章介绍了基于SDH的多业务传送平台(MSTP)的基本概念、MSTP设备及应用。

第十章介绍了OTN光传送网基本概念、OTN的网络分层和帧结构、OTN的复用映射结构、OTN设备及应用。

本书由天津铁道职业技术学院卜爱琴主编，南京铁道职业技术学院沈瑞琴主审。第一章(第一至四节)、第二章、第三章(第一至五节、第七节)、第八章、第十章由卜爱琴编写，第一章(第五节)、第三章(第六节)、第九章(第三节)由北京铁路局李秀芳编写，第四章由天津铁道职业技术学院张彪编写，第五章由湖南交通工程职业技术学院段智文编写，第六章、第七章由天津铁道职业技术学院卢德俊编写，第九章(第一至二节、第四节)由南京铁道职业技术学院晏蓉编写。

本书在编写过程中得到了铁道部运输局闫永利、上海局电务处张炯韬、北京铁路通信中心蒋笑冰的支持与帮助，在此表示最诚挚的谢意！

由于编者水平有限，书中错误之处在所难免，敬请广大读者批评指正。

编　者

2011 年 6 月

目　录

第一章
概　述

传输系统作为通信网的一部分，主要承载话音业务、数据业务以及视频业务的传送任务。没有传输系统就构不成通信网，传输系统质量的好坏，是影响通信网质量的关键因素之一。本章我们将简要介绍传输系统的概念、分类；常用的传输技术；光纤传输系统的组成、特点；以及光纤传输系统在铁路通信中的应用等内容。

第一节　传输系统的基本概念

一、传输系统在通信网中的位置

1. 通信网的基本构成

通信是由一地向另一地传递消息的过程。实现通信的方式和手段有很多，如现代社会的电话、广播、电视和因特网等，这些都是消息传递的方式或信息交流的手段。为了实现任意两个用户之间的通信，必须建造一个信息传递网，来满足整个社会的通信需求，这个网络就是通信网。

通信网主要由终端设备、交换设备和传输系统三个基本要素构成。其基本组成如图 1-1 所示。

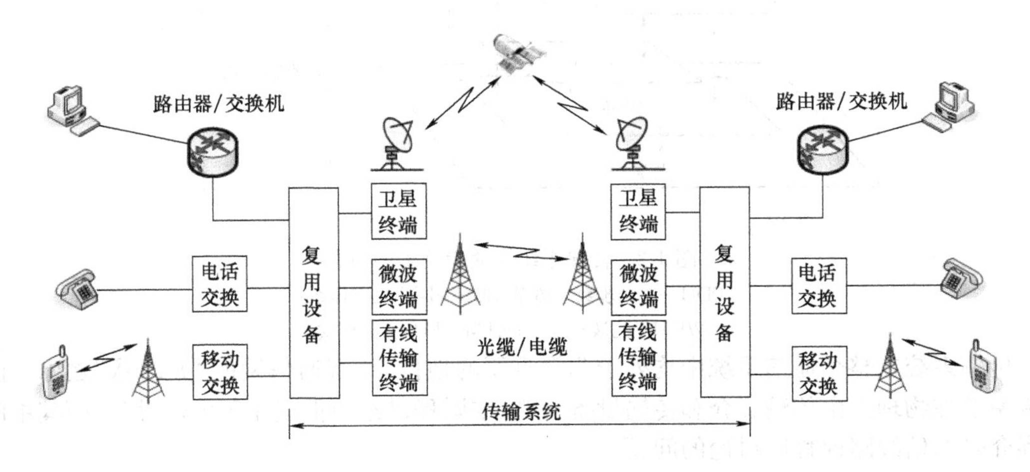

图 1-1　通信网的基本结构

图 1-1 中，终端设备是通信网中的源点和终点，其作用是将语音或数据信号转变成适合信道上传送的信号，或进行相反的变换。常见的终端设备有固定电话、移动电话和电脑终端等。

交换设备的作用是实现局内或局间用户信号的交换和连接。不同的业务，如话音、数据、图像通信等对交换设备的要求也不尽相同。常见的交换设备有电话交换机、分组交换机、

ATM 交换机、宽带交换机等。

传输系统的功能是完成信息的传送，如完成终端设备与交换设备之间、交换设备与交换设备之间的信息传送。传输系统将终端设备和交换设备连接起来，形成通信网络。

由图 1-1 可以看出，传输系统在整个通信网中有着举足轻重的地位，如果没有传输系统，就无法形成通信网络，也就无法实现各设备之间的信息传输。

需要注意的是，传输系统在物理上由传输媒介和传输设备构成。其中，传输媒介是传输信号的物理通路，它包括自由空间、电缆和光缆等。传输设备的主要作用是将待传输的信号转换成适合传输媒介传输的信号或进行相反的变换。当采用不同的传输介质时，传输设备的功能及类型也不同。当采用自由空间作为传输媒介时，如果占用的频率为微波的通信频段（4～11 GHz、13 GHz、15 GHz、18 GHz），此时的传输终端为微波传输设备，相应的传输系统称为微波传输系统；如果占用的频率为卫星通信频段，此时的传输设备为卫星传输设备，相应的传输系统称为卫星传输系统；当采用光纤作为传输介质，此时的传输设备为光传输设备，相应的传输系统称为光纤传输系统。

2. 传输系统在通信网中的位置

传输系统是传输信息的通道，也称为通信链路，它相对独立于各种业务网，是能满足各种业务和信号传输的统一平台，能够有效地支持现有各种业务、支撑网和未来的综合信息网。传输系统在通信网中的位置如图 1-2 所示，它在通信网中处于基础层，其主要作用是承载话音业务、数据业务以及视频业务的传送任务。常见的传输系统有微波传输系统、卫星传输系统、SDH 传输系统以及 WDM 传输系统等。

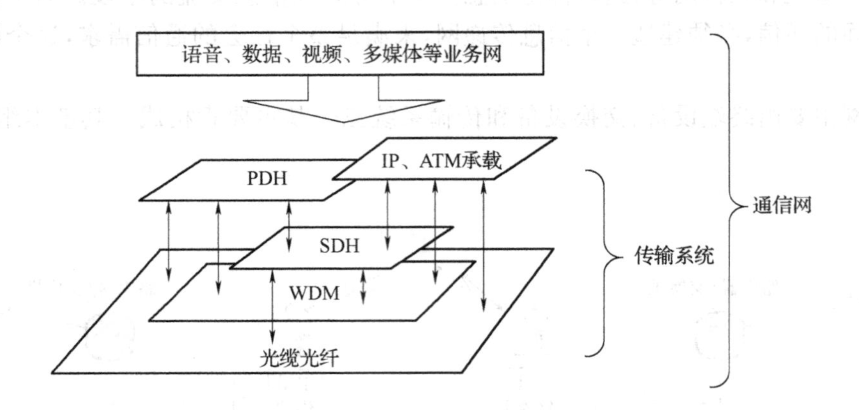

图 1-2　传输系统在通信网中的位置

PDH—准同步数字体系；SDH—同步数字体系；

WDM—光波分复用；ATM—异步传输模式

传输系统在整个通信系统中均处于非常重要的地位，故有通信网的“大动脉”之称。由于传输系统在物理上由传输媒介和传输设备构成，本课程讨论的重点在于传输设备，而其中的传输媒介是通信线路课程所讨论的问题。

二、传输系统的分类

1. 按照传输媒介

按照传输媒介不同，传输系统可分为有线传输系统和无线传输系统。

有线传输系统是以架空明线、对称电缆、同轴电缆、光纤为传输介质的传输系统。有线传输系统的传输质量比较稳定。由于光纤通信具有通信容量大、传输距离远、抗干扰能力强等优点，目前应用比较广泛的是光纤传输系统。

无线传输系统是以自由空间、电离层或对流层为媒介的传输系统，如微波传输系统、卫星传输系统等，无线传输系统的传输质量不稳定，易受干扰，必须采取抗衰落措施，但该系统具有无需敷放传输线路，成本低、建设工期短，调度灵活等优点。

2. 按照传输信号形式

按照传输信号形式不同，传输系统分为模拟传输系统和数字传输系统。

模拟传输系统中传输的是取值随时间连续变化的模拟信号。目前，电话机与交换机之间的用户线上是模拟传输。

数字传输系统中传输的是在时间上、幅度上取值离散的数字信号，交换机与交换机之间的中继线以及长途干线上都是数字传输。数字传输具有抗干扰能力强、无噪声积累、设备简单、易于集成化等优点，不仅适用于电报、数据等数字信号传输，也适用于数字话音信号以及其他数字化模拟信号的传输，从而为建立综合业务数字网提供条件。目前，数字传输网是三大电信基础网之一，在通信网中的地位至关重要。

3. 按照传输距离

按照传输距离不同，传输系统分为长途传输网、本地传输网和接入传输网，如图 1-3 所示。

长途传输网是连接长途业务节点之间的传输网络，可以细分为国际长途传输网、国内省际长途传输网和省内长途传输网。国际长途传输网是连接国际长途业务节点之间的传输网络；国内省际长途传输网是连接省(或直辖市)中心长途业务节点之间的传输网络；省内长途传输网是连接省(或直辖市)中心长途业务节点与地/市长途业务节点之间的传输网络。

本地传输网是地/市或城域范围内业务节点与长途业务节点以及各业务节点之间的传输网络。

接入传输网是业务接入节点与用户终端之间的传输系统组成的传输网络。

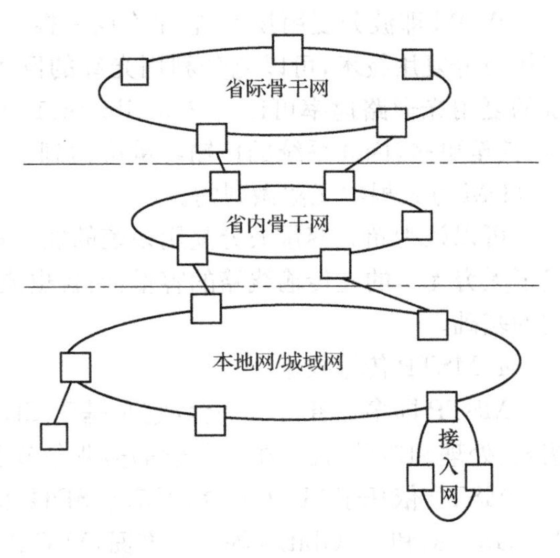

图 1-3　我国传输网分层示意图

目前我国已建成以光纤通信为主，微波、卫星通信为辅的传输网，除接入网尚保留有电缆传输系统外，省际、省内及本地网的建设已构成规模庞大的光传输网络。这个光传输网也是世界上最大的光纤传输网。到 2007 年年底，我国基础运营商建成光缆总长度达 573.7 万 km，所用光纤约 12 600 万 km，加上广电、电力、石油及其他专用线路，全国光缆总长度约 718.7 万 km，使用光纤约 15 500 万 km。

三、常用的传输技术

数字传输系统在不同时期采用的传输技术主要有 PDH、SDH、DWDM、MSTP 和 OTN 技术等，它们分别是传输设备发展的不同阶段。

1. PDH 传输技术

PDH 即准同步数字体系，是基于点对点的传输体制。目前 ITU-T 推荐应用的主要有两大系列的 PDH 数字体系，即 PCM24 路系列和 PCM30/32 路系列。北美和日本采用 1.544 Mbit/s作为基群的 PCM24 路数字系列；欧洲和我国则采用 2.048 Mbit/s 作为基群的 PCM30/32 路数字系列。

PDH 准同步是指参与复接的各低次群的标称速率相同，而实际速率允许有一定偏差的数字体系。这就决定了各支路不能直接进行复接，而是要先进行码速调整，使各支路信号保持同步后才能进行复接。这种机理决定了它有许多弱点，不能适应通信网的不断发展，这也决定了它必将被 SDH 所代替，但在现今的通信网中仍存在大量的 PDH 设备，承担着大量的通信业务，PDH 与 SDH 必然会并存很长一段时间。

2. SDH 传输技术

SDH 即同步数字体系，它是取代 PDH 的新数字传输体制，主要针对光纤传输。它把北美(日本)和欧洲(中国)的两种 PDH 体制融合在统一的标准——同步传递模块 STM-N(N=1，4，16，64)之中，第一次真正实现了数字传输体制上的世界性标准。

SDH 采用同步复用技术，可方便地插入和分出低速的支路信号，并具有全世界统一的网络节点接口、兼容而经济的传输设备基础、灵活的带宽分配、强有力的网络管理等，成为传输网的发展主流，为未来信息高速公路提供主要的物理平台。

3. WDM 传输技术

WDM 即波分复用技术，它是在同一根光纤上同时传输多个不同波长光信号的传输技术。采用波分复用技术，可以充分利用光纤的巨大带宽资源，实现超大容量传输。由于 WDM 系统的复用光通路速率可以为 2.5 Gbit/s、10 Gbit/s 等，而复用光信道的数量可以是 4、8、16、32，甚至更多，因此系统的传输容量可达到 300～400 Gbit/s。而这样巨大的传输容量是目前的 TDM 方式根本无法做到的。

可以认为超大容量波分复用系统的发展是光纤通信发展史上的又一里程碑，不仅彻底开发了无穷无尽的光传输线路的容量，而且也成为 IP 业务爆炸式发展的催化剂和下一代光传送网的基础。

4. MSTP 传输技术

MSTP 即多业务传输平台，它是基于 SDH 平台同时实现 TDM、ATM、以太网等业务的接入、处理和传送，提供统一网管的多业务节点。

MSTP 依托于 SDH 平台，可基于 SDH 多种线路速率实现，包括155 Mbit/s、622 Mbit/s、2.5 Gbit/s、和 10 Gbit/s 等。一方面，MSTP 保留了 SDH 固有的交叉能力和传统的 PDH 业务接口与低速 SDH 业务接口，继续满足 TDM 业务的需求；另一方面，MSTP 提供 ATM 处理、以太网透传、以太网二层交换、RPR 处理、MPLS 处理等功能来满足对数据业务的汇聚、整合的需求。

5. OTN 传输技术

OTN 即光传送网，是 ITU-T 所规范的新一代光传送体系。它是由一系列光网元经光纤链路互联而成，能提供光通道承载任何客户信号，并提供客户信号的传输、复用、路由、管理、监控和生存性功能的网络。

OTN 技术将 SDH 的可运营和可管理能力应用到 WDM 系统中，同时具备了 SDH 的安全与调度和 WDM 大容量远距离传送的优势，能最大程度地满足多业务、大颗粒、大容量的传送需求。

从电域看，OTN 保留了许多 SDH 的优点，如多业务适配、分级复用和疏导、管理监视、故障定位、保护倒换等。同时 OTN 又扩展了新的能力和领域，例如，提供大颗粒的 2.5 G、10 G、40 G业务的透明传送，支持带外 FEC 以及对多层、多域网络进行级联监视等。从光域看，OTN 允许在波长层面管理网络并支持光层提供的 OAM(运行、管理、维护)功能。OTN 是传送网络向全光网演化过程的一个过渡应用，是未来网络演进的理想基础。

第二节 光纤传输系统的基本组成

未来的传输系统仍然是以光纤通信为基础的传输网。而光纤通信是以光波作为载波、以光纤作为传输介质的通信方式。由于光纤通信具有传输频带宽、通信容量大、传输损耗小、中继距离长、抗干扰能力强、成本低等优点，在短短的三四十年中在世界范围内得到了广泛的应用，并成为通信网最主要的传输手段。其应用场合已逐步从长途干线、市话局间中继转入用户接入网。

本教材所讨论的传输系统主要是光纤传输系统，也称为光纤传输网。

一、光纤传输系统的发展概况

光纤传输技术是 20 世纪 60 年代发展起来的高新技术，它和计算机技术的高速发展彻底地改变了人类的生活方式。

1960 年，科学家梅曼(Maiman)发明了世界上第一台红宝石激光器，1962 年研制成功了半导体激光器，并于 1970 年实现了连续波工作，给光纤通信的实用化带来了极大希望。

1966 年，英国标准电信研究所的英籍华人高锟发表了首篇开创性和奠基性论文——光频率的介质纤维表面波导。他指出：如果能消除玻璃中的各种杂质，就有可能制成衰减为 20 dB/km的低损耗光纤。从而使光纤远距离传输光信号成为可能。

1970 年康宁公司首先制成了世界上第一根衰减为 20 dB/km 的低损耗石英光纤，同年，美国贝尔实验室首次研制出在室温下连续工作的双异质结注入式半导体激光器，为光纤通信的实用化拉开序幕。

随后，光纤的损耗不断降低，1973 年降至 4 dB/km，1974 年降到了 2 dB/km，1976 年又获得了 1.31 μm、1.55 μm 两个低损耗的长波长窗口，同年，美国首先在亚特兰大成功地进行了世界上第一个速率为 45 Mbit/s、传输距离为 10 km 的光纤传输系统的现场试验，使光纤通信向实用化迈出了第一步。1980 年 1.55 μm 窗口处的光纤损耗低至 0.2 dB/km，已接近理论值。与此同时，为促进光通信系统的实用化，人们又及时地开发出适用于长波长的光器件，即激光器、发光管、光检测器。应运而生的光纤成缆、光无源器件和性能测试及工程应用仪表等技术的日趋成熟，都为光纤光缆作为新的传输媒介奠定了良好的基础。

1980 年以后，光纤传输系统已在世界各发达国家大规模推广应用。自 1970 年至今仅仅 40 多年的时间，光纤传输技术突飞猛进发展，单根光纤的传输速率由当初的 45 Mbit/s 提高到目前的 1.6 Tbit/s。

我国自 20 世纪 70 年代初也开始了光纤传输技术的研究，1977 年武汉邮电科学研究院研制出了我国第一根损耗为 3 dB/km 的阶跃折射率分布多模光纤。1985 年建成了我国第一条采用直埋方式敷设的 G.652 单模光纤光缆，开通了速率为 140 Mbit/s 的 PDH 长途光纤数字传输系统。从 1986 年起，我国开始了大规模的光纤传输系统的建设。到 2000 年年底，在全国已完成约 8 万 km 的一级干线光缆的建设，形成了“八纵八横”的格状网络，基本上都采用了 2.5 Gbit/s、10 Gbit/s 高速率的 WDM 传输系统。

二、光纤传输系统的组成

光纤传输系统主要由光发射机、光纤、光中继器和光接收机组成，其基本组成如图 1-4 所示。

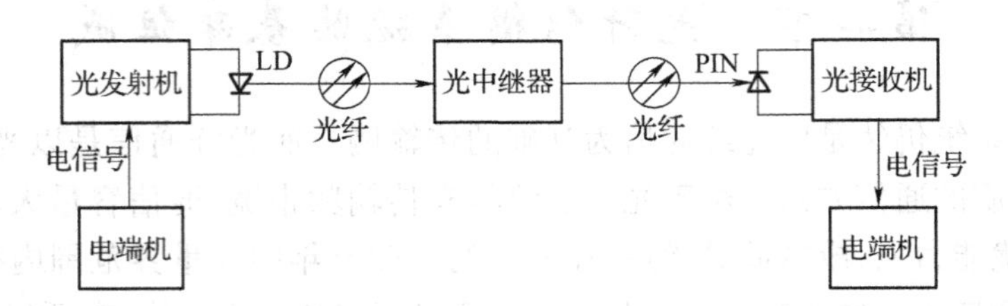

图 1-4　光纤传输系统的基本组成

1. 光发射机

光发射机的主要作用是将来自于电端机的电信号转变为光信号，并将光信号送入到光纤中传输。

光发射机的核心器件是光源，其性能好坏将对光纤通信系统产生很大的影响。目前，光纤通信系统常用的光源有半导体激光器(LD)和半导体发光二极管(LED)，半导体激光器(LD)性能较好，价格较贵；而半导体发光二极管(LED)性能稍差，但价格较低。

2. 光纤

光纤是光纤通信的传输介质，其作用是将光信号由发端传送到收端。光纤通信使用的光纤通常是由石英玻璃制成的石英系光纤。

3. 光接收机

光接收机的主要作用是将光纤传送过来的光信号转变为电信号，然后经进一步的处理再送到接收端的电端机去。

光接收机的核心器件是光电检测器，常用的光电检测器有 PIN 光电二极管和 APD 雪崩光电二极管，其中 APD 有放大作用，但其温度特性差，电路复杂。

4. 光中继器

光信号在光纤中传输一定距离后，由于受到光纤损耗和色散的影响，光信号的能量被衰减，波形也会产生失真，从而导致通信质量恶化。为此，在光信号传输一定距离后就要设置光中继器，其作用是对光信号进行放大，恢复失真的波形。目前使用的光中继器有两种：一种是光/电/光间接放大的光中继器；另一种是光/光直接放大的全光中继器。

第三节　光纤传输系统中的光纤光缆与光器件

在光纤传输系统中，除了要有完成光信号传输的光纤光缆外，还应有光源和光电检测器有源光器件，以及光纤活动连接器等无源光器件。

一、光纤与光缆

1. 光纤

光纤的主要作用是传输光信号。光纤通信使用的光纤通常是由石英玻璃制成的，由纤芯和包层组成，如图 1-5 所示。位于光纤中心部位的是纤芯，其直径一般为几微米至几十微米。包层位于纤芯的周围，包层的直径一般为 125 μm，为使光信号封闭在纤芯中传输，要求包层的折射率(n_2)略低于纤芯的折射率(n_1)，即 $n_1 > n_2$。

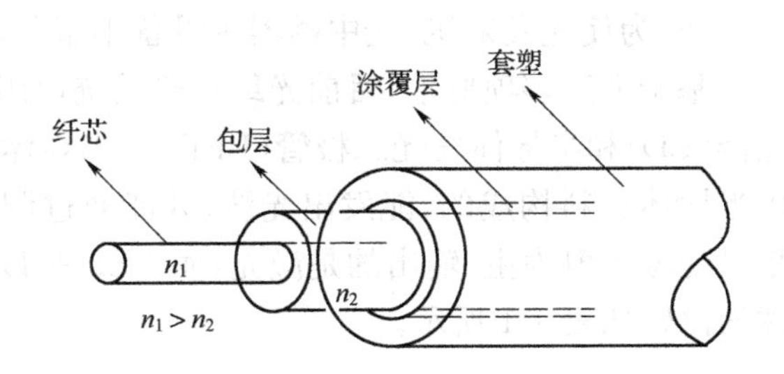

图 1-5　光纤结构示意图

光纤的两个主要传输特性是损耗和色散，它们分别决定光纤通信系统的传输距离和通信容量。

光纤的损耗与波长有着密切的关系，即光纤对于不同波长的光信号具有不同的损耗特性。因此在光纤传输系统中常选择低损耗波长的光波作为信息载体进行传输，这些低损耗波长点称为光波的低损耗窗口。光纤的三个低损耗窗口及相应的损耗值为：

短波长窗口 $\lambda = 0.85$ μm，损耗约为 2 dB/km；

短波长窗口 $\lambda = 1.31$ μm，损耗约为 0.5 dB/km；

短波长窗口 $\lambda = 1.55$ μm，损耗约为 0.2 dB/km。

光信号中的各频率(或波长)成分或各模式成分的传播速度不同，从而引起光信号的畸变和展宽的现象称为光纤的色散。色散的危害很大，尤其是对码速较高的数字传输有严重影响，它将引起脉冲展宽，从而产生码间干扰，为保证通信质量，必须增大码元间隔，即降低信号的传输速率，这就限制了系统的通信容量和通信距离。在光纤的损耗已大为降低的今天，色散对高速光纤通信系统的影响就显得更为突出。降低光纤的色散，对增加通信容量，延长通信距离，发展波分复用都是至关重要的。

2. 光缆

为了保护光纤，在光纤拉丝成形的同时就在裸光纤外加了一层涂覆层，根据需要有时还要另加套塑层。为了使光纤能适应各种敷设条件和环境，还必须把光纤和其他元件组合起来制成光缆才能在实际工程中使用。目前常用的光缆结构有层绞式光缆、骨架式光缆、中心束管式光缆和带状式光缆等四种。

二、光　　源

光源是光发射机的核心器件，其作用是把电信号转变成光信号。光源性能的好坏是保证光纤传输系统稳定可靠工作的关键。光纤传输系统对光源的基本要求有：

(1)发光波长必须和光纤的低损耗波长相一致，即波长在 0.85 μm、1.31 μm、1.55 μm附近。目前，光纤通信系统的第一窗口——0.85 μm 短波长窗口已基本不用了，1.31 μm 的第二窗口正在大量应用，并且光纤通信系统正在逐渐向 1.55μm 的第三窗口转移。

(2)输出光功率必须足够大，入纤功率为数十微瓦到数毫瓦才能达到一定的通信距离。

(3)可靠性要高，能够长时间连续工作，且其寿命应在 10^5 h 以上。否则会因频繁更换器件而降低系统的可靠性。

(4)谱线宽度应越窄越好，若其谱线过宽，会增大光纤色散，降低光纤的传输容量与传输距离，不利于高速信号的传输。对于长距离、大容量的光纤通信系统，其光源的谱线宽度应小于 2 nm。

(5)为使光发射机、光中继器等设备小型化,光源必须体积小、重量小。

基于上述多项要求,目前光纤传输系统使用的光源几乎都是半导体光源,它分为半导体激光器(LD)和半导体发光二极管(LED)。半导体激光器(LD)和半导体发光二极管(LED)均是用半导体材料构成的,能发出光波、并能通过调制技术携带数据信息,实现光传输。其中,LD是以受激辐射为主,输出的是激光,而LED是以自发辐射为主,输出的是荧光。这两种光源器件的比较如表1-1所示。

表1-1 LD与LED的比较

项目 \ 光源	LD	LED	项目 \ 光源	LD	LED
输出光功率	大	小	寿命	较短	较长
谱线宽度	窄	较宽	结构、工艺	复杂、有光学谐振腔	简单、无光学谐振腔
光束	激光	荧光	价格	贵	便宜
发散角	小	大	适用范围	长距离、大容量	短距离、小容量
温度特性	较差	好			

由表1-1可知,半导体激光器具有输出功率大、发射方向集中、单色性好等优点,主要适用于长距离、大容量的光纤传输系统。与LD相比,LED输出光功率较小,谱线宽度较宽,调制频率较低。但由于LED性能稳定,寿命长,使用简单,输出光功率线性范围宽,而且制造工艺简单,价格低廉。因此,LED在短距离、小容量的光纤传输系统中得到广泛应用。

三、光电检测器

光电检测器是光接收机的第一个部件,其作用是把接收到的光信号转换成电信号。光电检测器是光接收机中极为关键的部件,它的好坏直接决定了系统性能的优劣。

由于光信号经过光纤长距离传输后到达光电检测器时一般都很微弱,而且有失真,因此对光电检测器的性能要求非常高,具体要求是:响应度足够高,即对一定的入射光功率,能够输出尽可能大的光电流;响应速度足够快,能够适用于高速或宽带系统;噪声尽可能小,以降低器件本身对信号的影响;体积小、重量轻、寿命长。

基于上述多项要求,目前光纤传输系统使用的光电检测器几乎都是半导体光电检测器,它分为PIN光电二极管和APD雪崩光电二极管,其中APD具有放大作用。

四、无源光器件

在光纤传输系统的实际应用中还包括大量不可缺少的无源光器件。常用的无源光器件有光纤连接器、光衰减器、光耦合器、波分复用器、光隔离器和光开关等。

1. 光纤连接器

光纤连接器又称光纤活动连接器,俗称活动接头。它是实现光纤活动连接的无源器件,常用于光纤与设备(如光端机)之间、光纤与测试仪表(如OTDR)之间、光纤与其他无源器件之间的活动连接。

光纤连接器的品种、型号很多,其中在我国用得较多的是FC型、SC型、ST型和LC连接器,如表1-2所示。

表 1-2 常用光纤连接器列表

连接器型号	描 述	外形图	连接器型号	描 述	外形图
FC/PC	金属圆形光纤接头，微凸球面研磨抛光	FC/PC	ST/PC	金属卡接式圆形光纤接头，微凸球面研磨抛光	ST/PC
SC/PC	塑料方形光纤接头，微凸球面研磨抛光	SC/PC	LC/PC	塑料卡接式方形光纤接头，微凸球面研磨抛光	LC/PC

2. 光耦合器

光耦合器把光信号在光路上由一路输入分配给两路或多路输出，或者把多路光信号（如 *N* 路）输入组合成一路输出或组合成多路（如 *M* 路）输出的无源器件。光耦合器在光纤传输系统中的使用量仅次于光纤连接器。

常见的光耦合器有 T 型耦合器、星型耦合器以及树型耦合器等，图 1-6 所示为 FC、SC 型的 T 型耦合器。

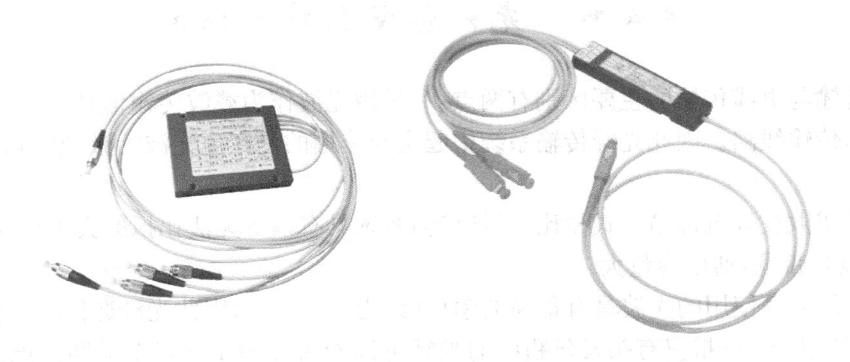

图 1-6 T 型光耦合器

3. 光衰减器

光衰减器是一种对光功率进行预定量衰减的无源光器件，主要用于调整光纤线路衰减，光纤传输系统指标的测量等。

光衰减器根据衰减量是否变化，分为固定衰减器和可变衰减器。固定衰减器对光功率衰减量固定不变，主要用于调整光纤传输线路的光损耗。可变衰减器的衰减量可在一定范围内变化，可用于测量光接收机的灵敏度和动态范围，图 1-7 所示为两种不同类型的光可变衰减器。

4. 光隔离器

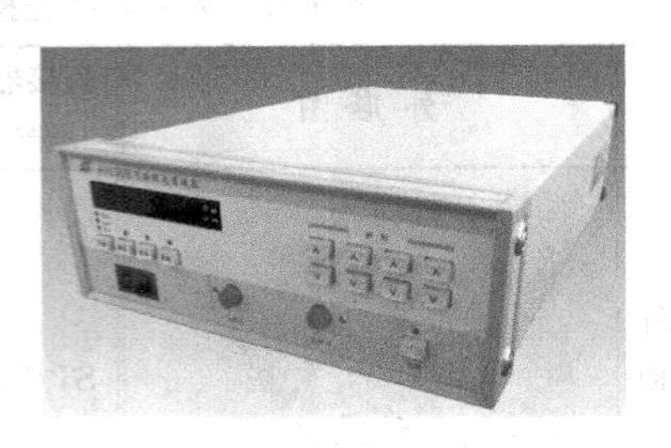

图 1-7　光可变衰减器

光隔离器是只允许正向光信号通过,阻止反射光返回的器件。在光纤传输系统中,某些光器件,特别是激光器和光放大器,对线路中由于各种原因而产生的反射光非常敏感。因此,通常要在最靠近这些光器件的输出端放置光隔离器,以消除反射光的影响,使系统工作稳定。

对光隔离器的主要要求是具有低的插入损耗(对正向入射光)和高的隔离度(对反向反射光)。

5. 波分复用/解复用器

波分复用/解复用器是对光波进行复合与分离的无源器件,其中波分复用器可以把多个不同波长的光信号复合后输入到一根光纤中传输,而波分解复用器可将多个不同波长的光信号分离出来,分别按波长传输到对应的输出端口,即进行解复用。

6. 光开关

光开关也是光纤传输系统中重要的无源器件,光开关的作用是对光路进行控制,将光信号接通或断开。光开关按其端口配置,可分为多路光开关($1\times N$)和矩阵光开关($N\times N$),一般由单个的 1×2 或 2×2 光开关级联而成,用于备用线路、测试系统和全光网络等。

第四节　光纤传输系统的特点

光缆传输与电缆传输的主要区别有两点:一是用光波作为载波传输信号,二是用光纤构成的光缆作为传输线路。因此光纤传输系统中起主导作用的是产生光波的激光器和传输光波的光纤。

与电缆或微波等电传输方式相比,光纤传输系统具有以下无法比拟的突出特点。

1. 传输频带宽,通信容量大

由于光纤通信使用的光波具有很高的频率(约为 10^{14} Hz),因此光纤通信具有很大的通信容量。从理论上讲,一根仅有头发丝粗细的光纤可以同时传输 100 亿个话路。虽然目前远未达到如此高的传输容量,但用一根光纤同时传输 50 万个话路(40 Gbit/s)的试验已经取得成功,它比传统的同轴电缆、微波等要高出几千乃至几十万倍以上。一根光纤的传输容量如此巨大,而一根光缆中可以包括几十根直至上千根光纤,如果再加上波分复用技术把一根光纤当作几十根、几百根光纤使用,其通信容量之大就更加惊人了。

2. 中继距离长

由于光纤的衰减很小,所以能够实现很长的中继距离。目前石英光纤在 1.31 μm 处的衰减可低于 0.35 dB/km,在 1.55 μm 处的衰减可低于 0.2 dB/km,这比目前其他通信线路的衰减都要低,因此光纤传输系统的中继距离也较其他通信线路构成的系统长得多,如表 1-3 所示。

表1-3 各种传输线路的中继距离

传输线路类型	最大通信容量(路)	中继距离(km)
大同轴电缆	10 800	1.5
小同轴电缆	3 600	2.1
微波线路	3 600	40
140 Mbit/s 光纤通信系统	1 920	100
2.5 Gbit/s 光纤通信系统	30 240	50～60

3. 抗电磁干扰

我们知道,电缆是导电介质,所以在电缆内部,相邻芯线之间电磁场的互相耦合使之可能产生严重的串话,不管采取多么复杂的绞纽措施也不能完全消除。电缆的外部感应就更为严重,自然界的雷电、高压输电线,甚至无线电广播的电磁场都可能对电缆中的信号产生明显的影响。为了消除外部的电磁干扰,金属电缆常配有笨重而昂贵的金属屏蔽层。

光纤是石英玻璃丝,是一种非导电介质,交变电磁波不会在其中产生感生电动势,即光纤不会受到电磁干扰。因而光纤传输系统的抗电磁干扰能力强,特别适合在电力、电气化铁路等部门使用。

4. 保密性能好,无串话

对通信系统的重要要求之一是保密性好。然而,随着科学技术的发展,电通信方式很容易被人窃听。光纤通信与电通信不同,由于光纤的特殊设计,光纤中的光波被限制在光纤的纤芯中传送,很少会跑出光纤之外的。即使在弯曲半径很小的位置,泄漏光功率也是十分微弱的。所以光纤的保密性能好,无串话。

5. 原材料资源丰富,节省有色金属

制造电缆使用铜材料,而地球上的铜资源非常有限。制造光纤最基本的原材料是二氧化硅(SiO_2),而二氧化硅在地球上的储藏量极为丰富,因此其潜在价格是十分低廉的。使用光纤取代电缆可以节约大量的金属材料(特别是铜)。

6. 体积小、重量轻、便于敷设和运输

光纤的芯径很细,多模光纤的芯径为50 μm左右,和人的头发丝差不多;单模光纤的芯径在10 μm左右,纤芯加上包层后直径一般为125 μm,只有对称电缆的1/3～1/4,同轴电缆的1/100。成缆后,8芯光缆的横截面直径约为10 mm,而标准同轴电缆的横截面直径为47 mm。目前,利用光纤通信的这个特点,在市话中继线路中成功解决了地下管道的拥挤问题,节省了地下管道的建设投资。光缆不仅直径细,而且其重量也比电缆小得多。例如,18管同轴电缆每米的质量为11 kg,而同等容量的光缆仅为90 g,重量轻使得运输和敷设都比较方便。

光纤传输系统虽具有上述的许多优点,但它也有抗拉强度低、光纤连接困难、在分路耦合不方便、弯曲半径不能太小等缺点。但应当指出,随着研究的深入和技术的发展,光纤传输系统的这些缺点都已被克服了,已经不再影响光纤传输系统的推广和应用。在此介绍这些缺点的目的,是要求我们在实际应用时尽量避免这些问题的发生。

第五节 光纤传输系统在铁路通信中的应用

传输系统作为铁路通信系统的大动脉,承载着所有系统的信息传输,随着近几年铁路信息化、客运专线建设的加快，其承载的语音、数据、图像、视频等信息更加丰富，可靠性要求也会更高。目前铁路传输系统承载了应急救援子系统、GSM-R 移动通信系统、动力环境监控系统、视频监控系统、数据网系统、电话交换(ONU/OLT)子系统、调度通信系统(FAS 固定接入系统)等业务。

随着铁路运输生产发展的需要，传输系统不仅容量在增大，而且经历了架空明线、对称电缆和小同轴综合电缆、光纤等传输介质的不断更新，传输技术及网络布局也不断优化。在 20 世纪 80 年代中期以前，传输的信息仍以话音为主，传输介质多为架空明线或电缆线路，主要为长途电话、区段电话、普通电报、确报提供传输通道。进入 20 世纪 80 年代中期以后，铁路多种数据业务以及图文业务、可视会议电话、事故求援等图像业务相继投入使用，要求传输系统能为它们提供更安全、可靠的通道。采用光缆线路提供专用数字通道组成独立完整的铁路传输网络成为必然。1988 年，我国铁路第一条全数字化的长途干线光纤传输系统——大秦线开通，从此，铁路通信网迈入数字传输时代。在这之后短短的几年里，我国又相继开通了北京—郑州、郑州—武汉、济南—青岛等多条铁路光纤传输系统。这些系统采用 PDH 传输技术，干线速率多为 140 Mbit/s。

进入 20 世纪 90 年代，我国铁路传输系统开始采用 SDH(同步数字体系)传输技术，并先后建立了以京—九(北京至香港九龙)铁路传输系统为代表的多个 SDH 光纤传输系统。SDH 光纤传输系统的传送能力包括 STM-1、STM-4、STM-16、STM-64 等。其中 STM-16、STM-64 主要应用于骨干层和汇聚传输层，用于承载铁道部到铁路局和铁路局之间的通信信息，以及铁路局内较大通信站点之间的通信信息。STM-1、STM-4 主要应用于铁路接入层以及铁路本地网络业务需求量较少的节点的接入，主要承载各铁路车站以及区间等站点的通信信息。多业务传送平台(MSTP)是 SDH 在多业务接入应用方面的发展。MSTP 对所支持的以太网、ATM 等多种业务经过处理后，按一定的格式(或协议)封装在一个或多个 SDH VC 中进行传输。目前高速铁路已经大规模应用，主要承载了电力远动系统、视频系统、数据网系统以及防灾系统等网络通道。

到了 2000 年，WDM 技术开始在我国铁路传输网中大规模应用。铁路波分复用传输系统(DWDM)主要采用 40 波或 32 波，速率为 10 Gbit/s 和 2.5 Gbit/s，目前已形成东北环、西南环、京沪穗环、东南环和西北环铁路五大光缆环网组成的高速骨干光传输网。其最高传输速率达 400 Gbit/s，覆盖全国 31 个省市、自治区的绝大部分城市，总长 10 万 km。现已形成一个大容量、高速率、全国统一的数字化铁路传输网络。

1. 传输系统作为通信网的一部分，主要承载话音业务、数据业务以及视频业务的传送任务。没有传输系统就构不成通信网，传输系统质量的好坏，是影响通信网质量的关键因素之一。

2. 传输系统按照传输媒介不同，可分为有线传输系统和无线传输系统；按照传输信号形式不同，传输系统分为模拟传输系统和数字传输系统；按照传输距离不同，传输系统分为长途传输网、本地传输网和接入传输网。

3. 常见的传输系统有微波传输系统、卫星传输系统、SDH 传输系统以及 WDM 传输系统等。目前我国已建成以光纤通信为主,微波、卫星通信为辅的传输网,除接入网尚保留有电缆传输系统外,省际、省内及本地网的建设已构成规模庞大的光传输网络。

4. 光纤传输系统主要由光发射机、光纤、光中继器和光接收机组成。由于光纤通信具有传输频带宽、通信容量大、传输损耗小、中继距离长、抗干扰能力强、成本低等优点,未来的传输系统仍然是以光纤通信为基础的传输网。光纤传输网在不同时期采用的传输技术主要有PDH、SDH、WDM、MSTP、OTN技术等,他们分别是传输设备发展的不同阶段。

1. 说明传输系统的组成和作用,常用的传输系统有哪些?
2. 常用的传输技术有哪些?
3. 传输系统是如何分类的?
4. 什么是光纤传输系统?它由哪些部分组成?各部分的作用是什么?
5. 光纤传输系统中常用的有源、无源光器件有哪些?其主要作用是什么?
6. 简述光纤传输系统的主要特点。
7. 了解光纤传输系统在铁路通信中的应用。

第二章

SDH 传输技术

在数字传输系统中，有两种数字传输体系，一种叫“准同步数字体系”（Plesynchronous Digital Hierarchy），简称 PDH；另一种叫“同步数字体系”（Synchronous Digital Hierarchy），简称 SDH。本章在介绍 PDH 传输技术的基础之上，重点学习 SDH 传输技术。

第一节　PDH 传输技术

一、PDH 技术概述

PDH 即准同步数字体系。目前 ITU-T 推荐应用的主要有两大系列的 PDH 数字体系，即 PCM24 路系列和 PCM30/32 路系列。PDH 体系的复接过程如图 2-1 所示。图中上半部分为北美和日本采用 1.544 Mbit/s 作为基群的 PCM24 路系列，下半部则为欧洲和我国采用 2.048 Mbit/s 作为基群的 PCM30/32 路系列。表 2-1 示出不同地区 PDH 数字体系的速率等级和通信容量。

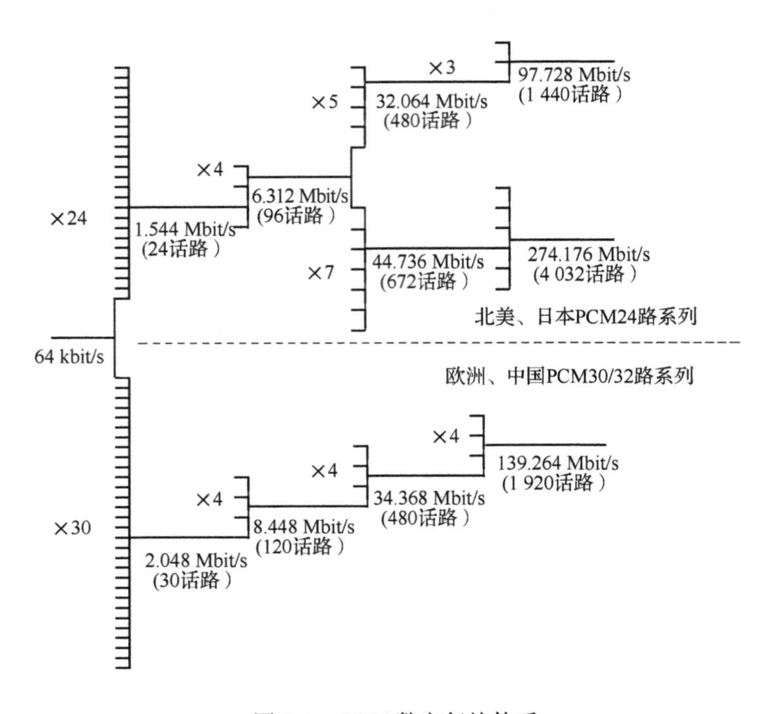

图 2-1　PDH 数字复接体系

表 2-1　不同地区 PDH 速率等级标准

地区＼群次	一次群	二次群	三次群	四次群
北美	24 路 1.544 Mbit/s	96 路(24×4) 6.312 Mbit/s	672 路(96×6) 44.736 Mbit/s	4 032 路(672×6) 274.176 Mbit/s
日本	24 路 1.544 Mbit/s	96 路(24×4) 6.312 Mbit/s	480 路(96×5) 32.064 Mbit/s	1 440 路(480×3) 97.782 Mbit/s
欧洲、中国	30 路 2.048 Mbit/s	120 路(30×4) 8.448 Mbit/s	480 路(120×4) 34.368 Mbit/s	1 920 路(480×4) 139.264 Mbit/s

在 PDH 系统中，只有 PCM 基群的复接是同步复用，实现起来相对简单些。但对于二次群及以上的高次群复用，属于准同步复用，即复用在一起的各支路信号，其标称速率虽然相同，但各支路信号时钟不是来自同一个时钟源，存在一定的容差。这种速率不同的低速支路信号若直接复用成高次群信号，将会产生码元的重叠错位，使接收端无法正常分接、恢复原低速的支路信号。因此，在复接前必须将速率不同的各低次群的码速都调整到统一的规定值后才能复接。

二、PDH 光传输系统的组成

采用光纤作为传输媒介、PDH 数字系列作为系统速率的传输系统称为 PDH 光传输系统。PDH 光传输系统的组成如图 2-2 所示，它主要由数字复接设备、光线路终端设备、光中继器和光纤光缆等部分组成。

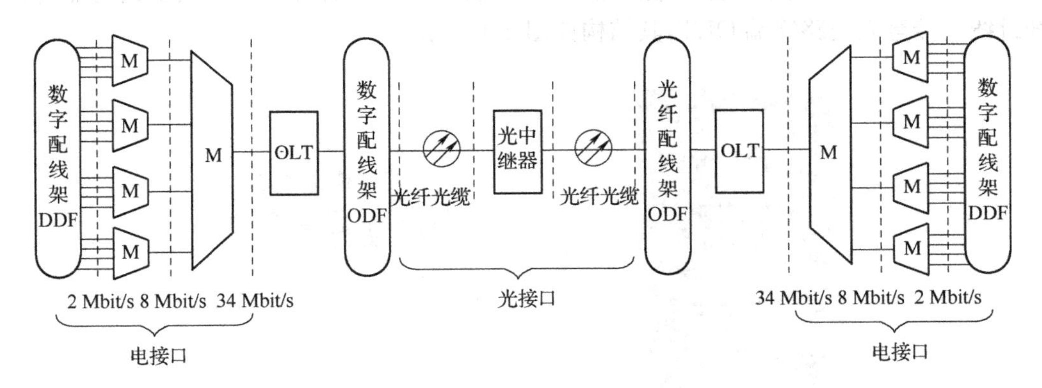

图 2-2　PDH 光纤传输系统

M—PDH 数字复接设备；OLT—光线路终端

1. PDH 数字复接设备

PDH 数字复接设备的作用是在发送端把多路低速信号复接成一路高速信号；在接收端把一路高速信号分接成多路低速信号。PDH 数字复接设备包括二次群复接设备、三次群复接设备、四次群复接设备等。

2. 光线路终端设备(OLT)

光线路终端设备的作用是将复接形成的 PDH 电信号转换成光信号，并将光信号耦合到光纤中传输。收端则进行相反的变换，即将接收到的光信号转变为电信号。

3. 光中继器

光中继器的作用是对光信号进行放大、判决再生，以延长传输距离。

4. 光纤光缆

光纤光缆的作用是将光信号由发端传送到收端。

5. 数字配线架(DDF)

DDF 架是数字复接设备之间与传输设备之间的接口设备,完成线路配线、转接、调度和测试任务,其结构如图 2-3 所示。

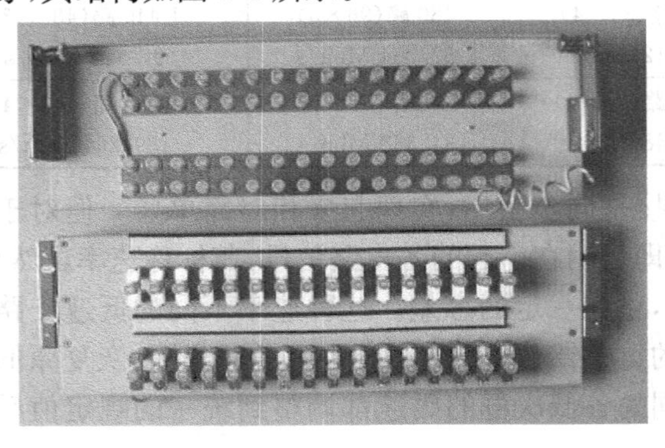
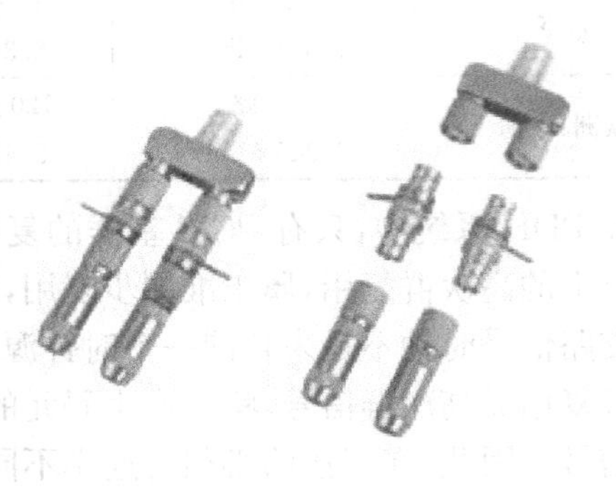

图 2-3 DDF 架的结构

图 2-3 中,DDF 架的后侧一般为固定配线、固定调线和固定转接,而其前侧则用连接插头或塞绳以完成临时调线或临时转接功能。

6. 光纤配线架(ODF)

ODF 架作为进局光缆与室内光传输设备的接口设备,它将局内光缆线路的光纤与带连接器的尾巴光纤,在单元盒集纤盘内做固定连接(熔接),该尾纤的另一端连接至适配器,再通过光纤跳线连接至光线路终端 OLT,其结构如图 2-4 所示。

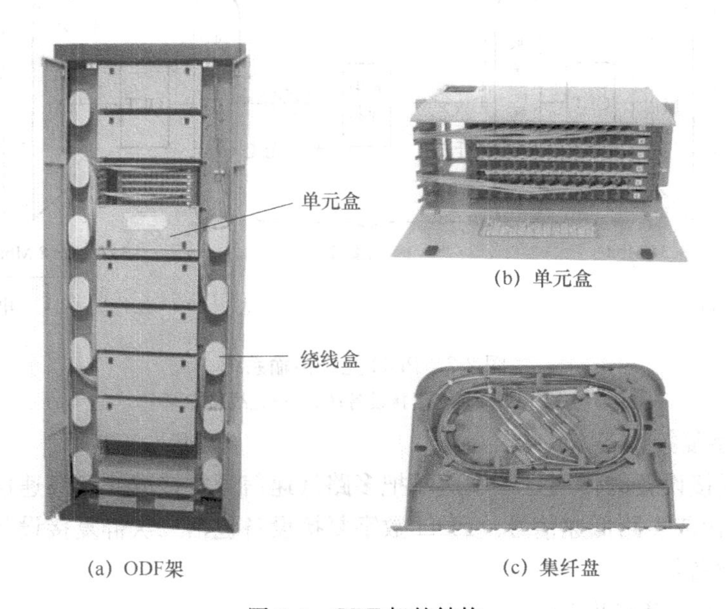

(a) ODF架　(b) 单元盒　(c) 集纤盘

图 2-4 ODF 架的结构

三、光发射机

发端的光线路终端设备也称光发射机,其作用是将 PDH 数字电信号变换为光信号,并耦合进光纤线路中进行传输。

1. 光发射机的组成和作用

光发射机主要由信道编码电路、光源驱动电路、控制电路组成，其结构如图 2-5 所示。下面分别介绍各部分的主要功能。

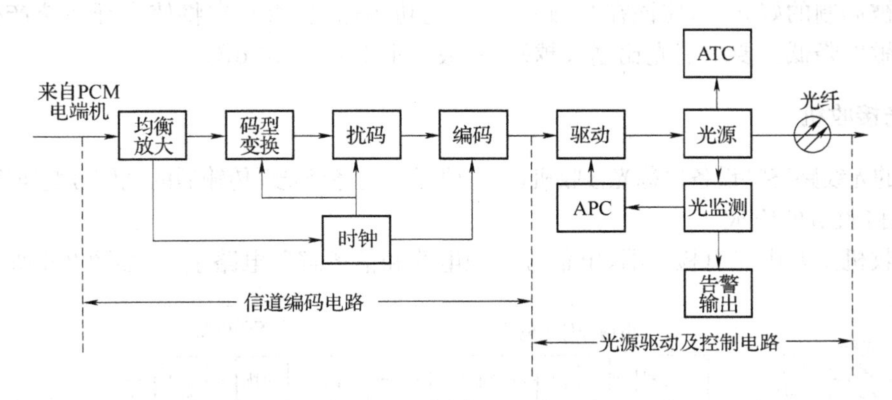

图 2-5 光发射机的基本组成

(1)信道编码电路

信道编码电路一般由均衡放大、码型变换、扰码与编码电路组成，其作用是将来自 PCM 电端机的双极性数字电信号变换为单极性信号，产生便于在光纤中传输的光脉冲所要求的码型。

(2)光源驱动电路

光源驱动电路是光发射机的核心。它用经过信道编码后的数字信号对光源进行调制，让光源发出的光信号强度随电信号码流而变化，形成相应的光脉冲送入光纤，完成电/光变换任务。

光源是光源驱动电路的核心器件，常用的光源有半导体激光器(LD)和半导体发光二极管(LED)。

(3)APC 和 ATC 控制电路

对于 LD 构成的光源，当温度升高时，LD 的输出光功率会下降。为了稳定输出光功率，必须采用自动功率控制电路(APC)和自动温度控制电路(ATC)。

当温度变化不太大时，通过 APC 电路即可以对光功率进行调节，但如果温度升高较多时，会导致 LD 的结温更高，以至烧坏。因此，一般还需要加 ATC 电路，使 LD 的温度恒定在20 ℃左右。

2. 光发射机的主要指标

光发射机的指标很多，我们仅从应用的角度介绍其主要指标。

(1)平均发送光功率及其稳定度

光发射机的平均发送光功率是指在正常条件下光源尾纤输出的平均光功率。平均发送光功率越大，通信的距离就越长，但光功率太大也会使系统工作在非线性状态，对通信将产生不良影响。因此，要求光源应有合适的光功率输出，一般为 0.01～5 mW。

平均发送光功率稳定度是指在环境温度变化或器件老化过程中平均发送光功率的相对变化量。一般地，要求平均发送光功率的相对变化量小于 5%。

(2)消光比

消光比的定义为全“1”码平均发送光功率与全“0”码平均发送光功率之比。通常用符号

EXT 表示，即

$$\text{EXT}=10\lg\frac{\text{“1”码时的平均光功率}}{\text{“0”码时的平均光功率}}\quad(\text{dB})\tag{2-1}$$

一个被调制的好光源，应该在“0”码时没有光功率输出，否则它将使光纤系统产生噪声使接收机灵敏度降低。要求消光比越大越好，一般要求 EXT≥10 dB。

四、光接收机

收端的光线路终端设备也称光接收机，其主要任务是将经光纤传输后的光信号变换为电信号。

1. 光接收机的组成

光接收机主要由光电检测器、电信号处理电路和信道解码电路组成，如图 2-6 所示。

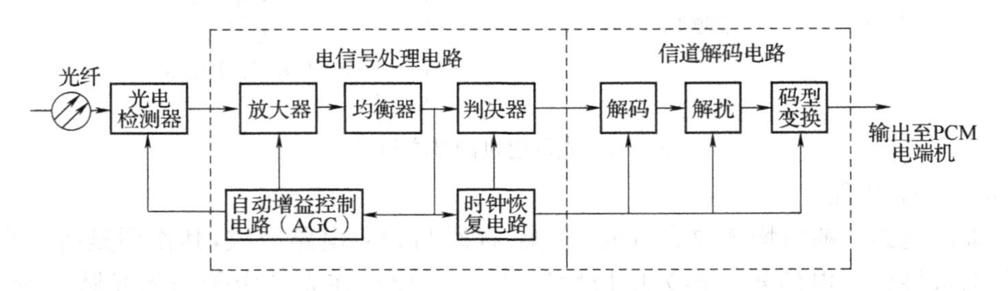

图 2-6 光接收机方框图

(1)光电检测器

光电检测器是光接收机的主要部件，其作用是利用光电二极管将光发射机经光纤传输过来的光信号变换为电信号送入放大器。目前在光纤通信中主要采用 PIN 光电二极管或 APD 雪崩光电二极管。

(2)电信号处理电路

电信号处理电路由放大器、均衡器、自动增益控制电路(AGC)、时钟恢复电路和判决器组成，主要完成电信号的放大与补偿、定时再生。

(3)信道解码电路

信道解码电路的作用是将光纤传输的单极性码型恢复成双极性的适于在 PCM 系统中传输的 HDB_3 或 CMI 码，即原信号码型。信道解码电路包括解码、解扰和码型变换电路。

2. 光接收机的主要指标

光接收机主要指标有光接收机的灵敏度和动态范围。

(1)光接收机的灵敏度

灵敏度是光接收机最重要的性能指标。灵敏度的概念是和误码率联系在一起的，在数字光纤通信系统中，接收的光信号经光电检测、放大、均衡后进行判决再生。由于光接收电路中噪声的存在，接收信号就有被误判的可能。接收码元被错误判决的概率，称为误码率。实际测量中常用下式计算

$$\text{误码率}=\frac{\text{错误码元数}}{\text{传输总码数}}\tag{2-2}$$

显然误码率越大，说明发生误码的机会越多，信号失真程度也越大。一旦误码率超过一定值，通信将不能正常进行，因此系统对误码率有一个指标要求，并随系统的码速、系统的全程结构而略有差别。一般数字通信系统的误码率要求为 10^{-9} 以上，误码率为 10^{-5} 或 10^{-6} 时通信质量即受到较严重的影响，超过 10^{-3} 时通信会中断。

光接收机的灵敏度是指在系统满足给定误码率指标的条件下，光接收机所需接收的最小平均光功率 P_{min}(mW)。工程中常用分贝毫瓦(dBm)来表示，即

$$S_R = 10\lg \frac{P_{min}}{1\ \mathrm{mW}} \quad (\mathrm{dBm}) \tag{2-3}$$

如果一部光接收机在到达给定的误码率指标的条件下，所需接收的平均光功率越低，光接收机的灵敏度就越高，其性能也越好。因此，灵敏度是反映光接收机接收微弱信号能力的一个参数。影响光接收机灵敏度的主要因素是噪声，它包括光电检测器的噪声、放大器的噪声等。

(2)动态范围

对于一个标准化设计的光接收机，当它应用在不同的系统中时，接收到的光信号的强弱是不一样的(这是由于距离远近不同、衰减变化、光源功率变化等引起)。光接收机的动态范围是指在达到系统给定误码率指标的条件下，光接收机的最大平均接收光功率 P_{min} 和最小平均接收光功率 P_{min} 的电平之差，即

$$D = 10\lg \frac{P_{max}}{P_{min}} \quad (\mathrm{dB}) \tag{2-4}$$

之所以要求光接收机有一个动态范围，是因为光接收机的输入光信号不是固定不变的，为了保证系统正常工作，光接收机必须具备适应输入信号在一定范围内变化的能力。低于这个动态范围的下限(即灵敏度)，如前所述将产生过大的误码；高于这个动态范围的上限，在判决时亦将造成过大的误码。显然一部好的光接收机应有较宽的动态范围，动态范围表示了光接收机对输入信号的适应能力，其数值越大越好。

第二节　SDH 的提出和基本特点

在通信网向大容量、标准化发展的今天，PDH 传输体制已经愈来愈成为现代通信网的瓶颈，制约了传输网向更高的速率发展。PDH 传输体制的缺点主要表现在以下几个方面：

(1)PDH 存在欧洲、北美(日本)两种制式，三种地区性标准，没有统一的世界标准，造成国际间互通、互连困难。

(2)PDH 只有标准的电接口，没有标准的光接口规范，无法实现横向兼容。不同厂商的产品不能在光接口上互联互通。

(3)PDH 只有基群信号采用同步复用，其高次群信号均采用准同步复接，因而上下电路困难。

(4)PDH 中用于网络运行、管理、维护的比特很少，维护管理比较困难。

(5)网络拓扑缺乏灵活性。

为了克服 PDH 的上述缺点，必须从技术体制上对传输系统进行根本的改革，找到一种有机地结合高速大容量光纤传输技术和智能网络技术的新体制，这就产生了美国提出的光同步传输网(SONET)。这一概念最初由贝尔通信研究所提出，1988 年被 ITU-T 接受并加以完善，重新命名为同步数字体系 SDH，使之成为不仅适用于光纤，也适用于微波和卫星传输的通用技术体制，SDH 传输体制的采用将使通信网的发展进入一个崭新的阶段。

一、SDH 的概念

1. SDH 的基本概念

SDH 是由一些基本网络单元组成，在光纤上可以进行同步信息传输、复用、分插和交叉连

接的传送网络。SDH 网中不含交换设备，它只是交换局之间的传输手段。其关键是：

(1)它有一套标准化的信息结构等级，称为同步传递模块(STM-1、STM-4、STM-16、STM-64)。

(2)它有全世界统一的网络节点接口 NNI，从而简化了信号的互通以及信号的传输、复用、交叉连接和交换过程。

(3)它有一套特殊的复用结构，允许现存 PDH 准同步数字体系、SDH 同步数字体系、和 B-ISDN 信号都能进入其帧结构，因而具有广泛的适应性。

(4)它的基本网络单元有终端复用器(TM)、分插复用器(ADM)、再生中继器(REG)和数字交叉连接设备(DXC)等，其功能虽然各异，但都有统一的标准光接口，能够在光路上实现横向兼容。

(5)它大量采用软件进行网络配置和控制，适于将来的不断发展。

2. SDH 基本网络单元简介

与 PDH 不同的是：SDH 设备是高度功能综合的设备，它将数字复用设备和光线路终端设备融为一体，将复用、交叉、光电转换融为一体，在标准中淡化了设备的类型，统称为 SDH 网元。

本书以后章节将详细介绍 SDH 的基本网络单元。为了方便大家学习，下面以 STM-1 为例，简单介绍 SDH 常用网元 TM、ADM、REG 的功能。

(1)终端复用器 TM

终端复用器 TM 的功能是将支路端口的低速信号复用到线路端口的高速信号 STM-1 中，或从 STM-1 信号中分出低速支路信号。其功能框图如图 2-7 所示。

(2)分插复用器 ADM

分插复用器是 SDH 最重要的一种网元，其功能是将低速支路信号交叉复用进线路信号上去，或从接收的线路信号中拆分出低速支路信号。其功能框图如图 2-8 所示。

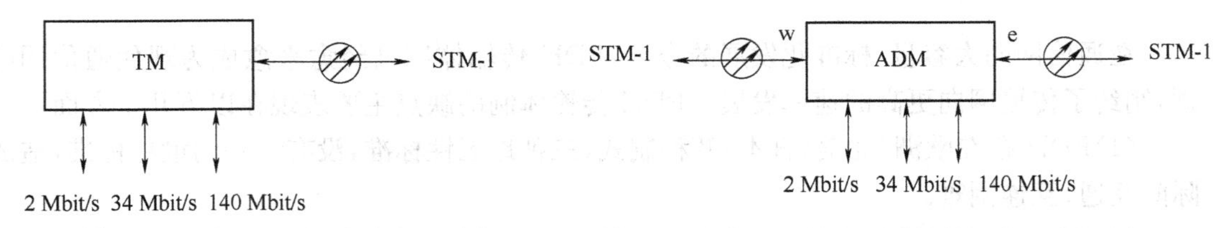

图 2-7 终端复用器功能框图

图 2-8 分插复用器功能框图

(3)再生中继器 REG

REG 的作用是将幅度受到较大衰减、波形产生畸变的光信号转换成电信号，并对电信号进行放大、判决、再生后，再转换成光信号送入光纤继续传输，以延长传输距离。

上述几种基本网络单元在 SDH 网中的应用形式有多种多样，诸如点到点传输、链形传输、环形传输，如图 2-9 所示。当然实际应用时还可能出现其他的形式或者组合形式，在此就不一一列举了。

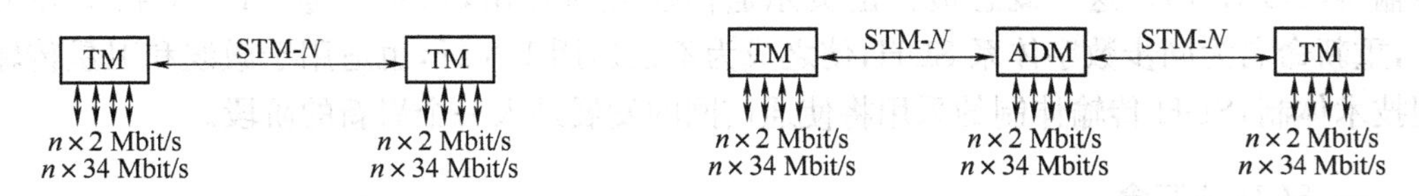

(a)SDH 点对点传输结构示意图

(b)SDH 链状传输结构示意图

图 2-9 SDH 网元在 SDH 传输网中的应用形式

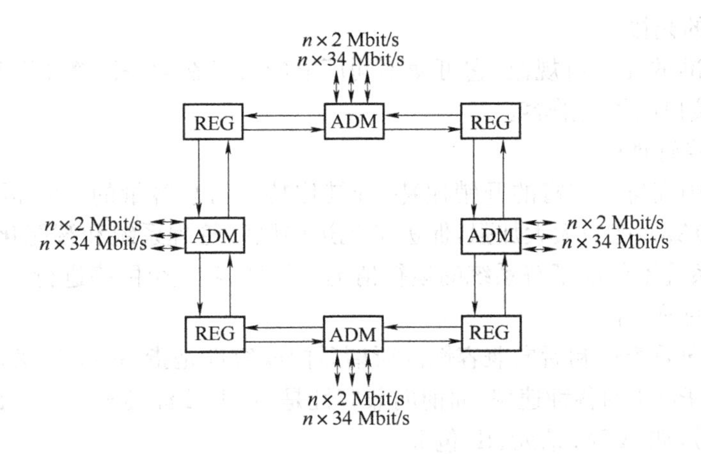

(c)SDH 环状传输结构示意图

图 2-9 SDH 网元在 SDH 传输网中的应用形式

二、SDH 的特点

SDH 是完全不同于 PDH 的一种全新的传输体制，它主要具有以下特点。

1. 具有全世界统一的帧结构标准

SDH 把北美(日本)和中国(欧洲)流行的两种数字传输体制融合在统一的标准中，即在 STM-1 等级上得到统一，第一次实现了数字传输体制上的世界性标准。

2. 灵活的分插功能

SDH 规定了严格的复用映射结构，并采用了指针技术，各支路信号在 STM-*N* 帧结构中的位置是透明的，可以直接从 STM-*N* 信号中灵活地上、下支路信号，无需通过逐级复用实现分插功能，减少了设备的数量，简化了网络结构。

图 2-10 示出了从 PDH(140 Mbit/s)系统中分出一个 2 Mbit/s 支路信号，需要采用逐级复用/解复用的过程：即通过 140/34 Mbit/s、34/8 Mbit/s、8/2 Mbit/s 三次解复用，才可分出一个 2 Mbit/s 支路信号；而采用了 SDH(155 Mbit/s)分插复用器后，利用软件可一次分插出 2 Mbit/s 支路信号，避免了逐级解复用、再重新复用的过程，使上、下业务十分容易。

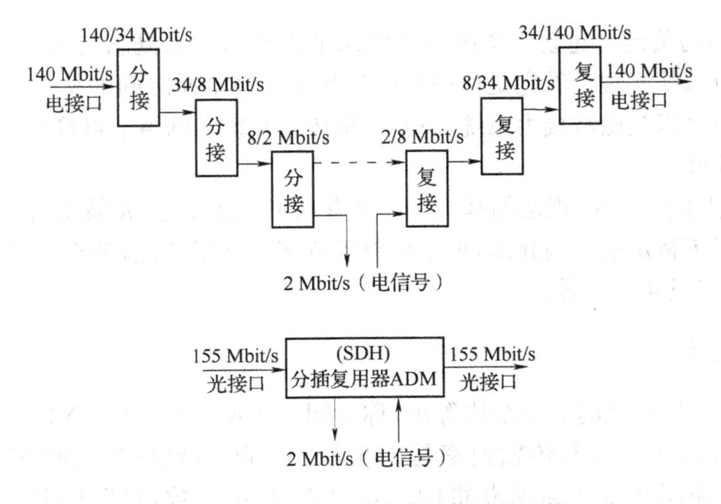

图 2-10 SDH 与 PDH 分插信号的比较

3. 具有标准的光接口

SDH 具有标准的光接口规范，它可使不同厂家的设备在同一网络中互连互通，真正实现同速率等级上光接口的横向兼容。

4. 强大的网络管理能力

SDH 帧结构中安排了丰富的开销比特，开销比特约占总容量的 5%，因而使得系统的运行、管理和维护(OAM)能力大大加强，促进了先进的网络管理系统和智能化设备的发展。维护人员借助网管系统不仅能了解系统的运行情况，还可以对整个网络进行管理。

5. 具有很强的兼容性

SDH 具有前向兼容性和后向兼容性。所谓后向兼容性是指 SDH 与现有的 PDH 网络完全兼容，即可兼容 PDH 的各种速率；而前向兼容性是指 SDH 标准有长远考虑，它能兼容各种新的数字业务信号，如 ATM 信元、IP 包等。

6. 强大的自愈功能

SDH 具有智能检测的网管系统和网络动态配置管理功能，使网络容易实现自愈，在设备或系统发生故障时，无需人为的干预，就能在极短的时间内迅速恢复业务，从而提高网络的可靠性和生存性，降低了网络的维护费用。

7. 频带利用率低

SDH 具有许多优良的性能，但也存在不足之处。如 SDH 为得到丰富的开销功能，造成频带利用率不如传统的 PDH 系统高。例如，在 PDH 中，速率为 139.264 Mbit/s 的四次群含有 64 个 2.048 Mbit/s 或 4 个 34.368 Mbit/s，而 SDH 中速率为 155.520 Mbit/s 的 STM-1 中却只含有 63 个 2.048 Mbit/s 或 3 个 34.368 Mbit/s。

总之，SDH 技术以其良好的性能得到了公认，必将最终替代 PDH，成为传输网的发展主流，为未来信息高速公路提供主要的物理平台。SDH 是为了满足宽带业务、着眼于未来全球通信传输网的要求而确立的一套标准，适用于全球各级光传输网，其传输媒介主要是光纤。

第三节　SDH 的速率与帧结构

一、网络节点接口(NNI)

实现 SDH 网的关键是建立一个统一的网络节点接口。从概念上讲，网络节点接口是网络节点之间的接口，从实现上看它是传输系统与其他网络单元之间的接口。传输系统可以是光缆线路系统，也可以是微波接力系统，或是卫星传输系统。网络节点接口(NNI)在网络中的位置如图 2-11 所示。

制定网络节点接口 NNI 规范的基本考虑是有利于互连互通，如果能制定一个标准的 NNI 规范，使它不受限于特定的传输介质，也不局限于特定的网络节点，那么不同电信设备制造商的产品就能直接实现互连互通。

二、SDH 的速率

SDH 具有一套标准化的信息结构等级，称为同步传递模块 STM-N(N=1、4、16、64)，其中最基本的模块是 STM-1，其传输速率是 155.520 Mbit/s，更高等级的 STM-N 是将 N 个 STM-1 按字节间插同步复用后所获得的。其中 N 是正整数，目前国际标准化 N 的取值为：N=1、4、16、64。

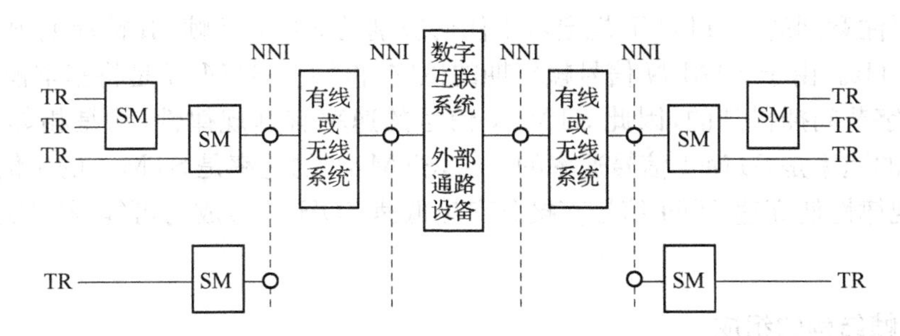

图 2-11　网络节点接口在网络中的位置

注：TR 表示支路信号；SM 表示同步复用设备

ITU-T G. 707 建议规范的 SDH 标准速率如表 2-2 所示。

表 2-2　SDH 的速率等级

同步数字系列等级	比特率(Mbit/s)	容量(路)	2M 数量
STM-1	155. 520	1 890	63
STM-4	622. 080	7 560	252
STM-16	2 488. 320	30 240	1 008
STM-64	9 953. 280	120 880	4 032

三、SDH 的帧结构

SDH 的帧结构必须适应同步数字复用、交叉连接和交换的功能，同时为了便于实现支路信号的插入和取出，希望支路信号在一帧内的分布是有规律的、均匀的。为此 ITU-T 规定了 SDH 是以字节为单位的矩形块状帧结构，如图 2-12 所示。

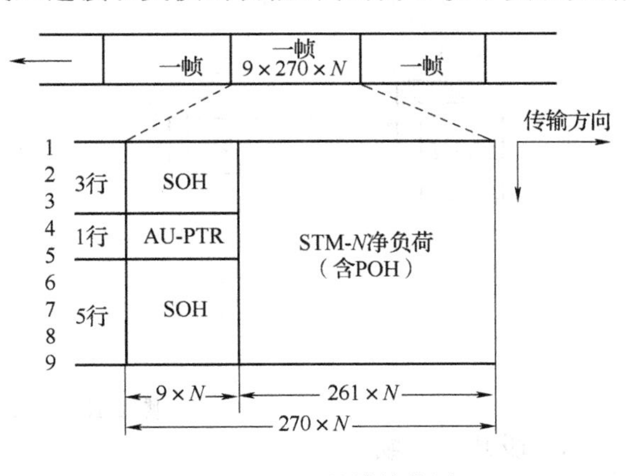

图 2-12　SDH 的帧结构图

由图可知，对于 STM-N 信号，一帧由 9 行、$270\times N$ 列字节(每字节 8 bit)组成，其帧长度为 $270\times N\times9$ 个字节或 $270\times N\times9\times8$ 个比特。STM-N 信号的帧周期，即传一帧的时间为 125 μs，其帧频即每秒传输的帧数为 8 000 Hz。

对于 STM-1 而言，每帧由 9 行、270 列字节组成，帧长度为 $270\times9=2\ 450$ 个字节，相当于 19 440 bit，由此可计算出 STM-1 的传输速率 R_b 为

$$R_b=\frac{每帧的比特数}{传输一帧的时间}=\frac{270\times9\times8}{125\times10^{-6}}=155.52\ \text{Mbit/s} \tag{2-5}$$

或

$$R_b=每帧的比特数\times每秒传输的帧数=270\times9\times8\times8\ 000=155.52\ \text{Mbit/s} \tag{2-6}$$

SDH 帧结构中各字节的传输是从左到右、由上而下按行进行的，即从第一行最左边字节开始，从左向右传完第 1 行，再依次传第 2 行、第 3 行等等，直至整个 $270\times N\times9$ 个字节都传送完毕再转入下一帧，如此一帧一帧地传送，每秒共传 8 000 帧。

这里需要注意到的是：ITU-T 规定对于任何级别的 STM-*N* 帧，其帧周期恒定为 125 μs，帧频为 8 000 Hz。由于 STM-*N* 信号帧周期的恒定，再加上 STM-*N* 是将基本模块 STM-1 逐级同步复用、字节间插得到的，因此 STM-*N* 信号的速率有其规律性，均是相邻低阶的 4 倍。例如 STM-4 的速率是 STM-1 信号速率的 4 倍，STM-16 的速率是 STM-4 的 4 倍等。STM-*N* 信号的这种规律性使高速 SDH 信号直接分离出低速 SDH 信号成为可能，特别适用于大容量的传输情况。

四、SDH 帧结构的组成

由图 2-12 可见，STM-*N* 整个帧结构可分为三个主要区域，它们分别是段开销区域、净负荷区域和管理单元指针区域。下面我们介绍这三部分的功能。

1. 净负荷区域

信息净负荷区域是 STM-*N* 帧结构中存放各种业务信息的地方，图 2-12 中横向第 10×N～270×N 列，纵向第 1～9 行的 2 349×*N* 个字节都属此区域。

对于 STM-1 而言，它的容量大约为 261×9×8×8 000＝150.336 Mbit/s，其中含有少量的通道开销(POH)字节，用于监视、管理和控制通道性能，其余为负载业务信息。

若将 STM-*N* 信号帧比作一辆货车，其净负荷区即为该货车的车厢。将 2M 等低速的支路信号打包成信息包后，放于其中。然后由 STM-*N* 信号承载，在 SDH 网上传输，如图 2-13 所示。

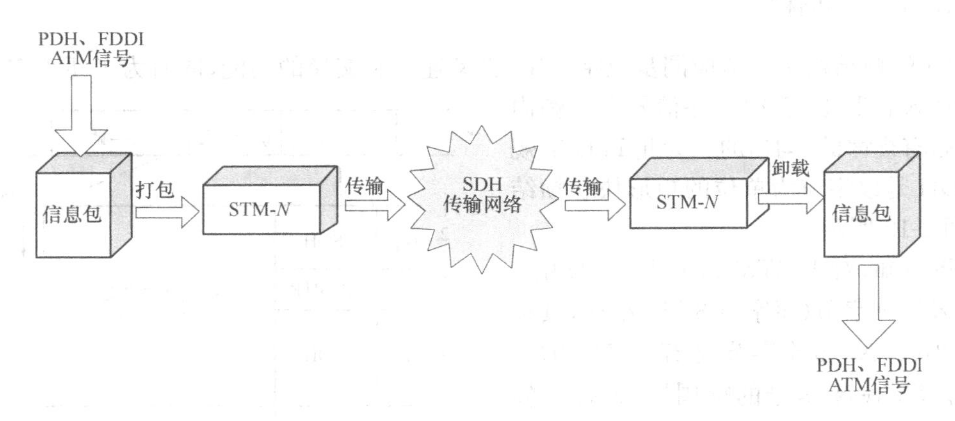

图 2-13　SDH 传输示意图

2. 段开销区域

段开销(SOH)是指 STM-*N* 帧结构中为了保证信息净负荷正常、灵活传送所必需的附加字节，是供网络运行、管理和维护(OAM)使用的字节。段开销进一步分为再生段开销(RSOH)和复用段开销(MSOH)。再生段开销位于 STM-*N* 帧结构中第 1～3、第 1～9×*N* 列；复用段开销位于第 5～8 行、第 1～9×*N* 列。

对于 STM-1 而言，它有 9×8＝72 字节(576 bit)，由于每秒传送 8 000 帧，因此共有 9×8×8 000＝4.608 Mbit/s 的容量用于网络的运行、管理和维护。

3. 管理单元指针区域

管理单元指针(AU-PTR)用来指示信息净负荷的第一个字节在 STM-*N* 帧中的准确位置，以便在接收端能正确地分解信号帧。管理单元指针的作用如图 2-14 所示。

管理单元指针位于 STM-*N* 帧中的第 4 行的 1～9×*N* 列。对于 STM-1 而言，它有 9 个字

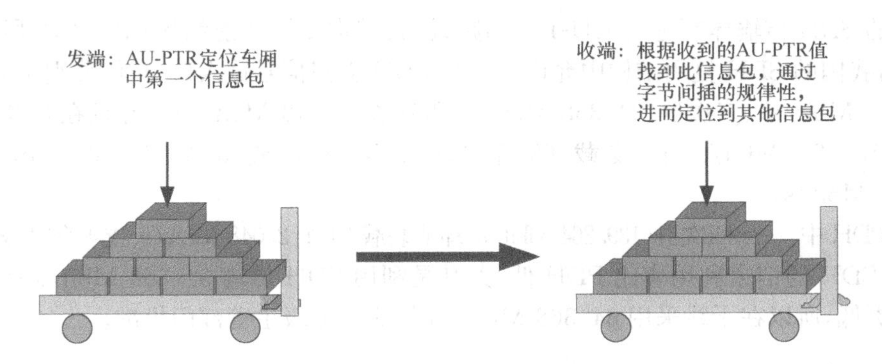

图 2-14　管理单元指针作用示意图

节(72 bit)。采用指针方式是 SDH 的重要创新，它可以使 SDH 在准同步环境中完成同步复用和 STM-*N* 信号的帧定位。

第四节　SDH 映射结构与复用原理

同步复用和映射是 SDH 最有特色的内容之一，它可将不同速率的 PDH 信号"组装"为标准的同步传递模块 STM-*N* 信号也可以将低阶的 SDH 信号复用成高阶 SDH 信号。下面将讨论 SDH 的复用结构和映射方法。

一、SDH 的复用结构

1. SDH 的一般复用结构

为了将不同的符合 PDH 等级速率的信号有序地组织在一起，ITU-T 在 G. 707 建议中给出了 SDH 的一般复用映射结构，如图 2-15 所示。它是由一些基本复用单元组成的、有若干中间复用步骤的复用结构。

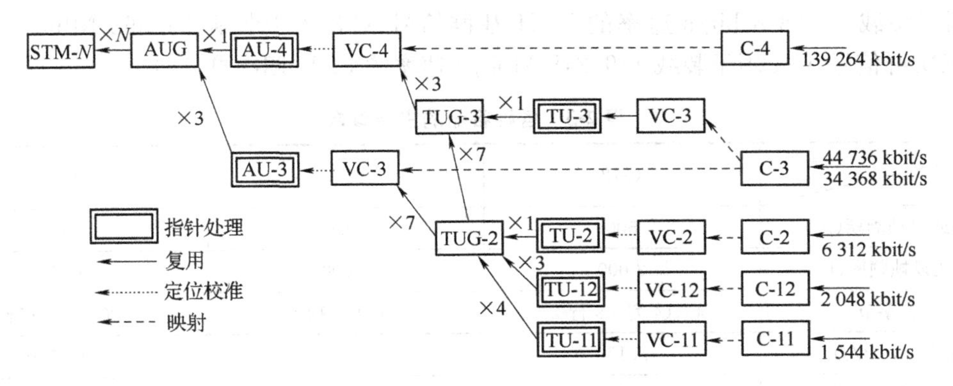

图 2-15　SDH 的一般复用结构

由图 2-15 可见，SDH 的 STM-*N* 信号既可复用 PCM30/32 系列的 PDH 信号，又可复用 PCM24 系列的 PDH 信号，使两大系列在 STM-*N* 中得到统一。

2. 我国的 SDH 复用结构

在图 2-15 所示的复用结构中，从一个支路信号到 STM-*N* 的复用路线不是唯一的。例如：2. 048 Mbit/s 信号就有两条复用路线，即两种方法复用成 STM-*N* 信号，对于一个国家或地区则必须使复用路线唯一化。

我国的 SDH 传输体制选用 AU-4 复用路线，其基本复用映射结构如图 2-16 所示。由图 2-16 可知，我国的 SDH 复用结构中允许有三个 PDH 支路信号输入口，它们分别是 PDH 四次群(139.264 Mbit/s)、三次群(34.368 Mbit/s)和基群(2.048 Mbit/s)。并且在 SDH 中，一个 STM-1(155.520 Mbit/s)能装载 63 个 2.048 Mbit/s、或 3 个 34.368 Mbit/s、或一个139.264 Mbit/s。

而在 PDH 中，一个四次群(139.264 Mbit/s)却能装载 64 个 2.048 Mbit/s、或 4 个34.368 Mbit/s。相比之下，SDH 的信道利用率比 PDH 低，尤其是利用 SDH 传输 34.368 Mbit/s 信号时的信道利用率更低，所以在干线采用 34.368 Mbit/s 时，应经上级主管部门批准。

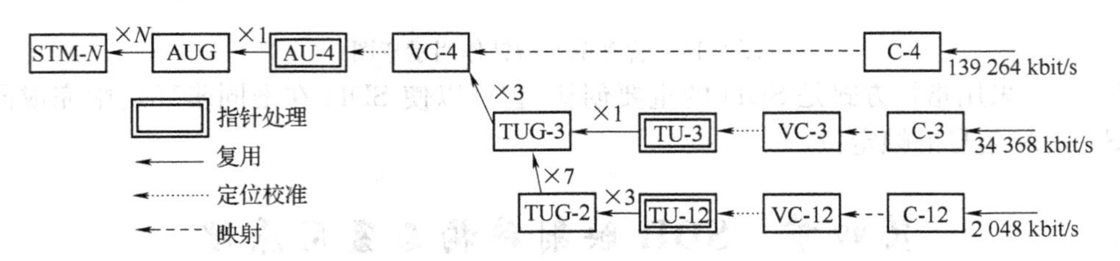

图 2-16　我国的 SDH 复用结构

3. SDH 的基本复用单元

SDH 的具体复用过程是由一些基本复用单元经过若干中间复用步骤进行的。SDH 的基本复用单元包括标准容器(C)、虚容器(VC)、支路单元(TU)、支路单元组(TUG)、管理单元(AU)和管理单元组(AUG)，这些复用单元的下标表示与此复用单元相应的信号级别。

(1)容器(C)

容器是一种用来装载各种速率业务信号的信息结构，主要完成适配功能(例如码速调整)。目前，针对常用的 PDH 准同步数字信号速率，ITU-TG707 建议规定了 5 种标准容器：C-11、C-12、C-2、C-3 和 C-4，分别用来装载不同速率的 PDH 信号。

我国规定的容器种类有三种：C-12、C-3 和 C-4，各容器的主要参数如表 2-3 所示。其中，C-12 用于装载 2.048 Mbit/s 速率的 PDH 基群信号，C-3 用于装载 34.368 Mbit/s 速率的 PDH 三次群信号，C-4 用于装载 139.248 Mbit/s 速率的 PDH 四次群信号。

表 2-3　各种容器的主要参数

参数 \ 容器	C-12	C-3	C-4
周期或复帧周期(μs)	500	125	125
帧频或复帧频率(Hz)	2 000	8 000	8 000
结构(字节)	4×(4 列×9 行-2)	84 列×9 行	260 列×9 行
速率(Mbit/s)	2.176	48.364	149.760
装载信号的种类	2.048 Mbit/s	34.368 Mbit/s	139.264 Mbit/s

参与 SDH 复用的各种速率的业务信号都应首先通过码速调整等适配技术装进一个适当的容器中，已装载的容器又作为虚容器的信息净负荷。

(2)虚容器(VC)

虚容器是一种用于支持 SDH 通道层连接的信息结构。它由容器加上通道开销(POH)组成，即

$$\text{VC-}n=\text{C-}n+\text{POH} \tag{2-7}$$

虚容器的输出将作为其后接基本单元(TU 或 AU)的信息净负荷。

虚容器的速率与 SDH 网络是同步的,而 VC 内部却允许装入不同容量的异步支路信号。除在 VC 的组合点和分解点(即 PDH/SDH 网的边界处)外,VC 在 SDH 网中传输时总是保持完整不变,因而可以作为一个独立的实体十分方便和灵活地在通道中任意点插入或取出,进行同步复用和交叉连接处理。

虚容器分为两类:低阶虚容器和高阶虚容器。其中准备装进支路单元的虚容器称为低阶虚容器,如 VC-12 和 VC-3;准备装进管理单元的虚容器称为高阶虚容器,如 VC-4。

国际规范了 5 种虚容器,我国使用其中的三种:VC-12、VC-3 和 VC-4,其主要参数如表2-4如示。

表 2-4　各种虚容器的主要参数

参数 \ 虚容器	VC-12	VC-3	VC-4
周期或复帧周期(μs)	500	125	125
帧频或复帧频率(Hz)	2 000	8 000	8 000
结构(字节)	4×(4 列×9 行-1)	85 列×9 行	261 列×9 行
速率(Mbit/s)	2. 240	48. 960	150. 336
装载信号的种类	2. 048 Mbit/s	34. 368 Mbit/s	139. 264 Mbit/s

(3)支路单元和支路单元组(TU 和 TUG)

支路单元(TU)是提供低阶通道层和高阶通道层之间适配的信息结构(即负责将低阶虚容器经支路单元组装进高阶虚容器)。支路单元(TU)由相应的虚容器(VC)和支路单元指针(TU-PTR)组成,即

$$\text{TU-}n = \text{VC-}n + \text{TU-PTR} \tag{2-8}$$

TU-PTR 用来指示 VC 净负荷起点在 TU 帧内的位置。

支路单元组(TUG)是由一个或多个在高阶虚容器中固定地占有规定位置的支路单元组成。从图 2-15 中可以看出 TUG 可能由不同的 TU 字节间插复用而成,这样增强了传送网的灵活性。

我国规定的支路单元有 TU-12 和 TU-3,支路单元组有 TUG-2 和 TUG-3。TU-2 和 TU-3 的主要参数如表 2-5 所示。

表 2-5　各种支路单元和管理单元的主要参数

参数 \ 支路单元和管理单元	TU-12	TU-3	AU-4
周期或复帧周期(μs)	500	125	125
帧频或复帧频率(Hz)	2 000	8 000	8 000
结构(字节)	4×(4 列×9 行)	85 列×9 行+3	261 列×9 行+9
速率(Mbit/s)	2. 304	49. 152	150. 912

(4)管理单元和管理单元组(AU 和 AUG)

管理单元(AU)是提供高阶通道层和复用段层之间适配的信息结构。管理单元(AU)由高阶虚容器(VC)和一个相应的管理单元指针(AU-PTR)组成,即

$$\text{AU-}n = \text{VC-}n + \text{AU-PTR} \tag{2-9}$$

AU-PTR 用来指示高阶 VC 净负荷起点在 AU 帧内的位置。

管理单元组(AUG)是由一个或多个在STM-*N*帧的净负荷中固定地占有规定位置的管理单元组成。例如,1个AUG由1个AU-4或3个AU-3字节间插复用而成。

我国规定的管理单元有AU-4,其主要参数见表2-5。

*N*个AUG按字节间插同步复用后再加上段开销(SOH)便可形成最终的STM-*N*帧结构。

为了对SDH的复用映射过程有一个较全面的认识,也为后面具体介绍映射、定位、复用作个铺垫,现以139.264 Mbit/s支路信号复用映射成STM-1帧为例详细说明整于复用映射过程,如图2-17所示。

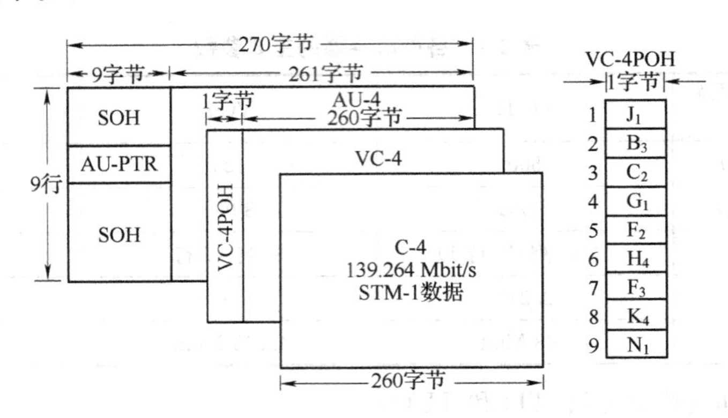

图2-17 139.264 Mbit/s至STM-1的装载过程

(1)标称速率为139.264 Mbit/s的支路信号经码速调整后装入C-4,C-4的输出速率为149.760 Mbit/s。加上每帧9个字节的POH后,便构成VC-4(150.336 Mbit/s)。

(2)VC-4与AU-4的净负荷容量一样,但速率可能不一致,需要进行指针调整。AU-PTR的作用就是指明VC-4相对于AU-4的相位,它共有9个字节。于是,考虑AU-PTR指针后的AU-4速率为150.912 Mbit/s。

(3)单个AU-4直接置入AUG,再加入段开销便构成了STM-1信号,其速率为155.520 Mbit/s的信号。

二、SDH的映射

从SDH复用映射结构中可以看出,各种业务信号复用进STM-*N*的过程都需要经过映射、定位和复用三个步骤。

(一)映射的基本概念

所谓映射,是一种在SDH边界处将各种支路信号适配进虚容器的过程,即将各种速率的PDH信号先经过码速调整装入相应的标准容器,然后再装进虚容器的过程。映射的实质是使各支路信号与相应的虚容器(VC)容量同步,以便使VC成为可以独立进行传送、复用和交叉连接的实体。

按照支路信号和虚容器的时钟(SDH网络时钟)是否同步,映射分为异步映射和同步映射两大类。同步映射要求支路信号与网络同步,从而无需码速调整即可使信号适配装入VC的映射方法。异步映射对支路信号结构无任何限制,即不要求其与网络同步,仅利用码速调整将信号适配装入VC的映射方法。异步映射的通用性强,是PDH向SDH过渡期内必不可少的一种映射方式。当前各厂家的设备绝大多数采用的是异步映射方式。

我国 SDH 复用结构中的异步映射有三种：

① 2.048 Mbit/s 信号映射进 VC-12；

② 34.368 Mbit/s 信号映射进 VC-3；

③ 139.264 Mbit/s 信号映射进 VC-4。

无论是哪种映射，都需要经过两个步骤：即先将 PDH 信号经码速调整装入容器 C-n(n=3,4,12)，再将 C-n 适配进虚容器 VC-n。

（二）映射举例

由于传输设备与交换设备接口大都采用 2.048 Mbit/s 速率，故 2.048 Mbit/s 信号(PDH 基群信号)的映射是最重要的，同时其映射过程也是最复杂的。下面以 2.048 Mbit/s 信号映射进 VC-12 为例说明映射的实现过程。

1. 2.048 Mbit/s 经码速调整装入 C-12

为了将 PDH 基群信号 2.048 Mbit/s 经码速调整装入 C-12，SDH 采用了复帧的概念，即将 4 个 C-12 基帧组成一个复帧。C-12 的复帧周期为 500 μs，复帧长度为 34×4 字节，或 34×4×8=1 088 bit，其中包括：

1 023(32×3×8+31×8+7)个信息比特(D)；

6 个调整控制比特(C_1、C_2)；

2 个调整机会比特(S_1、S_2)；

8 个开销通信通路比特(O)；

49 个固定填充比特(R)。

各比特的安排如图 2-18 所示。2 个调整控制比特 C_1 和 C_2 分别控制 2 个调整机会比特 S_1 和 S_2，是作为信息比特 D，还是固定塞入比特 R。

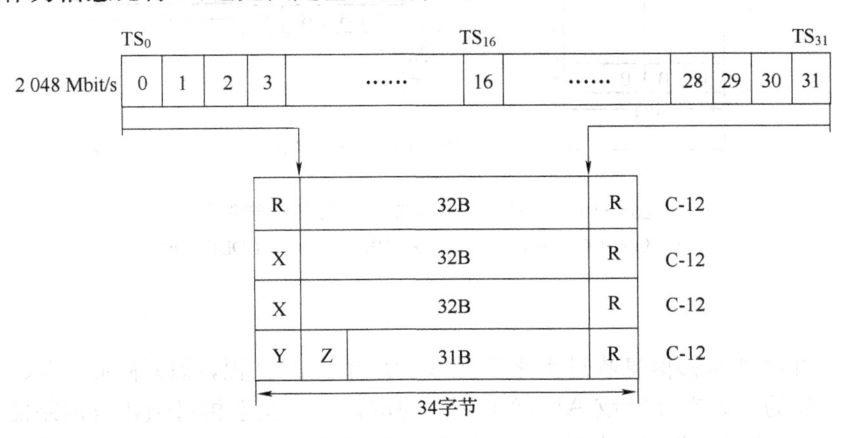

图 2-18　C-12 复帧各比特的安排

X=C_1C_2OOOORR；Y=C_1C_2RRRRRS_1；Z=S_2DDDDDDD；B=DDDDDDDD；D=信息比特；

R=固定插入比特；S=调整机会比特；C=调整控制比特；O=开销比特

由于 PDH 基群信号的标称速率是 2.048 Mbit/s，实际速率可能会比标称速率偏高或偏低些，而 C-12 的速率为 2.176 Mbit/s，所以当具有一定差频的输入信息装入 C-12 时要经过码速调整，即利用调整控制比特(C_1 和 C_2)来控制相应的调整机会比特(S_1 和 S_2)是作为信息比特 D，还是固定塞入比特 R 来实现码速调整。

当支路信号速率大于 C-12 标称速率时，$C_1C_1C_1$=000，表示 S_1 是信息比特 D；而当支路信号速率小于 C-12 标称速率时，$C_1C_1C_1$=111，表示 S_1 是固定插入比特 R。C_2 按同样方式控制

S_2。在收端分解器中，采用多数判决准则，即当 3 个 C 码中有 2 个及以上为 1 时，则分解器把 S 比特的内容作为填充比特 R，不理睬 S 比特的内容；而当 3 个 C 码中 2 个及以上为 0 时，则分解器把 S 比特的内容作为信息比特解读。

根据 S_1 和 S_2 全为信息比特 D 和全为填充比特 R，可计算出 C-12 容器能够容纳的输入信息速率的上限和下限，即

$IC_{max}=(1\ 023+2)/4\times8\ 000=2.050$ Mbit/s

$IC_{min}=(1\ 023+0)/4\times8\ 000=2.046$ Mbit/s

也就是说当 E1 信号(2.048 Mbit/s)适配进 C-12 时，只要 E1 信号的速率在 2.046 Mbit/s～2.050 Mbit/s 的范围内，就可以将其装载进标准的 C-12 容器中。这样，C-12 容器就可以装载速率在一定范围内的 E1 信号，也就是可以对符合 G.703 规范的 E1 信号进行速率适配，适配为 C-12 的标准速率 2.176 Mbit/s。

2. C-12 装入 VC-12

在 C-12 复帧中的每个 C-12 基本帧前依次插入低阶通道开销字节（VC-12 POH，由 V_5、J_2、N_2 和 K4 四个字节组成）就构成 VC-12 复帧，完成了 2.048 Mbit/s 信号向 VC-12 的映射，如图 2-19 所示。

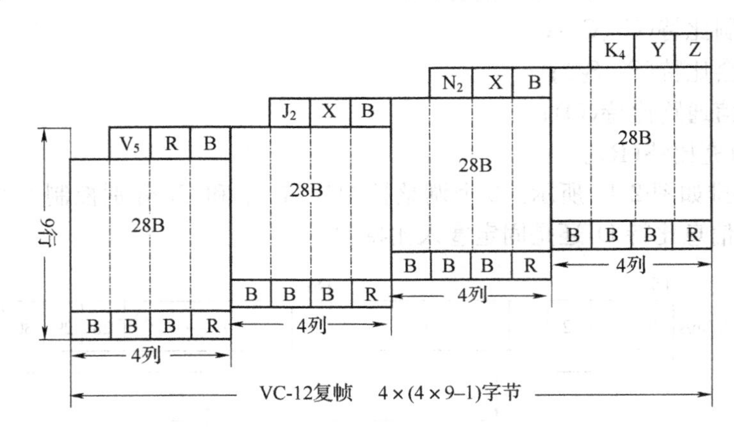

图 2-19　2.048 Mbit/s 支路信号的异步映射

$X=C_1C_2OOOORR$；$Y=C_1C_2RRRRRS_1$；$Z=S_2DDDDDDD$

三、定　　位

定位是一种将帧偏移信息收进支路单元或管理单元的过程，即以附加于 VC 上的指针指示和确定 VC 帧的起点在 TU 或 AU 净负荷中的位置。在发生相对帧相位偏差使 VC 帧起点“浮动”时，指针值亦随之调整，从而始终保证指针值准确指示 VC 帧起点的位置。

指针的作用就是定位，通过定位使收端能正确地从 STM-*N* 中拆离出相应的 VC，进而分离出 PDH 低速信号，也就是说实现从 STM-*N* 信号中直接下低速支路信号的功能。

SDH 的指针有两种，即管理单元指针（AU-PTR）和支路单元指针（TU-PTR）。它们在 SDH 中的主要作用是：

① 当网络处于同步工作方式时，指针用来进行同步信号间的相位校准。

② 当网络失去同步时，指针用作频率和相位校准。

③ 指针还可以用来容纳网络中的频率抖动和漂移。

在 SDH 中设置指针可以为 VC 在 TU 或 AU 帧内的定位提供一种灵活、动态的方法。因为

TU或AU指针不仅能够容纳VC和SDH在相位上的差别，而且能够容纳帧速率上的差别。

(一)管理单元指针(AU-PTR)

1. AU-PTR的位置

AU-PTR位于STM-1帧的第4行、第1-9列，共9字节，用以指示VC-4的首字节(J_1)在AU-4净负荷的具体位置，以便接收端能据此正确分离VC-4。

AU-PTR在STM-1帧的位置如图2-20所示。

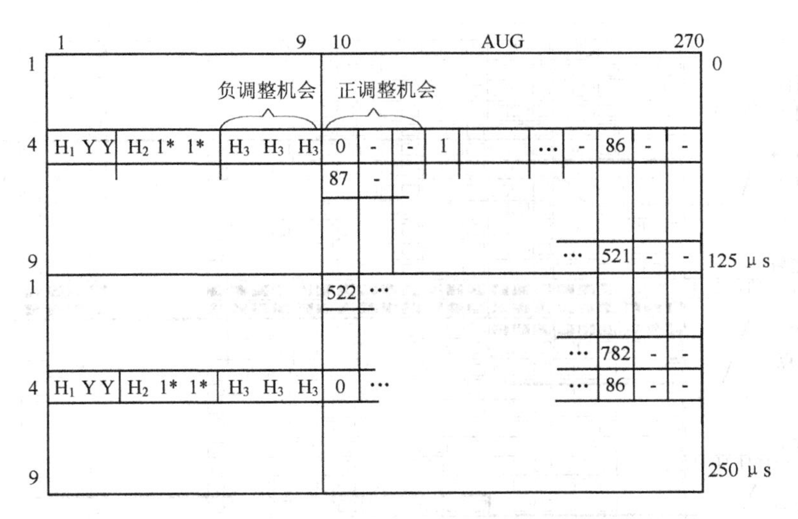

图2-20　AU-4　指针位置和偏移编号

1＊表示全“1”字节；Y表示1001SS11(其中S比特未规定)

在AU-PTR的9个字节中，真正用于指针值的只是H_1、H_2两个字节，H_3字节用于负调整时携带额外的VC数据。H_1和H_2是结合使用的，可以看作一个码字，如图2-21所示。其中1～4比特NNNN为新数据标志，5～6比特SS表示指针的类型，最后10比特(7～16 bit)携带具体的指针值。

由于携带指针值的比特为10个，它可以表示2^{10}＝1 024个指针值，而实际的需要量为0～782个，所以足够用了。这是因为VC-4帧共有9×261＝2 349个字节，实际调整时按3个字节为一个单位进行，即一个单位指针代表三个字节的偏移量，所以最大调整指针范围为2 349/3＝783。具体的指针编号为：从第4行的第10个字节开始编号：0、1、2、……、依次编到782，参见图2-20。

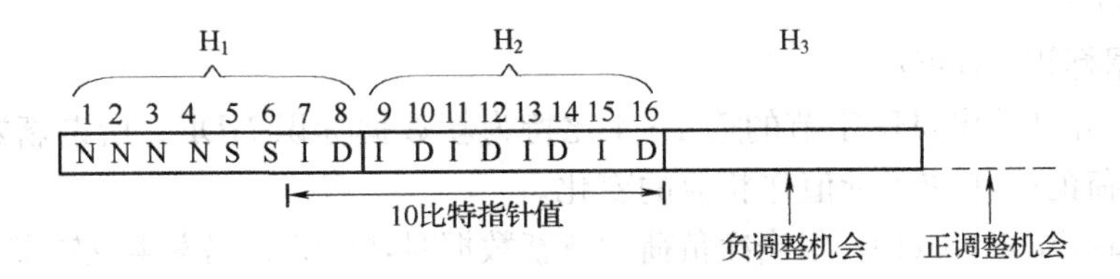

图2-21　AU-4指针安排

I—增加指示比特；D—减少指示比特；NNNN—新数据标志(NDF)；

SS—指针类别(SS＝10，AU-PTR)

2. AU-PTR的调整原理

在将VC-4放入AU-4时，如果AU-4帧速率与VC-4帧速率不同，即有频率偏移，则AU-4指针值将按需要增加或减少，同时还伴随相应的正调整字节或负调整字节的出现或变化。

(1)正调整

当 VC-4 帧速率比 AU-4 帧速率低时，意味着 VC-4 在 AU-4 帧内数据不足，需要正调整来提高 VC-4 的帧速率，以便使其与网络同步。正调整的具体做法是：在 H_3 字节后面的三个正调整机会字节位置插入 3 个伪信息填充字节（即正调整字节），从而增加 VC-4 的帧速率。由于插入了正调整字节，VC-4 帧在时间上向后推移了一个调整单位，因而 AU-PTR 的指针值加 1。进行正调整操作的指示是将当前 AU-4 帧中的指针码字的 I 比特进行反转，并在接收机中按 5 比特多数判决准则作出决定。正调整的过程如图 2-22 所示。

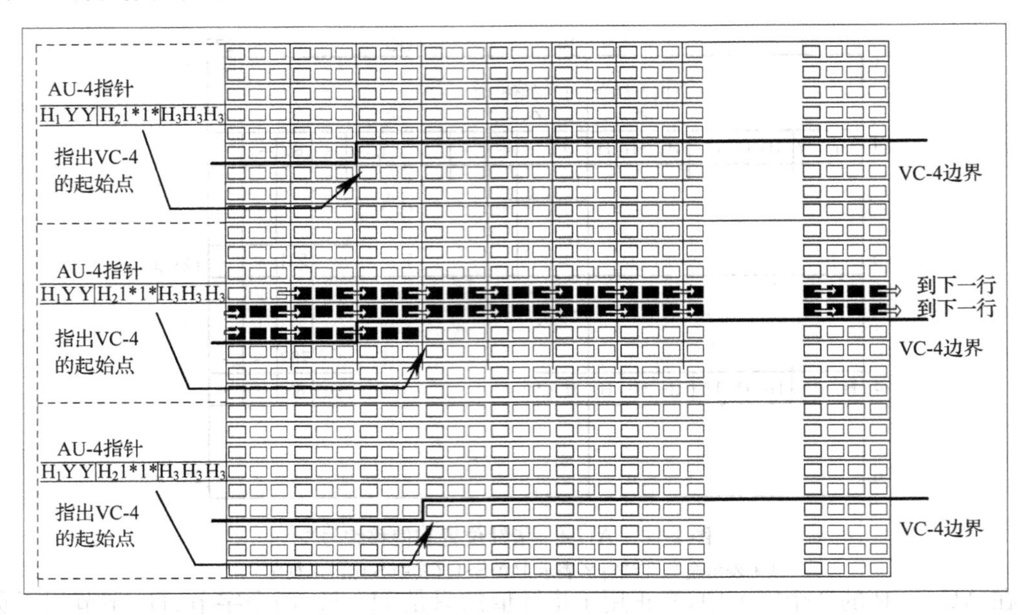

图 2-22　AU-4 指针正调整

(2)负调整

当 VC-4 帧速率比 AU-4 的速率高时，就应降低 VC-4 的速率，以便使其与网络同步。具体做法是：利用 AU 指针区的 3 个 H_3 字节（负调整字节）来存放实际 VC 信息，从而相当降低了 VC-4 帧的速率。由于 VC-4 信息的起始字节存入了 AU 指针区，即 VC-4 信息在时间上向前移动了 3 个字节，因而 AU-PTR 的指针值减 1。进行负调整操作的指示是将当前 AU-4 帧中的指针码字的 D 比特进行反转，并在接收机中按 5 比特多数判决准则作出决定。负调整的过程如图 2-23 所示。

(3)新数据标识(NDF)

从图 2-21 可以看出，H_1 字节的第 1～4 比特为新数据标识 NDF。所谓新数据标识，就是表示允许净负荷的变化使指针值作相应的变化。

正常工作时，NDF＝0110。但当净负荷中有新数据时，则 NDF 码发生反转即 NDF＝1001，此时 VC-4 的位置由新指针值决定。若下一帧净负荷不再发生变化，则 NDF 回到正常值 0110。

(二)支路单元指针(TU-PTR)

支路单元指针有两种，即 TU-3 指针和 TU-12 指针。其中 TU-3 指针用以指示 VC-3 的首字节在 TU-3 净负荷中的具体位置，以便收端能正确分离出 VC-3。而 TU-12 指针用以指示 VC-12 的首字节在 TU-12 净负荷中的具体位置，以便收端能正确分离出 VC-12。下面以 TU-12 指针为例进行介绍。

TU-12 指针由 TU-12 复帧结构中的 V_1、V_2、V_3、V_4 四个字节组成。其中，V_1 和 V_2

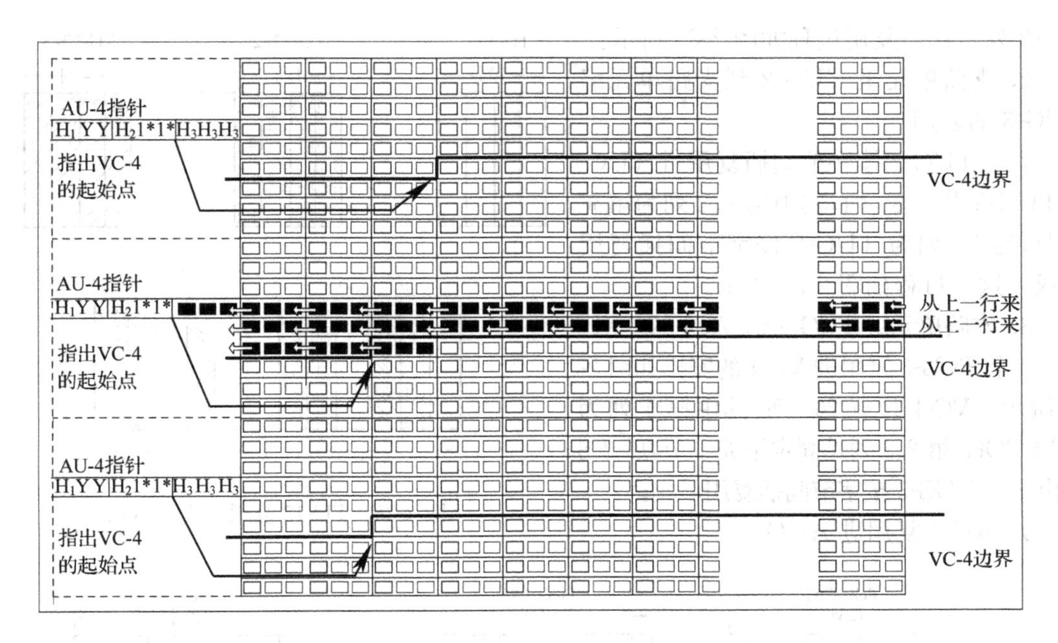

图 2-23　AU-4 指针负调整

字节为指针字节，V_3 字节作为负调整字节，其后的那个字节作为正调整字节，V_4 作为保留字节。

V_1、V_2 字节的 16 比特的功能与 AU-PTR 的 H_1、H_2 字节的 16 比特功能相同，即 TU-12 指针值位于 V_1、V_2 字节的后 10 个比特。与 AU-4 指针不同的是：TU-12 按单个字节为调整单位，因而需要 35×4＝140 个指针值表示，编号是 0～139，如图 2-24 所示。

TU-12 指针调整原理与 AU-PTR 基本相同(包括指针值的变化及 NDF 的含义等)，唯一区别的是 AU-PTR 以 3 字节为调整单位，而 TU-12 指针以 1 字节为调整单位。

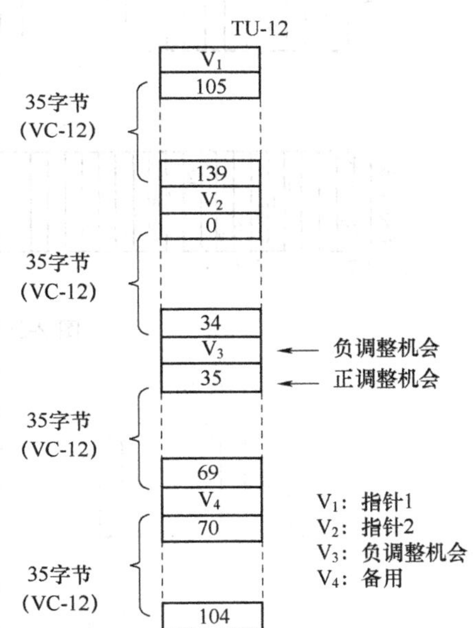

图 2-24　TU-12 指针位置和偏移编号

四、复　　用

复用是一种使多个低阶通道层的信号适配进高阶通道层或者把多个高阶通道层信号适配进复用段层的过程，即以字节交错间插方式把 TU 组织进高阶 VC 或把 AU 组织进 STM-*N* 的过程。由于经 TU 和 AU 指针处理后的各 VC 支路已相位同步，此复用过程为同步复用。

下面还是以最重要、最复杂的 2.048 Mbit/s 支路信号载入 STM-*N* 所涉及的复用为例加以介绍(请大家结合图 2-16 学习以下内容)。

2.048 Mbit/s 信号经码速调整装入容器 C-12，加入通道开销 POH 映射形成虚容器 VC-12。VC-12 加入支路单元指针定位后形成 TU-12 帧，一个 TU-12 帧由 9 行、4 列共 36 个字节组成。

1. 支路单元 TU-12 到支路单元组 TUG-2 的复用

3 个 TU-12(每个 TU-12)先按字节间插复用形成一个 TUG-2，支路单元组 TUG-2 共有 9

行、12 列。这一复用过程如图 2-25 所示。

2. 支路单元组 TUG-2 到支路单元组 TUG-3 的复用

7 个 TUG-2 按字节间插复用进 TUG-3，TUG-3 共有 86 列，其中第 1、2 列为填充字节，后 84 列为 TUG-2 按字节间插复用形成。这一过程如图 2-26 所示。

3. 支路单元组 TUG-3 到 VC-4 的复用

3 个 TUG-3 复用进 VC-4 的安排如图 2-27 所示。VC-4 共有 261 列，其中第 1 列为 VC-4 POH，第 2、3 列是固定填充字节，后 258 列由 3 个 TUG-3 按字节间插复用形成。

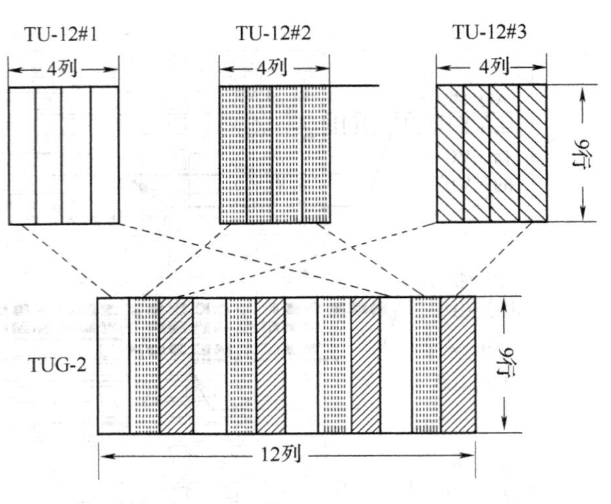

图 2-25　TU-12 复用形成 TUG-2

4. AU-4 复用进 AUG

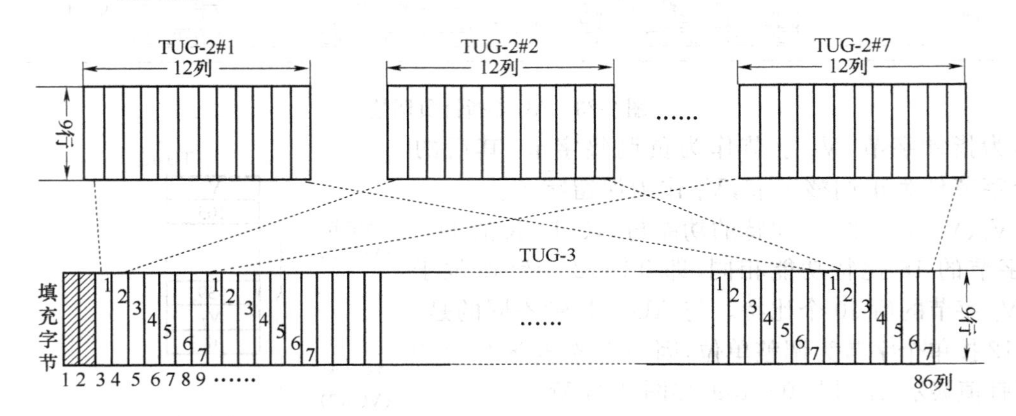

图 2-26　TUG-2 复用形成 TUG-3

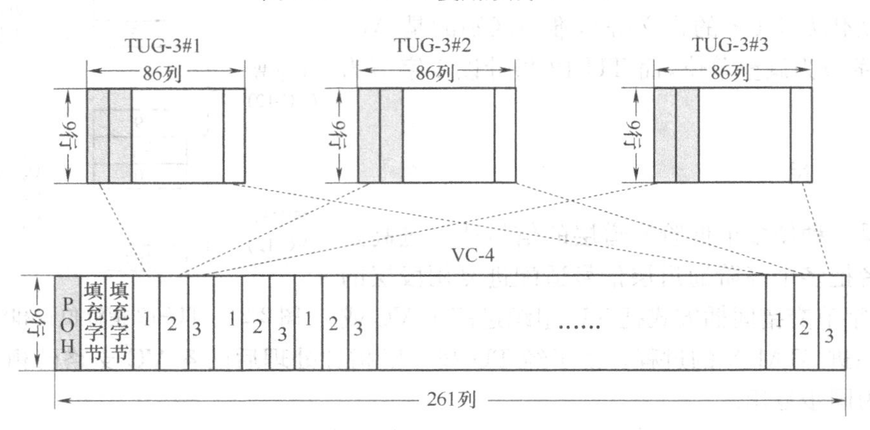

图 2-27　3 个 TUG-3 复用形成 VC-4

我们已知 AU-4 由 VC-4 净负荷加上管理单元指针 AU-PTR 组成，VC-4 在 AU-4 内的相位是不确定的，由 AU-PTR 指示 VC-4 第 1 字节在 AU-4 中的位置。但 AU-4 与 AUG 之间有固定的相位关系，所以只需将 AU-4 直接置入 AUG 即可，如图 2-28 所示。

5. *N* 个 AUG 复用进 STM-*N* 帧

N 个 AUG 按字节间插复用，再加上段开销(SOH)形成 STM-*N* 帧，图 2-29 显示了如何

将 N 个 AUG 复用进 STM-N 帧的安排。

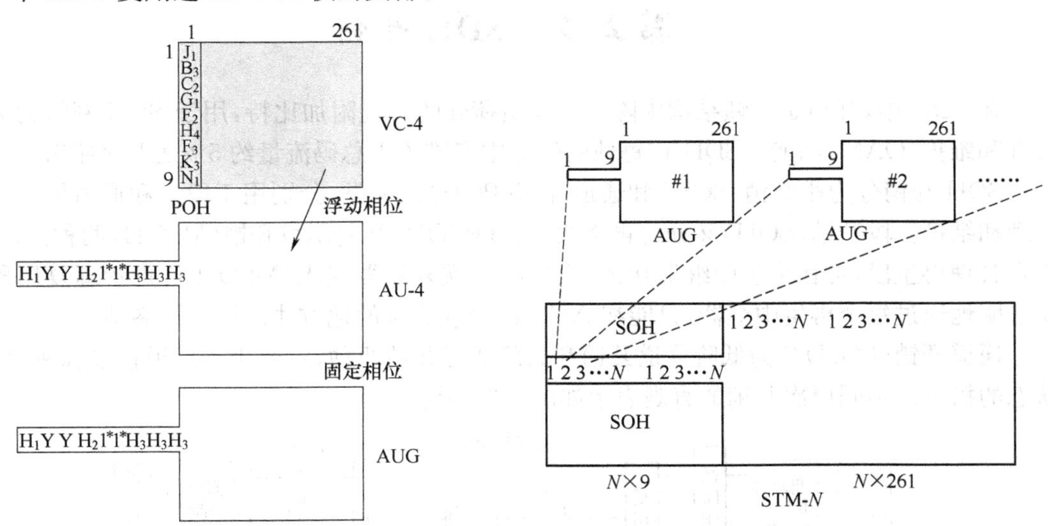

图 2-28　AU-4 复用形成 AUG　　　　图 2-29　将 N 个 AUG 复用进 STM-N 帧

本节最后我们用图 2-30 来说明从 2.048 Mbit/s 支路信号到 STM-1 的映射、定位和复用过程。图中清楚表明映射和复用都是按字节为单位间插而成。

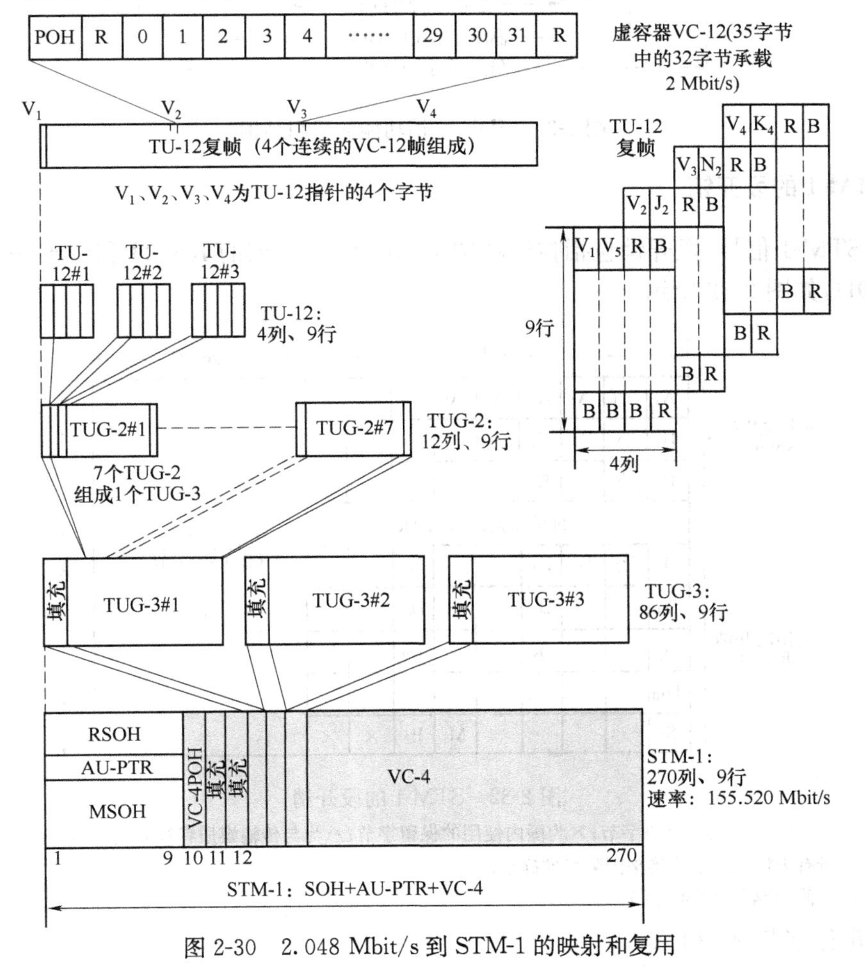

图 2-30　2.048 Mbit/s 到 STM-1 的映射和复用

第五节　SDH 开销

在 SDH 中，开销是指帧结构中除信息净负荷外的一些附加比特，用于 SDH 网络的运行、管理和维护(OAM)功能。SDH 在每帧的码流中安排了占总码流量约 5%的开销字节。

SDH 开销分为段开销(SOH)和通道开销(POH)两大类，分别用于段层和通道层的运行、管理和维护。段开销(SOH)又分为再生段开销(RSOH)和复用段开销(MSOH)两种。RSOH 负责管理再生段，可在再生中继器接入，也可在终端复用器接入；MSOH 负责管理复用段，它将透明地通过每个再生中继器，只能在 AUG 组合或分解的地方才能接入或终结。

通道开销(POH)分为低阶通道开销和高阶通道开销两种，主要用于通道性能监视及告警状态的指示。不同层次开销的直观表示如图 2-31 所示。

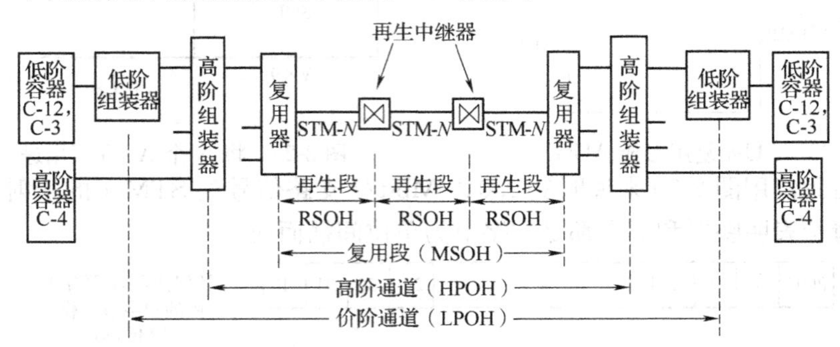

图 2-31　SDH 开销功能的组织结构

一、STM-1 的段开销

对于 STM-1 信号，段开销包括位于帧中 1～3 行、1～9 列的 RSOH 和位于 5～8 行、1～9 列的 MSOH，如图 2-32 所示。

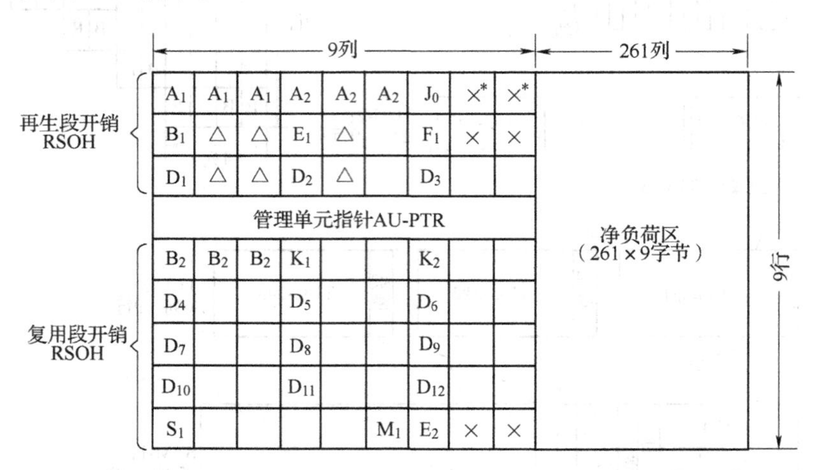

图 2-32　STM-1 的段开销

注：×＊为不扰码字节；×为国内使用的保留字节；△为与传输媒质特征有关字节；所有未标记字节待将来国际标准确定。

(一)再生段开销(RSOH)

1. 帧定位字节 A_1 和 A_2

RSOH 中的 A_1 和 A_2 字节的作用是用来识别一帧的起始位置，以实现帧同步功能。A_1 和 A_2 的二进制码分别为 11110110 和 00101000。STM-1 帧内集中安排有 6 个帧定位字节，其目的是尽可能地缩短同步建立时间。

2. 再生段踪迹字节 J_0

该字节被用来重复发送“段接入点识别符”，以便使接收端能据此确认与指定的发送端处于持续连接状态。如果 J_0 不相符，表示再生段连接有错误，且可能引起踪迹识别符失配告警（TIM）。

3. 再生段误码监视字节 B_1

B_1 字节用于再生段的误码监测。B_1 字节使用偶校验的比特间插奇偶校验 8 位码 BIP-8 码。

产生 B_1（BIP-8）字节的方法是：将前一个 STM-1 帧的所有比特以 8 比特为单位分组；然后计算各组对应比特“1”码的奇偶性，若为偶数，则 BIP-8 中相应比特置为“0”，若为奇数，则 BIP-8 中相应比特置为“1”。以此类推，最后得到的 8 个比特就是 BIP-8 计算的结果，如图 2-33 所示。

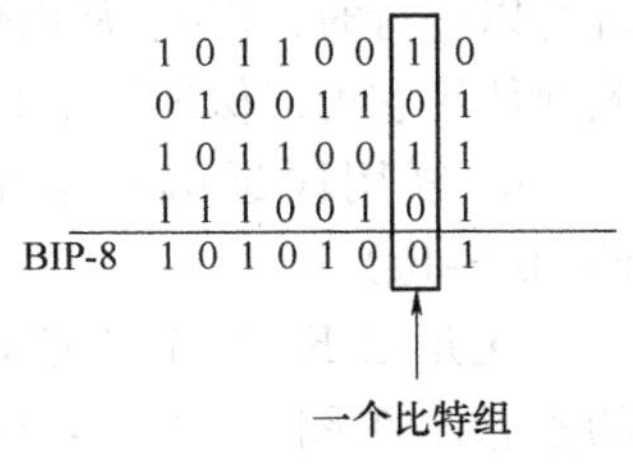

图 2-33　BIP-8 计算举例

B_1 字节的误码监视机理是：在发送端，对前一帧扰码后的所有比特进行 BIP-8 运算，将得到的结果置于当前帧扰码前的 B_1 字节位置。在接收端，将收到的前一帧解扰前的全部比特进行计算得到的 BIP-8 值，与当前帧解扰后的 B_1 做比较，二者一致时，说明无误码，不一致时，说明有误码。从而实现再生段的在线误码监测。

4. 再生段公务通信字节 E_1

E_1 字节为再生段提供公务语音通道，可在再生段接入。速率为 64 kbit/s，可提供一路公务电话。

5. 使用者通路字节 F_1

F_1 字节是留给网络运营者专用的，主要为特殊维护目的而提供临时的数据语音通路连接，其速率为 64 kbit/s。

6. 数据通信通路字节 D_1～D_3

D_1～D_3 和 D_4～D_{12} 字节构成 SDH 网元之间管理信息的传送通道。D_1～D_3 字节称为再生段数据通信通路（DCC）字节，用于再生段传送再生器的运行、维护和管理信息，速率为 192 kbit/s（3×64 kbit/s）。

（二）复用段开销（MSOH）

1. 复用段误码监视字节 B_2

B_2 字节用作复用段的误码监测。复用段开销字节中安排了 3 个 B_2 字节作此用途。B_2 字节使用偶校验的比特间插奇偶校验 24 位码（BIP-24），其计算方法与 BIP-8 类似，只不过它是以 24 比特分为一组。

产生 B_2 字节的方法是：发送端对前一个扰码后 STM-1 帧中除再生段开销以外的所有比特进行 BIP-24 运算，将结果置于当前 STM-1 帧扰码前的 3 个 B_2 字节处。接收端将收到的前一帧在解扰前进行 BIP-24 计算，再与当前帧解扰后的 B_2 字节相异或比较，二者一致时，说明无误码，不一致时，说明有误码。从而实现复用段的在线误码监测。

2. 复用段公务通信字节 E_2

E_2 字节用于复用段之间的公务通信，可提供速率为 64 kbit/s 的公务联络通路。

3. 数据通信通路字节 D_4～D_{12}

D_4～D_{12}字节称为复用段 DCC，用于传送复用段终端之间的运行、维护和管理信息，速率为 576 kbit/s(9×64 kbit/s)。

4. 自动保护倒换(APS)通路字节 K_1 和 K_2(b_1～b_5)

K_1 和 K_2(b_1～b_5)用于传送复用段自动保护倒换(APS)协议，以保证设备在故障时能自动切换，使网络业务恢复，实现自愈功能。

5. 同步状态字节 S_1(b_5～b_8)

S_1(b_5～b_8)用来表示 SDH 设备同步状态信息，进而可以保证整个系统处于良好的同步状态。S_1 字节的 b_1～b_4 比特暂不使用，b_5～b_8 比特的规定如表 2-6 所示。

因为 SDH 设备可以随时读取、检查上游 SDH 设备发送的 S_1 字节，从而可获知上游的 SDH 设备究竟处于何种同步状态。若得知上游 SDH 设备处于较低级别的同步状态，如处于设备时钟同步状态(S_1=1011)，则一方面它不会从上游来的 STM-*N* 信号中提取定时，另一方面若条件允许可以进行时钟倒换，从而保证设备处于良好的同步状态。S_1 字节是一个十分重要的字节，有效地使用它可以保证整个 SDH 网络系统处于良好的同步状态，并能防止定时环路的产生。

表 2-6　S_1 字节 b_5～b_8 的安排

S_1 的 b_5～b_8	时钟等级
0000	质量未知
0010	G. 811 基准时钟
0100	G. 812 转接局从时钟
1000	G. 812 本地局从时钟
1011	同步设备时钟源
1111	不可用于时钟同步
其余	保留

6. 复用段远端缺陷指示(MS-RDI)字节 K_2(b_6～b_8)

在介绍 K_2 字节之前，先给出近端和远端的概念。在图 2-34 中，AB 两地之间有一条 SDH 线路，该线路由两个分开的单向线路构成。一个承载从 A 到 B 的信号(单向线路 I)，另一个承载从 B 到 A 的信号(单向线路Ⅱ)。

对单向线路 I，地点 B 被视为“远端”。如果在 A 到 B 的方向上有误码或告警发生，就会在它的“远端”(即 B)检测到这些缺陷状态；B 将用单向线路Ⅱ(从 B 向 A)传送远端缺陷指示(RDI)或远端差错指示(REI)给 A。反之，对单向线路Ⅱ，A 是“远端”。

K_2(b_6～b_8)字节用来向复用段近端回送远端状态指示信号，通知近端，远端检测到上游故障或者收到了复用段告警指示信号(MS-AIS)。

若收到 K_2 字节的 b_6～b_8 为“110”，则此信号为对端对告的 MS-RDI 告警信号；若收到 K_2 字节的 b_6～b_8 为“111”，则此信号为本端收到的 MS-AIS 信号，此时要向对端发送 MS-RDI 信号。

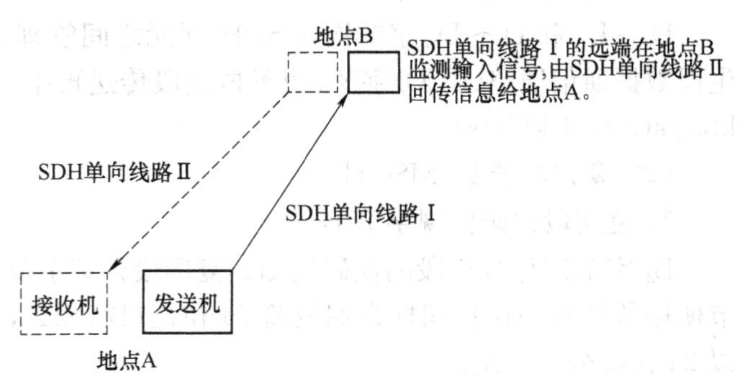

图 2-34　近端与远端的图解

7. 复用段远端差错指示(MS-REI)字节 M_1

M_1 字节用于将复用段远端检测到的差错数回传给近端，以便近端了解远端的收信误码情况。远端的差错信息由计算出的 BIP-24 与收到的 B_2 字节比较得到。

8. 备用字节

在图 2-32 中的×表示国内使用的保留字节；△表示与传输媒质有关的特征字节；未标记字节待将来国际标准确定。

以上讨论了完整的 STM-1 段开销(SOH)的定义与功能，但在某些应用场合(例如局内接口)，仅仅 A_1、A_2、B_2、K_2 字节是不可少的，很多其他开销字节可以选用或不用，从而使接口可以简化，设备成本降低。

二、STM-*N* 的段开销

我们知道，STM-*N* 帧由 *N* 个 STM-1 帧通过字节间插复用而成。在形成 STM-*N* 段开销时，其复用规则是：第一个 STM-1 的段开销被完整保留，其余 *N*-1 个 STM-1 的段开销仅仅保留帧定位字节 A_1、A_2 和 B_2 字节，其他字节均略去。图 2-35、图 2-36 分别示出了 STM-4 帧、STM-16 帧的段开销字节安排。

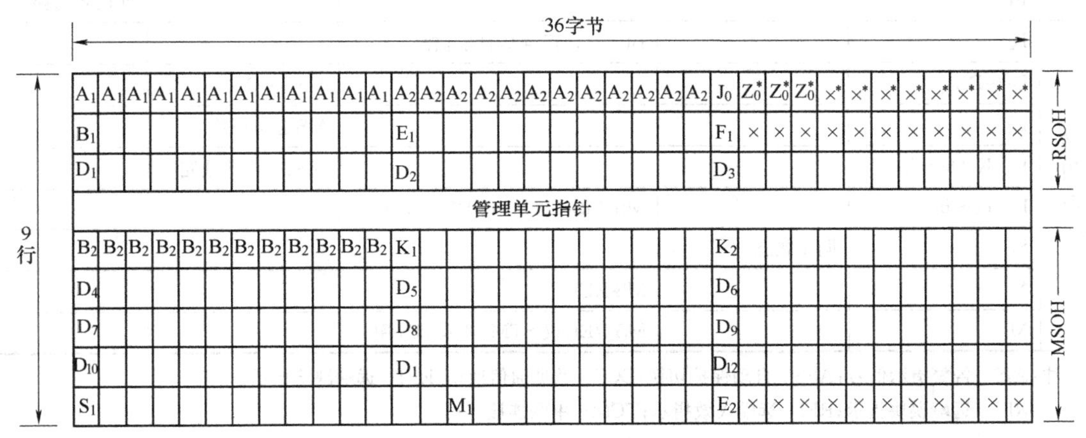

图 2-35　STM-4 SOH 字节安排

注：×为国内使用保留字节；* 为不扰码字节；所有未标注字节待将来国际标准确定(与媒质有关的应用，附加国内使用和其他用途)；Z_0 待将来国际标准确定。

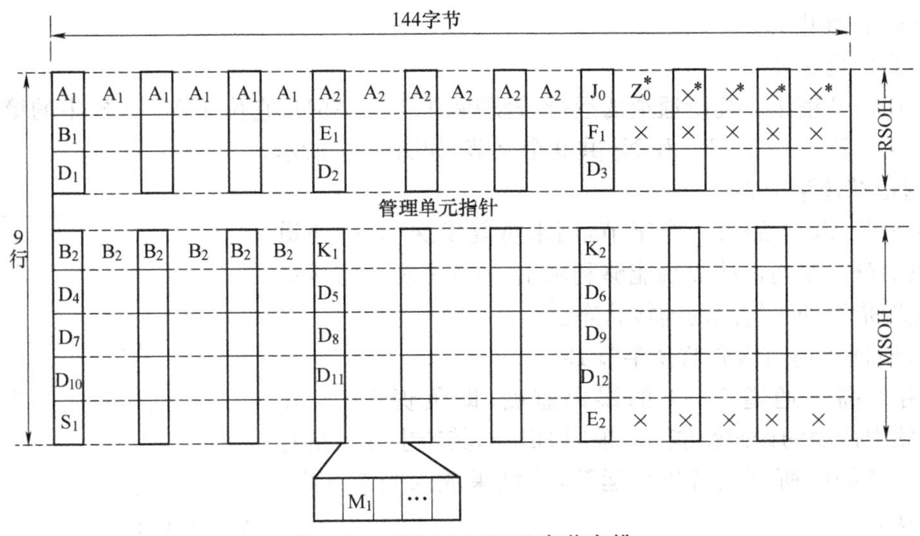

图 2-36　STM-16 SOH 字节安排

注：×为国内使用保留字节；* 为不扰码字节；所有未标注字节待将来国际标准确定(与媒质有关的应用，附加国内使用和其他用途；Z_0 待将来国际标准确定。

为便于大家的学习，现将前面介绍过的再生段和复用段开销按用途分类列于表 2-7 中。

表 2-7　开销的名称和用途

	开销名称	内部运行	维护和性能监控	公务和保护	其他
再生段RS	A_1	帧定位	OOF 和 LOF		
	A_2	帧定位	OOF 和 LOF		
	J_0	帧定位	RS-TIM		
	B_1	再生段踪迹	BIP-8，RS 误码性能监测		
	Z_0				备用
	$D_1 \sim D_3$			RS DCC	
	E_1			RS 公务联络	
	F_1				使用者通路
复用段MS	B_2		BIP-24，MS 误码性能监测		
	$D_4 \sim D_{12}$			MS　DCC	
	E_2			MS 公务联络	
	K_1，$K_2(b_1 \sim b_5)$			MS 的 APS 通路	
	$K_2(b_6 \sim b_8)$		MS-AIS(111)，MS-RDI(110)		
	S_1	同步状态			
	M_1		MS-REI		
	M_0		MS-REI，仅 STM-64 及 256 用		

注：AIS—告警指示信号；APS—自动保护切换；DCC—数据通信通路；RDI—远端缺陷指示；
REI—远端误块指示；RFI—远端失效指示；TCM—串联连接监视

三、通道开销(POH)

通道开销(POH)主要用于通道的运行、管理和维护(OAM)。通道开销可分为高阶通道开销和低阶通道开销。

(一)高阶通道开销

高阶通道开销用于高阶通道的运行、管理和维护(OAM)，它位于 VC-4 帧中的第一列，有 J_1、B_3、C_2、G_1、F_2、H_4、F_3、K_3 和 N_1 共 9 个字节，如图 2-37 所示。

1. 通道踪迹字节 J_1

J_1 字节是 VC-4 的第一个字节，用来重复发送“高阶通道接入点识别符”，使通道接收端能够利用 J_1 字节来确认与所指定的发送端是否处于持续的连接状态。

2. 高阶通道通道误码监视字节 B_3

B_3 用于高阶通道 VC-4 的误码监测，即负责 VC-4 在 STM-N 帧中传输的误码性能，B_3 采用 BIP-8，其产生方法是对前一个 VC-4 帧的所有比特进行运算，将结果放入当前 VC-4 的 B_3 字节中。

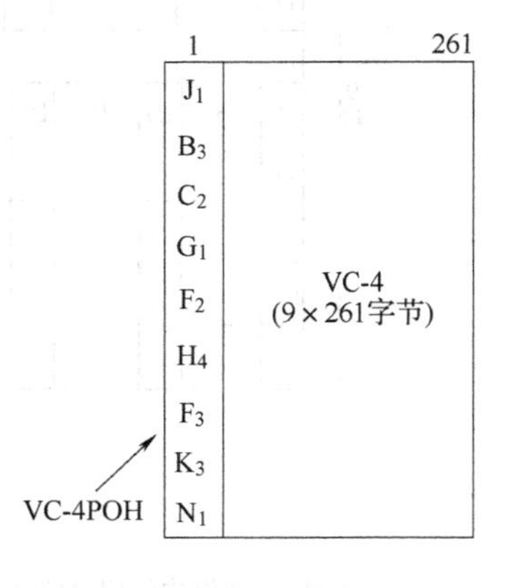

图 2-37　高阶通道开销

3. 高阶通道信号标记字节 C_2

C_2 字节用来指示 VC 帧内的复帧结构和信息净负荷性

质。高阶虚容器 VC-4 有两种组成结构，一是由 C-4 加上通道开销 POH 组成，此时装载的是 139.264 Mbit/s 支路信号。二是由 3×TUG-3 复用后再加上通道开销 POH 组成，此时装载的可能是 3×34.368 Mbit/s 支路信号（TUG-3 由 VC-3 组成时），也可能是 63×2.048 Mbit/s 支路信号（TUG-3 由 7×TUG-2 组成时）。当然，VC-4 还可能装载其他类型的信号如 ATM 信元等。为了软件处理方便，C_2 字节的作用就是指示高阶虚容器的信息结构种类和净负荷信息性质。

例如，00000000 表示通道未装载；00000100 表示 34.368 Mbit/s 信号异步映射进 C-3，00010010 表示 139.264 Mbit/s 信号异步映射进 C-4 等。

4. 高阶通道状态字节 G_1

G_1 字节的功能就是监测高阶通道的状态和性能，并回传到 VC-4 通道的起始点，以便可在高阶通道的任意端或透明点进行监测。

G_1 字节各比特的用途安排如表 2-8 所示。

表 2-8 G_1 字节各比特的用途安排

比特序号	b_1～b_4	b_5	b_6b_7	b_8
用途	远端差错指示（REI）	远端缺陷指示（RDI）	备用	备用

（1）REI—远端差错指示

G_1 字节的 b_1～b_4 比特用于远端误码块指示 REI，即表示 B_3 字节对高阶通道进行误码块检测的结果——误码块数。

（2）RDI—远端缺陷指示

G_1 字节的 b_5 比特用于高阶通道的远端缺陷指示 RDI。RDI 指示连接性缺陷和服务器缺陷。当它置“1”时，表示 VC-4/VC-3 通道出现 RDI；当它置“0”时，表示 VC-4/VC-3 通道无 RDI。

5. 通道使用者通路字节 F_2 和 F_3

这两个字节可以为通道使用者提供方便，如用于通道之间的通信，它与净负荷无关。

6. TU 位置指示字节 H_4

H_4 字节用来指示有效净负荷的复帧类别和净负荷的位置。根据我国的复用映射结构，只有当 2.048 Mbit/s 的 PDH 信号复用进 VC-4 时，H_4 字节才有意义。前面讲过，2.048 Mbit/s 信号装进 C-12 时是以 4 个基帧组成一个复帧的形式装入的，那么在收端为正确定位分离出2.048 Mbit/s信号，就必须知道当前的基帧是复帧中的第几个基帧。H_4 字节就是指示当前的 TU-12（VC-12 或 C-12）是当前复帧的第几个基帧，起着位置指示的作用。

7. 网络操作者字节 N_1

N_1 字节用于特定的管理目的。

8. 自动保护倒换（APS）通路字节 K_3

K_3（b_1～b_4）用于传送高阶通道自动保护倒换指令（即 HP-APS 协议）；K_3（b_5～b_8）目前还没有定义，留作将来使用，接收机应忽略其值。

（二）低阶通道开销

低阶通道开销用于低阶通道的运行、管理和维护（OAM）。VC-12 复帧中有 V_5、J_2、N_2 和 K_4 共 4 个字节的低阶通道开销，如图 2-38 所示。它们分别是每个 VC-12 基本帧（或称为子帧）的第一个字节。

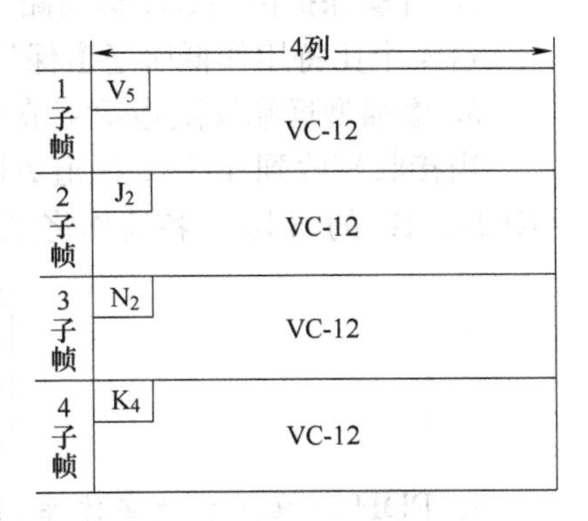

图 2-38 低阶通道开销

1. V_5 字节

V_5 是 VC-12 复帧的第一个字节，提供有关 VC-12 低阶通道的误码检测、信号标记和通道状态等功能，V_5 字节各比特的安排如表 2-9 所示。

表 2-9　V_5 字节的结构

误码监测 (BIP-2)		远端差错指示 (REI)	远端故障指示 (RFI)	信号标记 (Signal Lable)			远端接收失效指示 (RDI)
1	2	3	4	5	6	7	8

(1)BIP-2—误码监测

V_5 字节的 b_1b_2 比特用来对 VC-12 帧内信号净负荷进行误码块检测。其检测方法与段开销中的 B_1、B_2 及 VC-4/VC-3 POH 中的 B_3 略有不同，其检测原理为：b_1 比特对前一 VC-12 帧中所有字节的全部奇数比特进行偶校验，即若前一 VC-12 帧中所有字节的全部奇数比特含"1"的个数为偶数，则 b_1 比特置"0"，否则置"1"；而 b_2 比特则对前一 VC-12 帧中所有字节的全部偶数比特进行偶校验，方法同 b_1。

(2)REI—远端差错指示(b_3)

V_5 字节的 b_3 比特用来指示 BIP-2 的检测结果。若 BIP-2 对前一 VC-12 帧中所有字节的检测没有误码，则 b_3 比特置"0"；若检测有误码，则置"1"。

(3)RFI—远端故障指示(b_4)

V_5 字节的 b_4 比特用于远端故障指示，有故障时 b_4 比特置"1"，否则置"0"。

(4)信号标记($b_5b_6b_7$)

V_5 字节的 $b_5b_6b_7$ 比特用来指示虚容器 VC-12 的映射类别、是否装载等信号标记。如 000 表示 VC-12 未装载，001 表示 VC-12 装载了非特定净负荷，101 表示已装载信号但未使用等。

(5)RDI—远端接收失效指示(b_8)

V_5 字节的 b_8 比特用于 VC-12 通道远端接收失效指示 RDI，当收到支路单元 TU-12 的 AIS 或其他信号失效条件，b_8 比特置"1"，否则置"0"。

2. 通道踪迹字节 J_2

J_2 字节用来重复发送"通道接入点识别符"，以便使通道接收端能够据此确认与所指定的低阶通道发送端是否处于持续的连接状态。

3. 网络操作者字节 N_2

N_2 字节用于特定的管理目的。

4. 自动保护倒换(APS)通路字节 K_4(b_2～b_4)

这 4 个比特用作低阶通道保护倒换指令(APS)。

5. 增强型远端缺陷指示字节 K_4(b_5～b_7)

当接收端收到 TU-12 通道 AIS 或信号缺陷条件时，就向通信源端回送远端缺陷指示信号(RDI)。K_4 的第 b_8 比特留作将来使用。

1. PDH 即准同步数字体系。目前 ITU-T 推荐应用的主要有两大系列的 PDH 数字体系，即 PCM24 路系列和 PCM30/32 路系列。北美和日本采用 1.544 Mbit/s 作为基群的

PCM24路系列，欧洲和我国采用2.048 Mbit/s作为基群的PCM30/32路系列。

2. 采用光纤作为传输媒介、PDH数字系列作为系统速率的传输系统称为PDH光传输系统。它主要由数字复接设备、光线路终端设备、光中继器和光纤光缆等部分组成。

3. 光发射机的主要指标有平均发送光功率和消光比；光接收机的主要技术指标是接收灵敏度和接收的动态范围。

4. SDH是由一些基本网络单元组成，在光纤上可以进行同步信息传输、复用、分插和交叉连接的传送网络。SDH网中不含交换设备，它只是交换局之间的传输手段。

5. SDH设备是高度功能综合的设备，它将数字复用设备和光线路终端设备融为一体，将复用、交换、光电转换融为一体，在标准中淡化了设备的类型，统称为SDH网元。常见的SDH网元有终端复用器(TM)、分插复用器(ADM)、再生中继器(REG)和数字交叉连接设备(DXC)等。

6. SDH具有一套标准化的信息结构等级，称为同步传递模块STM-N(N=1、4、16、64)，其传输速率为155.520 Mbit/s、622.080 Mbit/s、2 488.320 Mbit/s、9 953.280 Mbit/s。

7. SDH采纳了以字节为单位的矩形块状的帧结构。STM-N帧由9行、270×N列字节组成，帧周期为125 μs，整个帧由段开销、信息净负荷和管理单元指针三个区域组成。

8. 将各种速率的信号装入SDH帧结构，需要经过映射、定位和复用三个步骤。

9. SDH的开销是指用于SDH网络的运行、管理和维护(OAM)的比特。SDH的开销分为段开销(SOH)和通道开销(POH)两大类，分别用于段层和通道层的维护。SOH又分为再生段开销(RSOH)和复用段开销(MSOH)。通道开销(POH)分为低阶通道开销和高阶通道开销。

复习思考题

1. PDH光传输系统由哪些部分组成？各部分的作用是什么？

2. 光发射机主要由哪几部分组成？各部分的作用是什么？

3. 光接收机主要由哪几部分组成？各部分的作用是什么？

4. 光接收机有哪些主要性能指标？它们是如何定义的？

5. 已测得某数字光接收机的灵敏度S_R为10 μW，求它的dBm值。

6. 在满足一定误码率条件下，光接收机最大接收光功率为0.1 mW，最小接收光功率1 000 nW，求光接收机的灵敏度和动态范围。

7. PDH存在什么问题？SDH有什么优点？

8. STM-1、STM-4、STM-16、STM-64的速率是多少？

9. SDH的帧结构由几部分组成，各部分的作用是什么？STM-N信号的帧周期、帧长度是多少？

10. 由STM-1的帧结构，试计算STM-1、SOH、AU-PTR的速率。

11. 什么是再生段、复用段和通道？

12. STM-1可复用进多少个2 Mbit/s信号，多少个34 Mbit/s信号，多少个140 Mbit/s信号？

13. 各种业务信号复用进STM-N帧的过程经历哪几个步骤？

14. 简述 2.048 Mbit/s、139.264 Mbit/s 的 PDH 信号复用映射成 STM-*N* 信号的过程。

15. 在我国采用的 SDH 复用结构中，如果按 2.048 Mbit/s 信号直接映射入 VC-12 的方式，一个 VC-4 中最多可以传送多少个 2.048 Mbit/s 信号？

16. 155.520 Mbit/s 信号中含有几个 VC-4？622.080 Mbit/s 信号中含有几个 VC-4？

17. E1、E2 字节均可用来传公务信息，有什么区别？每个字节提供的通道速率是多少？

18. RSOH 和 MSOH 的作用分别是什么？两者有何区别？

19. SDH 的开销是如何分类的？

20. 请说明 SDH 开销中哪些字节实现了 SDH 的再生段、复用段、高阶通道、低阶通道的误码检测功能？

21. STM-*N* 中再生段 DCC 字节、复用段 DCC 字节的传输速率分别为多少？

第三章
SDH 传输系统

SDH 传输系统是由不同类型的网元通过光缆线路连接而成的，通过不同的网元完成业务的上/下、交叉连接、网络故障自愈等传送功能。本章将介绍 SDH 网元的逻辑功能描述、SDH 网络结构与自愈保护、SDH 传输系统在高速铁路中的应用、以及 SDH 传输系统的性能指标等内容。

第一节　SDH 网络的常见网元

SDH 网元的物理实体是 SDH 设备，SDH 设备的基本类型有终端复用器（TM）、分插复用器（ADM）、再生中继器（REG）和数字交叉连接设备（DXC）等。不同 SDH 网元的功能各不相同，下面逐一进行介绍。

一、终端复用器

终端复用器（TM）的主要功能是将低速的支路信号（包括 PDH 的 2 Mbit/s、34 Mbit/s、140 Mbit/s 信号和 STM-M 信号）复用形成高速的 STM-N 信号，并完成电/光变换后在光纤中传输；在相反方向则为逆过程，即可从 STM-N 信号中分出低速支路信号，其功能如图 3-1 所示。

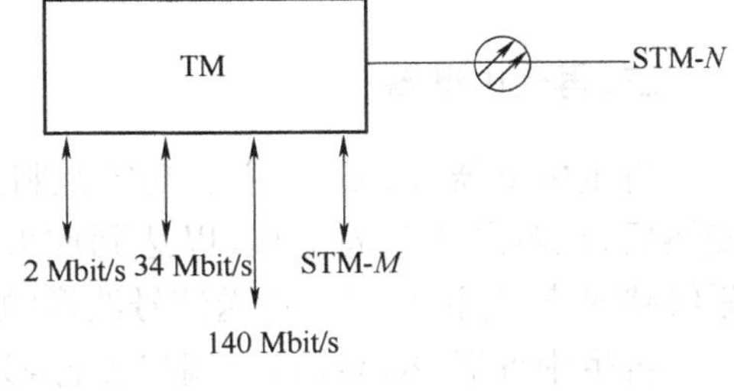

图 3-1　终端复用器功能示意图

注：$M<N$

终端复用设备是一个双端口器件，在线路一侧为标准光接口；在支路一侧为 G. 703 信号接口或 STM-M 信号（$M<N$）接口。对于 STM-1 的终端复用器，其支路接口最多可容纳 63 个 2 Mbit/s 接口，或 3 个 34 Mbit/s 接口，或 1 个 140 Mbit/s 接口。

这里要强调的是：TM 在将低速支路信号复用进线路信号 STM-N 上时，具有交叉的功能，例如：可将支路的一个 STM-1 信号复用进线路上的 STM-16 信号中的 1～16 个 STM-1 的任一个位置上。将支路的 2 Mbit/s 信号可复用到一个 STM-1 中 63 个 VC-12 的任一个位置上去。

二、分插复用器

与终端复用器不同，分插复用器（ADM）是一个三端口的器件，其中两个端口是 STM-N 光线路口，一个端口是低速的支路接口。ADM 的主要功能是将低速支路信号交叉复用进东向（e）或西向（w）线路信号上去，或从东向（e）或西向（w）接收的线路信号中拆分出低速支路信号，如图 3-2 所示。

ADM 在数字传输系统中可以替代 PDH 复杂的背靠背复接分接过程，如图 3-3 所示。此外，ADM 还可以通过内部的交换单元使其具有交叉连接的功能，能使两个 STM-N 线路信号之间的各级 VC 实现交叉连接。例如将东向 STM-16 中的第 3 个 VC-4 与西向 STM-16 中的第 15 个 VC-4 相连接。因此采用 ADM 可以在各网络层之间提供网间连接，灵活分配不同带宽和各种业务支路接口。

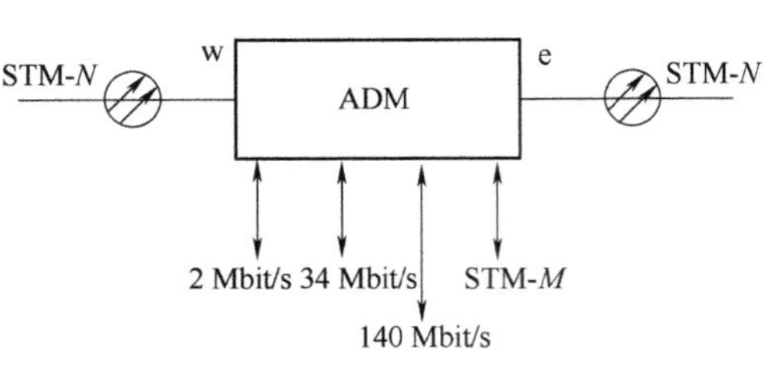

图 3-2　分插复用器功能示意图

注：$M<N$

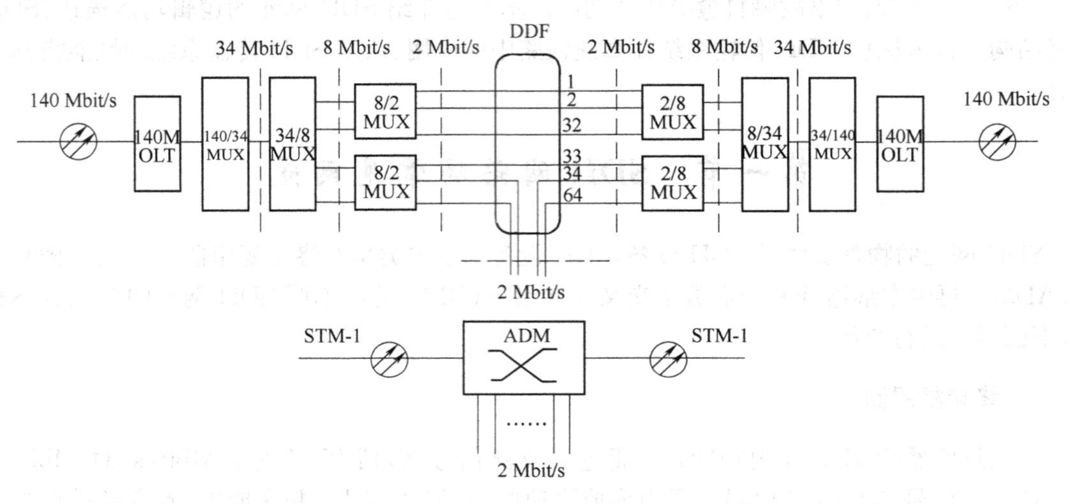

图 3-3　ADM 替代 PDH 的示例

三、再生中继器

再生中继器(REG)的主要功能是将东向或西向的光信号经光/电变换、判决再生、电/光变换后，在西向或东向输出，以达到放大光信号，不积累线路噪声，保证线路上传送信号波形的完好性。

再生中继器(REG)是双端口器件，只有两个线路端口，而没有支路端口，如图 3-4 所示。这说明 REG 不能处理业务信息，只能处理 STM-N 帧中的 RSOH，因此与 ADM 和 TM 相比，REG 没有交叉连接、复用功能。

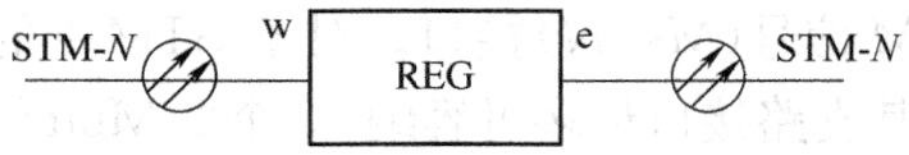

STM-N　w　REG　e　STM-N

图 3-4　再生中继器示意图

四、数字交叉连接设备

数字交叉连接设备(DXC)是一种具有多功能的传输设备，它综合了自动化配线调线、可靠的网络保护恢复以及传输网监控管理等多种功能，在 SDH 环境下充分发挥其组网能力。它的使用可使机房面积大大减小，使网的可靠性大大提高，并能经济有效地提供各种业务，为临时性的重要事件迅速提供电路。

数字交叉连接设备 DXC 是一个多端口器件，如图 3-5 所示。DXC 可以对任何端口信号速率同其他端口信号速率间实现可控连接和再连接。功能强大的 DXC 能完成高速信号(例

STM-16)在交叉矩阵内的低级别交叉连接(例如 VC-12 级别的交叉连接)。

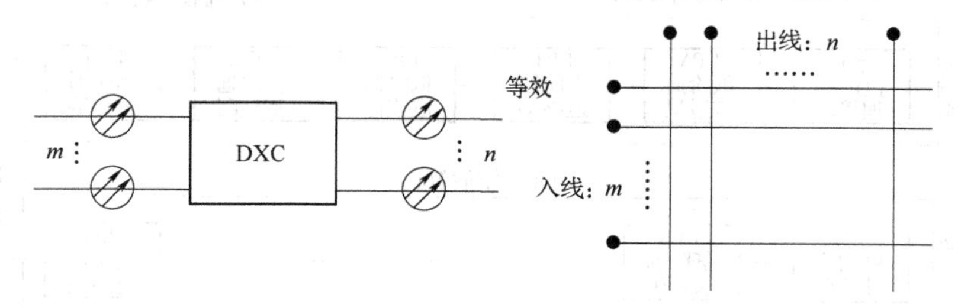

图 3-5　数字交叉连接设备功能图

通常用 DXCm/n 来表示一个 DXC 的类型和性能(注 $m \geqslant n$)，m 表示可接入 DXC 的最高速率等级，n 表示在交叉矩阵中能够进行交叉连接的最低速率级别。m 越大，表示 DXC 的承载容量越大；n 越小，表示 DXC 的交叉灵活性越大。m 和 n 的相应数值的含义见表 3-1。

表 3-1　m、n 数值与速率对应表

m 或 n	0	1	2	3	4	5	6
速　率	64 kbit/s	2 Mbit/s	8 Mbit/s	34 Mbit/s	140 Mbit/s 155 Mbit/s	622 Mbit/s	2.5 Gbit/s

我国目前采用的数字交叉连接设备主要有 DXC4/4 和 DXC4/1。其中 DXC4/1 是功能最为齐全的多用途系统，主要用于局间中继网，也可作长途网、局间中继网和本地网之间的网关，以及 PDH 与 SDH 之间的网关；DXC4/4 是宽带数字交叉连接设备，对逻辑能力要求较低，接口速率与交叉连接速率相同，采用空分交换方式，交叉连接速率快，主要用于长途网的保护/恢复和自动监控。

第二节　SDH 设备的逻辑功能描述

SDH 体制要求不同厂家的产品实现横向兼容，这就必然会要求设备的实现要按照标准的规范。然而不同厂家的设备千差万别，那么怎样才能实现设备的标准化，以达到互连的要求呢？

国际电信联盟(ITU-T)在 G.783 建议中，采用逻辑功能参考模型的方法对 SDH 设备进行规范，它将设备所应完成的功能分解为各种基本的标准功能块，功能块的实现与设备的物理实现无关，不同的设备由这些基本的功能块灵活组合而成，以完成设备不同的功能。通过基本功能块的标准化，规范了设备的标准化，同时也使规范具有普遍性，叙述也更清晰简单。

一、SDH 设备逻辑功能的描述

SDH 设备的一般逻辑功能组成如图 3-6 所示，该图概括了所有 SDH 设备的功能，也就是说，任何一种 SDH 设备将是图 3-6 所示的部分或全部功能的组合。

图中的每一小方块代表一个基本功能，不同名称的基本功能块的功能不同；用虚线框的部分是复合功能块，它们都是由多个基本功能块经过灵活组合而形成的。此外，还有定时、开销和管理等辅助功能块，下面对各功能块作简单介绍。

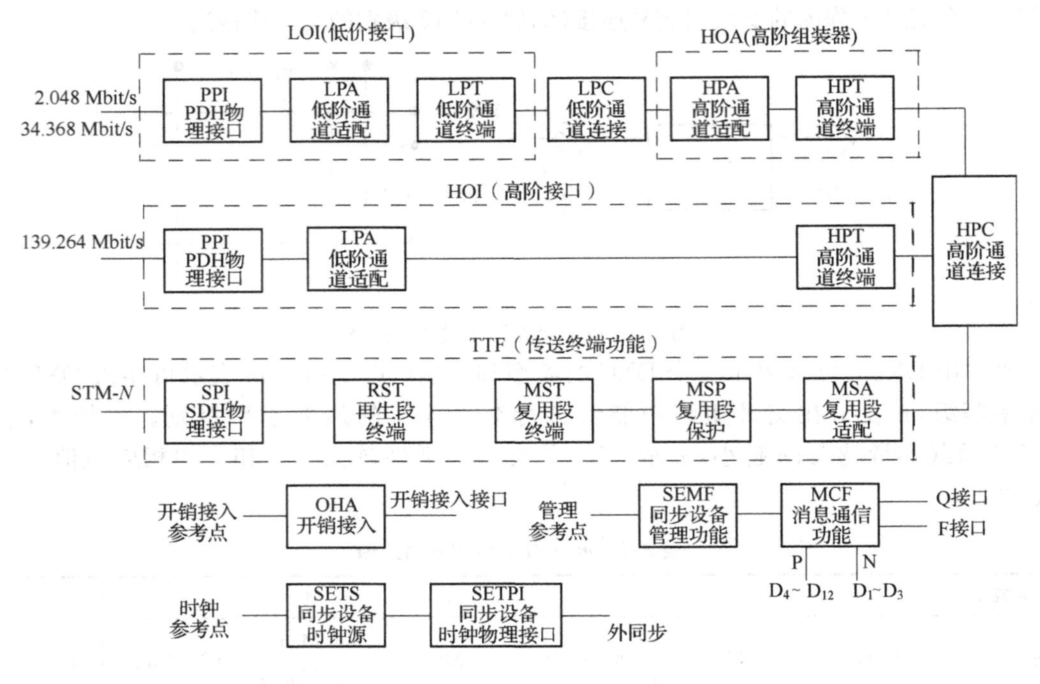

图 3-6　SDH 设备的逻辑功能框图

(一)基本功能块

1. SPI——SDH 物理接口功能块

SPI 的作用是完成 STM-*N* 线路接口信号与逻辑电平信号之间的相互转换，提取线路定时信号，以及相应告警的检测。

如果 SPI 收不到线路送来的 STM-*N* 信号，SPI 产生接收信号丢失告警(R-LOS)，并将 R-LOS 传送给 RST 的同时，送往同步设备管理功能块 SEMF。

2. RST——再生段终端功能块

RST 是再生段开销 RSOH 的源和宿，即 RSOH 在 RST 中生成和终结，而再生段是两个 RST 功能块之间的维护实体。RST 的功能是处理再生段开销 RSOH 的各个字节。

(1)对于从 SPI 接收过来的完整的 STM-*N* 信号，RST 首先搜寻 A_1 和 A_2 字节进行帧定位并识别帧头的位置。若 RST 连续 5 帧以上无法正确定帧，设备进入帧失步(OOF)状态，RST 功能块上报接收信号帧失步告警(R-OOF)。若 R-OOF 持续了 3 ms 以上，则设备进入帧丢失状态，RST 上报帧丢失(R-LOF)告警，并产生全“1”信号送往 MST。该过程如图 3-7 所示。

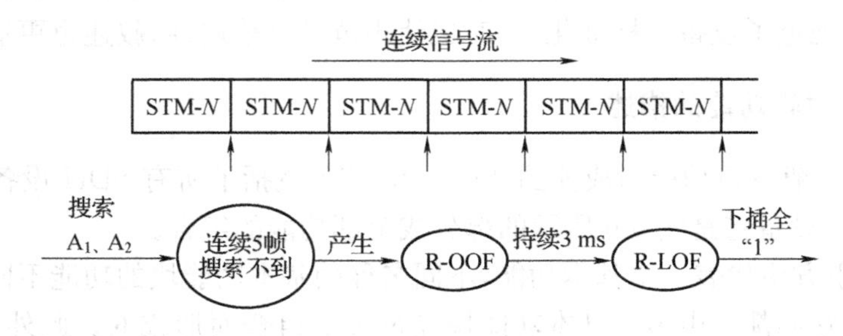

图 3-7　帧定位过程示意图

RST对输入信号进行正确定帧之后，RST对RSOH第一行之外的所有字节进行处理：提取E_1字节传给开销接入功能块（OHA）处理公务联络电话；提取$D_1 \sim D_3$字节传给同步设备管理功能块（SEMF），为网管人员提供SDH网络的运行、维护和管理信息。

（2）对于从MST过来的信号，RST的作用就是确定RSOH，形成完整的STM-N信号及定时信号。如产生帧定位字节A_1、A_2和再生段踪迹字节J_0、计算误码监测字节B_1、插入数据通路字节$D_1 \sim D_3$字节等，并对除RSOH第一行字节外的所有字节进行扰码。

3. MST——复用段终端功能块

MST是复用段开销MSOH的源和宿，即在构成STM-N信号的复用过程中加入MSOH，而在解复用过程中取出MSOH。

（1）从RST过来的是已恢复了RSOH的STM-N信号，MST的功能就是进一步处理复用段开销MSOH的各个字节。具体来讲：

MST对B_2字节进行校验，发生的错误上报给同步设备管理功能块SEMF，供其作为性能监视；提取$D_4 \sim D_{12}$字节给SEMF，供其处理复用段OAM信息；提取E_2字节传给OHA，供其处理复用段公务联络信息等。

（2）从MSP功能块过来的是STM-N净负荷，MSOH和RSOH是未定的，MST的主要功能就是确定MSOH字节。例如计算误码监测字节B_2、插入公务联络字节E_2、数据通路字节$D_4 \sim D_{12}$字节及M_1字节等，并将其写入接收信号中，形成复用段信号传至RST。

4. MSP——复用段保护功能块

MSP用以在复用段内保护STM-N信号，防止随路故障，它通过对STM-N信号的监测、系统状态评价，将故障信道的信号切换到保护信道上去（复用段倒换）。ITU-T规定保护倒换的时间控制在50 ms以内。

要进行复用段保护倒换，设备必须要有冗余（备用）的信道。两个端对端的TM复用段保护，如图3-8所示。

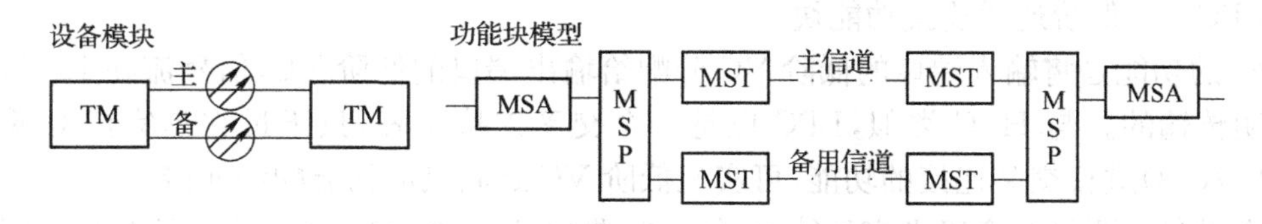

图3-8 TM的复用段保护示意图

复用段倒换的故障条件是接收信号丢失（R-LOS）、接收信号帧丢失（R-LOF）、复用段告警指示（MS-AIS）和复用段误码过量（MS-EXC(B_2)）。

5. MSA——复用段适配功能块

MSA功能块提供了高阶通道进入AU-4的适配、AUG的组合和分解、字节间插复用和解复用，以及指针的产生、解释和处理等多种功能。

（1）从MSP的过来的信号为带定时的STM-N净负荷，在MSA中首先进行字节消间插处理，分成一个个AU-4，然后进行AU-4指针处理，恢复VC-4信号。

若AU-4指针丢失，MSA将产生AU-LOP告警，并向HPC发全“1”信号。

（2）对于从HPC过来的信号，MSA对接收的VC-4信号进行定位，加入AU-PTR形成AU-4，多个AU-4经过字节间插复用后形成AUG，进而形成STM-N净负荷。

6. HPC——高阶通道连接功能块

HPC的功能是完成高阶通道VC-4的交叉连接和调度，即将输入端口的VC-4分配给输出端口的VC-4。HPC的核心是一个交叉连接矩阵，它是实现高阶通道在DXC和ADM中交叉连接的关键，它使业务的配置灵活、方便。

这里要强调的是：HPC的交叉连接功能仅指选择或改变VC-4的路由，而不对信号进行处理。

7. HPT——高阶通道终端功能块

HPT是高阶通道开销的源和宿，即在构成STM-*N*净负荷过程中加入高阶通道开销(POH)，而在分解过程中取出POH。

(1)HPT将从HPC接收的VC-4信号中取出高阶通道开销POH，进行通道开销的处理，并向LPA输出高阶容器数据流C-4。

(2)反方向，HPT接收的是来自LPA的C-4信号，HPT的功能之一就是确定高阶POH并将其装入C-4，以形成VC-4。

8. HPA——高阶通道适配功能块

HPA的主要功能是完成高阶通道与低阶通道之间的组合和分解以及指针处理等工作。HPA的作用有点类似MSA，只不过HPA进行的是通道级的处理，产生TU-PTR，将C-4拆分成VC-12(对2 Mbit/s的信号而言)。

(1)对于从HPT过来的信号，HPA首先将接收的C-4进行消间插处理，分解成63个TU-12，然后处理TU-PTR，进行VC-12在TU-12中的定位、分离，向LPC输出63个VC-12信号。

若TU-PTR丢失，则HPA产生相应通道的TU-LOP告警，并向LPC输出全"1"信号。

(2)对于从LPC过来的信号，HPA的作用是对输入的VC-12进行定位——加入TU-PTR，形成TU-12，然后将63个TU-12通过字节间插复用，产生TUG-2、TUG-3，最后形成C-4。

9. LPC——低阶通道连接功能块

LPC的功能是将输入端口的低阶VC分配给输出端口的低阶VC，信号流在LPC功能块处是透明传输的。与HPC类似，LPC也是一个交叉连接矩阵，只不过它是完成对低阶VC(VC-12/VC-3)进行交叉连接的功能，可实现低阶VC之间灵活的分配和连接。

一个设备若要具有全级别交叉能力，就一定要包括HPC和LPC，用来完成VC-4级别的交叉连接和VC-3、VC-12级别的交叉连接。

10. LPT——低阶通道终端功能块

LPT是低阶通道开销的源和宿，用以产生和终结低阶通道开销。LPT包括VC-12通道终端和VC-3通道终端，这里仅介绍VC-12通道终端。

(1)对来自LPC的信号，LPT的作用是从VC-12中取出低阶通道开销(POH)并进行处理，恢复C-12。

(2)对来自LPA的信号，LPT的作用是产生低阶通道开销(POH)，加入到C-12中，构成完整的低阶VC-12信号。

11. LPA——低阶通道适配功能块

LPA是通过映射和去映射的方式，完成PDH信号与SDH信号网络之间的适配过程。如将2.048 Mbit/s、34.368 Mbit/s、139.268 Mbit/s的PDH信号映射进C-12、C-3、C-4中，或经去映射，从C-12、C-3、C-4中恢复出2.048 Mbit/s、34.368 Mbit/s、139.268 Mbit/s信号。

12. PPI——PDH物理接口功能块

PDH物理接口是SDH设备与PDH各次群信号之间的接口。PPI功能块的主要作用是把PDH信号进行码型变换转换成内部的普通二进制信号、提取支路定时信号，或作相反的处理。

（二）复合功能块

SDH设备的复合功能块有：传送终端功能块（TTF）、高阶接口（HOI）、高阶组装器（HOA）和低阶接口（LOI）。

1. TTF——传送终端功能块

TTF的主要功能是将接收到的STM-*N*光信号转换成信息净负荷信号（VC-4），并终结段开销，或作相反的处理。TTF由SPI、RST、MST、MSP、MSA构成，它是SDH设备必不可少的部分。

2. LOI——低阶接口

LOI由PPI、LPA、LPT三个基本功能块组成。低阶接口功能块的主要功能是将VC-12、VC-3信号去映射形成2 Mbit/s、34 Mbit/s的PDH信号，或将2 Mbit/s、34 Mbit/s的PDH信号经映射处理适配进VC-12、VC-3信号。

3. HOI——高阶接口

HOI由HPT、LPA、PPI三个基本功能块组成。它的主要功能是将140 Mbit/s的PDH信号映射形成VC-4信号，或将VC-4信号去映射形成140 Mbit/s的PDH信号。

4. HOA——高阶组装器

HOA由HPT、HPA两个基本功能块组成。其主要功能是将多个低阶通道信号VC-12（或VC-3）复用形成高阶通道信号VC-4，或作相反的处理。

在实际的物理设备上，传送终端功能块的功能一般由光线路接口板来完成，高阶接口、高阶组装器、低阶接口的功能一般由电支路接口板完成，低阶通道连接和高阶通道连接的功能一般由交叉板完成。

（三）辅助功能块

SDH设备除了要完成数据的同步复用功能之外，还包括定时、开销和管理等辅助功能块，这些辅助功能块是SEMF、MCF、OHA、SETS、SETPI。

1. SEMF——同步设备管理功能块

SEMF的作用是收集其他功能块的状态信息，进行相应的管理操作。这包括向本站各个功能块下发命令，收集各功能块的告警、性能事件，通过数据通信通道（DCC）向其他网元传送运行、维护和管理信息（OAM），向网络管理终端上报设备告警、性能数据以及响应网管终端下发的命令。

2. MCF——消息通信功能块

MCF功能块实际上是SEMF与其他功能块和网管终端的一个通信接口，通过MCF，SEMF可以和网管进行消息通信（F接口、Q接口），以及通过N接口和P接口分别与RST和MST上的DCC通道交换OAM信息，实现网元和网元间的OAM信息的互通。

MCF上的N接口传送D_1～D_3字节（DCC_R），P接口传送D_4～D_{12}字节（DCC_M），F接口和Q接口都是与网管终端的接口，通过它们可使网管能对本设备及至整个网络的网元进行统一管理。

在物理设备上，SEMF和MCF一般由系统控制和通信板实现，如华为公司的SCC板。

3. SETS——同步设备定时源功能块

数字网都需要一个定时时钟以保证网络的同步，使设备能正常运行，而SETS功能块的作用就是提供SDH网元乃至SDH系统的定时时钟信号。

SETS时钟信号的来源有4个：

(1)由SPI功能块从线路上的STM-*N*信号中提取的时钟信号；

(2)由PPI从PDH支路信号中提取的时钟信号；

(3)由SETPI(同步设备定时物理接口)提取的外部时钟源，如2 MHz方波信号或2 Mbit/s信号；

(4)当这些时钟信号源都劣化后，为保证设备的定时，由SETS的内置振荡器产生的时钟。

4. SETPI——同步设备定时物理接口

SETPI用作SETS与外部时钟源的物理接口，SETS通过SETPI接收外部时钟信号或提供外部时钟信号。

在物理设备上，SETS和SETPI两功能一般由时钟板或时钟控制板完成，或将其与其他单板集成在一起，如华为公司的GXCS板。

5. OHA——开销接入功能块

OHA的作用是从RST和MST中提取或写入相应的开销字节，包括公务联络字节E_1和E_2，使用通路字节F_1、网络运营字节及备用或未被使用的开销，在物理设备上，此功能一般对应一块开销处理板，有的设备可能也称公务板。

为了对SDH逻辑功能框图有进一步的了解，下面以2.048 Mbit/s信号复用形成STM-1信号为例，画出完成这一过程的SDH设备逻辑功能框图，如图3-9所示。图中每一个功能块提供映射和复用过程中一个步骤所需的功能。读者可在记住功能块名称的基础上体会它的作用。

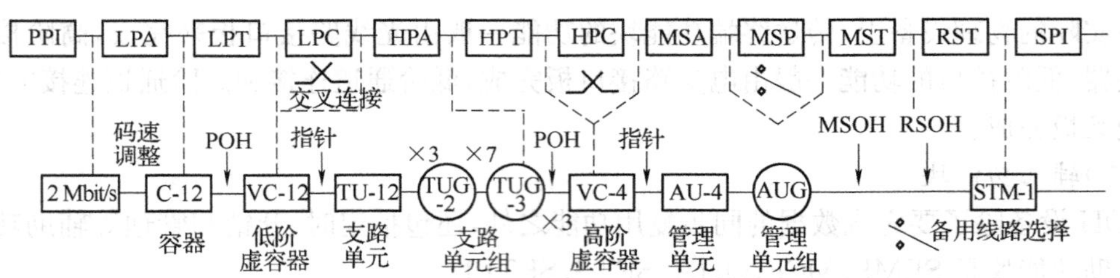

图3-9　2.048 Mbit/s信号的复用过程与逻辑功能的对应关系

二、SDH网元的逻辑功能组成

不同SDH网元的功能各不相同，因而构成其设备的逻辑功能框图也不同，下面逐一进行介绍。

1. TM——终端复用器

终端复用器的作用是将支路端口的低速信号复用到线路端口的高速信号STM-*N*中，或从STM-*N*信号中分出低速支路信号。具有交叉连接功能的终端复用器的逻辑功能框图如图3-10所示。

图中，STM-*N*为线路端口，2 Mbit/s、34 Mbit/s、140 Mbit/s及STM-*M*信号为支路端口信号。LOI的作用是将PDH的2 Mbit/s信号经映射适配进VC-12中；HOA的作用是将低阶的VC-12组装为高阶的VC-4；HOI的作用是将PDH的140 Mbit/s信号经映射适配进VC-4中；LPC、HPC分别完成对低阶通道VC-12、高阶通道VC-4进行交叉连接的功能，以实

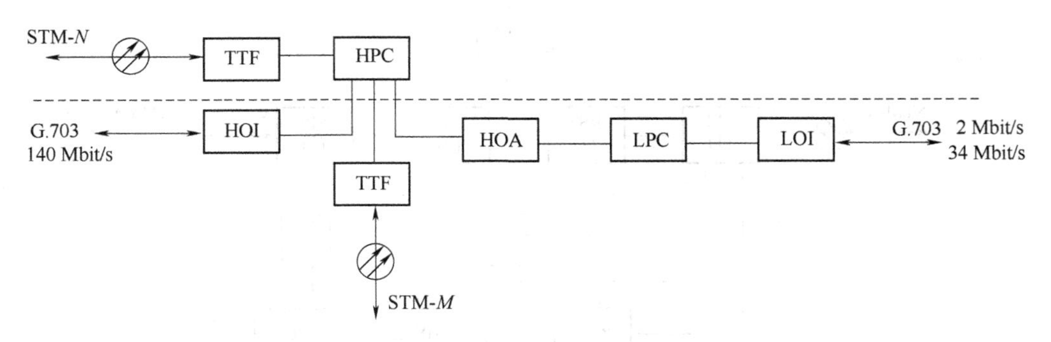

图 3-10 TM 逻辑功能示意图

注:$M<N$

现 VC 之间灵活的分配和连接;TTF 完成对 VC-4 信号的定位及复用功能,形成 STM-N 信号,并完成电/光转换,将 STM-N 光信号送入光纤中进行传输。

2. ADM——分插复用器

分插复用器 ADM 的作用是将低速支路信号交叉复用进东或西向线路信号上去,或从东向或西向接收的线路信号中拆分出低速支路信号。具有交叉连接功能的分插复用器的逻辑功能框图如图 3-11 所示。

由图 3-11 可以看出,分插复用器既提供分出和插入各种速率等级的 PDH 信号的能力,又提供分出和插入 STM-M 速率等级的 SDH 信号的能力。

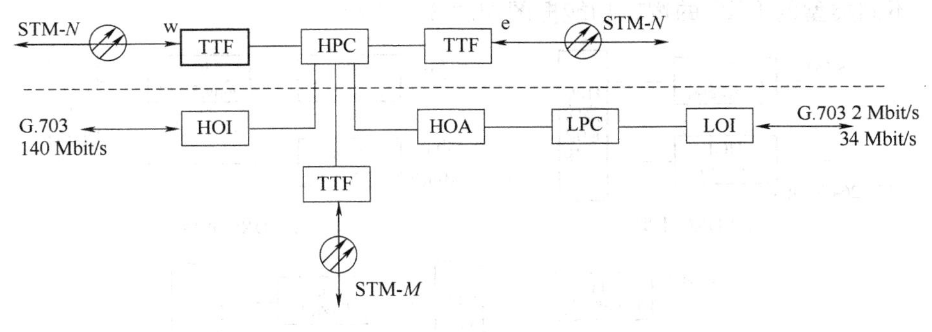

图 3-11 ADM 逻辑功能示意图

注:$M<N$

3. REG——再生中继器

REG 的作用是对衰减的光信号进行放大、再生,将东/西向的 STM-N 信号传到西/东向线路上去。此外,还对再生段开销(RSOH)进行终结和处理。再生中继器的逻辑功能框图如图 3-12 所示。

图中,SPI(1)的作用是将接收的 STM-N 光信号转换成电信号,并从 STM-N 信号中提取定时信号送入再生器定时发生器(RTG),同时对 STM-N 电信号进行放大、判决再生,此时 SPI(1)输出的 STM-N 电信号完全满足传输网络的性能要求。

RST(1)的作用是对 STM-N 电信号进行帧定位和解扰码,并提取出再生段开销 RSOH,传送给 OHA 进行处理;RST(2)将来自 RST(1)的带有定时的 STM-N 定帧信号,在空白的段开销区域插入新的再生段开销字节,并对 RSOH 第 1 行以外的所有字节进行扰码处理形成完整的 STM-N 帧信号送至 SPI(2)。

SPI(2)的作用是将 STM-N 电信号转换为相应的光信号,并送入光纤中进行传输。

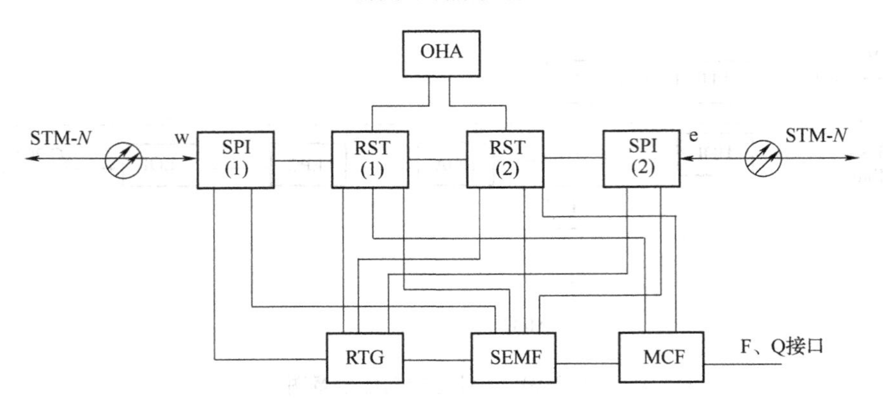

图 3-12 REG 功能示意图

注：SPI—SDH 物理接口；RST—再生段终端；OHA—开销接入；

RTG—再生器定时产生器；SEMF—同步设备管理功能；MCF—消息通信功能

4. DXC——数字交叉连接设备

DXC 是兼有复用、配线、保护/恢复、监测和网络管理等多种功能的一种传输设备。数字交叉连接设备有三种类型，其中 DXCⅠ型的设备只包含高阶通道连接(HPC)功能块，因而仅仅提供 VC-4 的交叉连接功能；DXCⅡ型的设备只包含低阶通道连接(LPC)功能块，因而仅仅提供 VC-12 的交叉连接功能；DXCⅢ型的设备既包含有高阶通道连接(HPC)功能块，也包含有低阶通道连接(LPC)功能块，所以可以提供所有级别虚容器(VC-12、VC-3、VC-4)的交叉连接功能。不同类型的 DXC 的逻辑功能框图如图 3-13 所示。

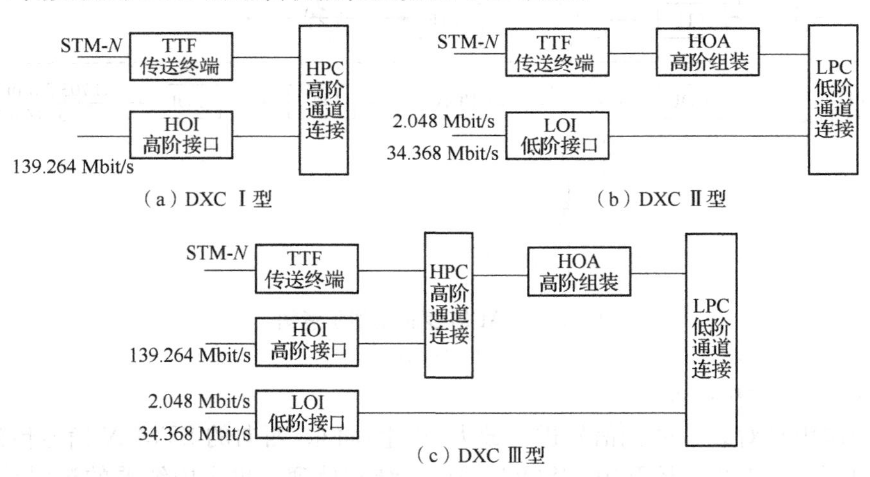

图 3-13 DXC 逻辑功能示意图

第三节 SDH 网络的拓扑结构

网络的物理拓扑泛指网络的形状，即网络节点和传输线路的几何排列。网络的效能、可靠性和经济性等在很大程度上与具体的物理拓扑有关。

一、基本的拓扑结构

SDH 网络的基本物理拓扑有 5 种类型：线形、星形、树形、环形和网孔形。

1. 线形

线形拓扑是将网络中各节点一一串联，并保持首尾两个节点开放的网络结构，如图 3-14(a)所示。在线形网络的两端节点上配置有 TM，而中间节点上配置有 ADM。

线形拓扑的优点是结构简单，便于采用线路保护方式进行业务保护，投资小、容量大，具有良好的经济效益，因此很多地区采用此种结构来建立 SDH 网络。其缺点是生存性差，当光缆完全中断时，此种保护功能失效。

2. 星形

星形拓扑结构如图 3-14(b)所示。在星形拓扑结构中，除枢纽点（中心节点）之外的任意两个节点之间的通信，都必须通过枢纽点才能进行，因而一般在枢纽点配置 DXC 以提供多方向的互连，而在其他节点上配置 TM。

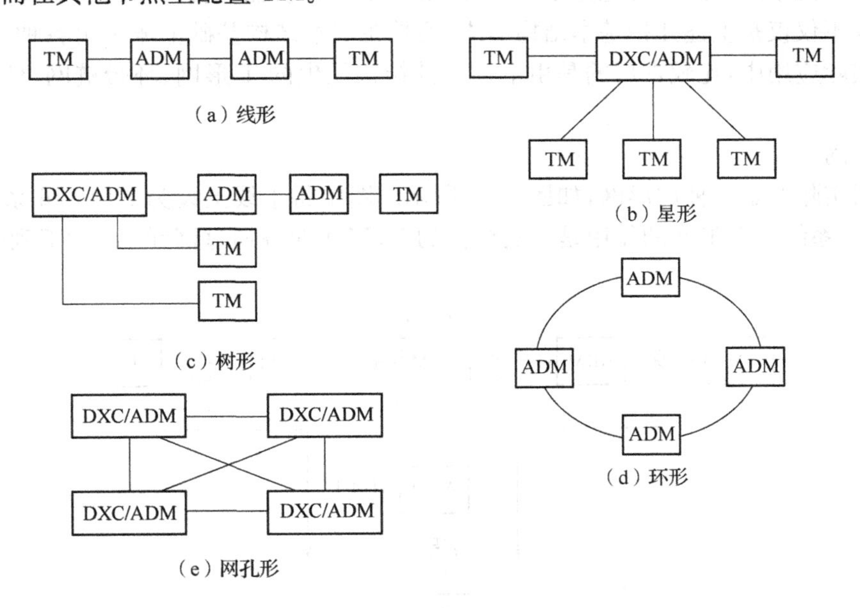

图 3-14　网络基本物理拓扑类型

星形拓扑结构要求枢纽节点具有很强的业务处理能力，以疏导各节点之间的通信业务。星形拓扑的特点是投资和运营成本较低，但枢纽节点上的业务过分集中，并且只允许采用线路保护方式，因此系统的可靠性能不高。目前星形拓扑多使用在业务集中的接入网中。

3. 树形

树形拓扑如图 3-14(c)所示，它可以看成是线形拓扑和星形拓扑的结合。这种拓扑结构适合于广播式业务，但存在瓶颈问题和光功率预算限制问题。它不适于提供双向通信业务，有线电视网多采用这种网络结构。

4. 环形

环形拓扑是指将所有网络节点串联起来，并且使之首尾相连，构成一个封闭环路的网络结构，如图 3-14(d)所示。通常在环形结构中的各节点上可选用 ADM，也可以选用 DXC 来作为节点设备。

这种网络结构的一次性投资要比线形网络大，但其结构简单，而且在系统出现故障时，具有自愈功能，即系统可以自动地进行环回倒换处理，排除故障网元，而无需人为的干涉就可恢复业务的功能。这对现代大容量光纤网络是至关重要的，因而环形结构受到人们的广泛关注。

5. 网孔形

网孔形拓扑是指若干个网络节点直接互连的网络结构，如图 3-14(e)所示。网孔形结构由于两点间有多种路由可选，可靠性很高，但结构复杂，成本较高。在 SDH 网中，网孔形结构的各节点主要采用 DXC，一般用于业务量很大的一级长途干线。

综上所述，所有这些拓扑结构都有各自的特点，在网络中都有可能获得不同程度的应用。一般来说，本地网(即接入网或用户网)中，适于用环形和星形拓扑，有时也可用线形拓扑。在市内局间中继网中适于用环形和线形拓扑，而长途网可能需要网孔形拓扑和环形拓扑。

二、拓扑结构的组合应用

由于传输网络的用途不可能完全相同，网络的服务等级也不相同，因此，实际光传输网络的拓扑结构不仅仅是上述几种基本结构形式，而是在基本结构基础上派生出各种混合结构的应用。在实际应用中，比较常用的是由上述拓扑结构派生的 T 形网、环带链网、环相切网、环相交网等。

1. T 形网

T 形网实际上是一种树形网，如图 3-15 所示。图中将干线上设为 STM-16 系统，支线上设为 STM-4 系统。T 形网的作用是将支线上的 STM-4 业务通过网元 A 上/下到干线 STM-16 系统上去。

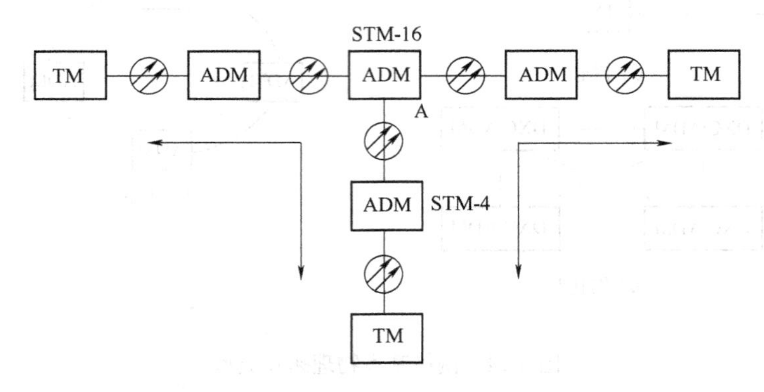

图 3-15　T 形网拓扑图

2. 环带链

环带链的网络结构如图 3-16 所示。它是由环形和链形两种基本拓扑形式组成，链接点在网元 A 处，链上的 STM-4 业务作为网元 A 的低速支路业务，并通过网元 A 的分/插功能上/下到 STM-16 环网中。STM-4 业务在链上无保护，上环会享受环网的保护功能。

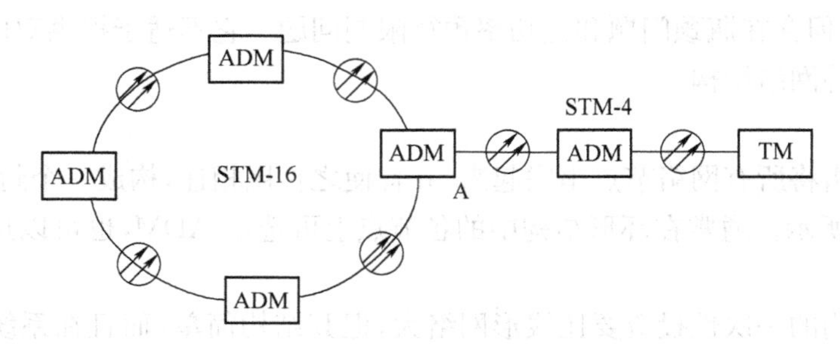

图 3-16　环带链拓扑图

3. 相切环

相切环的网络结构如图 3-17 所示。图中三个环相切于公共节点网元 A，网元 A 可以是 DXC，也可用 ADM 等效（环Ⅱ、环Ⅲ均为网元 A 的低速支路）。这种组网方式可使环间业务任意互通，具有比通过支路跨接环网更大的业务疏导能力，业务可选路由更多，系统冗余度更高。不过这种组网存在重要节点（网元 A）的安全保护问题。

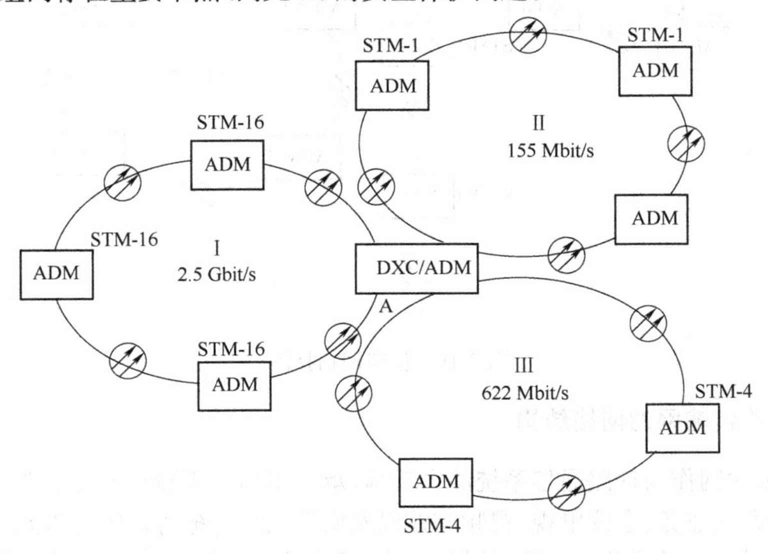

图 3-17 相切环拓扑图

4. 相交环

为备份重要节点及提供更多的可选路由，加大系统的冗余度，可将相切环扩展为相交环，如图 3-18 所示。

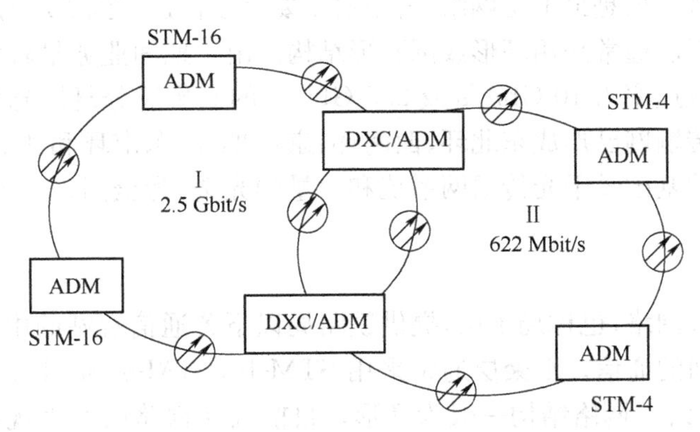

图 3-18 相交环拓扑图

5. 枢纽网

枢纽网的网络结构如图 3-19 所示。图中，网元 A 作为枢纽点可在支路侧接入各个 STM-1 或 STM-4 的链路或环，通过网元 A 的交叉连接功能，提供支路业务上/下主干线，以及支路间业务互通。支路间业务的互通经过网元 A 的分/插，可避免支路间铺设直通路由和设备，也不需要占用主干网上的资源。

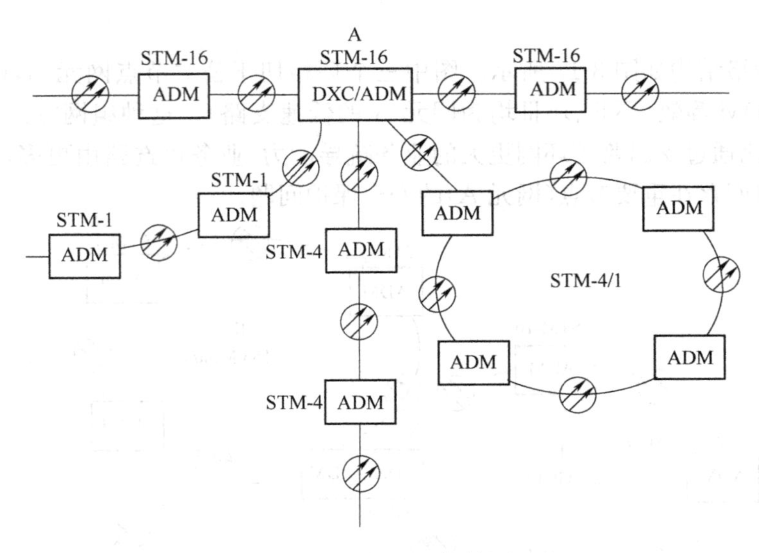

图 3-19　枢纽网拓扑图

三、我国铁路传输网的网络结构

我国铁路传输网作为铁路通信系统的大动脉，承载着所有系统的信息传输，如 GSM-R 业务、调度通信与数据业务、会议电视、视频监控以及旅客信息服务等。随着近几年铁路信息化、客运专线建设的加快，其承载的语音、数据、图像、视频等信息更加丰富，可靠性要求也会更高。

我国铁路传输网的网络结构总体上可分为三层，从高到低依次为骨干层、汇聚层和接入层，如图 3-20 所示。

1. 骨干层

铁路传输网的骨干层是最上层网络，骨干层主要用于铁道部到 18 个铁路局和各铁路局之间的长途通信。骨干层通常采用环形或网孔形结构。由于期间业务量较大，因而一般采用 40 波或 32 波为主，单波速率为 10 Gbit/s 或 2.5 Gbit/s 的密集波分复用光传送系统(DWDM)，目前我国铁路骨干传输网已形成东北环、西南环、京沪穗环、东南环和西北环五大基础波分复用系统。这些重要的基础骨干光传送网系统和大量的光缆，为全国铁路通信提供了充足的基础传送承载条件。

2. 汇聚层

汇聚层是第二层网络，也称局干层，提供铁路局以下各通信端站的中继通道，用于铁路局内较大通信站点之间的通信。汇聚层通常采用 STM-16/STM-64SDH 光纤传输系统，以及少量的 DWDM 传输系统。网络结构一般为环形。目前高速铁路已经大规模应用，汇聚层主要承载了电力远动系统、视频系统、数据网系统以及防灾系统等网络通道。

3. 接入层

接入层是铁路接入网业务接入的基础网络，也是一个为铁路沿线各类通信业务提供各种接入接口的网络。接入层网络位于最低层面，通过接入网，可以将用户信息接入到相应的通信业务网络节点，并在传输网的支撑下，实现铁路通信的相应功能。接入层多采用 STM-1/STM-4SDH 光传输系统。网络结构一般也为环形，并辅以少量线性网结构。

接入网的主要业务包括数字调度、会议电视、环境监测、应急救援指挥、无线列调、运输管理信息系统(TMIS)、客票系统(PMIS)、红外轴温、调度指挥管理系统(TDCS)、微机监测、牵引供电远动、电力远动、编组场视频监控、综合视频监控系统、调度集中系统(CTC)、公安信息系统等。

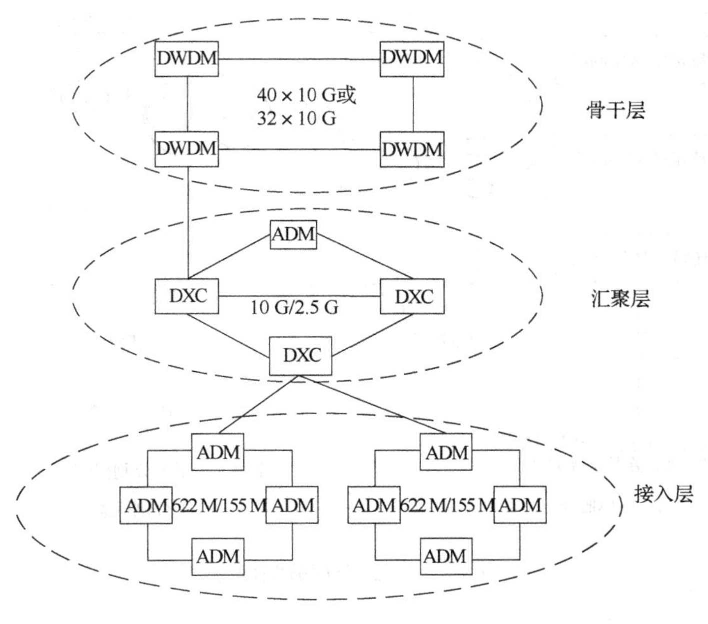

图 3-20　我国铁路传输网的网络结构

第四节　SDH 传送网的分层模型

传送网就是完成传送功能的手段,它与应用中经常遇到另一个术语——传输网的基本区别是:传送网是从信息传递的功能过程来描述,而传输网具体指实际设备组成的网络。在某种意义下,传输网(或传送网)又都可泛指全部实体网和逻辑网。

一、分层和分割的基本概念

为了能够使 SDH 传送网具有组网灵活、简单的特性,同时又便于描述,通常将传送网进行纵向分层和横向分割,如图 3-21 所示。即传送网可以从纵向(垂直方向)分解为若干个独立的传送网络层,上下相邻的网络之间具有客户/服务者关系。对纵向的每一层网络,可从横向(水平方向)分割为若干相对不同甚至独立的部分(子网)。

二、SDH 传送网的分层模型

SDH 传送网纵向的分层模型如图 3-22 所示,从上至下依次为电路层、通道层和传输媒质层。在每两层网络之间连接节点处,下层为上层提供透明服务,上层为下层提供服务内容。

1. 电路层

电路层是直接为用户提供通信业务的一层网络。提供的通信业务有电路交换业务、分组交换业务和租用线业务等。电路层网络的主要设备包括用于交换各种业务的交换机、用于租用线业务的交叉连接设备以及 IP 路由器等。

2. 通道层

通道层网络支持一个或多个电路层网络,为电路层网络节点(如交换机)提供透明通道,例

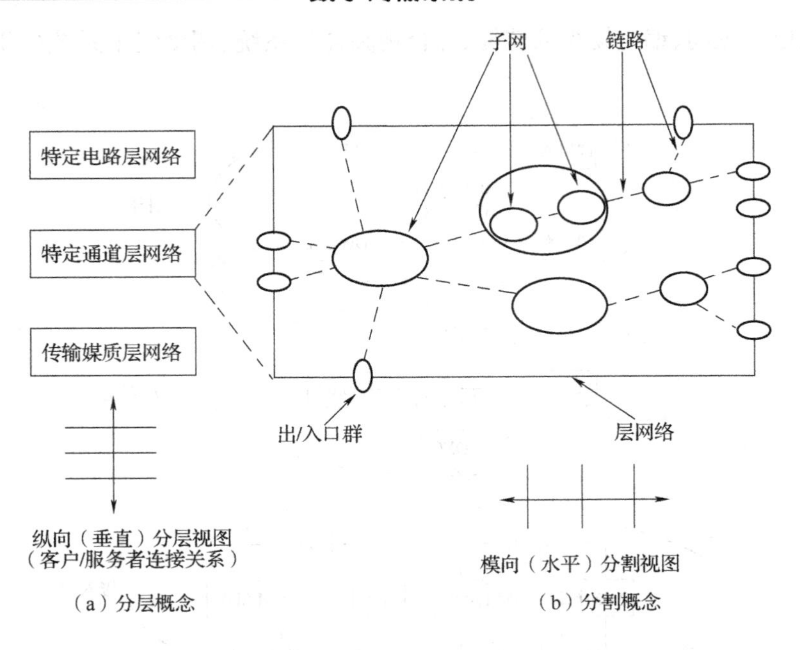

图 3-21　网络分层分割概念

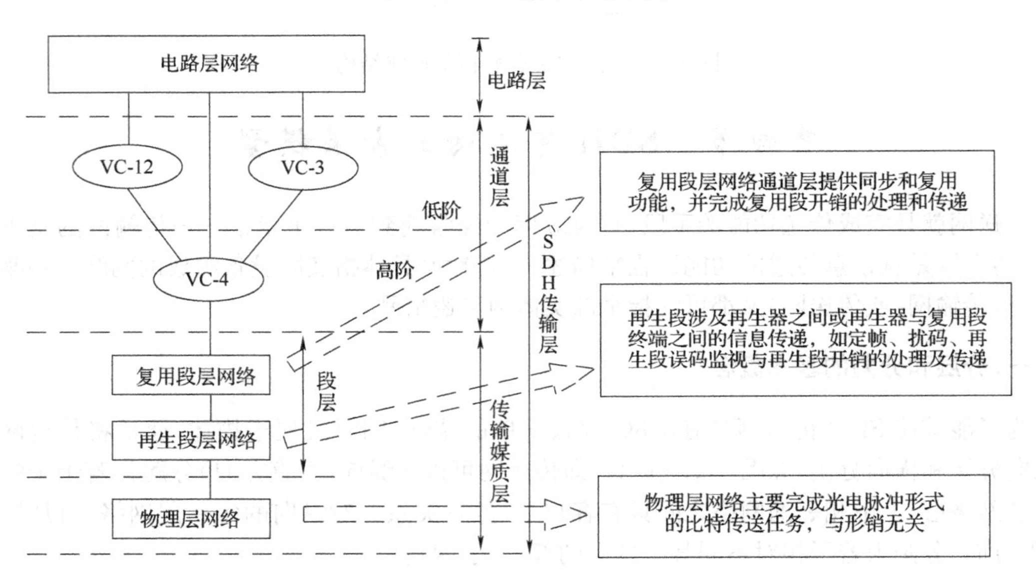

图 3-22　SDH 传送网的分层模型

如，低阶通道层 VC-12 可以看作电路层节点间通道的基本传送单位，VC-4 可以作为局间通道的基本传送单位。

通道层又可以分为高阶通道层（VC-4）和低阶通道层（VC-12 和 VC-3）。

3. 传输媒质层

传输媒质层能够支持一个或多个通道层，并能为通道层网络节点间提供合适的通道容量，如 STM-*N* 就是传输媒质层网络的标准传输容量。

传输媒质层是与传输媒质有关的一层网络，传输媒质有光缆及微波。传输媒质层网络又分为段层网络和物理层网络。

(1)段层网络

段层网络又可进一步细分为复用段层网络和再生段层网络。其中,复用段层网络的作用是为通道层提供同步和复用功能,完成复用段开销的处理和传递。再生段层网络的作用是完成再生段与再生段、再生段与复用段之间信息的传递,如定帧、扰码、再生段误码监视以及开销的处理和传递。

(2)物理层网络

物理层网络涉及支持段层网络的光纤、无线信道等传输媒质,主要完成光脉冲形式的比特传送任务。

第五节　SDH 自愈网

随着通信技术的迅速发展,信息的传输容量以及速率越来越高,因而对通信网络传递信息的及时性、准确性的要求也越来越高。通信网络一旦出现线路故障,那么将会导致局部甚至整个网络瘫痪。为了提高网络的安全性,要求网络有较高的生存能力,从而产生了自愈网的概念。

所谓自愈网是指通信网络发生故障时,无需人为干预,网络就能在极短的时间内从失效故障中自动恢复所携带的业务,使用户感觉不到网络已出了故障。

自愈网的基本原理就是使网络具有备用路由,并重新确立通信能力。自愈网的概念只涉及重新建立通信,而不管具体元部件的修复和更换,后者仍需人工干预才能完成。

在 SDH 网络中,自愈保护的方法有很多,从网络拓扑结构方面考虑,有自动线路保护、环形网保护、网孔形的 DXC 保护;从网络功能结构方面考虑,有路径(包括段和通道)保护和子网连接保护。

一、自动线路保护

线路保护倒换是最简单的自愈网形式,其基本原理是当出现故障时,利用节点间预先安排的备用线路取代失效或劣化的主用线路,由工作通道倒换到保护通道,使业务得以继续传送。线路保护倒换可细分为 1+1 和 1:n 两种方式。

1. 1+1 方式

1+1 线路保护倒换方式如图 3-23(a)所示,从图中可以看出,1+1 方式采用“并发选收”,即在发送端 STM-N 信号是永久地与工作信道、保护信道相连接,因而 STM-N 信号可以同时在工作信道和保护信道中传输,接收端监视从两个信道送来的 STM-N 信号状态,并有选择地连接到信号质量好的通道上。正常工作情况下,选择来自工作信道的信号作为输出信号。一旦工作信道出现故障,则会自动将保护信道中的信号作为接收信号。

2. 1:n 方式

1:n 线路保护倒换方式如图3-23(b)所示。从图中可以看出,n 个工作信道共享一个保护信道,一般 n 值范围为 1～14。n 个工作通道和 1 个保护通道的 STM-N 信号在两端分别桥接到工作通道和保护通道上,接收端监视接收到的各个 STM-N 信号的状态。正常情况下,保护通道可以传输附加的额外业务,但其业务不受保护。一旦某个工作通道劣化或失效,保护通道将丢弃所携带的附加业务,将失效工作通道上业务桥接到保护通道上来,实施通道保护。

3. 1+1 方式与 1:1方式的区别

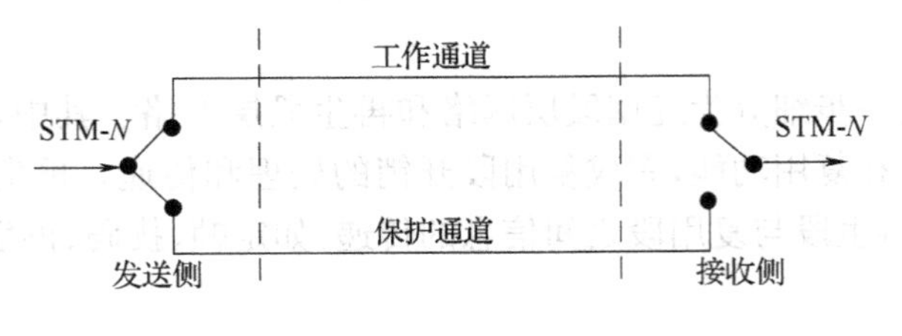

(a)1＋1 方式

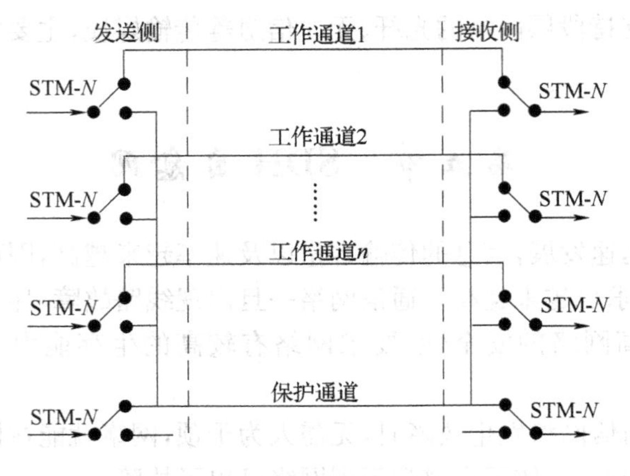

(b)1∶n 方式

图3-23　线路保护倒换方式

对于 1＋1 方式，正常情况下保护信道也在传送业务信号，所以不能提供无保护的额外业务；而 1∶1的保护方式，在正常情况下，保护信道可不传送业务信号，因而可以在保护信道传送一些级别较低的额外业务信号。

线路保护倒换方式对网络节点中光或电的元部件失效故障十分有效，并且业务恢复时间很短(50 ms)。但是，当光纤被切断时(经常发生的恶性故障)，往往是同一缆芯内的所有光纤均被切断，这种保护方式就无能为力了。

二、环形保护

SDH 传输网中所采用的网络结构有多种，其中由于环形网络具备发现替代传输路由，并重新确立通信的能力，因而在实际工程建设中，基本上采用具有自动保护功能的环形结构(通常叫自愈环)。自愈环已经成为 SDH 组网不可缺少的、发展应用最广泛的一种网络。

(一)自愈环的分类

1. 按照采用光纤的最小数量分类

按照节点之间所用光纤的最小数量来分，自愈环可分为二纤环和四纤环。显而易见，前者是指节点间是由两根光纤实现，而后者则是由四根光纤实现。

2. 按照信息传送方向分类

按照环中节点收、发信息传送方向是否相同，自愈环可分为单向环和双向环。所谓单向环是指收、发业务信息在环中按同一方向传输(如 A—C、C—A 都为顺时针或逆时针)，如图 3-24(a)所示；而双向环是指收、发业务信息在环中沿两个相反方向传输(如 A—C 信息沿顺时针方向，而 C—A 信息沿逆时针方向)，如图 3-24(b)所示。

3. 按照保护级别分类

按照保护级别来分，自愈环可分为通道保护环和复用段保护环。对于通道保护环，业务的

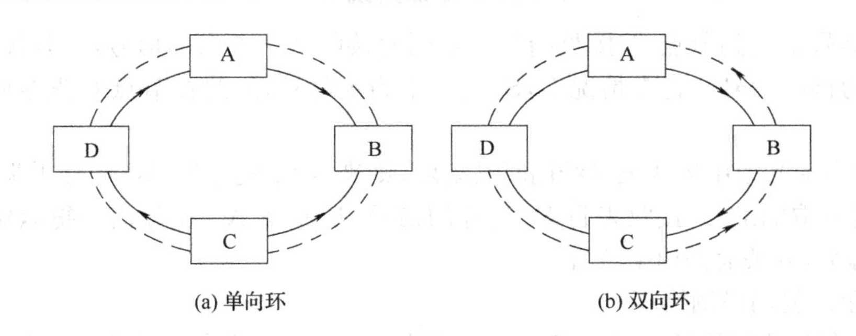

(a) 单向环　　(b) 双向环

图 3-24　单向环与双向环

保护是以通道为基础的，也就是保护的是 STM-*N* 信号中的某个 VC(某一路 PDH 信号)，倒换与否按环上的某一个别通道信号的传输质量来决定的，通常利用收端是否收到简单的 TU-AIS 信号来决定该通道是否应进行倒换。例如在 STM-4 环上，若收端收到第 4 个 VC-4 的第 48 个 TU-12 有 TU-AIS，那么就仅将该通道切换到备用信道上去。

复用段倒换环是以复用段为基础的，倒换与否是根据环上传输的复用段信号的质量决定的。倒换是由 K_1、K_2(b_1～b_5)字节所携带的 APS 协议来启动的，当复用段出现问题时，环上整个 STM-*N* 或 1/2STM-*N* 的业务信号都切换到备用信道上。复用段保护倒换的条件是 LOF、LOS、MS-AIS、MS-EXC 告警信号。

(二)几种典型的自愈环

1. 二纤单向通道保护环

二纤单向通道保护环的结构如图 3-25 所示。它由两根光纤来实现，一根光纤用于传送业务信号，称为主用光纤(S_1)，另一根光纤用于传送保护信号，称为备用光纤(P_1)，两根光纤传输信息的方向相反。

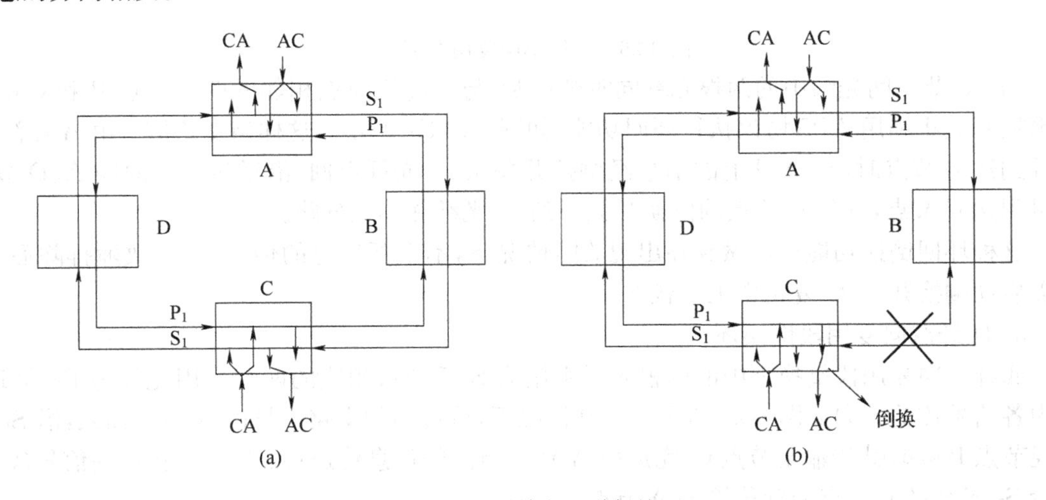

(a)　　(b)

图 3-25　二纤单向通道保护环

二纤单向通道保护环采用"首端桥接，末端倒换"的 1+1 保护方式，即利用 S_1 光纤和 P_1 光纤同时携带业务信号并分别沿两个相反的方向传输，但接收端只择优选取其中的一路进行接收。

如图 3-25(a)所示，节点 A 至节点 C 之间通信时，待传送的支路信号同时送入 S_1 光纤和 P_1 光纤，其中 S_1 光纤将该业务信号沿顺时针方向送到节点 C，而 P_1 光纤沿逆时针方向将作为保护信号也送到节点 C，接收端节点 C 同时接收两个方向的信号，按其优劣决定选取其中一路作为接收信号。正常情况下，S_1 光纤中为主信号，因此在节点 C 先接收来自 S_1 光纤的信号。

若 BC 节点间光缆中的两根光纤同时被切断，则来自 S_1 光纤的 AC 信号丢失。此时节点 C 按通道择优选取的准则，接收来自 P_1 光纤的信号，从而使 AC 业务信号得以维持，不会丢失。故障排除后，开关返回原来位置。

2. 二纤单向复用段倒换环

二纤单向复用段倒换环如图 3-26 所示。它也由两根传输方向相反的光纤来实现，其中 S_1 为主用光纤，用于传输业务信息，P_1 为备用光纤，用于传送保护信号。正常情况下，信号仅在主用光纤 S_1 中传输，而备用光纤 P_1 空闲。例如，从 A 到 C 信号沿 S_1 光纤经 B 到 C，而从 C 到 A 的信号 CA 也沿 S_1 光纤经 D 到达 A。

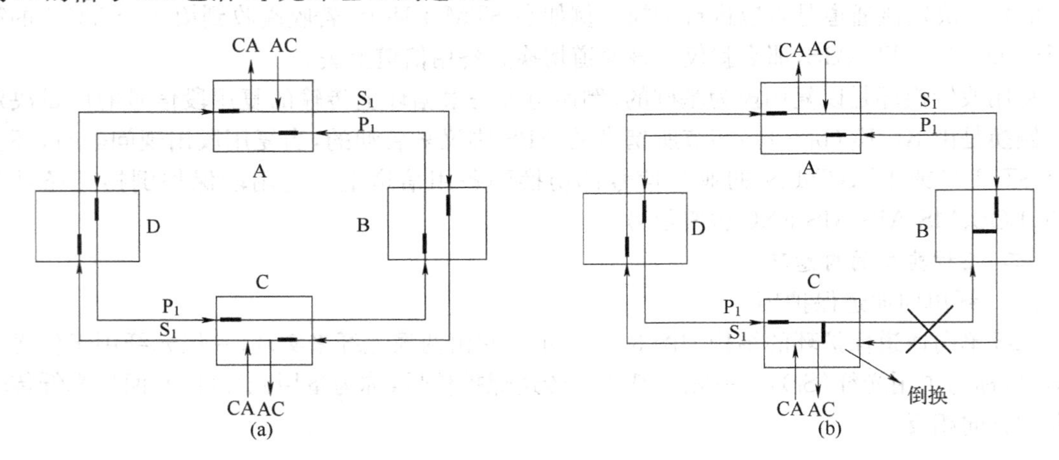

图 3-26　二纤单向复用段倒换环

当 BC 节点间光缆中的两根光纤同时被切断，与光缆切断点相邻的两个节点 B 和 C 的保护倒换开关将利用 APS 协议执行环回功能，如图 3-26(b)所示。这样当支路信号由 A 点沿 S_1 光纤到达 B 节点时，S_1 光纤上的信息经倒换开关从 P_1 光纤返回，沿逆时针方向经 A、D 节点仍可到达 C 节点，并经 C 节点的倒换开关回到 S_1 光纤并落地分路。

这种环回倒换功能可以做到在出现故障情况下，不中断信息的传输，而当故障排除后，又可以启动倒换开关，恢复正常工作状态。

3. 四纤双向复用段倒换环

四纤双向复用段倒换环中的两根光纤主用为 S_1 和 S_2，相应的两根备用光纤为 P_1 和 P_2，其中各信号传输方向如图 3-27 所示。正常情况下，待传输的支路信号由 A 节点插入，沿 S_1 光纤经节点 B 顺时针传输至节点 C，完成由 A 到 C 节点的信息传送；而节点 C 至 A 的信号(CA)则沿 S_2 光纤经 B 节点逆针传输至 A 节点。

当 BC 节点间光缆中的四根光纤全部被切断时，利用 APS 协议，与光纤故障点相连的 B 和 C 节点执行环回功能，维持环的连续性，即在 B 节点上，S_1 和 P_1 沟通，S_2 和 P_2 沟通。C 节点也完成类似功能，其他节点则确保 P_1 和 P_2 光纤上传送的业务信号在本节点完成正常的桥接功能。从图 3-27(b)所示的信号走向，不难分析出维持信号继续传输的道理。当故障排除后，倒换开关通常返回原来位置。

4. 二纤双向复用段倒换环

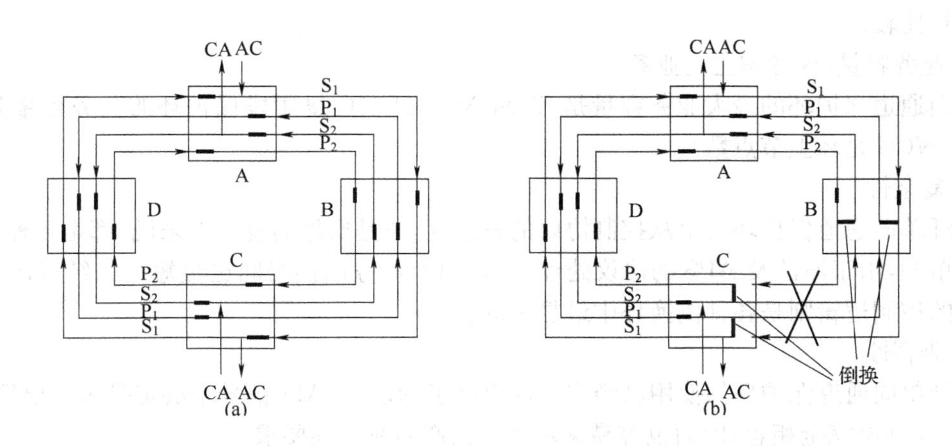

图 3-27 四纤双向复用段共享保护环

二纤双向复用段倒换环的结构如图 3-28 所示。图中每对相邻节点之间有两根传输方向相反的光纤，每根光纤的一半时隙作为主用信道，用于传业务信号；另一半时隙作为保护信道，留给保护信号。

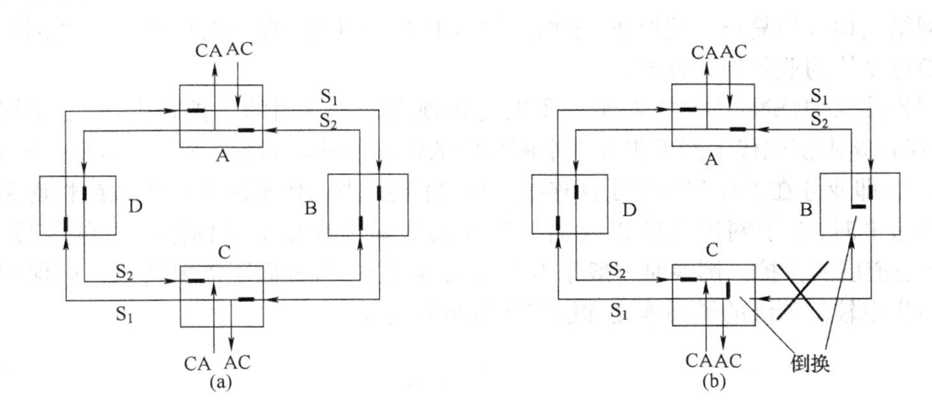

图 3-28 二纤双向复用段保护环

正常情况下，业务信号只在工作信道中传输，即占用 S_1、S_2 光纤的前半时隙，而保护信道处于空闲状态。如 A 与 C 之间通信时，A 到 C 的信号占用 S_1 光纤的前半时隙，由节点 A 经 B 顺时针传至节点 C，而 C 到 A 的信号占用 S_2 光纤的前半时隙，由节点 C 经 B 逆时针传至节点 A。

当 BC 节点间光缆中的两根光纤同时被切断时，可通过 B 节点的倒换开关，将 S_1 光纤前半时隙所携带的信息转移到 S_2 光纤的后半时隙，并经 A、D 节点传输到达 C 节点，在 C 节点利用其环回功能，再将 S_2 光纤中后半时隙所携带的信息转移至 S_1 光纤的前半时隙之中，从而实现 A 到 C 节点的信息传递。

由于一根光纤同时支持业务信号和保护信号，所以二纤双向复用段倒换环的容量仅为四纤双向复用段倒换环的一半。二纤双向复用段倒换环与四纤双向复用段倒换环一样，需要 APS 协议。

(三)环形结构的比较

当前组网中常用的自愈环有二纤单向通道保护环和二纤双向复用段保护环两种，下面将二者进行比较。

1. 业务容量(仅考虑主用业务)

单向通道保护环的最大业务容量是 STM-N,二纤双向复用段保护环的业务容量为 $M/2$ ×STM-N(M 是环上节点数)。

2. 复杂性

二纤单向通道保护环无论从控制协议的复杂性,还是操作的复杂性来说,都是各种倒换环中最简单的,由于不涉及 APS 的协议处理过程,因而业务倒换时间也最短。二纤双向复用段保护环的控制逻辑则是各种倒换环中最复杂的。

3. 兼容性

二纤单向通道保护环仅使用已经完全规定好了的通道,AIS 信号来决定是否需要倒换,与现行 SDH 标准完全相容,因而也容易满足多厂家产品兼容性要求。

二纤双向复用段保护环使用 APS 协议决定倒换,而 APS 协议尚未标准化,所以复用段倒换环目前都不能满足多厂家产品兼容性的要求。

三、子网连接保护

在网络结构日趋复杂的情况下,子网连接保护(SNCP)是唯一的可适用各种网络拓扑结构且倒换速度快的业务保护方式。

子网连接保护(SNCP)是指对某一子网连接预先安排专用的保护路由,一旦子网发生故障,专用保护路由便取代子网承担在整个网络中的传送任务。如图 3-29 所示,SNCP 采用 1+1 保护方式,即业务在工作和保护子网连接上同时传送,当工作子网连接失效或性能劣化到某一规定的水平时,在子网连接的接收端根据优选准则选择保护子网连接上的信号。因此,SNCP 是通道层的保护。倒换时一般采取单端切换的方式,因而不需要协议。被保护的子网还可进一步由较低等级的子网连接和链路连接级联而成。

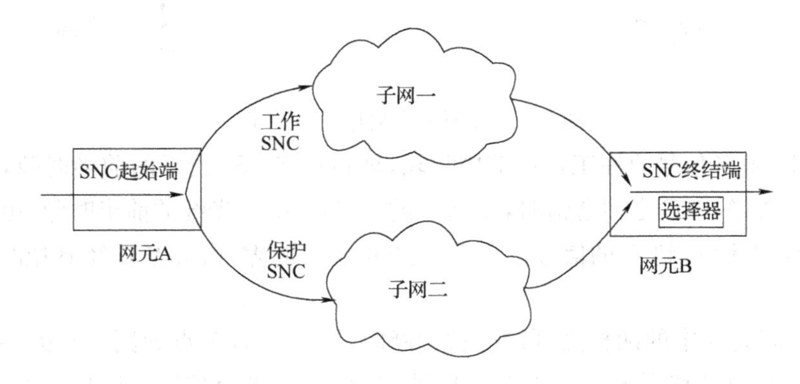

图 3-29　子网连接保护示意图

下面以环带链间业务为例对 SNCP 加以说明。如图 3-30 所示,网元 A、B、C、D 构成环形网络,网元 D 和 E 构成链形网。环上业务选择 SNCP 保护,链上的业务选择无保护。节点 A 与 E 之间的业务在 A—B—D 间断纤或 A—C—D 间断纤时,可对业务进行保护。

具体来说,由于环上业务采用 SNCP 保护,业务具有走"分离路由"、即"双发选收"的特性。正常情况下,环上网元 A 和链上网元 E 间的业务流向如图 3-31 所示。主用路由上,A←→E 间业务遍历全环。

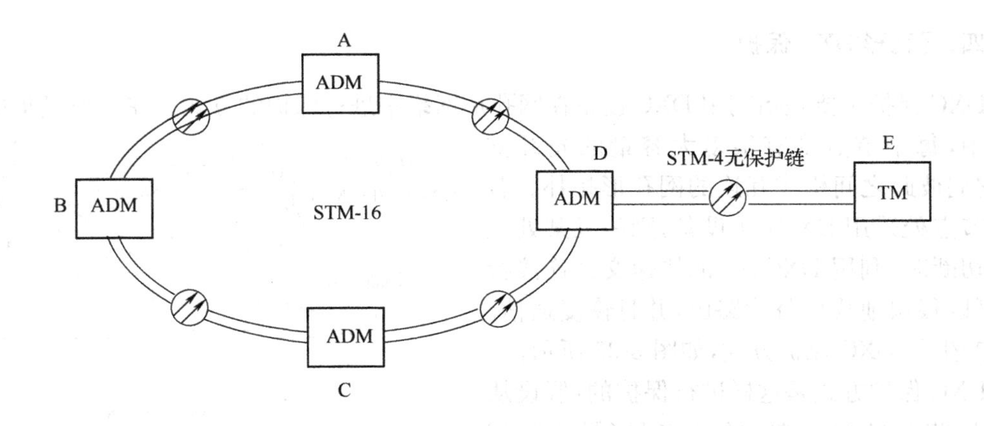

图 3-30　典型环带链网络

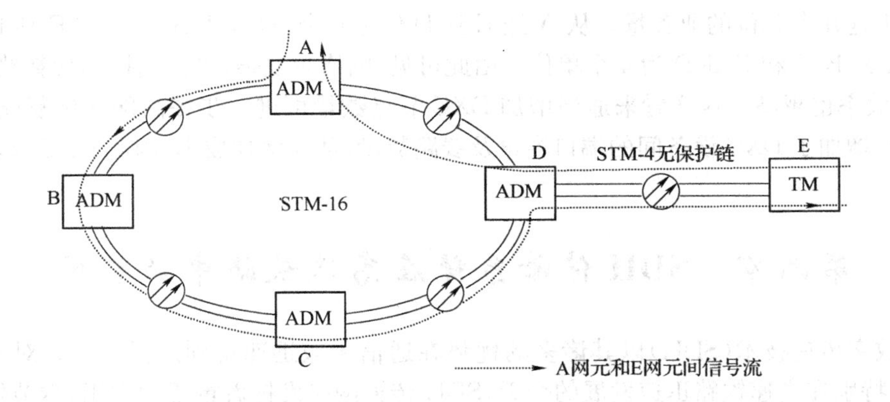

图 3-31　环链间主用业务流向(A⟷E)

若网元 A 和网元 B 之间光纤断,则 E→A 业务流向不变,无需倒换;A→E 业务则由主用倒换至备用,由备用路由进行传送,如图 3-32 所示。对于单个 SNCP 业务,SNCP 倒换时间在 G. 841 建议中的要求为 50 ms。

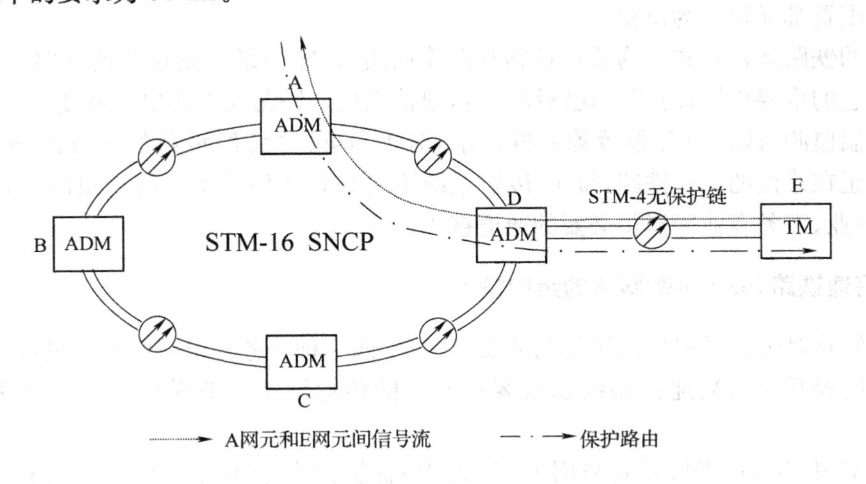

图 3-32　环链间业务的保护倒换

四、网孔形 DXC 保护

DXC 保护主要是指利用 DXC 设备在网孔形网络中进行保护的方式。在业务量集中的长途网中，每个节点都有很多大容量的光纤支路，它们彼此之间构成互连的网孔形拓扑。若是在节点处采用 DXC4/4 设备，则一旦某处光缆被切断时，利用 DXC4/4 的快速交叉连接特性，可以很快地找出替代路由，并且恢复通信。于是产生了 DXC 保护方式，如图 3-33 所示。

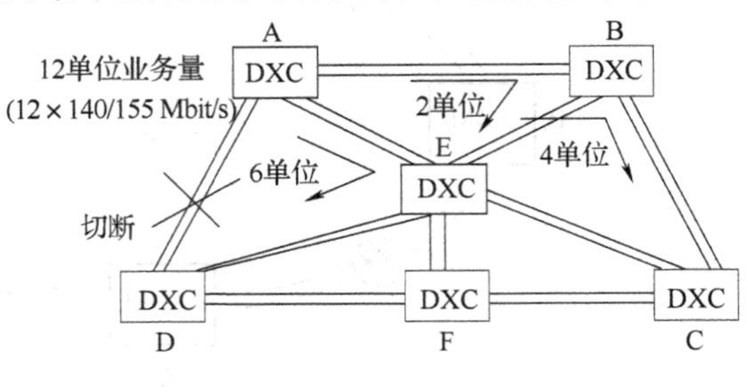

图 3-33　DXC 保护

DXC 保护方式是这样进行保护的：假设从 A 到 D 节点有 12 个单位的业务量(假设为 12 ×155 Mbit/s)，当 AD 间的光缆被切断后，DXC 可以从网络中发现图中所示的 3 条替代路由来共同承担这几个单位的业务量。从 A 经 E 到 D 分担 6 个单位，从 A 经 B 和 E 到 D 为 2 个单位，从 A 经 B、C 和 F 到 D 为 4 个单位。由此可见，网络越复杂，可供选择的代替路由越多，DXC 恢复效率也越高。这样看来适当增加 DXC 节点数量可进一步提高网络恢复能力，但这样做又同时增加了 DXC 设备间的端口容量及线路数量，从而增加成本，因此 DXC 节点数也不易过多。

第六节　SDH 传输系统在高速铁路中的应用

同步数字传输技术(SDH)以其诸多的优势在通信领域迅速得到广泛采用。对于铁路通信网而言，特别在高速铁路迅速发展的今天，SDH 传输网络发挥着重要的作用，本节针对铁路通信网的特点和现状，介绍 SDH 传输系统在高速铁路通信中的重要应用。

为适应现代高速铁路的快速发展，通信专业采用各通信子系统为高速铁路提供通信需求，其中 SDH 传输网络子系统是其他各个通信子系统的承载网络，作为铁路通信系统以及铁路相关业务网络的一个承载网络，SDH 传输网络不论从自身网络的组网以及承载业务网络的通道的规划配置都显得尤为重要。

目前的铁路运营模式分为普速铁路和高速铁路，传输网络不论在普速铁路还是高速铁路都发挥着它的重要作用，对于普速铁路而言，通信系统为铁路提供必要的调度电话、自动电话、红外线轴温监测、铁路应急救援等业务需求，对于 SDH 系统所承载的业务网络显得较为简单。目前正在建设的高速铁路，SDH 传输系统不但是各通信子系统的承载网络，还为信号专业、电力专业、工务专业等提供必要的通道接入。

一、高速铁路 SDH 传输网络的组网情况

高速铁路对传输系统提出了更高的要求，对于同一种业务要求采用不同设备、不同径路承载。目前已经开通的高速铁路线以及客运专线的传输网络一般采用如图 3-34 所示的组网方式。

图 3-34 中 10 G SDH 设备采用 1+1 复用段保护方式，同样 2.5 G 系统也采用 1+1 复用段保护方式，同一站点 10 G 设备与 2.5 G 设备之间、2.5G 设备与 2.5G 扩展设备之间也采用 1+1 复用段保护组网方式，以实现对通道资源的灵活调度。

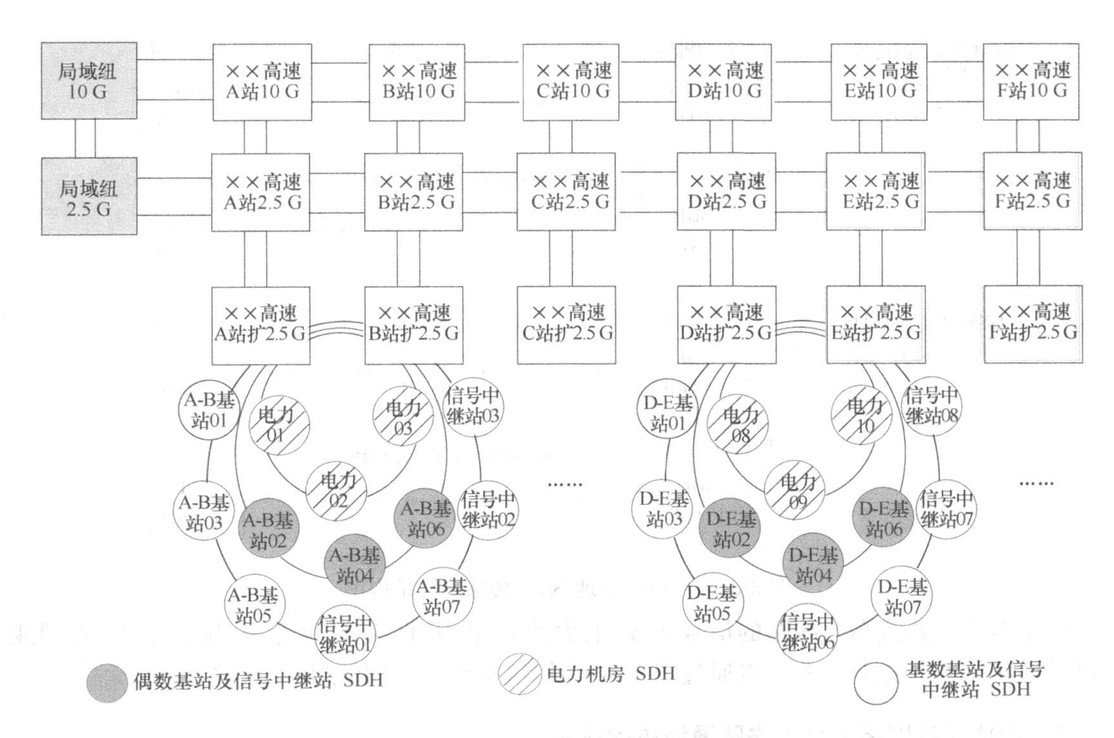

图 3-34 高速铁路线 SDH 传输网络组网图

根据高速铁路线路各通信子系统以及其他各专业通道需求，骨干层采用 10 Gbit/s SDH 系统，汇聚层采用 2.5 Gbit/sSDH 系统，相邻大站采用 2.5 Gbit/s 扩展系统用来接入基站、电力、信号中继站的 622 Mbit/s 接入层设备，并根据业务需要组成 3 个二纤复用段保护环或二纤通道保护环。

在 SDH 组网设计方案中，一定要考虑由于光缆线路故障给系统带来的影响，所以在组建 SDH 网络时，合理调度光纤资源显得尤为重要。以图 3-34 中 A 站与 B 站之间组网为例，A 站的 10 G SDH 系统与 B 站的 10 G SDH 系统要实现 1+1 复用段保护组网方式，需要光纤资源 4 芯，在调度光纤资源时要考虑尽量不使用同一侧的光缆资源组建 1+1 复用段保护。即调度 2 芯上行光纤资源，再调度 2 芯下行光纤资源，其中上行的 2 芯光纤用来组建主用 10 G 系统，下行的 2 芯光纤用来组建备用 10 G 系统。这样当 A 站至 B 站的上行光缆中断时，业务会自动倒换至下行 2 芯光纤，保证 A、B 之间 10 G 系统承载的业务不受影响。同样相邻站之间的 2.5 Gbit/s 系统组网也应采用不同径路的光缆芯纤，防止由于光缆故障而造成对传输系统的影响。

相邻大站之间为一个区间，区间的基站机房 SDH、电力机房 SDH 以及信号中继站站点的 SDH 都需要与两大站构成环网，图中列举了 AB 区间和 DE 区间，实际 6 大站之间有 5 个区间的站点的 SDH 都需要实现与大站之间的组网。

为实现各通信子系统以及相关专业接入局枢纽，以及无线网络与 GSM-R 核心网设备之间的互联等需求，还需要建立本地 SDH 传输网络。其组网结构如图 3-35 所示。

对于铁路重要业务，要实现双设备、双径路提供传输通道，因此在局枢纽建立 SDH 网络要考虑双平面设置，即同一机房设置 2 套相应速率的 SDH 传输设备，同一种业务实现双系统传输设备分担承载，以保证铁路重要业务安全可靠。

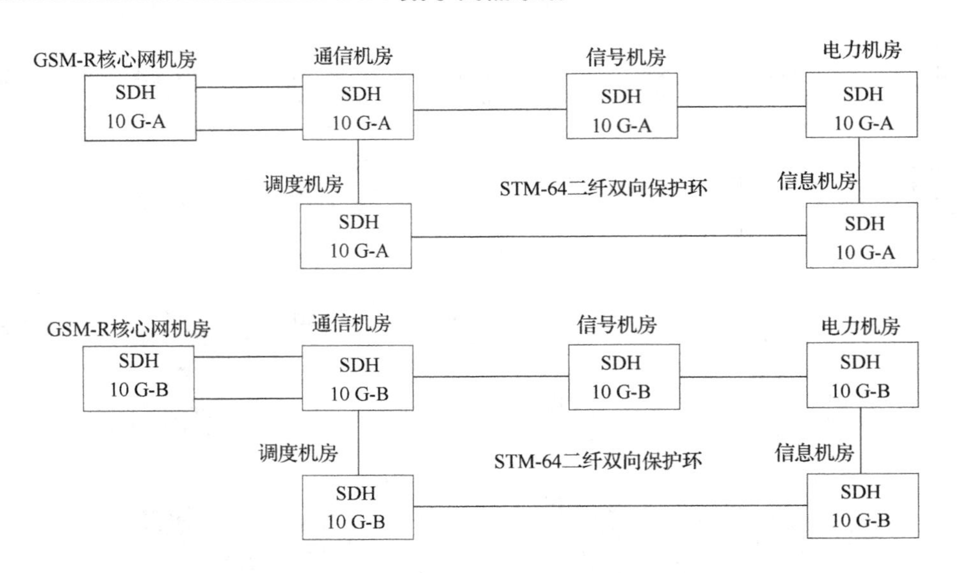

图 3-35　局枢纽本地 SDH 传输网络结构图

各条客专线路或高速线路的信号业务、电力业务、防灾业务、调度业务、客票业务、视频业务以及铁路旅客服务业务等可以通过图 3-35 局枢纽本地 SDH 传输网络实现接入。

二、SDH 传输网络在高速铁路通信中的应用

根据目前开通的客运专线和高速铁路网络建设模式，SDH 传输网络不仅为各通信子系统提供通道需求，还为铁路运输其他各专业提供通道需求。

(一)SDH 传输网络为通信子系统提供通道需求

客运专线和高速铁路线一般设计有以下通信子系统：GSM-R 无线通信子系统、视频监控子系统、动力环境监控子系统、数据网子系统、数字调度子系统、可视会议子系统、应急救援子系统、时间同步 NTP 子系统、接入网子系统、综合网管子系统、通信线路子系统、SDH 传输网子系统、综合布线子系统。显然，通信线路子系统为 SDH 传输网子系统提供光缆资源需求，实现 SDH 网络的组网，而 SDH 传输网子系统又为 GSM-R 无线通信子系统、动力环境监控子系统、数据网子系统、数字调度子系统、应急救援子系统、接入网子系统、可视会议子系统、时间同步 NTP 子系统等提供传输通道。

1. SDH 传输网为 GSM-R 无线通信子系统提供通道需求

高速铁路全部采用 GSM-R 铁路数字移动通信系统，实现移动语音通信和无线数据传输。目前武广客专、郑西客专以及京沪高速铁路等，都采用 CTCS-3 列车运行控制系统，该系统利用 GSM-R 无线通信系统实现车地信息双向传输。

CTCS-3 级列控系统满足运营速度 350 km/h、最小追踪间隔 3 min 的要求。而作为承载 CTCS-3 车地信息传输的 GSM-R 网络，为保证列控数据信息的实时、准确传输，必须提供可靠的网络质量，否则会导致列车降级运行。

GSM-R 铁路数字移动通信系统只是高速铁路通信系统中的一个通信子系统，其承载网络通过 SDH 传输网络实现。GSM-R 系统构成如图 3-36 所示。

(1)图中的交换子系统(SSS)、通用分组交换子系统(GPRS)、智能网子系统(IN)一般同机房设置，它们之间的电路互联需求利用布放 2 M 同轴电缆解决，不需要 SDH 系统提供通道。

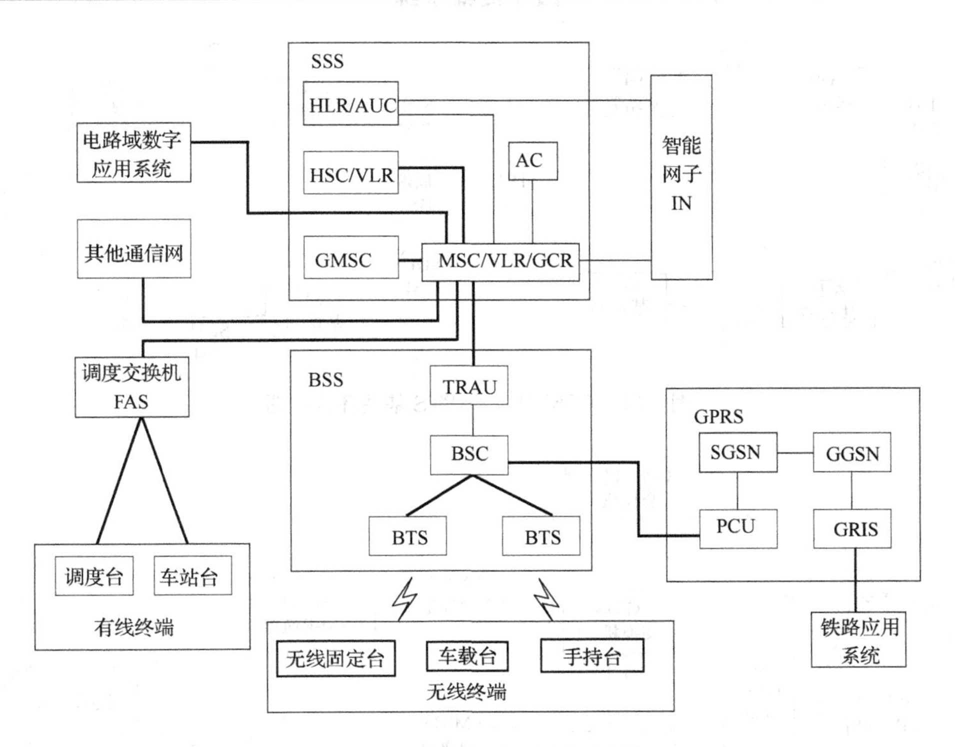

图 3-36 GSM-R 系统构成图

SSS—移动交换子系统;BSS—基站子系统;FAS—固定接入系统;HLR—归属位置寄存器;
VLR—拜访位置寄存器;AUC—鉴权中心;BSC—基站控制器;BTS—基站收发信机;AC—确认中心;
GMSC—网关移动业务交换中心;MSC—移动业务交换中心;GPRS—通用分组无线业务子系统;
GRIS—GPRS接口服务器;SGSN—GPRS服务支持节点;GGSN—GPRS网关支持节点;
TRAU—编译码和速率适配单元;PCU—分组控制单元;GCR—组呼寄存器

(2)基站交换子系统(BSS)一般与核心网交换设备不在同一机房设置,所以BSS系统与SSS系统、GPRS系统互联时一般需要SDH网络提供传输通道,通道类型为2 Mbit/s。

(3)BTS为基站收发信机设备,设置在铁路线沿线(还有少数基站设置在核心机房以及动车等库检站点),BTS至BSC之间互联需要SDH网络提供2 Mbit/s通道资源。BSC一般设置在某局的枢纽机房,对于BTS组网要通过SDH系统为每一个BTS节点提供互联通道,保证基站环中每一站BTS与其上、下行的BTS实现互联。环首BTS和环尾BTS接入局端的BSC,形成BTS基站环。对于每一条GSM-R铁路线路,所有的BTS都要通过SDH传输系统提供2 Mbit/s通道接入至局端的BSC设备。BTS基站环如图3-37所示。

(4)接口服务器(GRIS)一般设置在局枢纽机房,与铁路应用系统之间要实现互联,需要通过SDH/MSTP系统提供以太网通道来实现GSM-R的GPRS系统与信号调度集中CTC侧GSM-R通信服务器之间的互联,如图3-38所示。

(5)为实现机车司机使用机车综合无线电台(CIR)呼叫地面调度台,需要调度交换机(FAS)与GSM-R移动交换机(MSC)之间实现互联,互联通道由SDH传输网络提供2 Mbit/s通道接入。

(6)GSM-R移动用户要与铁路固定自动电话用户有呼叫业务,GSM-R移动交换机MSC与铁路固网交换机之间通过SDH传输网络实现中继互联。

(7)CTCS-3列控系统数据传输需要信号系统的无线闭塞中心(RBC)与GSM-R移动交换

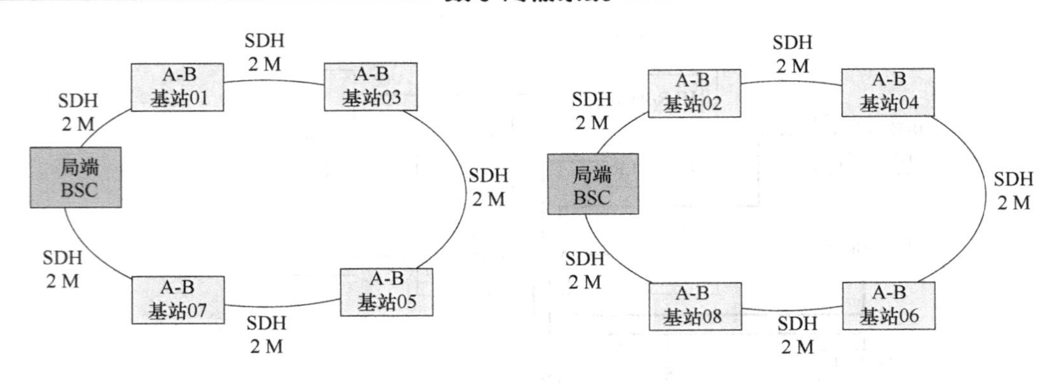

图 3-37　GSM-R 系统 BTS 基站环构成图

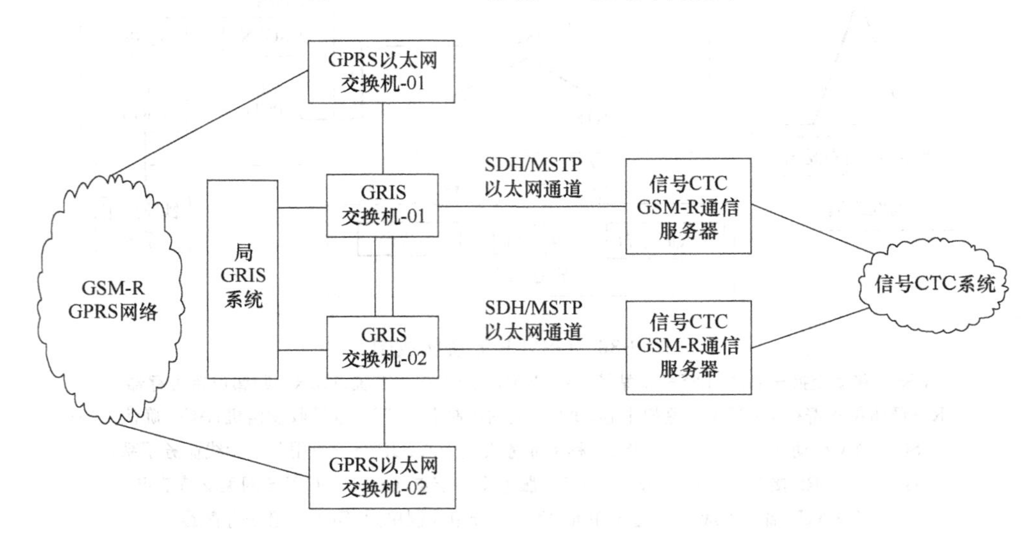

图 3-38　GPRS 接口服务器 GRIS 与信号 CTC 互联图

机 MSC 实现互联，互联通道同样需要 SDH 传输网络承载。

2. SDH 传输网为数据网通信子系统提供通道需求

高速铁路线和客运专线数据网通信子系统分层设置路由器，一般在局枢纽设置骨干路由器，在汇聚点设置汇聚路由器，沿线各大站设置接入路由器，而各层路由器之间一般由 SDH 传输网络提供 155 M POS 口或 SDH/MSTP 提供的以太网 GE 光口，一般有以下两种组网方式。

(1)利用 SDH 传输系统提供以太网 GE 通道实现数据网互联

局枢纽路由器与沿线各大站的接入路由器之间采用 SDH/MSTP 汇聚以太网 GE 光口实现互联，如图 3-39 所示。

通过 MSTP 的以太网汇聚功能，将一条高速线路的五大站汇聚至局枢纽，局枢纽汇聚路由器冗余配置，因此每一站点实际有 2 个以太网 GE 光接口汇聚至局枢纽，实现 2 个 GE 接口冗余配置，数据流量负荷分担。在承载业务时在局枢纽站点实现同种业务在 2 台路由器接入，当其中任何一个汇聚 GE 光口故障或汇聚路由器故障时，保证业务不受影响。

(2)利用 SDH 传输系统提供 155 M POS 口实现数据网互联

一条高速铁路线路属于两个或两个以上的铁路局管辖，除了要实现沿线各大站的接入路由器直接与本局枢纽汇聚路由器相连以外，各局的骨干路由器之间还要实现互联。一般通过

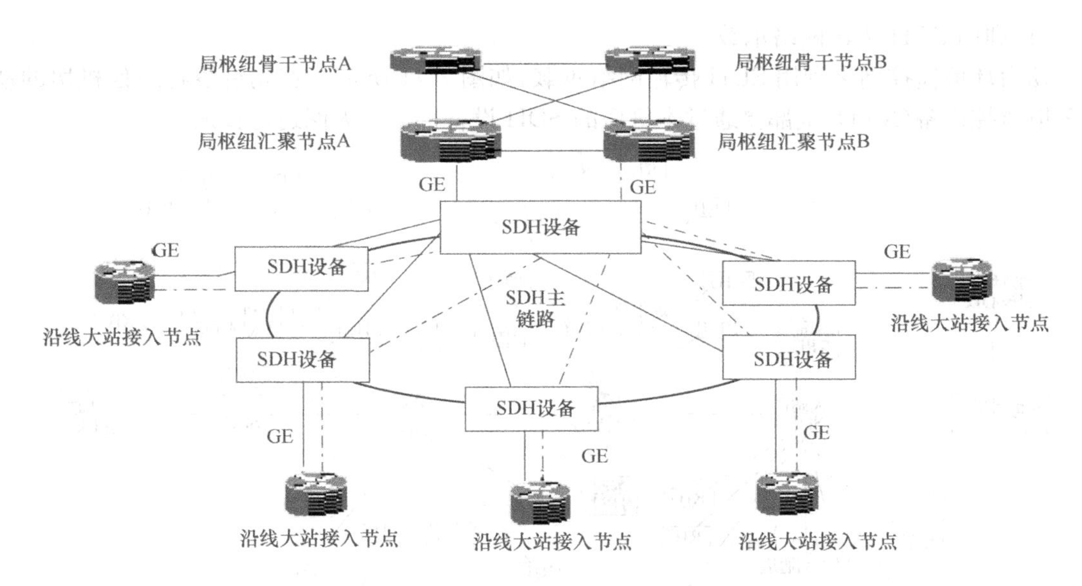

图3-39　利用SDH系统GE通道提供数据网互联通道图

SDH传输网络提供的155 M POS口实现互联，如图3-40所示。

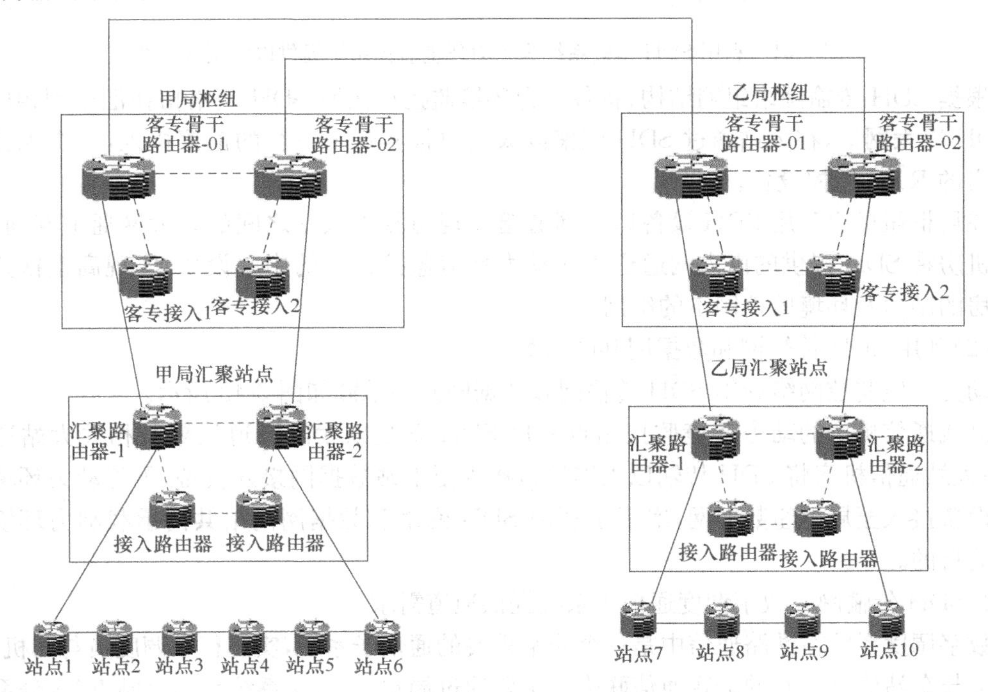

图3-40　利用155 M POS口实现数据网互联图

图中实线通道是由SDH传输系统提供的155 M POS光口；虚线通道是由同一机房内光纤或网线直接互联。数据网在铁路通信的应用很广泛，实现承载视频业务、动力环境监控业务、铁路旅客服务业务以及GSM-R GPRS等业务。

3. SDH传输网为动力环境监控通信子系统提供通道需求

动力环境监控系统用于监控通信设备的机房环境和电源运行情况等。SDH传输网为动力环境监控通信子系统提供通道有以下两种情况：

(1)利用 SDH 传输网络承载

动力环境监控网络利用 SDH 传输网络承载，如图 3-41 所示。首先沿线各通信机房的动力环境监控设备(RTU)全部要通过本机房的 SDH 设备提供以太网通道接入。

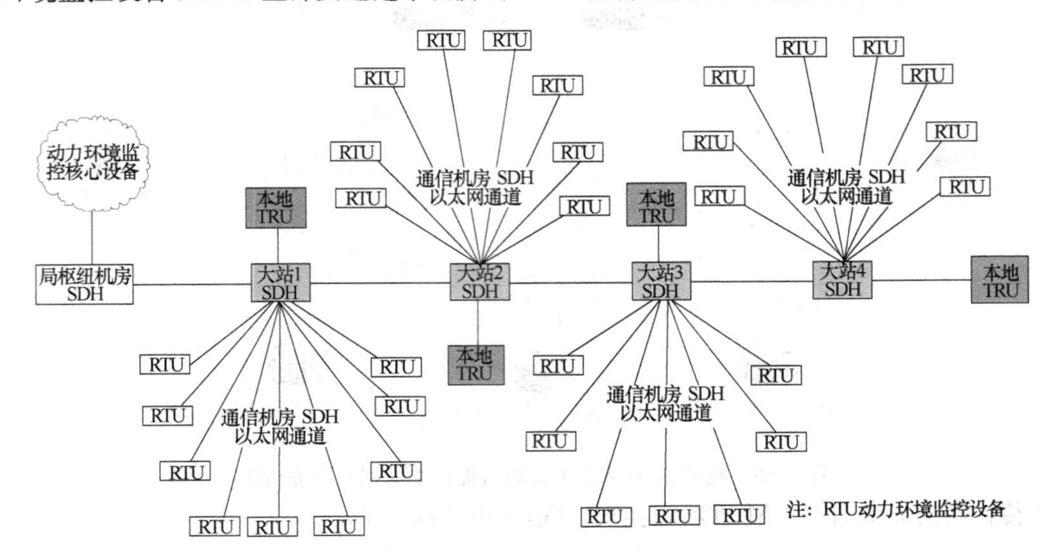

图 3-41　利用 SDH 传输系统为动力环境监控系统提供以太网通道图

根据 SDH 传输网络组网结构，将各动力环境监控点按照 SDH 网络拓扑汇聚到相应大站的 SDH 以太网口，在大站通过 SDH 汇聚以太网单板实现上下行的汇聚接入，并实现挂接大站机房的 RTU 监控设备。

在局枢纽机房利用 SDH 设备以太网通道实现与相邻大站之间的以太网通道互通，在局枢纽机房将 SDH 提供的以太网通道接入动力环境监控系统的中心设备，实现高速铁路线通信机房的动力及环境监控网络的组网。

(2)利用 SDH 传输网和数据网共同承载

动力环境监控网络利用 SDH 传输网和数据网共同承载如图 3-42 所示。

沿线通信机房的动力环境监控站点利用 SDH 系统以太网通道汇聚至相关大站通信机房，在大站通信机房将 SDH 传输以太网接口接入至本站数据网接入设备，再将动力环境监控中心设备接入至局枢纽数据网，实现了利用 SDH 网络和数据网网络共同承载动力环境监控系统的目的。

4. SDH 传输网为数字调度通信子系统提供通道需求

数字调度系统在铁路通信中是一个非常重要的通信子系统，实现行车调度员与司机、行车调度员与车站值班之间的语音通信联络。主要通过局端 FAS 主系统和各大站 FAS 分系统实现组网，FAS 主系统与 GSM-R 移动交换机(MSC)以及汇接 FAS 系统实现互联，以实现 FAS 用户与移动用户以及与其他 FAS 局向用户之间的通信。数字调度系统组网如图 3-43 所示。

图 3-43 中，FAS 系统组网以及与其他系统及设备之间的互联全部由 SDH 传输网络提供 2M 通道来实现。相邻 FAS 之间的互联采用一个 2M 通道接入的方式。

主用主系统和备用主系统一般同城异地冗余设置。一个行车调度台利用主用主系统和备用主系统同时下挂；当主用主系统断电或故障时，由备用主系统承担全网调度业务。

主、备 FAS 主系统分别通过与 MSC 互联实现调度员与机车司机 CIR 移动用户之间的语

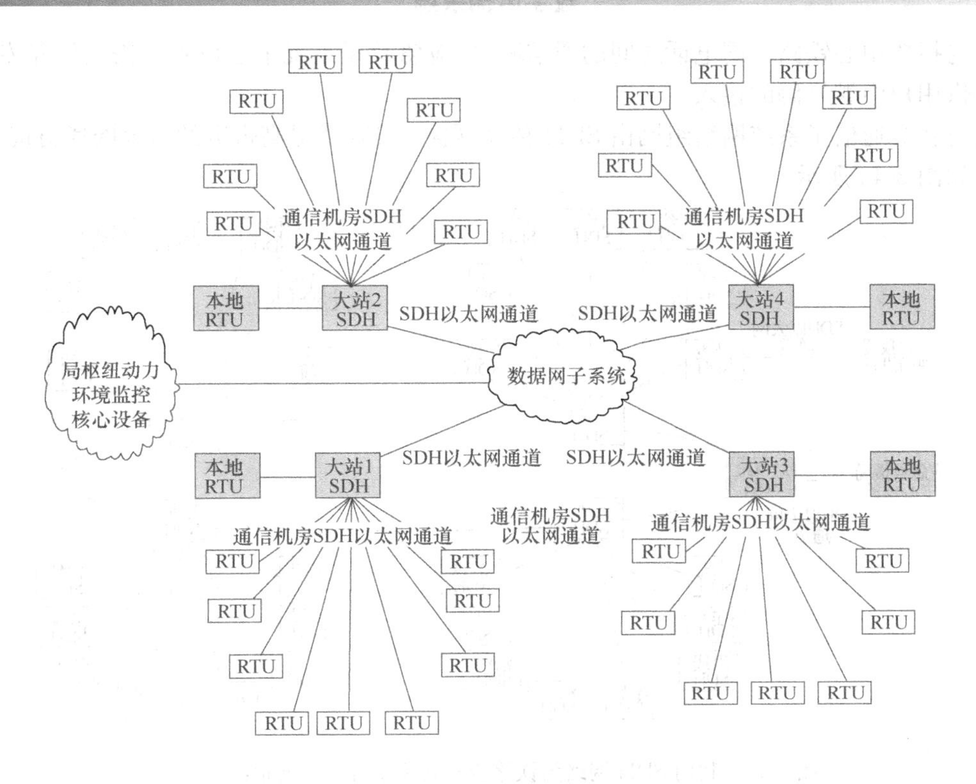

图 3-42　利用 SDH 网络和数据网网络承载动力环境监控子系统图

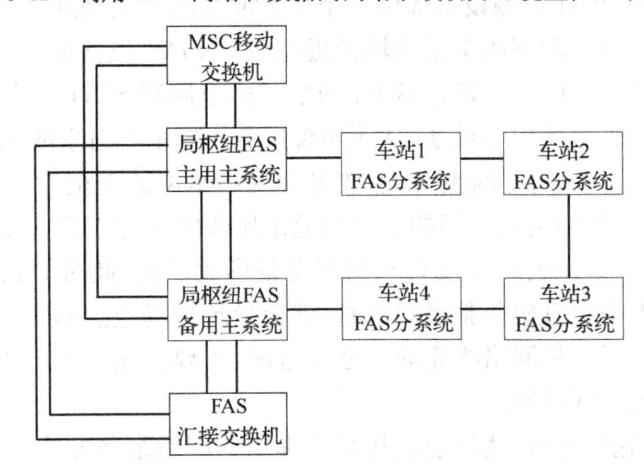

图 3-43　数字调度系统组网及互联图

音通信。主、备 FAS 主系统分别通过与汇接 FAS 系统互联实现与其他局向 FAS 用户之间的语音通信，从而实现有线、无线调度一体化。

5. SDH 传输网为应急救援通信子系统提供通道需求

应急救援通信子系统是以大量的数据、视频图像信息为基础，在处理铁路突发性事件时，为应急救援指挥中心与应急救援现场之间以及应急救援现场内部提供话音、图像、数据等信息传输，可以实现应急救援指挥中心对应急救援现场的远程指挥。

一般应急救援事故现场的静图和实时动图要上传至指挥中心。系统还可以为事故现场提供多路有线和无线电话，为指挥中心提供内网 IP 电话，以实现救援指挥中心与事故救援现场之间的通信联络，以及事故救援现场各救援小组间的内部通信联络。此外，为实现救援现场内部电话与指挥中心铁路专网电话之间的通信联络，应急救援系统中心设备还需要铁路专网交换机提供用户中继号码的接入。

应急救援通信子系统网络组网由 SDH 传输网提供 2M 或更高带宽的以太网通道接入，网络接入如图 3-44 所示。

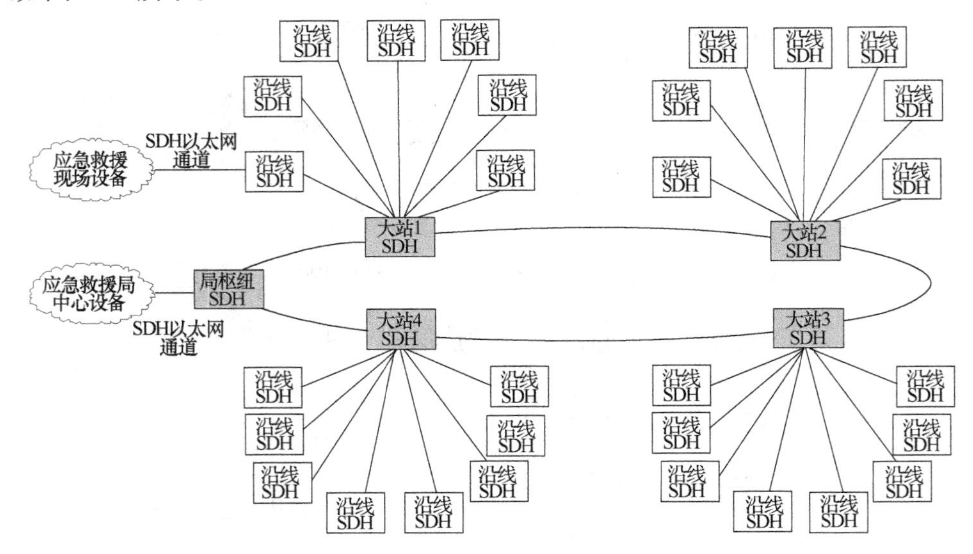

图 3-44　利用 SDH 网络为铁路应急救援系统提供通道组网图

每一个沿线站点的 SDH 传输设备提供一个 2M 带宽的以太网通道作为应急救援端口预留，当搭建应急救援平台时，利用离事故现场最近站点的 SDH 设备提供的以太网端口实现与现场设备的接入。各站以太网通道通过 SDH 网络汇聚至局端 SDH 以太网端口，在局端将以太网端口接入至局端应急救援中心设备，从而实现应急指挥中心对事故现场的远程指挥。

图 3-44 在传输系统侧采用环网组网，主要考虑网络组网的安全性。假设局枢纽站、大站 1、大站 2、大站 3、大站 4 相邻两站之间的应急通道采用传输网骨干层实现，当大站 1 与大站 2 之间的骨干传输中断后，如果大站 4 没有与局端设备形成环路，此时如在大站 2、大站 3 和大站 4 下挂的任何一站点需要有应急救援需求时，都会导致现场应急救援设备无法实现与指挥中心之间的网络搭建。所以从网络构建的安全性考虑，需要大站 4 与局枢纽之间利用汇聚层传输网络开通通道实现环网组网。

目前铁路 SDH 传输网系统，为应急救援系统提供的网络组网方式一般有两种，即环形组网和链形组网。当采用链形组网时，相邻大站之间要考虑同时采用骨干层和汇聚层承载业务通道，以实现安全组网的要求。

6. SDH 传输网为接入网通信子系统提供通道需求

铁路接入网系统可以为沿线铁路供电维护部门、信号维护部门、工务维护等部门提供音频自动电话和音频电力调度电话等需求。接入网系统包括 OLT、ONU 以及网络管理等设备，组网方式如图 3-45 所示。

OLT 与 ONU 之间的互联以及 OLT 与程控交换机之间的互联都需要经过 SDH 网络提供 2M 通道接入，实现程控交换机下挂自动电话、以及用户的延伸。同样车站的 FAS 分系统的音频调度用户也可以通过 ONU 设备实现调度电话的远距离延伸。

SDH 传输系统还为会议电视子系统、NTP 时间同步子系统等提供 2 M 通道接入，在此不

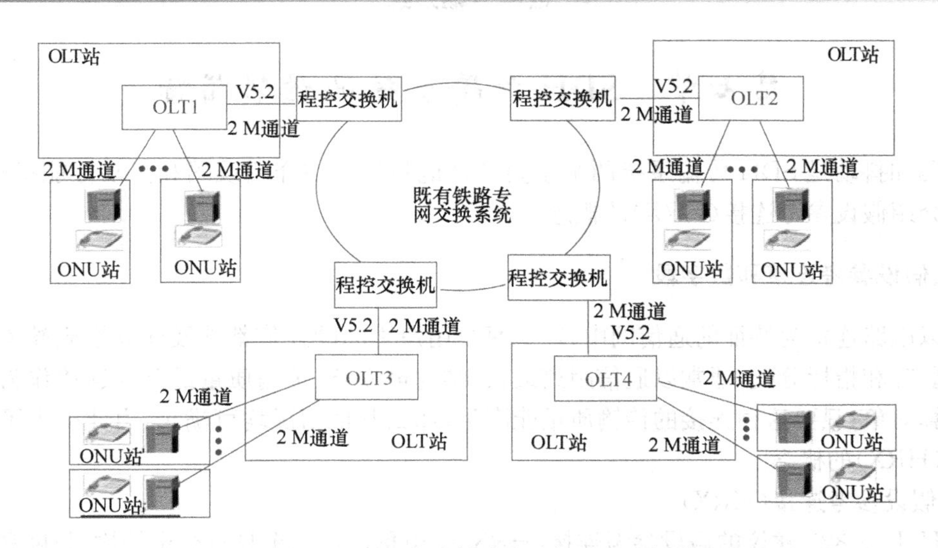

图 3-45　利用 SDH 网络为铁路应急救援系统提供通道图

再详细描述。

三、SDH 传输网络在高速铁路其他专业中的应用

SDH 传输系统还为信号专业、电力专业、工务专业、信息专业等各种业务提供通道接入。

1. 为信号专业提供通道需求

(1)SDH 传输系统为信号微机监测提供 2 Mbit/s 通道接入。

(2)SDH 传输系统为调度集中(CTC)系统组网提供 2 Mbit/s 通道接入。

(3)SDH 传输系统为临时限速服务器(TSRS)与调度集中 CTC 组网提供 2 Mbit/s 通道接入。

(4)SDH 传输系统为无线闭塞中心(RBC)与 GSM-R MSC 提供 2 Mbit/s 通道接入。

2. 为电力专业提供通道需求

(1)SDH 传输系统为电力监视控制及数据采集系统(SCADA)提供 10 M/100 M 以太网通道接入。

(2)SDH 传输系统为电力调度电话提供 2 M 通道以及由 ONU 系统提供音频调度电话接入。

3. 为工务专业提供通道需求

(1)SDH 传输系统为防灾系统提供 10 M/100 M 以太网通道接入。

(2)SDH 传输系统为道岔融雪系统提供以太网通道接入。

4. 为信息专业提供通道需求

(1)SDH 传输系统为客票售票系统提供 2 Mbit/s 通道接入。

(2)SDH 传输系统为铁路办公网提供 2 Mbit/s 通道接入。

(3)SDH 传输系统为铁路公安实名制售票系统 2 Mbit/s 通道接入。

随着高速铁路的不断发展，面对铁路各专业业务需求的多样化和复杂化，需要通信专业提供完善的、高可靠性的网络通道资源，给通信专业的传输网络提出了更高的要求，既要考虑传输网络组网的安全性，又要考虑传输网提供业务的多样性，SDH 传输网络在铁路通信中作为各业务网络的承载网，发挥着巨大的作用。

第七节　SDH 传输系统的性能指标

误码和抖动是 SDH 传输系统两个重要的性能指标。在介绍误码和抖动性能指标之前，我们先介绍假设参考连接(HRX)的概念。

一、假设参考连接和数字段

在以电路连接为特征的通信网中，任意两个用户之间的通信都涉及建立端到端连接。为了便于研究和指标分配，通常以通信距离最长、结构最复杂、传输质量最差的连接作为传输质量的核算对象；只要这种连接的传输质量能满足，那么其他情况均可满足，由此引入了假设参考连接(HRX)的概念。

1. 假设参考连接(HRX)

ITU-T G. 821 建议的假设参考连接(HRX)是电信网中一个具有规定结构、长度和性能的假设连接。一个标准的最长 HRX 由 14 段电路串联而成，全长 27 500 km，如图 3-46 所示。图中，两个 T 参考点之间为全数字 64 kbit/s 连接。

实际网络比最长 HRX 更复杂连接的出现概率极低，因而对于绝大多数部分的实际连接来说，其性能要比最长 HRX 好得多。因此，HRX 通常代表接近最坏的连接配置。

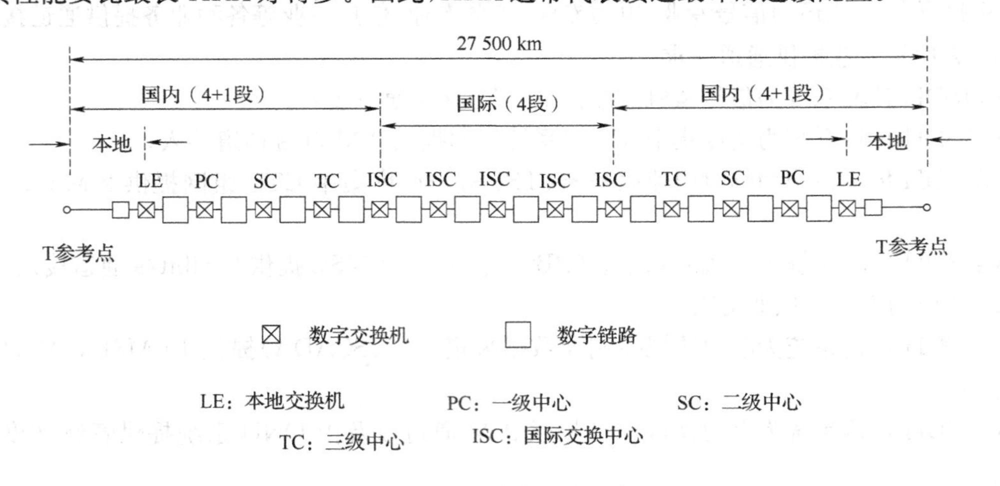

图 3-46　假设参考连接示意图

2. 假设参考数字链路(HRDL)

HRX 中两个相邻交换点的数字配线架(或其等效设备)间的全部装置构成一个数字链路。假设参考数字链路(HRDL)是指一个具有一定长度和组成的数字链路模型。HRDL 是 HRX 的一个组成部分，适当长度为 2 500 km，它包含有足够数量的复用/解复用器和传输系统。

3. 假设参考数字段(HRDS)

为了具体提供数字传输系统的性能指标，把 HRDL 中两个相邻数字配线架之间用来传送一种规定速率的数字信号的全部装置用假设参考数字段表示。根据我国的特点，长途一级干线 HRDS 为 420 km，长途二级干线的 HRDS 为 280 km，而市内局间中继通信为 50 km。HRDS 的模型一般是均匀的，不含复用设备，只含光端机和再生器。但随着光电一体的发展和 SDH 的出现，这种界线已不那么严格。例如 SDH 设备就包括复用功能在内。

综上所述，假设参考连接 HRX 由多个假设数字链路 HRDL 经数字交换机连接而成，假设数字链路 HRDL 包含一个或多个假设数字段 HRDS。即若干个假设数字段 HRDS 组成一个假设数字链路 HRDL，多个假设数字链路 HRDL 组成了假设参考连接 HRX。这样，假设参考连接 HRX 全程上的误码、抖动等系统指标可以按比例分配到各个数字链路，最后落实到各个数字段。这也为数字系统和数字设备的测试提供了依据。SDH 光纤传输系统是数字通信网的一个组成部分，从数字通信网的角度看，SDH 光纤传输系统是以光纤作为传输介质的一个数字链路。

二、误码性能

（一）误码率的含义

误码是指在数字传输系统中，当发送端发“1”或“0“码时，接收端收到的却是“0”码或“1“码，也就是说，数字信号在传输时发生了错误，以致影响传输系统的传输质量。我们通常用误码率（BER）这一参数来衡量误码对传输质量的影响大小，其定义为

$$\text{BER}=\frac{\text{错误接收的码元数}}{\text{传输的码元总数}} \tag{3-1}$$

误码影响着数字传输系统的传输质量，使音频信号失真，数据信号丢失信息。产生误码的原因很多，但主要是传输系统的噪声和抖动。为了保证通信质量，就必须保证一定的误码指标。

式（3-1）所表示的误码率是一种长期误码率，它只反映了测试时间内的平均误码，无法反映误码的突发性和随机性。比如系统有可能在某一段时间内误码率远远超过了可以接受的水平，而在其他时间的误码率并不高，结果在较长一段时间内平均下来，长期平均误码率仍能合格，而高误码率期间的传输质量就很差了。因此，系统只有长期误码率这个指标是不够的，还需要由下面的误码性能参数来弥补。

（二）误码性能参数

ITU-T 有两个建议规定误码性能，一个是以误码（比特差错）事件为基础的 G. 821 建议，规范基群以下数字连接的误码性能指标及分配；另一个是以误块（块差错）事件为基础的 G. 826 建议，规范基群及更高速率的数字通道的误码性能。SDH 传输系统的误码性能采用的是 G. 826 建议。

1. G. 821 建议的误码性能事件和指标

（1）误码性能事件

① 误码秒（ES）

当某 1 秒中有 1 个或多个误码（即使只有 1 bit），则称该秒为误码秒。在误码秒中，无论误码的比特数是多少，哪怕只有 1 bit，这个数据也得重发，所以引入这个指标。

② 严重误码秒（SES）

当 1 秒中的差错率，即误码率劣于 1×10^{-3}，则称该秒为严重误码秒。对于 64 kbit/s 而言，1 s 时间间隔内误码个数大于 64（64 kbit/s$\times10^{-3}=64$），就是一个严重误码秒。某些系统会在短时间内出现大量误码，严重影响通话质量，所以引入这个指标。

（2）误码性能参数

基群以下数字连接的误码性能参数是用误码的时间百分数来表示。

① 误码秒比

误码秒比是误码秒的时间百分数，其定义为可用时间内，误码秒与可用秒数之比，即

$$误码秒比=\frac{误码秒数}{可用秒数} \tag{3-2}$$

② 严重误码秒比

严重误码秒比定义为可用时间内，严重误码秒与可用秒数之比，即

$$严重误码秒比=\frac{严重误码秒数}{可用秒数} \tag{3-3}$$

(3)误码性能指标

27 500 kmHRX 的误码性能指标分配如表 3-1 所示。

表 3-1 所给指标是在可用时间上(扣除了不可用时间)、即通道处于可用状态时计算的。观测时间未作规定，一般不少于 1 个月。

表 3-1　HRX 的误码性能指标

性能参数	指　标
严重误码秒(SES)	<0.2%
误码秒(ES)	<8%

(4)可用时间与不可用时间

考查误码性能总的观察时间可分成可用时间和不可用时间两部分，即通道被认定为可用和不可用两个状态。误码性能只考虑通道处于可用时的状态。ITU-T 规定，在 10 个连续秒的时间里，每一秒都是严重误码秒时，通道处于不可用状态，这 10 s 也被认为是不可用时间，也就是从这 10 s 的第 1 s 开始进入不可用时间(这 10 s 也算不可用时间)，尔后，如果连续 10 s 都未检测到严重误码秒，不可用时间结束。通道就处于可用状态，这 10 s 也为可用时间。总的观察时间减去不可用时间即为可用时间。

2. G. 826 建议的误码性能事件和指标

在 SDH 传输网中，数据是以块的形式进行传输的，其长度不等，可以是几十比特，也可能长达数千比特，然而无论其长短，只要出现误码，即使仅出现 1 比特的错误，该数据块也必须进行重发，因而在高于基群的高比特率通道的误码性能是用误块(EB)、误块秒比(ESR)、严重误块秒比(SESR)及背景误块比(BBER)等来衡量的。

(1)误码性能事件

① 误块(EB)

由于 SDH 帧结构是采用块状结构，因而当同一块内的任意比特发生差错(误码)时，则认为该块出现差错，通常称该块为差错块或误块。

② 误块秒(ES)

当某 1 s 中有 1 个或多个误块，则称该秒为误块秒。

③ 严重误块秒(SES)

当 1 s 中含有不少于 30%的误块，则认为该秒为严重误块秒。

(2)误码性能参数

① 误块秒比(ESR)

在规定观察时间间隔内出现的误块秒数与总的可用时间之比，称为误块秒比(ESR)，即

$$误块秒比=\frac{误块秒数}{可用秒数} \tag{3-4}$$

② 严重误块秒比(SESR)

在规定观察时间间隔内出现的严重误块秒数与总的可用时间之比称为严重误块秒比(SESR)，即

$$严重误块秒比=\frac{严重误块秒数}{可用秒数} \tag{3-5}$$

SESR指标可以反映系统的抗干扰能力。它通常与环境条件和系统自身的抗干扰能力有关，而与速率关系不大，因此不同速率的SESR指标相同。

③ 背景误块比(BBER)

扣除不可用时间和严重误块秒期间出现的误块后所剩下的误块称为背景误块(BBE)。背景误块数与在规定测量时间内扣除不可用时间和严重误块秒期间的所有误块数后的总块数之比称为背景误块比(BBER)。

由于计算背景误块比(BBER)时，已扣除了大突发性误码的情况，因此该参数大体反映了系统的背景误码水平。由上面的分析可知，三个指标中，SESR指标最严格，BBER最松，因而只要通道满足SESR和ESR指标的要求，必然BBER指标也得到满足。

同样，上述误码性能参数的评价只有在通道处于可用状态时才有意义，所以上述计算都是在可用时间内的结果，即扣除了不可用时间。

(3)误码性能指标

ITU-T将数字链路等效为全长27 500 km的假设数字参考链路，并为链路的每一段分配最高误码性能指标，以便使主链各段的误码情况在不高于该标准的条件下连成串之后能满足数字信号端到端(27 500 km)正常传输的要求。

表3-2、表3-3和表3-4分别列出了420 km、280 km、50 km各类假设参考数字段(HRDS)通道应满足的误码性能指标。

表3-2　420 km HRDS误码性能指标

速率(Mbit/s)	2.048	139.264/155.520	622.08	2 488.320
ESR	9.24×10^{-4}	3.696×10^{-3}	待定	待定
SESR	4.62×10^{-5}	4.62×10^{-5}	4.62×10^{-5}	4.62×10^{-5}
BBER	4.62×10^{-6}	4.62×10^{-6}	2.31×10^{-6}	2.31×10^{-6}

表3-3　280 km HRDS误码性能指标

速率(Mbit/s)	2.048	139.264/155.520	622.08	2 488.320
ESR	6.16×10^{-4}	2.464×10^{-3}	待定	待定
SESR	3.08×10^{-5}	3.08×10^{-5}	3.08×10^{-5}	3.08×10^{-5}
BBER	3.08×10^{-6}	3.08×10^{-6}	1.54×10^{-6}	1.54×10^{-6}

表3-4　50 km HRDS误码性能指标

速率(Mbit/s)	2.048	139.264/155.520	622.08	2 488.320
ESR	1.1×10^{-4}	4.4×10^{-3}	待定	待定
SESR	5.5×10^{-6}	5.5×10^{-6}	5.5×10^{-6}	5.5×10^{-6}
BBER	5.5×10^{-7}	5.5×10^{-7}	2.75×10^{-7}	2.75×10^{-7}

三、抖动性能

抖动对通信质量的影响很大，抖动会使取样偏离最佳时间，增加误码率。抖动的积累会给系统带来严重的危害，故抖动也是光纤数字通信系统的重要性能指标。

1. 抖动的定义

抖动是数字信号传输过程中的一种不稳定现象。即数字信号在传输过程中，脉冲在时间上不再是等间隔的，而是随时间变化的一种现象，这种现象就称为抖动。例如在图 3-47 中，接收脉冲与发送脉冲之间出现了 Δt_1，Δt_2，Δt_3，…的时间偏离，就是产生了抖动。抖动多数情况是用单位间隔 UI(Unit Interval)来表示，1UI 就是一个比特传输信息所占的时间。显然，随着所传码速率的不同，1UI 的时间亦不同。

产生抖动的原因很多，主要与定时提取电路的质量、输入信号的状态和输入码流中的连“0”码数目有关。抖动严重时，会使信号失真、误码率增大。完全消除抖动是困难的，因此在实际工程中，需要提出允许的最大抖动指标。

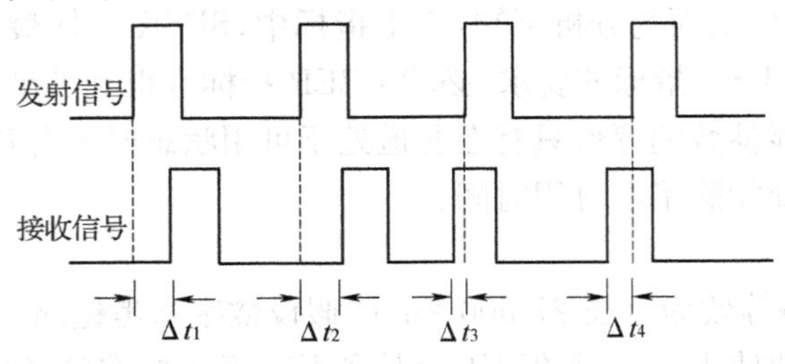

图 3-47　产生抖动示意图

2. 抖动性能参数

抖动将引起系统误码率的增加，为了使光纤数字通信系统在有抖动的情况下，仍能保证系统的指标，那么抖动就应限制在一定范围之内，这就是所谓的抖动容限。显然，抖动容限越大，系统适应抖动的能力就越强。

SDH 网中常见的度量抖动性能的参数有三个：输入抖动容限、输出抖动容限、抖动转移特性。

(1)输入抖动容限

输入抖动容限是指光纤数字通信系统允许输入脉冲产生抖动的范围。超过这个范围，系统将不再有正常指标，所以输入抖动容限也称最大允许输入抖动。系统不同，输入抖动容限也不同。

SDH 网中的输入抖动容限分为 PDH 支路口和 STM-*N* 线路口两种输入抖动容限。对于 PDH 支路口则是在使设备不产生误码的情况下，该支路口所能承受的最大输入抖动值。由于 PDH 网和 SDH 网的长期共存，使传输网中 SDH 网元有上 PDH 业务的需要，要满足这个需求，则必须使该 SDH 网元的支路输入口，能包容 PDH 支路信号的最大抖动，即该支路口的抖动容限能承受所上 PDH 信号的抖动。

STM-*N* 线路口输入抖动容限定义为能使光设备产生 1dB 光功率代价的正弦峰—峰抖动值。这参数是用来规范当 SDH 网元互连在一起传输 STM-*N* 信号时，本级网元的输入抖动容限应能包容上级网元产生的输出抖动。

(2)输出抖动容限

当光纤数字通信系统输入信号无抖动时，由于系统中的中继器产生抖动并按一定规律积累，从而在系统输出端存在抖动。为了保证通信网的抖动性能指标，必须限制系统在无输入抖动时的最大输出抖动，即为输出抖动容限。

与输入抖动容限类似，输出抖动容限也分为 PDH 支路口和 STM-*N* 线路口。SDH 设备的PDH支路端口的输出抖动应保证在SDH网元下PDH业务时，所输出的抖动能使接收此PDH信号的设备所承受。STM-N线路端口的输出抖动应保证接收此STM-N信号的SDH网元能承受。

(3)抖动转移特性

在此处是规范设备输出STM-N信号的抖动对输入的STM-N信号抖动的抑制能力(也即是抖动增益)，以控制线路系统的抖动积累，防止系统抖动迅速积累。

抖动转移函数定义为设备输出的STM-N信号抖动积累与设备输入的STM-N信号抖动的比值随频率的变化关系，此频率指抖动的频率。

本章小结

1. 构成SDH传输网的基本网络单元有：再生中继器(REG)、终端复用器(TM)、分插复用器(ADM)和数字交叉连接设备(DXC)等。

2. 终端复用设备是一个双端口器件，在线路一侧为标准光接口；在支路一侧为G.703信号接口或STM-M信号($M<N$)接口。其主要功能是将低速的支路信号(包括PDH的2 Mbit/s至140 Mbit/s信号和STM-N信号)复用形成高速的STM-N信号，并完成电/光变换后在光纤中传输。

3. 分插复用器(ADM)是一个三端口的器件，其中两个端口是STM-N光线路口，一个端口是低速的支路口。ADM的主要功能是将低速支路信号交叉复用进东或西向线路信号上去，或从东或西向接收的线路信号中拆分出低速支路信号。

4. 数字交叉连接设备DXC是一个多端口器件，可以对任何端口信号速率同其他端口信号速率间实现可控连接和再连接。功能强大的DXC能完成高速信号(例STM-16)在交叉矩阵内的低级别交叉连接。

5. 通常用DXC m/n来表示一个DXC的类型和性能(注$m \geqslant n$)，m表示可接入DXC的最高速率等级，n表示在交叉矩阵中能够进行交叉连接的最低速率级别。m越大，表示DXC的承载容量越大；n越小，表示DXC的交叉灵活性越大。我国目前采用的数字交叉连接设备主要有DXC4/4和DXC4/1。

6. ITU-T将SDH设备所应完成的功能分解为各种基本的标准功能块，功能块的实现与设备的物理实现无关，不同的设备由这些基本的功能块灵活组合而成，以完成设备不同的功能。通过基本功能块的标准化，来规范设备的标准化。

7. SDH传送网从上至下依次可分为电路层、通道层和传输媒质层。电路层是直接为用户提供通信业务的一层网络，通道层网络为电路层网络节点(如交换机)提供透明通道，传输媒质层的作用是为通道层网络节点间提供合适的通道容量，如STM-N就是传输媒质层网络的标准传输容量。

8. SDH网络的基本物理拓扑结构有5种类型：线形、星形、树形、环形和网孔形。

9. 我国铁路传输网作为铁路通信系统的大动脉，承载着所有系统的信息传输，如GSM-R业务、调度通信与数据业务、会议电视、视频监控以及旅客信息服务等。随着近几年铁路信息化、客运专线建设的加快，其承载的语音、数据、图像、视频等信息更加丰富，可靠性要求也会更高。我国铁路传输网的网络结构总体上可分为三层，从高到低依次为骨干层、汇聚层和接入层。

10. 自愈网是指通信网络发生故障时，无需人为干预，网络就能在极短的时间内从失效故障中自动恢复所携带的业务，使用户感觉不到网络已出了故障。在SDH网络中常见的自愈保护方式有线路保护、环形网保护、子网连接保护SNCP和DXC保护等。

11. SDH传输技术以其诸多的优势在通信领域迅速得到广泛采用。对于铁路通信网而言，特别在高速铁路迅速发展的今天，SDH传输网络不但是各通信子系统的承载网络，还为信号专业、电力专业、工务专业等提供必要的通道接入。

12. 误码性能和抖动性能是SDH传输网络中的两个重要性能指标。

1. SDH常见的网元有哪些？简述其主要功能。
2. 什么是SDH的逻辑功能框图？
3. 复合功能块由哪些部分组成？各部分的作用是什么？
4. 画出终端复用器TM和分插复用器ADM的逻辑功能图。
5. 了解逻辑功能框图与信号复用过程的主要对应关系？
6. 简述SDH传送网的分层模型。
7. SDH网的拓扑结构有哪些？
8. 1+1与1:n两种线路保护倒换方式的区别是什么？
9. 什么是自愈网？自愈网的类型有哪些？
10. 画图并说明二纤单向通道保护环和二纤双向复用段保护环的工作原理。
11. 我国铁路SDH网络结构分为哪几个层面？
12. DXC4/1、DXC4/4的含义是什么？
13. SDH传输网的传输性能指标有哪些？每种性能的含义是什么？
14. 什么是误块、误块秒、误块秒比、严重误块秒比及背景误块比？
15. 什么是可用时间和不可用时间？
16. 了解SDH传输网在高速铁路中的应用。
17. 什么是SNCP？简述其工作原理。

第四章

光　接　口

PDH准同步数字体系仅制定了电接口标准，而未制定光接口标准，使各厂家开发的产品在光接口上互不兼容，限制了设备的灵活性，同时也增加了网络的复杂性和运营成本。而在SDH网络中，不仅有统一的电接口标准，而且还有统一的光接口标准，这样不同厂家生产的具有标准光接口的SDH网元都能在光路上互通，即具备横向兼容性。

第一节　光纤的概念

SDH光纤传输系统中的传输媒质是光纤，它又分为单模光纤和多模光纤。由于单模光纤具有频带宽、通信容量大、易于升级扩容和成本低的优点，国际上已一致认为SDH光纤传输系统只使用单模光纤作为传输媒质。

光纤传输中有3个工作“窗口”：0.85 μm、1.31 μm、1.55 μm。其中，0.85 μm窗口只用于多模传输，用于单模传输的只有1.31 μm和1.55 μm两个窗口。

光纤的两个主要传输特性是损耗和色散，它们分别影响光纤传输系统的传输距离和通信容量。损耗使光信号在光纤中传输的功率随着传输距离的增加而下降，当光功率下降到一定程度时，传输系统就无法工作了；色散会使在光纤中传输的数字脉冲展宽，引起码间干扰，降低信号质量。当码间干扰使传输性能劣化到一定程度(例10^{-3})时，则传输系统就不能工作了。

为了延长系统的传输距离，人们主要从减小色散和损耗方面入手。1.31 μm光传输窗口称之为零色散窗口，光信号在此窗口传输色散最小，1.55 μm窗口称之为最小损耗窗口，光信号在此窗口传输的损耗最小。

从损耗和色散的角度，ITU-T规范了四种常用光纤：G.652光纤、G.653光纤、G.654光纤和G.655光纤。

1. G.652光纤

G.652光纤，即常规单模光纤，也称非色散位移单模光纤。G.652光纤在1.31 μm波长处具有零色散，在1.55 μm波长处具有最低损耗，但有较大色散，大约为18 ps/(km·nm)。G.652光纤的工作波长既可选用1.31 μm，又可选用1.55 μm。这种光纤是目前使用最为广泛的光纤，我国已敷设的光纤绝大多数是这类光纤。

2. G.653光纤(色散位移单模光纤)

G.653光纤，也称为色散位移的单模光纤，它通过改变光纤内部的折射率分布，将零色散点从1.31 μm迁移到1.55 μm波长处，使1.55 μm波长窗口色散和损耗都较低，它主要应用于1.55 μm工作波长区。

G.653光纤在有些国家被推广应用，我国只有京—九干线光缆中采用了6芯G.653光纤。但是,该光纤在进行波分复用信号传输时,在 1.55 μm 附近低色散区存在有害的四波混频等非线性效应,阻碍光纤放大器在 1.55 μm 窗口的应用,正是这个原因,G. 653 光纤已完全被 G. 655 光纤所替代。

3. G. 654 光纤(1.55 μm 性能最佳单模光纤)

G. 654 光纤的零色散点仍然在 1.31 μm,但在 1.55 μm 波长处具有极小的损耗(0.18 dB/km)。设计这类光纤的目的是为了降低 1.55 μm 窗口的衰减,但色散较高,可达 18 ps(nm · km)。必须配用单纵模激光器才能消除色散的影响。G. 654 光纤主要应用在传输距离很长,且不能插入有源器件的无中继海底光纤通信系统中。

4. G. 655 光纤(非零色散位移单模光纤)

G. 655 光纤称为非零色散位移光纤(NDSF),是 1994 年专门为新一代光放大密集波分复用系统设计和制造的新型光纤,属于色散位移光纤,但零色散点不是在 1.55 μm 处,而是移到 1 570 nm 或 1 510～1 520 nm 附近,使其在 1 550 nm 处具有一定的色散值,从而抑制了多波长传输时的四波混频等非线性效应。适用于高速率 (10 Gbit/s 以上)、大容量密集波分复用系统应用。

第二节　SDH 光接口位置和分类

光接口是 SDH 光纤传输系统最具特色的部分,由于它实现了标准化,使得不同网元可以经光路直接相连,节约了不必要的光/电转换,避免了信号因此而带来的损伤,节约了网络运行成本。

一、光接口的位置

1. 无光放的光接口位置

光接口是 SDH 光传输设备与光缆线路之间的连接点,无光放的 SDH 传输系统光接口位置如图 4-1 所示。图中,S 和 R 分别是发端和收端的光接口点。其中,S 点是光发射机与光纤的连接点,即为紧挨着光发射机(TX)的活动连接器的参考点;R 点是光接收机与光纤的连接点,即为紧挨着光接收机(RX)的活动连接器的参考点。若使用光纤分配架 ODF,其上的附加光纤连接器则作为光纤链路的一部分,并位于 S 点和 R 点之间。

无光放的 SDH 光接口符合 ITU-T G. 957 规范的光信号标准。

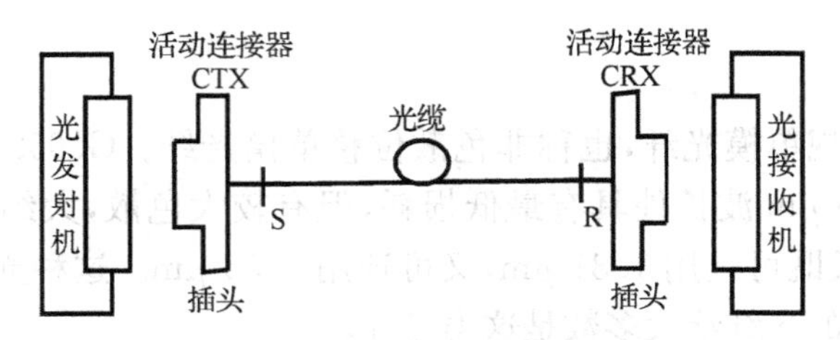

图 4-1　无光放光接口位置示意图

2. 有光放的光接口位置

有光放的 SDH 传输系统光接口位置如图 4-2 所示。图中 MPI-S 和 MPI-R 分别是发端和收端主通道的光接口点。

有光放的 SDH 光接口符合 ITU-T G. 691 规范的光信号标准。

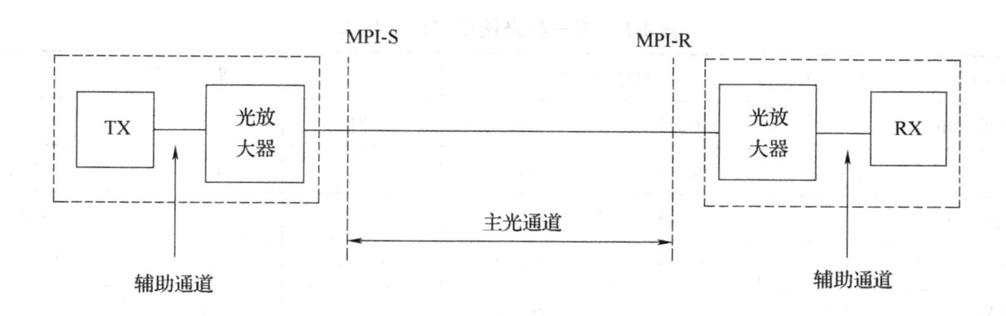

图 4-2　有光放光接口位置示意图

二、光接口的分类

在 SDH 传输系统中所应用的光接口种类很多，根据系统中是否包含光放大器以及线路速率是否达到 STM-64，可将 SDH 光接口分为两类。

第一类是不包括任何光放且线路速率低于 STM-64 的系统，按实际应用场合，此类光接口又分为三种类型：局内通信、短距离局间通信、长距离局间通信。局内通信的传输距离一般只有几百米，最多不超过 2 km；短距离局间通信是指传输距离不超过 15 km；而长距离局间通信的传输距离为 40 km 或 80 km 左右。

第二类是包括光放（前放或功放）及线路速率达到 STM-64 的系统，按实际应用场合，此类光接口又分为甚长距离局间通信和超长距离局间通信两种类型。甚长距离局间通信传输距离为 120 km；超长距离局间通信传输距离为 160 km。

三、光接口代码

光接口代码的表示形式为：X-Y. Z。其中，第一部分 X 表示光接口的应用场合，用一位英文字母表示，具体含义为：

I——表示局内通信；

S——表示短距离局间通信；

L——表示长距离局间通信；

V——甚长距离局间通信；

U——超长距离局间通信。

第二部分 Y 表示光接口传输 SDH 信号的速率等级，用 1～2 位数字表示，其含义为：

1——STM-1(155. 520 Mbit/s)；

4——STM-4(622. 080 Mbit/s)；

16——STM-16(2 488. 320 Mbit/s)；

64——STM-64(9 953. 280 Mbit/s)。

第三部分 Z 表示所用的光纤类型及工作波长，用一位数字表示，其含义如下：

1 或空白——表示使用 G. 652 光纤，其工作波长为 1 310 nm；

2——表示使用 G. 652 光纤，其工作波长为 1 550 nm；

3——表示使用 G. 653 光纤，其工作波长为 1 550 nm；

5——表示使用 G. 655 光纤，其工作波长为 1 550 nm。

表 4-1 所示为第一类光接口的应用类型及应用代码。

表 4-1　第一类光接口代码一览表

应用场合	局　　内	短距离局间		长距离局间		
工作波长(nm)	1 310	1 310	1 550	1 310	1 550	
光纤类型	G. 652	G. 652	G. 652	G. 652	G. 652	G. 653
传输距离(km)	≤2	~15	~15	~40	~80	~80
STM-1	I-1	S-1. 1	S-1. 2	L-1. 1	L-1. 2	L-1. 3
STM-4	I-4	S-4. 1	S-4. 2	L-4. 1	L-4. 2	L-4. 3
STM-16	I-16	S-16. 1	S-16. 2	L-16. 1	L-16. 2	L-16. 3

根据表 4-1 的数据，可以看出几种不同应用场合的光接口代号及所使用的光纤类型、工作波长和典型传输距离的关系。其中 G. 652 光纤是目前使用最为广泛的单模光纤，它在 1 310 nm处的色散最小，在 1 550 nm 处的衰减最小，它既可以使用在 1 310 nm 波长上，也可以运用于 1 550 nm 波长窗口。G. 653 为色散位移光纤，这是通过改变光纤的折射率分布，使理论色散最小点移到 1 550 nm 处，这样在 1550 nm 波长处，既可以获得最小衰减，又可以获得最小色散，从而用于长距离、大容量的光纤通信系统中。

例 1 代码 S-4. 1：表示传输距离为 15 km，传输速率为 STM-4(622. 320 Mbit/s)；采用 G. 652 光纤、工作波长为 1 310 nm 的传输系统。

例 2 代码 L-16. 3：表示传输距离为 40 km，传输速率为 STM-16(2488. 320 Mbit/s)；采用 G. 653 光纤、工作波长为 1 550 nm 的传输系统。

表 4-2 所示为第二类光接口的应用类型及应用代码。

表 4-2　第二类光接口代码一览表

应用场合			光纤类型	波长(nm)	目标距离(km)	STM-1	STM-4	STM-16	STM-64
局内通信	I		G. 652	1 310	0. 6	—	—	—	I-64. 1r
				1 310	2	I-1	I-4	I-16	I-64. 1
				1 550	2	—	—	—	I-64. 2r
				1 550	25	—	—	—	I-64. 2
			G. 653	1 550	25	—	—	—	I-64. 3
			G. 655	1 550	25	—	—	—	I-64. 5
局间通信	短距离	S	G. 652	1 310	20	S-1. 1	S-4. 1	S-16. 1	S-64. 1
				1 550	40	S-1. 2	S-4. 2	S-16. 2	S-64. 2
			G. 653	1 550	40	—	—	—	S-64. 3
			G. 655	1 550	40	—	—	—	S-64. 5
	长距离	L	G. 652	1 310	40	L-1. 1	L-4. 1	L-16. 1	L-64. 1
				1 550	80	L-1. 2	L-4. 2	L-16. 2	L-64. 2
			G. 653	1 550	80	L-1. 3	L-4. 3	L-16. 3	L-64. 3

续上表

应用场合			光纤类型	波长(nm)	目标距离(km)	STM-1	STM-4	STM-16	STM-64
局间通信	甚长距离	V	G. 652	1 310	60	—	V-4. 1	—	—
				1 550	120	—	V-4. 2	V-16. 2	V-64. 2
			G. 653	1 550	120	—	V-4. 3	V-16. 3	V-64. 3
	超长距离	U	G. 652	1 550	160	—	U-4. 2	U-16. 2	—
			G. 653	1 550	160	—	U-4. 3	U-16. 3	

注:后缀 r 表示同类型缩短距离的应用。

表 4-2 中“目标距离”是一个约数,仅仅是为了分类,不作为规定的参数。表中没有将局内 I、短距离局间和长距离局间的 STM-1、STM-4 和 STM-16 的应用代码列出,其代码参照表 4-1 定义的代码。

例 3 代码 V-64. 2:表示传输距离为 120 km,传输速率为 STM-64(9 953. 280 Mbit/s);采用 G. 652 光纤、工作波长为 1 550 nm 的传输系统。

四、光接口选用原则

光接口应根据工程项目具体情况合理选用,具体的选用原则是:

(1)局内传输宜选用 I 接口,短距离局间传输应选用 S 接口,长距离局间传输应选用 L 接口,超长距离局间传输应选用 V 或 U 接口。

(2)考虑到备品备件的配置及方便维护,光接口类型的选用不宜过多。

第三节 SDH 光接口参数

SDH 光接口的参数大致分为三部分:光发射机 S 点的光参数、光接收机 R 点的光参数和 S-R 点之间的光参数。在规范参数的指标时,均规范为最坏值,即在极端的(最坏的)光通道衰减和色散条件下,仍然要满足每个再生段(光缆段)的误码率不大于 1×10^{-10} 的要求。

一、光发射机参数

1. 光谱特性

为了保证高速光脉冲信号的传输质量,必须对 SDH 光接口所使用的光源的光谱特性作出规定。显然所使用的光源性质不同,其所呈现的光谱特性也不同。

(1)最大均方根谱宽度(RMS)

对于多纵模激光器(MLM)和发光二极管(LED),由于其光谱宽度较大,能量也较为分散,因而常采用均方根(RMS)宽度来度量光脉冲能量的集中程度。

(2)最大−20 dB 谱宽

对于单纵模激光器,其能量主要集中在主模,所以它的光谱宽度是按主模的最大峰值功率跌落到−20 dB 时的最大带宽来定义的。单纵模激光器光谱特性,如图 4-3 所示。

(3)最小边模抑制比(SMSR)

在动态调制状态下,单纵模激光器的光谱特性也会呈现多个纵模,与多纵模激光器的区别

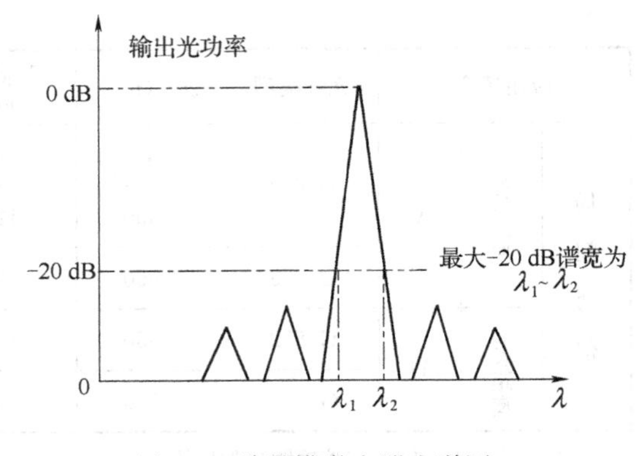

图 4-3 单纵模激光器光谱图

在于此时单纵模激光器所产生的边模功率要比主模功率小得多。这样才能抑制单纵模激光器的模分配噪声。因而人们除了用谱宽以外，还用最小边模抑制比（SMSR）来衡量其能量在主模上的集中程度。

最小边模抑制比（SMSR）定义为主纵模的平均光功率 P_1 与最显著的边模的平均光功率 P_2 的比值，即

$$\mathrm{SMSR}=10\lg(P_1/P_2)\quad(\mathrm{dB})\qquad(4\text{-}1)$$

在 ITU-T 在 G. 957 建议中，规定单纵模激光器的最小边模抑制比（SMSR）的值应不小于 30 dB。

2. 平均发送功率

平均发送功率是指在 S 参考点处所测得的发射机发送的伪随机信号序列的平均光功率。其大小与光源类型、标称波长、传输容量和光纤类型有关。

应该指出的是，对于一个实际光通信系统而言平均发送光功率并不是越大越好。

3. 消光比

消光比定义为信号“1”的平均光功率与信号“0”的平均光功率的比值。ITU-T 规定长距离传输时，消光比为 10 dB(L-16. 2 除外)，其他情况下为 8. 2 dB。

4. 码型

SDH 系统中，由于帧结构中安排了丰富的开销字节用于系统的 OAM 功能，所以线路码型不必像 PDH 那样通过线路编码完成端到端的性能监控。SDH 光接口的线路码型为加扰的 NRZ 码（非归零码），线路信号速率等于标准 STM-N 信号速率。

ITU-T 规范了对 NRZ 码的加扰方式，采用标准的 7 级扰码器，扰码生成多项式为 $1+X^6+X^7$，扰码序列长为 $2^7-1=127$（位）。这种方式的优点是：码型最简单，不增加线路信号速率，没有光功率代价，无需编码，发端需一个扰码器即可，收端采用同样标准的解扰器即可接收发端业务，实现多厂家设备环境的光路互连。

采用扰码器是为了防止信号在传输中出现长连“0”或长连“1”，易于收端从信号中提取定时信息（SPI 功能块）。另外当扰码器产生的伪随机序列足够长时，也就是经扰码后的信号的相关性很小时，可以在相当程度上减弱各个再生器产生的抖动相关性（也就是使扰动分散，抵消）使整个系统的抖动积累量减弱。

二、光接收机参数

1. 接收灵敏度

接收灵敏度是指在 R 点达到给定误码率（$\mathrm{BER}=1\times10^{-10}$）的条件下，光接收机能够接收的最小平均光功率。接收灵敏度的电平单位是 dBm。

2. 接收过载功率

接收过载功率是指在 R 点达到给定误码率（$\mathrm{BER}=1\times10^{-10}$）的条件下，所需接收的最大平均光功率。之所以存在过载功率，是因为当接收光功率高于接收灵敏度时，由于信噪比的改善使误码率（BER）变小，但随着光接收功率的继续增加，接收机进入非线性工作区，反而会使

误码率(BER)下降,如图 4-4 所示。

图中 A 点处的光功率是接收灵敏度,B 点处的光功率是接收过载功率,A-B 之间的范围是接收机可正常工作的动态范围。

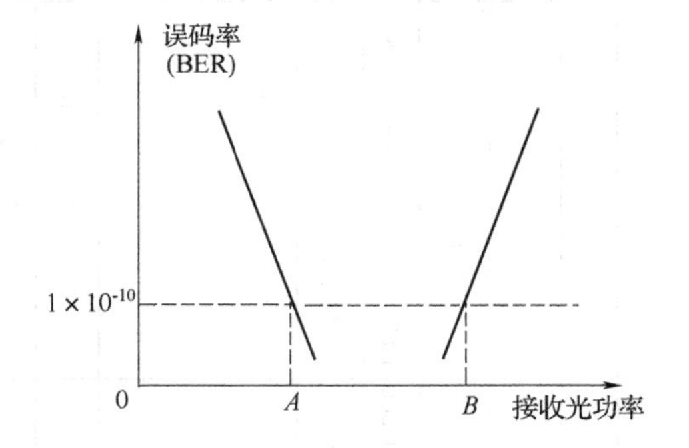

图 4-4 误码率(BER)曲线图

3. 接收机反射系数

光接收机的反射系数是指在 R 点的反射光功率与入射光功率之比。各速率等级光接口在 R 点允许的最大反射系数见表 4-3 至表 4-7。

4. 光通道功率代价

根据 ITU-T G. 957 建议,光通道功率代价应包括码间干扰、模分配噪声等所引起的总色散代价以及光反射功率代价,通常不得超过 1 dB。

三、光通道参数

光通道的技术参数包括衰减、最大色散、SR 间的最大反射系数和 S 点的最小回波损耗。

1. 衰减

光通道的衰减是指 S-R 点间光传输通道对光信号的衰减值,为最坏情况下的数值。这些数值包括由接头、连接器、光衰减器功其他无源光器件及任何附加光缆余度引起的总衰减。光缆余度中考虑了如下因素:

(1)日后对光缆配置的修改如附加接头、增加光缆长度等。

(2)由环境因素引起的光缆性能变化。

(3)S-R 点间使用了任何连接器、光衰减器或其他无源器件引起性能的劣化。

2. 色散

光通道的色散是指 S-R 点间光传输通道对光信号产生的畸变和展宽。受色散限制系统所规定的光通道最大色散值示于表 4-3 至表 4-7 中。

3. 反射

光通道的反射是由通道上的不连续性引起的,如果不加控制,由于它们对激光器工作的干扰影响或由于多次反射在接收机上导致干涉噪声而使系统性能劣化。通常用下述两个参数来规范通道的反射。

(1)回波损耗

回波损耗定义为反射点上(如 S 点)的入射光功率 P_T 与反射光功率 P_r 之比,即

$$R_L = 10\lg \frac{P_T}{P_r} \tag{4-2}$$

回波损耗的值越大越好,以减少反射光对光源和系统的影响。

(2)离散反射

离散反射定义为反射光功率与入射光功率之比,正好与回波损耗相反。

四、光接口参数规范

STM-1、STM-4 和 STM-16 SDH 光传输系统的光接口参数,应分别符合表 4-3、表 4-4、表 4-5、表 4-6 和表 4-7 的规范要求。

表 4-3　STM-1 光接口参数(I、S 和 L 型)

项目		单位	数值								
标准比特率		kbit/s	STM-1(155 520)								
应用分类代码			I-1	S-1.1	S-1.2		L-1.1	L-1.2	L-1.3		
工作波长范围		nm	1 260～1 360	1 261～1 360	1 430～1 576	1 430～1 580	1 263～1 360	1 480～1 580	1 534～1 566	1 523～1 577	1 480～1 580
发射机在S点特性	光源类型		MLM LED	MLM	MLM	SLM	MLM SLM	SLM	MLM	MLM	SLM
	最大均方根谱宽(σ)	nm	40　80	7.7	2.5	—	3　—	—	3	2.5	—
	最大－20 dB 谱宽	nm	—	—	—	1	—　1	1	—	—	1
	最小边模抑制比	dB	—	—	—	30	—　30	30	—	—	30
	最大平均发送功率	dBm	−8	−8	−8	−8	0	0	0	0	0
	最小平均发送功率	dBm	−15	−15	−15	−15	−5	−5	−5	−5	−5
	最小消光比	dB	8.2	8.2	8.2	8.2	10	10	10	10	10
SR点光通道特性	衰减范围	dB	0～7	0～12	0～12	0～12	10～28	10～28	10～28	10～28	10～28
	最大色散	ps/nm	18　25	96	296	NA	246	NA	246	296	NA
	光缆在S点的最小回波损耗(含有任何活接头)	dB	NA	NA	NA	NA	NA	20	NA	NA	NA
	SR点间最大离散反射系数	dB	NA	NA	NA	NA	NA	−25	NA	NA	NA
接收机在R点特性	最差灵敏度	dBm	−23	−28	−28	−28	−34	−34	−34	−34	−34
	最大过载点	dBm	−8	−8	−8	−8	−10	−10	−10	−10	−10
	最大光通道代价	dB	1	1	1	1	1	1	1	1	1
	接收机在R点的最大反射系数	dB	NA	NA	NA	NA	NA	−25	NA	NA	NA

注:NA 表示不作要求。

表 4-4 STM-4 光接口参数(I、S 和 L 型)

项目		单位	数值								
标准比特率		kbit/s	STM-4(622 080)								
应用分类代码			I-4	S-4.1		S-4.2	L-4.1			L-4.2	L-4.3
工作波长范围		nm	1 260～1 360	1 293～1 334	1 274～1 356	1 430～1 580	1 300～1 325	1 296～1 330	1 280～1 335	1 480～1 580	1 480～1 580
发射机在S点特性	光源类型		MLM LED	MLM	MLM	SLM	MLM	MLM	SLM	SLM	SLM
	最大均方根谱宽(σ)	nm	14.5　35	4	2.5	—	2	1.7	—	—	—
	最大−20 dB 谱宽	nm	—	—	—	1	—	—	1	<1*	30
	最小边模抑制比	dB	—	—	—	30	—	—	30	30	30
	最大平均发送功率	dBm	−8	−8	−8	−8	2	2	2	2	2
	最小平均发送功率	dBm	−15	−15	−15	−15	−3	−3	−3	−3	−3
	最小消光比	dB	8.2	8.2	8.2	8.2	10	10	10	10	10
SR点光通道特性	衰减范围	dB	0～7	0～12	0～12	0～12	10～24	10～24	10～24	10～24	10～24
	最大色散	ps/nm	13　14	46	74	NA	92	109	NA	*	NA
	光缆在S点的最小回波损耗(含有任何活接头)	dB	NA	NA	NA	24	20	20	20	24	NA
	SR点间最大离散反射系数	dB	NA	NA	NA	−27	−25	−25	−25	−27	−25
接收机在R点特性	最差灵敏度	dBm	−23	−28	−28	−28	−28	−28	−28	−28	−28
	最大过载点	dBm	−8	−8	−8	−8	−10	−10	−10	−10	−10
	最大光通道代价	dB	1	1	1	1	1	1	1	1	1
	接收机在R点的最大反射系数	dB	NA	NA	NA	−27	−14	−14	−14	−27	−14

注:NA 表示不作要求;* 表示待研究。

表 4-5　STM-4 光接口参数(V 和 U 型)

项　　目		单位	数　　值				
标准比特率		kbit/s	STM-4(622 080)				
应用分类代码			V-4.1	V-4.2	V-4.3	U-4.2	U-4.3
工作波长范围		nm	1 290～1 330	1 530～1 565	1 530～1 565	1 530～1 565	1 530～1 565
发射机在MPI-S点特性	最大−20 dB谱宽	nm	*	*	*	*	*
	最小边模抑制比	dB	*	*	*	*	*
	最大平均发送功率	dBm	4	4	4	15	15
	最小平均发送功率	dBm	0	0	0	12	12
	最小消光比	dB	10	10	10	10	10
MPI-S点与MPI-R点光通道特性	衰减范围	dB	22～33	22～33	22～33	33～44	33～44
	最大色散	ps/nm	200	2 400	400	3 200	530
	光缆在S点的最小回波损耗(含有任何活接头)	dB	24	24	24	24	24
	SR点间最大离散反射系数	dB	−27	−27	−27	−27	−27
接收机在MPI-R点特性	最差灵敏度	dBm	−34	−34	−34	−34	−33
	最大过载点	dBm	−18	−18	−18	−18	−18
	最大光通道代价	dB	1	1	1	2	1
	接收机在MPI-R点的最大反射系数	dB	−27	−27	−27	−27	−27

注:NA 表示不作要求;* 表示待研究。

表 4-6 STM-16 光接口参数(I、S 和 L 型)

项目		单位	数值					
标准比特率		kbit/s	STM-16(2 488 320)					
应用分类代码			I-16	S-16.1	S-16.2	L-16.1	L-16.2	L-16.3
工作波长范围		nm	1 266～1 360	1 260～1 360	1 430～1 580	1 280～1 335	1 500～1 580	1 500～1 580
发射机在S点特性	光源类型		MLM	SLM	SLM	SLM	SLM	SLM
	最大均方根谱宽(σ)	nm	4	—	—	—	—	—
	最大−20 dB 谱宽	nm	—	1	<1*	1	<1*	<1*
	最小边模抑制比	dB	—	30	30	30	30	30
	最大平均发送功率	dBm	−3	0	0	+3	+3	+3
	最小平均发送功率	dBm	−10	−5	−5	−2	−2	−2
	最小消光比	dB	8.2	8.2	8.2	10	8.2	10
SR点光通道特性	衰减范围	dB	0～7	0～12	0～12	0～24	10～24	10～24
	最大色散	ps/nm	12	NA	*	NA	1 194	*
	光缆在 S 点的最小回波损耗(含有任何活接头)	dB	24	24	24	24	24	24
	SR 点间最大离散反射系数	dB	−27	−27	−27	−27	−27	−27
接收机在R点特性	最差灵敏度	dBm	−18	−18	−18	−26	−26	−26
	最大过载点	dBm	−3	0	0	−10	−9	−10
	最大光通道代价	dB	1	1	1	1	1	1
	接收机在 R 点的最大反射系数	dB	−27	−27	−27	−27	−27	−27

注:NA 表示不作要求;* 表示待研究。

表 4-7　STM-16 光接口参数(V 和 U 型)

项目		单位	数值			
标准比特率		kbit/s	STM-16(2 488 320)			
应用分类代码			V-16. 2	V-16. 3	U-16. 2	U-16. 3
工作波长范围		nm	1 530～1 565	1 530～1 565	1 530～1 565	1 530～1 565
发射机在MPI-S 点特性	最大－20 dB 谱宽	nm	*	*	*	*
	最小边模抑制比	dB	*	*	*	*
	最大平均发送功率	dBm	13	13	15	15
	最小平均发送功率	dBm	10	10	12	12
	最小消光比	dB	8. 2	8. 2	10	10
MPI-S 点与MPI-R 点光通道特性	衰减范围	dB	22～33	22～33	33～44	33～44
	最大色散	ps/nm	2 400	400	3 200	530
	光缆在 MPI-S 点的最小回波损耗(含有任何活接头)	dB	24	24	24	24
	MPI-S 与 MPI-R 点间最大离散反射系数	dB	－27	－27	－27	－27
接收机在MPI-R 点特性	最差灵敏度	dBm	－25	－24	－34	－33
	最大过载点	dBm	－9	－9	－18	－18
	最大光通道代价	dB	2	1	2	1
	接收机在 MPI-R 点的最大反射系数	dB	－27	－27	－27	－27

注:NA 表示不作要求;* 表示待研究。

第四节 WDM传输系统光接口

WDM传输系统是把不同的波长进行组合，同时送入同一根光纤中进行传输。在WDM传输系统中，根据光接口所在位置的不同可分为主通道光接口、支路光接口。支路光接口又根据其是否串接光转换器而分为开放式波分复用系统光接口（执行G.957标准）和集成式波分复用系统光接口（执行G.692标准）。

一、WDM系统主通道光接口

1. 主通道光接口的位置

WDM传输系统的参考结构如图4-5表示。图中，MPI-S和MPI-R为WDM光传输系统主通道光接口参考点的位置。其中，MPI-S点是光合波器与光纤的连接点，即为光合波器输出端光纤连接器的参考点；MPI-R点是光分波器与光纤的连接点，即为光分波器输入端活动连接器的参考点。

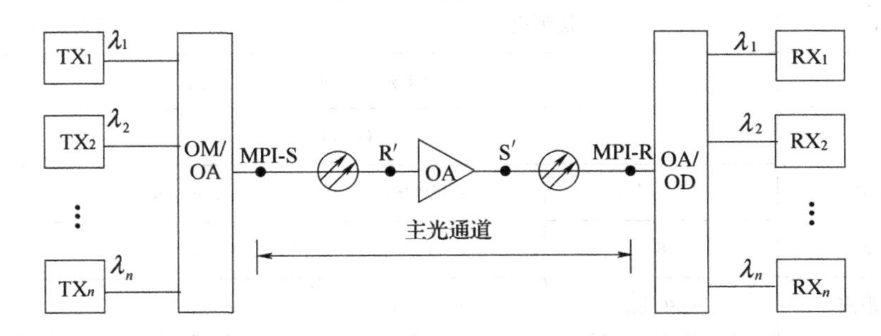

图4-5 主光通道光接口参考点的位置

TX—光发射机；RX—光接收机；OA—光放大器；OM—光合波器；OD—光分波器；R′—线路放大器输入端光纤连接器的参考点；S′—线路放大器输出端光纤连接器的参考点

2. 主通道光接口应用代码

WDM传输系统主通道光接口应用代码的构成形式为：nWX-Y.Z。其中：

n——波长的最大数量；

W——局间传输距离的分类：L表示长距离，V表示甚长距离，V′为甚长距离特例，U表示超长距离；

X——应用代码中允许的光放段数量（对于不带有在线放大器的系数$X=1$，此时不表示）；

Y——单波通道信号的比特率，即STM-N等级；

Z——光纤类型："2"表示G.652光纤，"5"表示G.655光纤。

根据YD/T 1060—2000《光波分复用系统（WDM）技术要求—32×2.5 Gbit/s部分》等行业标准，结合我国的光缆WDM传输系统工程设计规范及实际工程应用情况，下面分别列出几种常用制式的应用代码。

(1)16波、32波WDM系统的应用代码

基于STM-16基础速率、采用G.652/G.655光纤、工作在C波段的16波、32波WDM系统的应用代码如表4-8所示。

表 4-8　16 波、32/40 波 WDM 系统的应用代码(基于 STM-16 基础速率)

应用场合	长距离	甚长距离	
波长范围	1 530～1 565 nm(C 波段)		
光纤类型	G. 652、G. 655		
再生目标距离	～640 km	～360 km	～550 km
光放段数量	8	3	5
光放段目标距离	～80 km	～120 km	～110 km
16 通路	16L8-16. 2/5	16V3-16. 2/5	16V′5-16. 2/5
32 通路	32L8-16. 2/5	32V3-16. 2/5	32V′5-16. 2/5

(2)32 波、40 波 WDM 系统的应用代码

基于 STM-16 基础速率、采用 G. 652/G. 655 光纤、工作在 C 波段的 32 波、40 波 WDM 系统的应用代码如表 4-9 所示。

表 4-9　32 波、40 波 WDM 系统的应用代码(基于 STM-16 基础速率)

应用场合	长距离		甚长距离	
波长范围	1 530～1 565 nm(C 波段)			
光纤类型	G. 652、G. 655			
再生目标距离	～640 km	～480 km	～360 km	～300 km
光放段数量	8	6	3	3
光放段目标距离	～80 km	～80 km	～120 km	～100 km
32 通路	32L8-16. 2/5	32L6-16. 2/5	32V3-16. 2/5	32V′5-16. 2/5
40 通路	40L8-16. 2/5	40L6-16. 2/5	40V3-16. 2/5	40V′5-16. 2/5

3. 主通道光接口参数

32/40×2. 5 Gbit/sWDM 传输系统的主光通道光接口参数如表 4-10 所示，16×10 Gbit/s WDM 传输系统的主光通道光接口参数如表 4-11(a)(采用 G. 652 光纤)和表 4-11(b)(采用 G. 655 光纤)所示。

表 4-10　32/40×2. 5 Gbit/sWDM 传输系统的主光通道光接口参数

项　目			单位	要求指标		
				8×22 dB	5×30 dB	3×33 dB
比特速率/单波通道的格式				2 488 Mbit/s(STM-16)		
MPI-S 或 S′点特性	每通路输出功率	最大值	dBm	5. 0	7. 0	6. 0
		最小值	dBm	0	3. 0	4. 0
	总输出功率	最大值	dBm	17	17	17
	每通路信噪比		dB	>30	>30	>30
	在 MPI-S 或 S′点各通路信号功率间最大差异		dB	5. 0	4. 0	2. 0

续上表

项　　目			单位	要求指标		
				8×22 dB	5×30 dB	3×33 dB
比特速率/单波通道的格式				2 488 Mbit/s(STM-16)		
光通道(MPI-S—MPI-R)	光通道代价(BER=10^{-12})		dB	2	2	2
	衰减范围	最大值	dB	24	30	33
		最小值	dB	22	28	31
	色散		ps/nm	12 800	12 000	72 000
	反射系数		dB	−27	−27	−27
	最小回损		dB	24	24	24
MPI-R 或 R′点特性	每通路平均输入功率	最大值	dB	−17	−21	−25
		最小值	dB	−24	−27	−29
	总平均输入功率	最大值	dBm	−5	−10	−13
	每通路光信噪比		dBm	>22/18	>20/18	>20/18
	光信号串音		dB	−22	−22	−22
	在 MPI-R 或 R′点各通路信号功率间最大差异		dB	7	6	4

表 4-11(a)　采用 G.652 光纤的 16×10 Gbit/s WDM 传输系统的主光通道参数

项　　目			单位	要求指标			
				8×22 dB	6×22 dB	3×33 dB	3×27 dB
比特速率/单波通道的格式				STM-64			
MPI-S 或 S′点特性	每通路输出功率	平均功率	dBm	5.0	5.0	5.0	5.0
		最大值	dBm	8.0	8.0	7.0	7.0
		最小值	dBm	2.0	2.0	4.0	4.0
	总输出功率	最大值	dBm	17	17	17	17
	每通路信噪比		dB	>35	>35	>35	>35
	各通路信号功率间最大差异		dB	6	6	3	3
光通道(MPI-S—MPI-R)	光通道代价(BER=10^{-12})		dB	2	2	2	2
	衰减范围	最大值	dB	24	24	33	27
		最小值	dB	22	22	31	26
	色散		ps/ nm	12 800	9 600	7 200	6 000
	反射系数		dB	−27	−27	−27	−27
	最小回损		dB	24	24	24	24
	最大色散容纳值(补偿后)		ps/nm	1 200	1 000	800	800
MPI-R 或 R′点特性	每通路平均输入功率	最大值	dB	−14	−14	−24	−19
		最小值	dB	−22	−22	−29	−22
	总平均输入功率	最大值	dBm	−2	−2	−14	−9
	每通路最小光信噪比		dBm	22	25	20	25
	光信号串音		dB	20	20	20	20
	在 MPI-R 或 R′点各通路信号功率间最大差异		dB	8	8	5	4

表 4-11(b) 采用 G. 655 光纤的 16×10 Gbit/s WDM 传输系统的主光通道参数

项目			单位	要求指标			
				8×22 dB	6×22 dB	3×33 dB	3×27 dB
比特速率/单波通道的格式				STM-64			
MPI-S 或 S′点特性	每通路输出功率	平均功率	dBm	5.0	5.0	5.0	5.0
		最大值	dBm	8.0	8.0	7.0	7.0
		最小值	dBm	2.0	2.0	4.0	4.0
	总输出功率	最大值	dBm	17	17	17	17
	每通路信噪比		dB	>35	>35	>35	>35
	各通路信号功率间最大差异		dB	4	4	2	3
光通道(MPI-S—MPI-R)	光通道代价($BER=10^{-12}$)		dB	6	6	3	2
	衰减范围	最大值	dB	24	24	33	27
		最小值	dB	22	22	31	26
	色散		ps/nm	3 840	2 880	2 160	1 800
	反射系数		dB	−27	−27	−27	−27
	最小回损		dB	24	24	24	24
	最大色散容纳值(补偿后)		ps/nm	800	800	800	800
MPI−R 或 R′点特性	每通路平均输入功率	最大值	dB	−14	−14	−24	−19
		最小值	dB	−22	−22	−29	−22
	总平均输入功率	最大值	dBm	−2	−2	−14	−9
	每通路最小光信噪比		dBm	22	25	20	25
	光信号串音		dB	20	20	20	20
	在 MPI-R 或 R′点各通路信号功率间最大差异		dB	8	8	5	4

二、WDM 系统支路光接口

WDM 系统根据支路光接口是否包括光转换器可分为两种情况:集成式波分复用系统和开放式波分复用系统。

1. 光接口的位置

(1)集成式波分复用系统光接口

集成式 WDM 系统就是指 SDH 终端设备发出的光波波长是符合 ITU-T G. 692 建议的 WDM 标准波长,无需波长转换。

集成式 WDM 传输系统的光参考点位置如图 4-6 所示,图中,S_1～S_n、R_1～R_n分别是集成式 WDM 传输系统发送端、接收端的通路光接口,其中,S_1～S_n为光通路 1…n 发射机输出端光纤连接器的参考点;R_1～R_n为接收机输入端光纤连接器的参考点,它们均为 G. 692 接口。

而 R_{M1}～R_{Mn}为光合波器输入端之前光纤连接器的参考点;S_{M1}～S_{Mn}为光分波器输出端之后光纤连接器的参考点。

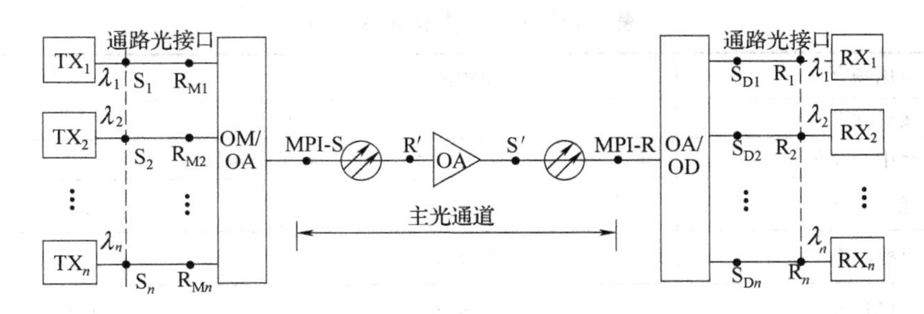

图 4-6 集成式 WDM 传输系统的光接口的位置

OM—光合波器;OD—光分波器;OA—光放大器;TX—光发射机;RX—光接收机

(2)开放波分复用系统光接口

开放式 WDM 系统是指通过波长转换器(OTU),将 SDH 设备发出的非规范的光波波长转换为标准波长的 WDM 系统。

开放式 WDM 传输系统的光参考点位置如图 4-7 所示,图中,S 是发射机输出端的光纤连接器的参考点,为 G. 957/G. 691 接口;R 是接收机输入端光纤连接器的参考点,为 G. 691/G. 957 接口。

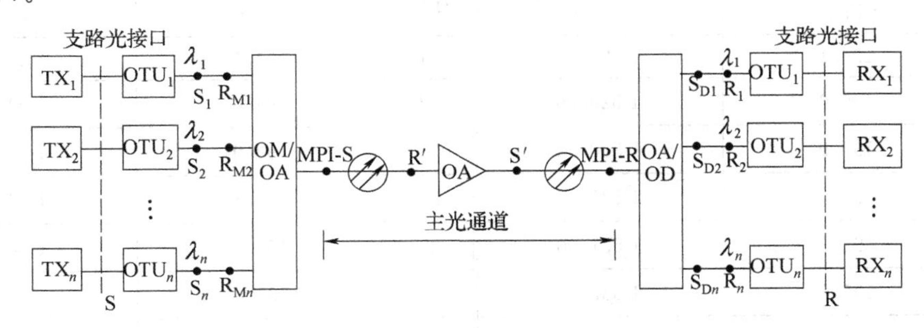

图 4-7 开放式 WDM 传输系统的光接口的位置

OM—光合波器;OD—光分波器;OA—光放大器;TX—光发射机;RX—光接收机

由图可以看出,开放式波分复用系统支路光接口其实是 SDH 系统的光接口。$S_1 \sim S_n$、$R_1 \sim R_n$为符合 WDM 系统要求的 SDH 接口,也就是集成 WDM 系统的光接口,即为 G. 692 接口。

2. 支路光接口分类及应用代码

WDM 传输系统支路光接口的应用代码形式为:X-Y. Z,其中各代码的含义与 SDH 光接口的相同,即

X—用 1 位字母表示应用场合,如 S 表示短距离局间通信,L 表示长距离局间通信。

Y—用 1~2 位数字表示 SDH 的速率等级,其中:

“1”表示 STM-1,速率为 155. 520 Mbit/s;

“4” 表示 STM-4,速率为 622. 080 Mbit/s;

“16” 表示 STM-16,速率为 2 488. 320 Mbit/s;

“64” 表示 STM-64,速率为9 953. 280 Mbit/s。

Z—用 1 位数字表示应用光纤及工作窗口,其中:

“1 或空白”表示使用 G. 652 光纤,其工作波长为 1 310 nm;

“2”表示使用 G. 652 光纤,其工作波长为 1 550 nm。

表 4-12 列出了 WDM 传输系统支路光接口分类及应用代码。

表 4-12 WDM 支路光接口分类

应用场合	短距离	长距离
接口标准	G. 692	
标准中心波长	详见表 4-13	
光纤类型	G. 652	G. 652
目标距离	～15 km	～80 km
STM-16	S-16. 1、S-16. 2	L-16. 2
STM-64	S-64. 2	L-64. 2

3. 光通路的标称中心波长要求

WDM 传输系统的各通道光接口的标称中心波长和中心频率应符合相应的规定。表 4-13 给出了 40 通路 WDM 传输系统通路标称中心波长及频率应符合的规定。

表 4-13 40 通路 WDM 传输系统通路标称中心波长及频率

序号	频 率 (THz)	真空中的波长 (nm)	序号	频 率 (THz)	真空中的波长 (nm)
1	196. 1	1 528. 77	21	194. 1	1 544. 53
2	196. 0	1 529. 55	22	194. 0	1 545. 32
3	195. 9	1 530. 33	23	193. 9	1 546. 12
4	195. 8	1 531. 12	24	193. 8	1 546. 92
5	195. 7	1 531. 90	25	193. 7	1 547. 72
6	195. 6	1 532. 68	26	193. 6	1 548. 51
7	195. 5	1 533. 47	27	193. 5	1 549. 32
8	195. 4	1 534. 25	28	193. 4	1 550. 12
9	195. 3	1 535. 04	29	193. 3	1 550. 92
10	195. 2	1 535. 82	30	193. 2	1 551. 72
11	195. 1	1 536. 61	31	193. 1	1 552. 52
12	195. 0	1 537. 40	32	193. 0	1 553. 33
13	194. 9	1 538. 19	33	192. 9	1 554. 13
14	194. 8	1 538. 98	34	192. 8	1 554. 94
15	194. 7	1 539. 77	35	192. 7	1 555. 75
16	194. 6	1 540. 56	36	192. 6	1 556. 55
17	194. 5	1 541. 35	37	192. 5	1 557. 36
18	194. 4	1 542. 14	38	192. 4	1 558. 17
19	194. 3	1 542. 94	39	192. 3	1 558. 98
20	194. 2	1 543. 73	40	192. 2	1 559. 79

4. 集成式光接口(G. 692)参数

集成式光接口(S_1～S_n、R_1～R_n)参数，根据 WDM 系统的通道传输速率和通道数，应符合相应的规范要求。表 4-14 给出了 32/40×2.5 Gbit/sWDM 系统光接口参数应符合相应的规范要求。

表 4-14　32/40×2.5 Gbit/sWDM 系统光接口参数

项　目			单位	数　值
标准光源类型			—	待研究
光接口 S_n 点参数	光谱特性	最大−20 dB 谱宽	nm	0.2
		最小边模抑制比	dB	35
	中心频率	标称中心频率	THz	符合表 4-13 要求
		最大中心频率漂移	GHz	±20
	平均发送光功率	最大	dBm	0
		最小	dBm	−10
	最小消光比		dB	10
	色散容限值		ps/nm	12 800、12 000 或 7 200
光接口 R_n 点参数	接收灵敏度		dBm	−25
	过载功率		dBm	−9
	接收机反射		dB	>27
	输入信号波长区		nm	1 280～1 565

本章小结

1. 光接口是 SDH 光纤传输系统最具特色的部分，由于它实现了标准化，使得不同网元可以经光路直接相连，节约了不必要的光/电转换，避免了信号因此而带来的损伤，节约了网络运行成本。

2. 在 SDH 传输系统中所应用的光接口种类很多，根据系统中是否包含光放大器以及线路速率是否达到 STM-64，可将 SDH 光接口分为两类：一类是不包括任何光放且线路速率低于 STM-64 的系统；另一类是包括光放（前放或功放）及线路速率达到 STM-64 的系统。按实际应用场合，光接口又分为局内通信、短距离局间通信、长距离局间通信、甚长距离局间通信和超长距离局间通信五种类型。

3. SDH 光接口的代码由三部分组成 X-Y.Z。其中，第一部分 X 表示光接口的应用场合，用一位英文字母表示；第二部分 Y 表示光接口传输 SDH 信号的速率等级，用 1～2 位数字表示；第三部分 Z 表示该光接口适用的光纤类型和工作波长，用一位数字表示。

4. 光接口的参数大致分为三部分：光发射机 S 点的光参数、光接收机 R 点的光参数和 S-R 点之间的光参数。在规范参数的指标时，均规范为最坏值，即在极端的（最坏的）光通道衰减和色散条件下，仍然要满足每个再生段（光缆段）的误码率不大于 1×10^{-10} 的要求。

5. WDM 光传输系统主通道光接口应用代码的构成形式为：nWX-Y.Z。其中：n 为波长的最大数量；W 表示局间传输距离的分类：L 表示长距离，V 表示甚长距离，V′为甚长距离特例，U 表示超长距离；X 表示此应用代码中允许的光放段数量（对于不带有在线放大器的系数 X=1，此时不表示）；Y 表示单波通道信号的比特率，即 STM-*N* 等级；Z 为光纤类型。

复习思考题

1. 画图说明 SDH 光接口的位置。
2. 光接口的分类有哪些？
3. SDH 光接口的码型是什么？
4. 试说明 SDH 光接口 I-4、S-4.2、L-16.1 的含义。
5. 试说明 V-64.3 的含义。
6. 画图说明 WDM 系统主通道光接口的位置。
7. 试说明 40L6-16.2/5、16V3-16.2/5 的含义。
8. 由表 4-4 查找光发射机在 S 点的 S-4.2 接口特性。
9. WDM 系统主光通道光接口的应用代码 16U3-16.5 表达什么内容？
10. 由表 4-7 查找接收机在 MPI-R 点的 U-16.3 接口特性。
11. WDM 系统的支路光接口分成哪两种类型？两者有何区别？

第五章

SDH 网同步

同步是 SDH 网络的最大特点，也是 SDH 网络的最大优势。本章首先对网同步的基本概念、同步方式和时钟类型进行介绍，然后对 SDH 网同步的结构、SDH 网元的定时方法和时钟工作方式进行简单介绍。

第一节　网同步的概念

一、网同步的概念

数字通信网是由各种终端设备、数字交换设备和数字传输系统互相连接形成的。在整个数字通信网中，每个节点之间都要发送、传输、接收数字信号，如果任何两个节点设备之间时钟频率或相位不一致，都将导致信号不能被正确地接收和恢复。因此，所有数字网都要实现网同步。

所谓网同步是使网中所有交换节点的时钟频率和相位保持一致，或者限制在预先确定的容差范围内，以使网内各交换节点的全部数字流实现正确有效的交换和传输。

二、网同步的必要性

为了说明网同步的作用，引用图 5-1 所示的数字网示意图。在图 5-1 中，每台数字交换机都以等间隔数字比特流将消息送入传输系统，经传输链路进入另一台数字交换机。以交换机 B 为例，其输入数字流的速率与某一节点(假设为 A 局)的时钟频率一致，输入数字流在写入脉冲(A 局时钟)的控制下逐比特写入到缓冲存储器中，而在读出脉冲(本局 B 时钟)控制下从缓冲存储器中读出。很显然，缓冲存储器的写入速度与读出速率必须相同，否则，将会发生以下两种信息差错的情况。

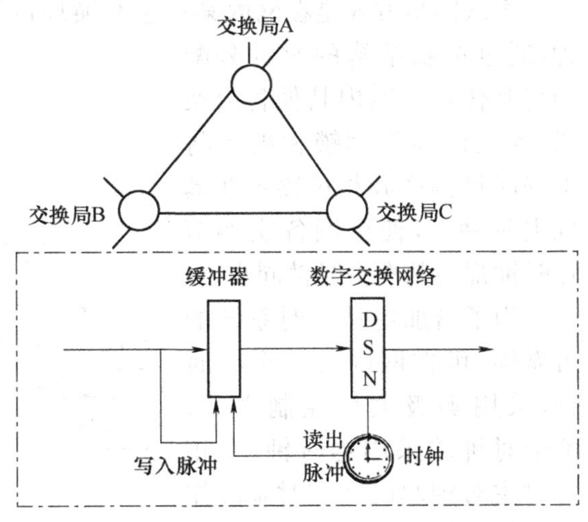

图 5-1　数字网示意图

(1)若写入时钟速率大于读出的时钟速率，将会造成存储器溢出，致使输入信息丢失(即漏读)，如图 5-2(a)所示。

(2)若写入时钟速率小于读出的时钟速率，可能会造成某些码元被读出两次，产生信息比特重复，如图 5-2(b)所示。

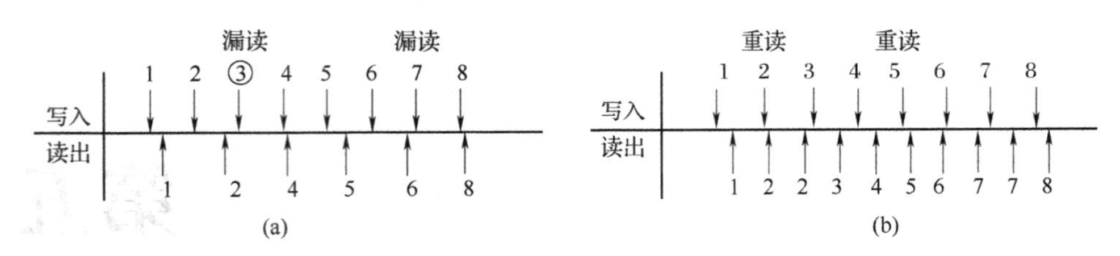

图 5-2 漏读、重读示意图

以上两种情况都会造成接收数据的丢失，使接收信息流出现滑动（漏读、重读滑动）。如果滑动较大，使一帧或更多的信号丢失或重复，使信号受到严重损伤，这将影响通信质量，甚至导致通信中断。

因此为保证传输质量，不仅要使数字通信网中的设备保持良好的同步状态，而且还应保证网络本身、网络与网络之间保持良好的同步状态。

第二节 网同步的工作方式

目前数字通信网中常用的同步方式主要有伪同步方式和主从同步方式。

一、伪同步方式

伪同步是指数字交换网中各交换局在时钟上相互独立，毫无关联，而各交换局的时钟都具有极高的精度和稳定度，一般用铯原子钟。由于时钟精度高，网内各局的时钟频率和相位虽不完全相同，但误差很小，接近同步，于是称之为伪同步。

伪同步方式一般用于国际数字网中，也就是一个国家与另一个国家的数字网之间采取这样的同步方式。例如，中国和美国的国际局均各有一个铯原子钟，两者采用伪同步方式。

二、主从同步方式

主从同步方式是在网内某一主交换局设置高精度、高稳定的时钟源，并以其为基准主时钟，通过树状结构的时钟分配网将其传送到网内其他各交换局，各交换局采用锁相技术将本局时钟频率和相位锁定在基准主时钟上，使全网各交换节点时钟都与基准主时钟同步。

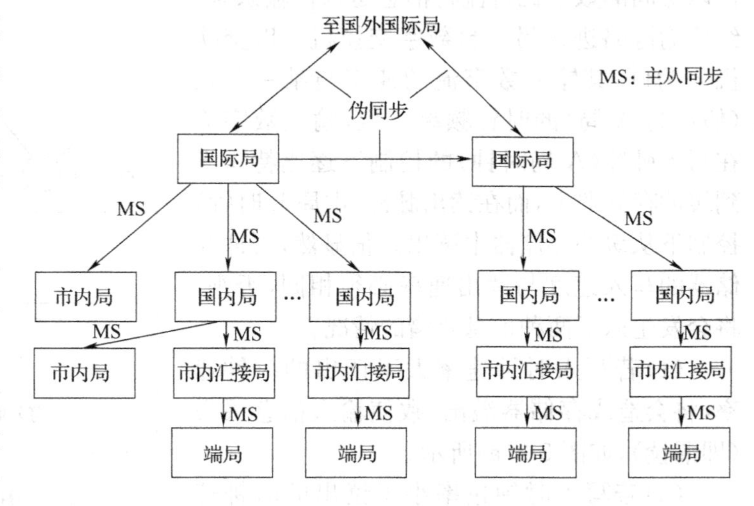

图 5-3 伪同步和主从同步示意图

为了增加主从定时系统的可靠性，可在网内设一个副时钟，采用等级主从控制方式。两个时钟均采用铯时钟，在正常时主时钟起网络定时基准作用，副时钟亦以主时钟的时钟为基准。当主时钟发生故障时，改由副时钟给网络提供定时基准，当主时钟恢复后，再切换回由主时钟提供网络基准定时。

我国采用的同步方式是等级主从同步方式，其中主时钟在北京，副时钟在武汉。

主从同步方式一般用于一个国家、地区内部的数字网，它的特点是国家或地区只有一个主局时钟，网中其他节点均以此主局时钟为基准来进行定时。

伪同步和主从同步方式如图5-3所示。

第三节 从时钟的工作模式

一、从时钟的工作模式

在主从同步的数字网中，节点从时钟通常有三种工作模式，即正常工作模式、保持模式和自由运行模式。

1. 正常工作模式

正常工作模式是指在实际业务条件下的工作，此时从时钟同步于输入的基准时钟信号。从站跟踪锁定的时钟基准是从上一级站传来的，可能是网中的主时钟，也可能是上一级网元内置时钟源下发的时钟，也可是本地区是GPS时钟。与从时钟工作的其他两种模式相比较，此种从时钟的工作模式精度最高。

2. 保持模式

当所有定时基准丢失后，从时钟进入保持模式，此时从站时钟源利用定时基准信号丢失前所存储的最后频率信息作为其定时基准而工作。也就是说从时钟有“记忆”功能，通过“记忆”功能提供与原定时基准较相符的定时信号，以保证从时钟频率在长时间内与基准时钟频率有很小的偏差。但是由于振荡器的固有振荡频率会慢慢地漂移，故此种工作方式提供的较高精度时钟不能持续很久（一般不超过24 h）。此种工作模式的时钟精度仅次于正常工作模式的时钟精度。

3. 自由运行模式

当从时钟丢失所有外部基准定时，也失去了定时基准记忆或处于保持模式太长，从时钟内部振荡器就会工作于自由振荡模式，这种方式称为自由运行模式。此种模式的时钟精度最低，实属万不得已而为之。

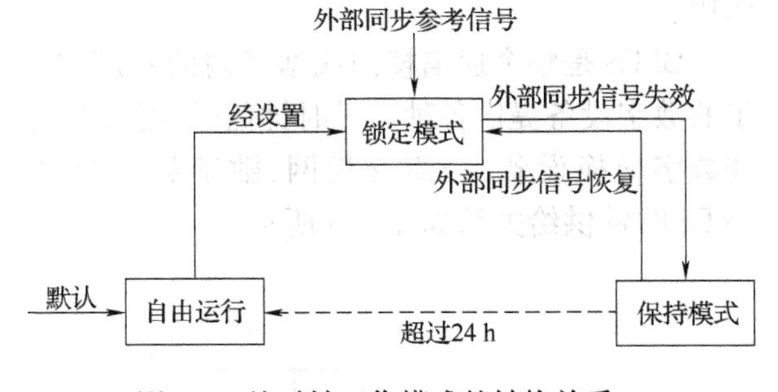

图5-4　从时钟工作模式的转换关系

从时钟工作模式的转换关系如图5-4所示。

二、时钟类型

目前通信网中普遍使用的时钟类型主要有5种：铯原子钟、石英晶体振荡器、铷原子钟、卫星全球定位系统和通信楼综合定时供给系统（BITS）。

1. 铯（Cs）原子钟

原子钟是原子频率的简称，是根据原子物理学及量子力学原理制造的高准确度和高稳定度的振荡器。铯（Cs）原子钟是一种长期频率稳定性高和精度很高的时钟，其长期频偏优于1×10^{-11}，在各种频率系统中作为标准频率源使用。它通常作为同步网向数字设备提供标准信号的最高等级的基准主时钟。

2. 石英晶体振荡器

石英晶体振荡器是应用十分广泛的廉价频率源，可靠性高，寿命长、价格低，频率稳定范围很宽，采用高质量恒温箱的石英晶振老化率可达 10^{-11}/d。石英晶振的缺点是长期频率稳定度不好。一般高稳定度的石英晶体振荡器可以作为长途交换局和端局的从时钟。

3. 铷(Rb)原子钟

铷原子钟的性能(稳定度和精度)和成本介于上述两种时钟之间。频率稳定度不如铯(Cs)原子钟，但其频率可调范围大于铯(Cs)原子钟，并具有出色的短期稳定度和低成本，这种时钟适于作为同步区的基准时钟。

4. 卫星全球定位系统(GPS)

GPS 是由美国国防部组织建立并控制的利用多颗低轨道卫星进行全球定位的导航系统。这个系统通过 GPS 卫星广播方式向全球发送精确的三维定位和跟踪世界协调时(UTC)的时间信息，民用的时钟精度可达 1×10^{-13}。接收者可对收到的 GPS 信号进行必要处理后作为全网或区域基准时钟使用。

GPS 设备体积较小，天线可架装在建筑物顶上，通过电缆将信号引起至机房内的接收器。用 GPS 作为定时信号的同步节点，一般使用高稳定度的铷(Rb)原子钟作为基准时钟源。如果使铷原子钟的短期稳定度与 GPS 的长期稳定度相结合，则可得到较高准确度和稳定度的时间基准。

5. 通信楼综合定时供给系统(BITS)

BITS 是目前应用较多的从时钟源，简称综合定时供给系统。在重要的同步节点或通信设备较多以及规模较大的主要通信枢纽，都需设置 BITS，以起到承上启下，沟通整个同步网的作用。

BITS 是整个通信楼内或辖区内的专用定时时钟供给系统，它向楼内或区域内所有被同步的数字设备提供各种定时时钟信号，用一个基准时钟统一控制各业务网及设备的定时时钟，如数字交换设备、分组交换网、数字数据网、No. 7 信令网、SDH 传输设备以及宽带网等。BITS 时钟供给关系如图 5-5 所示。

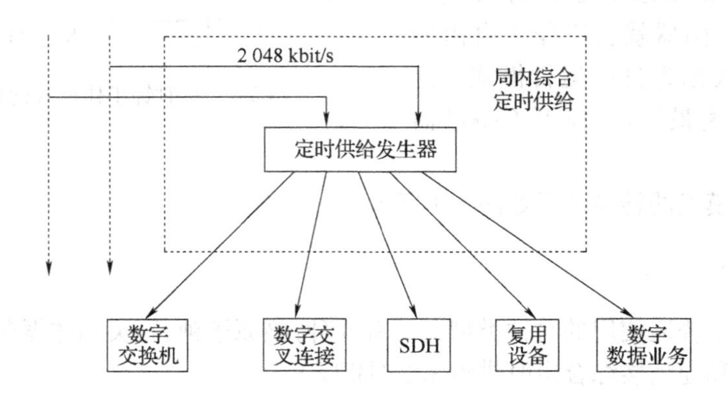

图 5-5　BITS 时钟供给关系图

BITS 的应用，解决了各种专业业务网和传输网的网同步问题，同时也有利于同步网的监测、维护和管理。

第四节　SDH 网的同步结构和方式

如果数字网交换节点之间采用 SDH 作为传输手段，此时不仅各交换节点的时钟要同基准时钟保持同步，而且 SDH 传输网内各网元，如终端复用器、分插复用器、数字交叉连接设备及再生中继器等也应与基准时钟保持同步。

一、实现 SDH 网同步的必要性

SDH 的同步传送模块(STM-1)是基本信息结构，它由信息净负荷、段开销及管理单元指针构成，SDH 传输网内各网元，如终端复用器、分插复用器及数字交叉连接设备之间的频率是靠调节指针值来修正的，也就是使用指针调整技术来解决节点之间的时钟差异带来的问题。一次指针调节引起的抖动可能不超过网络接口所规定的指标，但是当指针调节的速率不能受到控制而使抖动频繁出现，并超过网络接口抖动的规定指标时，将引起净负荷出现错误。当接收信号与 SDH 系统中的网元内时钟频率有差异时，则在进行比特同步时将产生滑动。滑动会使信号受到损伤，影响通信质量，若频差过大，则可能使信号产生严重错误，直至通信中断，因此必须对 SDH 传输网进行同步，使 SDH 系统中的网元内时钟保持同步并纳入数字同步网中。

二、SDH 网同步的方式

1. SDH 网同步的方式

SDH 网同步结构通常采用主从同步方式，要求所有网络单元的时钟定时都能最终跟踪至全网的基准主时钟。

在采用主从同步方式时，上一级网元的定时信号通过一定的路由——同步链路或附在线路信号上传输到下一级网元。该级网元提取相应的时钟信号，通过本身的锁相振荡器跟踪锁定此时钟，并产生以此时钟为基准的本网元所用的本地时钟信号，同时通过同步链路或通过传输线路(即将时钟信息附在线路信号中传输)向下级网元传输，供其跟踪、锁定。若本站收不到从上一级网元传来的基准时钟，那么本网元通过本身的内置锁相振荡器提供本网元使用的本地时钟，并向下一级网元传送时钟信号。

2. 主从同步的时钟精度

SDH 网的主从同步时钟可按精度分为四个类型(级别)，分别对应不同的使用范围：作为全网定时基准的主时钟；作为转接局的从时钟；作为端局(本地局)的从时钟；作为 SDH 设备的时钟(即 SDH 设备的内置时钟)。ITU-T 对各级时钟精度进行了规范，时钟质量级别由高到低分列于下：

基准主时钟(PRC)——满足 G.811 规范，精度达 1×10^{-11}；

转接局时钟——满足 G.812 规范，精度达 5×10^{-9}；

端局时钟——满足 G.812 规范，精度达 1×10^{-7}；

SDH 网元时钟(SEC)——满足 G.813 规范，精度达 4.6×10^{-6}。

在正常工作模式下，传到相应局的各类时钟的性能主要取决于同步传输链路的性能和定时提取电路的性能。在网元工作于保护模式或自由运行模式时，网元所使用的各类时钟的性能，主要取决于产生各类的时钟源的性能(时钟源相应的位于不同的网元节点处)，因此高级别的时钟须采用高性能的时钟源。

三、SDH 网同步的结构

SDH 网同步的结构要求所有的 SDH 设备时钟都能最终跟踪一个基准时钟(PRC)。SDH 网同步的结构随局间、局内应用场合不同而异。通常局内同步分配采用星形拓扑结构,局间同步分配采用树形拓扑结构。

1. 局内应用

局内同步分配通常采用逻辑上的星形拓扑,即所有网络单元时钟都直接从本局内最高质量的时钟(BITS)获取定时,只有 BITS 是从来自别的交换节点的同步分配链路中提取定时并能一直跟踪至全网的基准主时钟。该节点一般至少为三级或二级时钟。定时信号再由该局内的 SDH 网络单元经 SDH 传输链路传送到其他 SDH 网络单元。由于 TU 指针调整引起的相位变化会影响时钟的定时性能,通常不提倡采用在 SDH TU 内传送的一次群信号(2.048 Mbit/s 或 1.544 Mbit/s)作为局间同步分配,而是直接采用高比特率的 STM-*N* 信号传送同步信息。

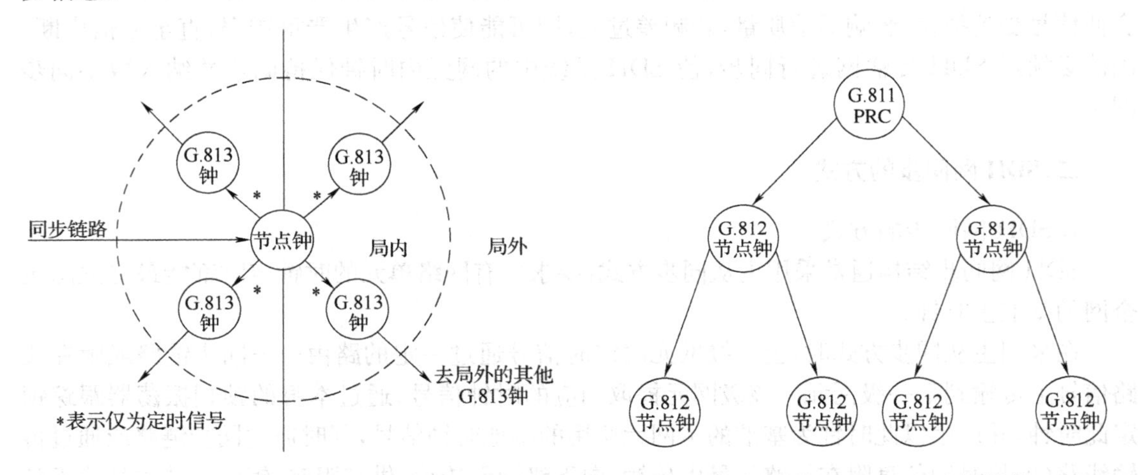

图 5-6 局内分配的同步网结构

图 5-7 局间分配的同步网结构

2. 局间应用

局间同步分配一般采用树形拓扑,这样便于 SDH 网内所有节点都保持同步。

需要注意的是,低等级的时钟只能接收更高等级或同等级时钟的定时,这样可以避免定时信号形成环路,造成同步不稳定。为此,设计同步分配网时应该保证即便发生故障时,也只有有效的高一级时钟基准出现在该级时钟的输入。此外,设计较低等级时钟时还应该有足够宽的捕捉范围,以便能自动进行基准定时信号的捕捉和锁定。

四、SDH 网元的定时方法

一般来说,SDH 网同步中提供了三种不同的网络单元定时方法。

1. 外同步定时源

外同步定时源是指 SDH 网元的同步由外部时钟源供给,此时由 SETPI 功能块给外部时钟源提供输入接口。外部提供的定时源一般为同局中的 BITS 输出的时钟。

2. 从接收信号中提取定时

从接收信号中提取定时信号作为 SDH 网元时钟源是应用非常广泛的一种定时方式。本局内设有 BITS 的 SDH 设备也要从接收信号中提取定时以同步于基准时钟。目前推荐从不受指针调整影响的 STM-*N* 信号中直接提取定时。随着应用场合的不同，该方式又细分为通过定时、环路定时和线路定时 3 种方式。

(1)通过定时

网元在同方向终结的输入 STM-*N* 信号中提取定时信号，并由此信号在对网元同方向的发送信号以及同方向来的支路信号进行同步。因而每个 ADM 或再生器将有两个方向的定时信号，再生器在实际应用中多采用该种方式，如图 5-8 所示。

(2)环路定时

网元的每个 STM-*N* 信号都由相应的输入 STM-*N* 信号中提取定时信号，这种方式主要应用在线路终端设备，如图 5-9 所示。

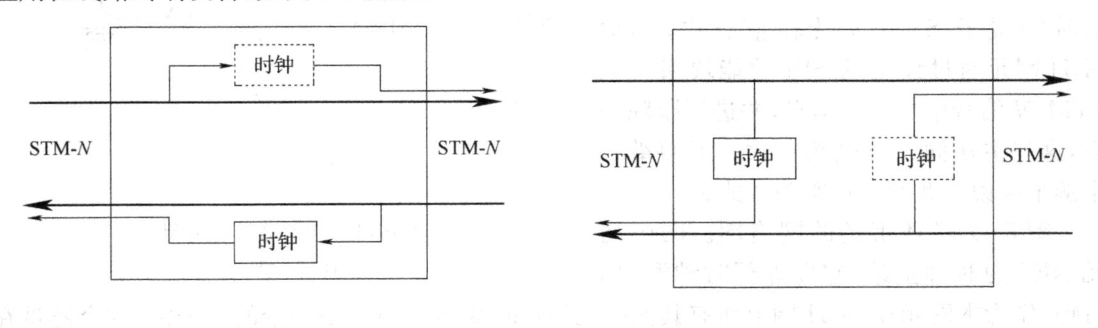

图 5-8　通过定时　　　　图 5-9　环路定时

(3)线路定时

在线路定时方式中，所有发送的 STM-*N*/*M* 信号的定时信号都是由某一特定输入的 STM-*N* 信号中提取。这种方式在 SDH 设备中最常见，如图 5-10 所示。

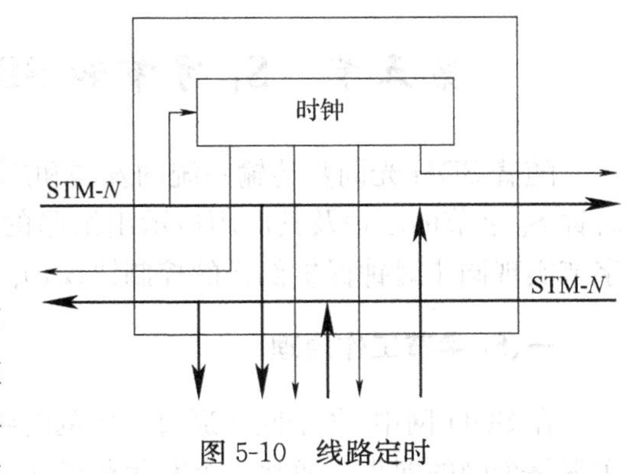

图 5-10　线路定时

3. 内部定时源

SDH 网元都具备内部定时源，以便在外同步定时源丢失时，可以使用内部自身的定时源。内部定时源由 SETS 功能块提供。同时，SDH 网元通过 SETPI 功能块向外提供时钟源输出接口。

根据网元的不同，其内部定时源的要求也不同。对于再生器网元只要求内部定时源的频率准确度为$\pm 20\times10^{-6}$即可；光终端、分插复用器这样的网元要求内部定时源的频率准确度为$\pm 4.6\times10^{-6}$；像 SDXC 这样的复杂网元随应用不同，其时钟既可以是 2 级或 3 级时钟，也可以是频率准确度为$\pm 4.6\times10^{-6}$的时钟。

五、SDH 网元时钟工作方式

SDH 传输网是整个数字同步网的一部分，它的定时基准应是这个数字同步网的统一的定时基准。通常某一地区的 SDH 网络以该地区高级别局的转接时钟为基准定时源，这个基准时钟可能是该局跟踪的网络主时钟、GPS 提供的读取时钟基准或干脆是本局的内置时钟源提供的时钟

(保持模式或自由运行模式)。那么SDH网是怎样跟踪这个基准时钟保持网络同步的呢?

首先,在SDH网中要有一个SDH网元时钟主站,其他网元的时钟以该网元时钟为基准,也就是说其他网元跟踪该主站网元的时钟。那么这个主站的时钟从何而来?我们知道,SDH设备有SETPI(同步设备定时物理接口)功能,该功能块的作用就是提供外部时钟的输入/输出口。主站SDH网元的SETS(同步设备定时源)功能块通过SEPTI输入口提取转接局时钟,以此作为本站和SDH网络的定时基准。

其次,SDH网上的其他网元跟踪主站SDH网元时钟的方法有两种:一是通过SETPI提供的时钟输出口将本网元时钟输出给其他SDH网元。由于SETPI提供的接口是PDH接口,一般不采用这种方式(指针调整事件较多)。另一种方法是将SDH主站的时钟置于STM-N传输信息中,其他SDH网元通过设备的SPI功能块来提取STM-N信号中的时钟信息,并进行跟踪锁定,这与主从同步方式相一致。下面举一个例子来说明此种时钟跟踪方式。

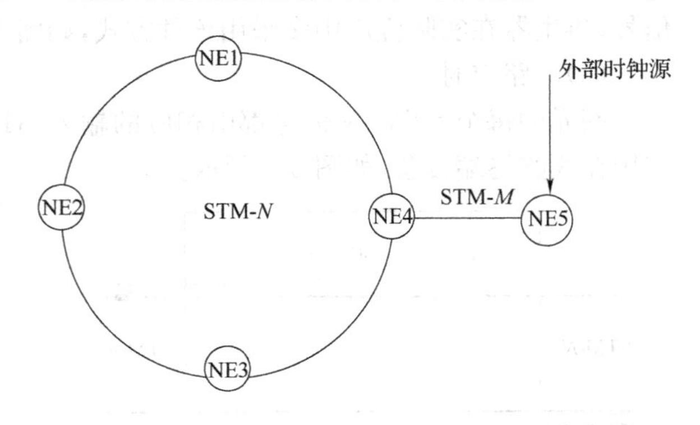

图5-11　环带链的网络图

注:$N>M$

图5-11是环带链的网络图。图中网元NE5为时钟主站,它以外部时钟源(局时钟)作为本网元和SDH网上所有其他网元的定时基准。NE5是环带的一个链,这个链带在网元NE4的低速支路上。

网元NE4通过线路板的SPI(SDH的物理接口)模块提取NE5通过链传来的STM-M信号的时钟信息,并以此同步环上的下级网元(从站)。

NE1、NE2和NE3通过东/西向的线路跟踪、锁定网元NE4的时钟。

第五节　S_1字节和SDH网络时钟保护倒换原理

随着SDH光同步传输系统的发展和广泛应用,越来越多的人对ITU-T定义的有关同步时钟S_1字节的原理及其应用显示出浓厚的兴趣。这里介绍S_1字节的工作原理以及利用S_1字节实现同步时钟保护倒换的控制协议,并举例说明S_1字节的应用。

一、S_1字节工作原理

在SDH网中,各个网元通过一定的时钟同步路径逐级地跟踪到同一个时钟基准源,从而实现整个网的同步。通常一个网元获得同步时钟源的路径并非只有一条,也就是说,一个网元同时可能有多个时钟基准源可用。为避免由于一条时钟同步路径的中断,导致整个同步网的失步,有必要考虑同步时钟的自动保护倒换问题。也就是说,当一个网元所跟踪的某路同步时钟基准源发生失去的时候,要求它能自动地倒换到另一路时钟基准源上。这一路时钟基准源,可能与网元先前跟踪的时钟基准源是同一个时钟源,也可能是一个质量稍差的时钟源。显然,为了完成以上功能,需要知道各个时钟基准源的质量信息。

ITU-T定义的S_1字节,正是用来传递时钟源的质量信息的。它利用段开销字节S_1字节的高四位,来表示16种同步源质量信息。ITU-T已定义的同步状态信息编码(S_1字节的其他值未定义)见表5-1。利用这一信息,遵循一定的倒换协议,就可实现同步网中同步时钟的自动保护倒换功能。

表5-1 同步状态信息编码

$S_1(b_6 \sim b_8)$	S_1 字节	同步质量等级(QL)描述
0 0 0 0	0x00	等级未知
0 0 1 0	0x02	PRC等级,符合G.811主时钟,精度 1×10^{-11}
0 1 0 0	0x04	符合G.812转接局从时钟精度 1.6×10^{-9}
1 0 0 0	0x08	符合G.812转接局从时钟精度 3×10^{-8}
1 0 1 1	0x0B	同步设备定时源(SETS)信号,网元时钟精度 4.6×10^{-6},保持模式精度 6×10^{-8}
1 1 1 1	0x0F	不能用于同步
其他	其他	保留

在SDH光同步传输系统中,时钟的自动保护倒换遵循以下协议:

规定同步时钟源的质量阈值,网元首先从满足质量阈值的时钟基准源中选择一个级别最高的时钟源作为同步源。并将此同步源的质量信息(即 S_1 字节)传递给下游网元。

若没有满足质量阈值的时钟基准源,则从当前可用的时钟源中,选择一个级别最高的时钟源作为同步源。并将此同步源的质量信息(即 S_1 字节)传递给下游网元。

若网元B当前跟踪的时钟同步源是网元A的时钟,则网元B的时钟对于网元A来说为不可用同步源(即不能相互跟踪,以免构成时钟传送环路)。

二、工作实例

下面举例说明应用 S_1 字节如何实现同步时钟自动保护的倒换。

正常状态下的时钟跟踪如图5-12所示。图中,BITS时钟信号通过网元NE1和网元NE4的外时钟接入口接入。这两个外接BITS时钟,互为主备,满足G.812本地时钟基准源质量要求。假设正常工作时,整个传输网的时钟同步于网元NE1的外接BITS时钟基准源。

设置同步时钟质量阈值"不劣于G.812本地时钟"。各个网元的同步源及时钟源级别配置见表5-2。

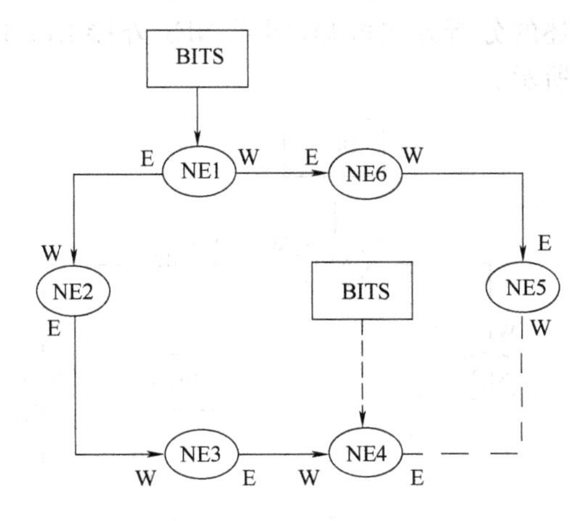

图5-12 正常状态下的时钟跟踪

表5-2 各网元同步源时钟及时钟源级别配置

网元	同 步 源	时钟源级别
NE1	外部时钟源	外部时钟源、西向时钟源、东向时钟源、内置时钟源
NE2	西向时钟源	西向时钟源、东向时钟源、内置时钟源
NE3	西向时钟源	西向时钟源、东向时钟源、内置时钟源
NE4	西向时钟源	西向时钟源、东向时钟源、外部时钟源、内置时钟源
NE5	东向时钟源	东向时钟源、西向时钟源、内置时钟源
NE6	东向时钟源	东向时钟源、西向时钟源、内置时钟源

另外，对于网元 NE1 和网元 NE4，还需设置外接 BITS 时钟 S_1 字节所占的时隙（由 BITS 提供者给出）。

当网元 NE2 和网元 NE3 间的光纤发生中断时，将发生同步时钟的自动保护倒换。遵循上述的倒换协议，由于网元 NE4 跟踪的是网元 NE3 的时钟，因此网元 NE4 发送给网元 NE3 的时钟质量信息为“时钟源不可用”，即 S_1 字节为 0x0F。所以当网元 NE3 检测到西向同步时钟丢失时，网元 NE3 不能使用东向的时钟源作为本站的同步源，而只能使用本站的内置时钟源作为时钟基准源，并通过 S_1 字节将这一信息传递给网元 NE4，即网元 NE3 传给网元 NE4 的 S_1 字节为 0x0B，表示“同步设备定时源(SETS)时钟信号”。

网元 NE4 接收到这一信息后，发现所跟踪的同步源质量降低了（原来为“G. 812 本地局时钟”，即 S_1 字节为 0x08)，不满足所设定的同步源质量阈值的要求。则网元 NE4 需要重新选取符合质量要求的时钟基准源。网元 NE4 可用的时钟源有 4 个，西向时钟源、东向时钟源、内置时钟源和外接 BITS 时钟源。显然，此时只有东向时钟源和外接 BITS 时钟源满足质量阈值的要求。由于网元 NE4 中配置东向时钟源的级别比外接 BITS 时钟源的级别高，所以网元 NE4 最终选取东向时钟源作为本站的同步源。网元 NE4 跟踪的同步源由西向倒换到东向后，网元 NE3 东向的时钟源变为可用。

显然，此时网元 NE3 可用的时钟源中，东向时钟源的质量满足质量阈值的要求，且级别也是最高的，因此网元 NE3 将选取东向时钟源作为本站的同步源。最终，网元 2、3 间光纤损坏下整个传输网的时钟跟踪如图 5-13 所示。

若正常工作的情况下，网元 NE1 的外接 BITS 时钟出现了故障，则依据倒换协议，按照上述的分析方法可知，网元 NE1 外接 BITS 失效情况下整个传输网的时钟跟踪情况如图 5-14 所示。

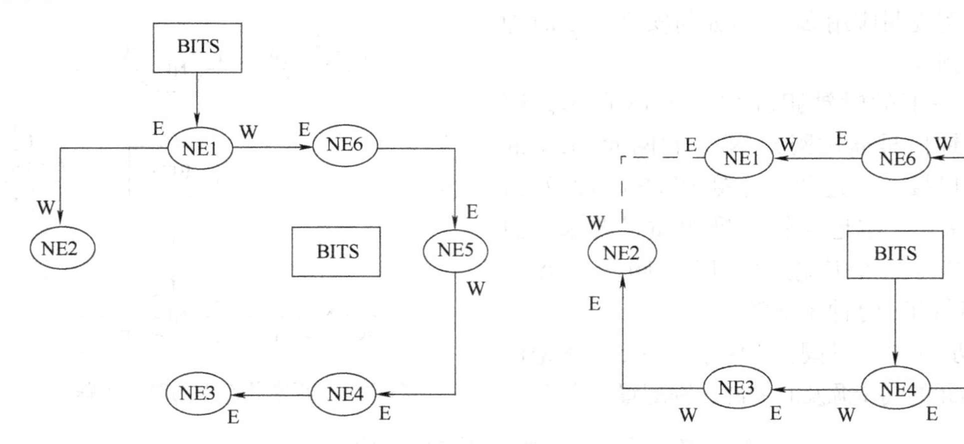

图 5-13　网元 2、3 间光纤损坏下整个传输网的时钟跟踪

图 5-14　网元 NE1 外接 BITS 失效情况下整个传输网的时钟跟踪情况

若网元 NE1 和网元 NE4 的外接 BITS 时钟出现了故障。则此时每个网元所有可用的时钟源均不满足基准源的质量阈值。则依据倒换协议，各网元将从可用的时钟源中选择级别最高的一个时钟源作为同步源。假设所有 BITS 出故障前，网中的各个网元的时钟同步于网元 NE4 的时钟。则所有 BITS 出故障后，通过分析不难看出，网中各个网元的时钟仍将同步于网元 NE4 的时钟。只不过此时，整个传输网的同步源时钟质量由原来的 G. 812 本地时钟降为同步设备的定时源时钟。但整个网仍同步于同一个基准时钟源。

两个外接 BITS 均失效情况下整个传输网的时钟跟踪情况如图 5-15 所示。

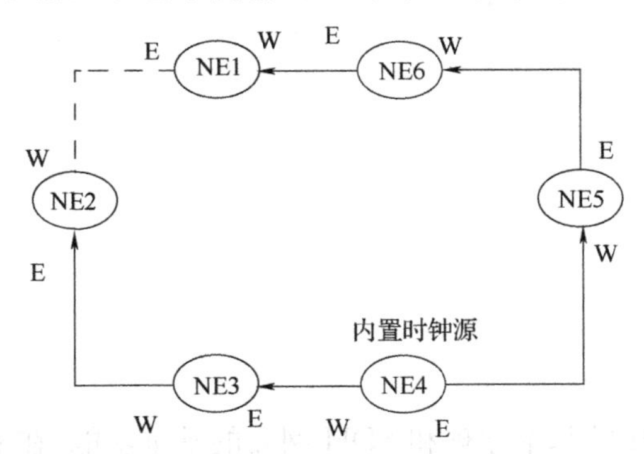

图 5-15　两个外接 BITS 均失效情况下整个传输网的时钟跟踪情况

由此可见，采用了时钟的自动保护倒换后，同步网的可靠性和同步性能都大大提高了。

1. 网同步是数字网所特有的问题。目前，同步方式主要有伪同步和主从同步两种方式。我国数字同步网采用等级的主从同步方式。

2. 在主从同步的数字网中，节点从时钟通常有三种工作模式：正常工作模式、保持模式和自由运行模式。

3. 在数字同步网中，常用时钟类型有：作为铯原子钟、铷原子钟、卫星全球定位系统和通信楼综合定时供给系统(BITS)。

4. SDH 网同步的结构要求所有的 SDH 设备时钟都能最终跟踪一个基准时钟(PRC)。SDH 网同步的结构随局间、局内应用场合不同而异。通常局内同步分配采用星形拓朴结构，局间同步分配采用树形拓朴结构。

5. SDH 同步网中提供了三种不同的网络单元定时方法，即外同步定时源、从接收信号中提取定时和内部定时源。

1. 数字网常用的两种同步方式是什么？

2. 主从同步的数字网中，节点从时钟有哪几种工作模式？

3. SDH 网同步时钟有哪四个级别？

4. SDH 网元可选的时钟来源有哪些？

5. S_1 字节有何作用？

第六章

SDH 设备

前面我们介绍了 SDH 的基本原理和 SDH 网元的基本功能，在实际的 SDH 光传输网中，常用的 SDH 设备有华为传输设备、中兴传输设备、西门子传输设备、烽火传输设备等。不同公司生产的传输设备虽然具体组成不尽相同，但其基本功能都是相同的，并都具有 ITU-T 规定的标准光接口，从而实现同一传输网中的互联互通。本章我们以华为 OptiX OSN 3500 光传输设备为例，介绍 SDH 设备的硬件构成、单板功能、业务配置以及日常维护等内容。

第一节　SDH 设备的硬件结构

OptiX OSN 设备全称是智能光传输系统，融 SDH、PDH、Ethernet、ATM 和 WDM 技术为一体，实现了在同一个平台上高效地传送语音和数据业务，目前其主要设备类型有 OptiX OSN 1500/2500/3500/7500/9500。

一、设备的特点及应用

1. OptiX OSN 设备的应用

不同型号设备的速率、功能不同，它们在传输网中的应用如图 6-1 所示。由图可以看出，

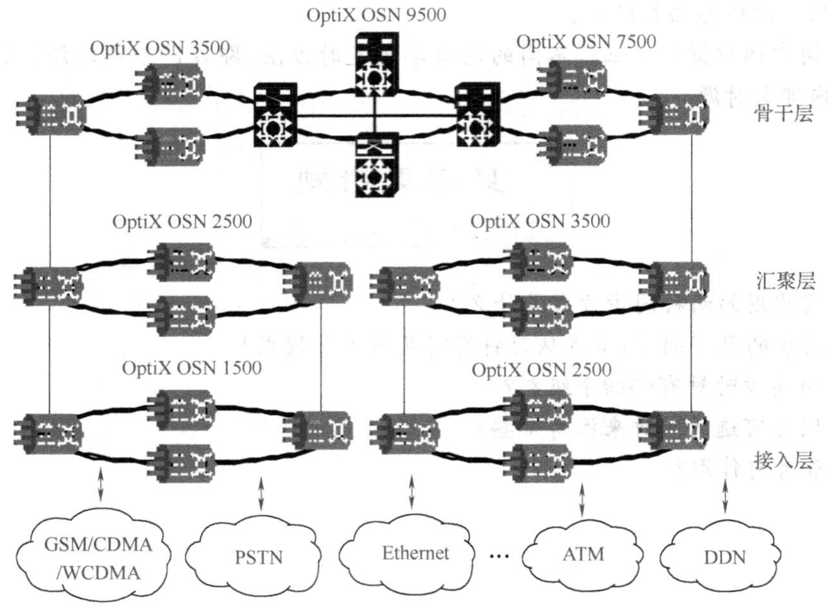

图 6-1　OptiX OSN 传输设备在网络中的应用

OptiX OSN 3500 一般应用于传输网中的汇聚层；而 OptiX OSN1500/2500 一般应用于传输网中的接入层和汇聚层；OptiX OSN 7500/9500 则应用于传输网的长途骨干层。

2. OptiX OSN 设备的特点

OptiX OSN 智能光传输设备具有以下特点：

(1)大规模的交叉连接矩阵

OptiX OSN 光传输设备具备高阶 VC-4 无阻塞交叉能力，以及低阶 VC-12 的交叉能力。支持 VC-12、VC-3 粒度及混合业务类型的灵活调度，并具有业务疏导功能。

(2)系统的兼容性设计

OptiX OSN 光传输设备采用兼容性设计思想，以 OptiX OSN 3500 为例，系统既可配置为 STM-64 系统，也可配置为 STM-16 系统，支持网络设备从 STM-16(2.5 Gbit/s)到 STM-64(10 Gbit/s)的在线升级。

(3)灵活的组网能力

OptiX OSN 光传输设备因其强大的交叉能力，支持 STM-1/STM-4/STM-16/ STM-64 级别的线形网、环形网、枢纽形网络、环带链、相切环和相交环等复杂网络拓扑。

(4)完善的保护机制

OptiX OSN 光传输设备从设备级别和网络级别提供强大的保护功能，增强系统可靠性。设备级别的保护提供交叉连接单元、时钟单元的 1+1 热备份保护；支路单元提供 1:N 保护；对光接口单元提供 1+1 或 1:1保护。网络级别的保护支持四纤复用段保护环、二纤复用段保护环、线性复用段保护和子网连接保护等网络级保护。

(5)丰富的支路、线路接口

OptiX OSN 3500 光传输设备提供了 STM-64、STM-16、STM-4、STM-1 光接口，E1(2.048 Mbit/s)、E3(34.368 Mbit/s)、E4(139.264 Mbit/s)电接口、10M/100M/1000M 以太网接口、STM-1/STM-4 和 E3 的 ATM 业务接口，具有很强的业务接入能力。

(6)灵活的业务配置

OptiX OSN 3500 光传输设备可灵活配置为 TM、ADM、MADM 系统。每个网元既可配置为单个的 STM-1/4/16/64 TM 或 ADM 系统，也可配置为 STM-1/4/16/64 组合的 MADM 系统，并可实现多系统间的交叉连接。

二、SDH 设备的硬件结构

常用的 SDH 设备类型有终端复用器(TM)、分插复用器(ADM)和多分插复用器(MADM)，无论哪一种 SDH 设备，一般都是由机柜、子架和单板组成。

1. 机柜

OptiX OSN 3500 光传输设备采用标准 ETSI 机柜，如图 6-2 所示。机柜的规格有：

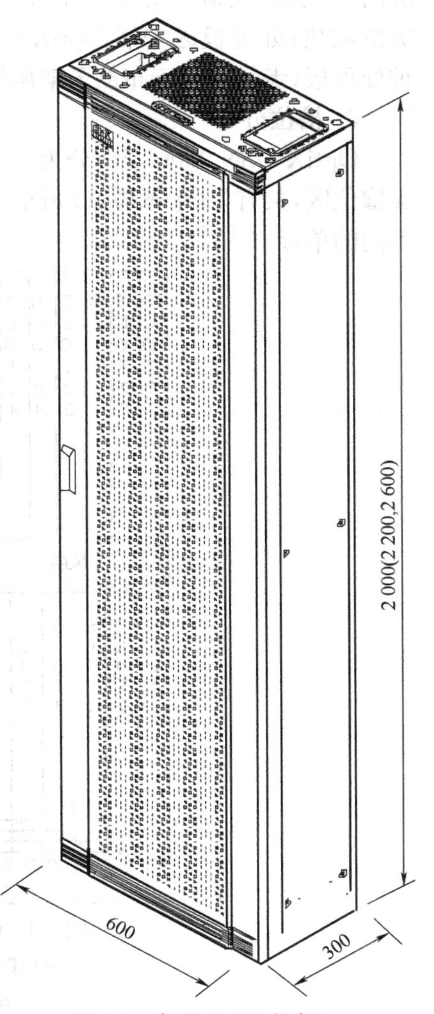

图 6-2　标准 ETSI 机柜

2 000 mm(高)×600 mm(宽)×300/600 mm(深)

2 200 mm(高)×600 mm(宽)×300/600 mm(深)

2 600 mm(高)×600 mm(宽)×300/600 mm(深)

ETSI机柜顶部配有电源指示灯(绿灯)和告警指示灯(红、黄、橙),表示电源及设备的工作状态。

2. 子架

子架用于插放单板、接口板,引出标准通信接口。OptiX OSN 3500 的子架结构如图 6-3 所示。由图 6-3 可以看出,OptiX OSN 3500 采用双层子架结构,分为接口板区、风扇区、处理板区、走线区 4 部分。

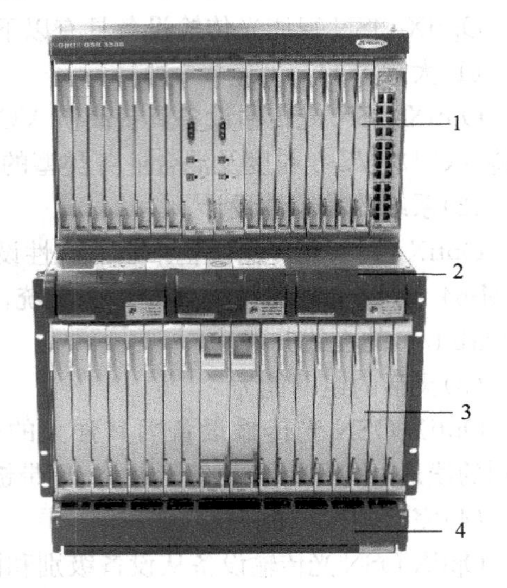

图 6-3　OptiX OSN3500 子架结构

1—接口板区;2—风扇区;3—处理板区;4—走线区

接口板区用于安插 OptiX OSN 3500 的各种接口板。接口板又称出线板或转接板,提供光或电信号的物理接口,用于将光或电信号接入到对应的处理板;风扇区安插 3 个风扇模块,为设备提供散热;处理板区安插 OptiX OSN 3500 的各种处理板;走线区用于布放子架尾纤。

3. 槽位分布

OptiX OSN 3500 子架分为上、下两层,上层为出线板槽位区,共有 19 个槽位,下层为处理板槽位区,共有 18 个槽位,OptiX OSN 3500 的槽位分布如图 6-4 所示。不同的槽位用于放置不同的单板。

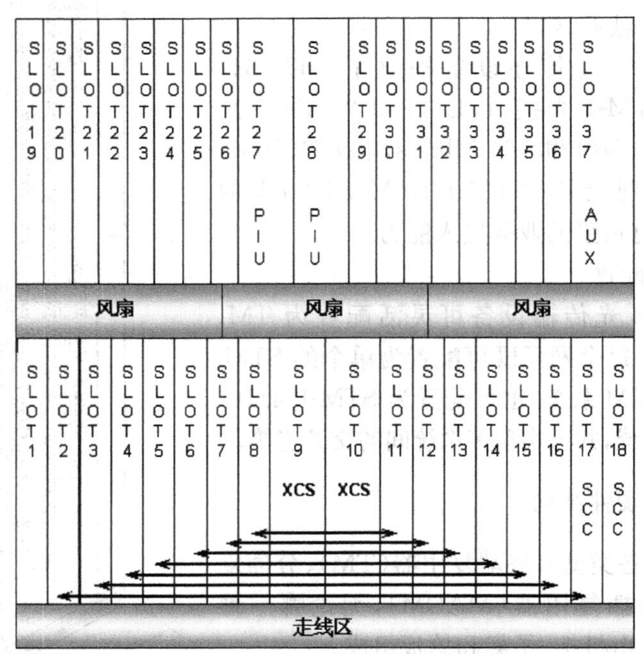

图 6-4　OptiX OSN 3500 子架的槽位分配图

SLOT—槽位;PIU—电源板;AUX—辅助板;

SCC—主控板;XCS—交叉时钟板

第二节 单板功能介绍

OptiX OSN 3500 光传输设备的单板，根据它所完成功能的不同，可以分为 SDH 线路接口单元、PDH 支路接口单元、以太网功能单元、交叉和时钟功能单元、系统控制功能单元等，各功能单元之间的关系如图 6-5 所示。

各单元所包括的主要单板如表 6-1 所示。单板的外形如图 6-6 所示。

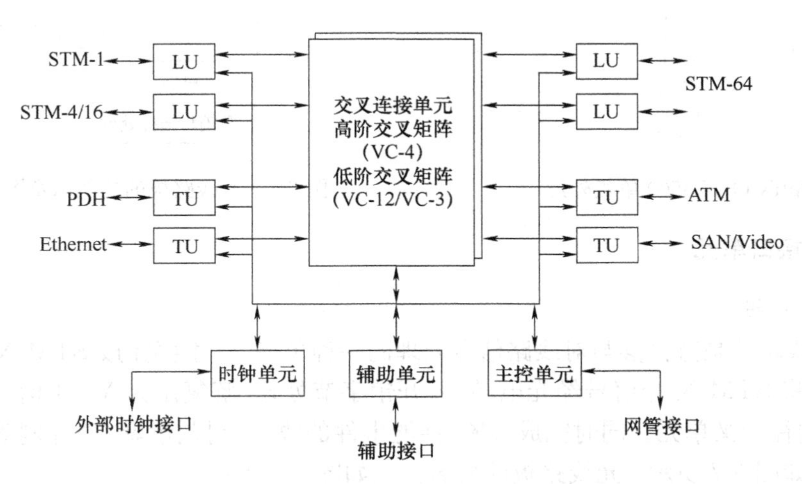

图 6-5 各功能单元之间的关系

LU—线路单元；TU—支路单元；SAN/Video—存储域网络/视频

表 6-1 单板所属单元及相应的功能

系统单元		所包括的单板	单元功能
SDH 接口单元	处理板	SL64、SL16、SLQ4、SLD4、SL4、SLQ1、SL1、SEP1	接入并处理 TM-1、STM-4、STM-16、STM-64 速率及 STM-4c、STM-16c、STM-64c 级联的光信号；接入、处理并实现对 STM-1(电)速率的信号的 TPS 保护
	出线板	EU08、OU08、EU04	
	保护倒换板	TSB8、TSB4	
PDH 接口单元	处理板	SPQ4、PD3、PL3、PQ1、PQM	接入并处理 E1、E1/T1、E3/T3、E4/STM-1 速率的 PDH 电信号，并实现 TPS 保护
	出线板	MU04、D34S、C34S、D75S、D12S、D12B	
以太网接口单元	处理板	EGS2、EGT2、EFS0、EFS4	接入并处理 1000Base-SX/LX/ZX、100Base-FX、10/100Base-TX 以太网信号
	出线板	ETS8(支持 TPS)、ETF8、EFF8	
ATM 处理单元		ADL4、ADQ1	完成 ATM 业务的接入和处理
SDH 交叉矩阵单元		GXCSA、EXCSA、UXCSA、UXCSB、XCE	完成业务的交叉连接功能，并为设备提供时钟功能
同步定时单元			
系统控制与通信单元		SCC	提供系统控制和通信功能，并处理 SDH 信号的开销
开销处理单元			
辅助单元		AUX	为设备提供管理和辅助接口
电源单元		PIU	电源的引入和防止设备受异常电源的干扰
风扇单元		FAN	为设备散热

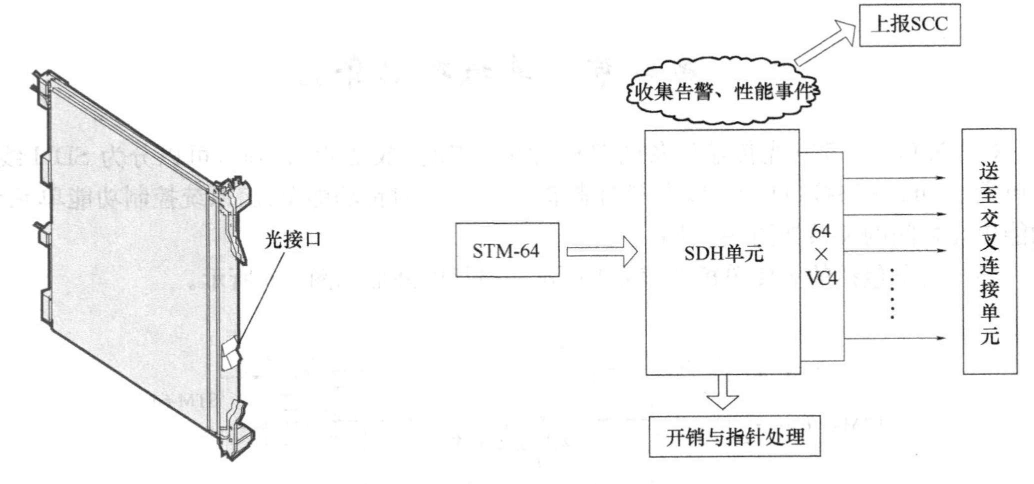

图 6-6 OptiX OSN 3500 单板外形

图 6-7 光线路板的功能示意图

一、SDH 接口单元

(一)光线路板

SDH 光线路板是直接参与对线路信号处理的一种单板，它主要完成 STM-*N* 信号的接收和发送处理，将 STM-*N* 光信号经光电转换、开销字节处理、解复用为 VC-4 信号，VC-4 信号通过背板被送往交叉单元。同时完成告警、性能事件的收集上报、解释、处理网管下发的配置命令，其功能如图 6-7 所示。光线路板的命名方法如图 6-8 所示。

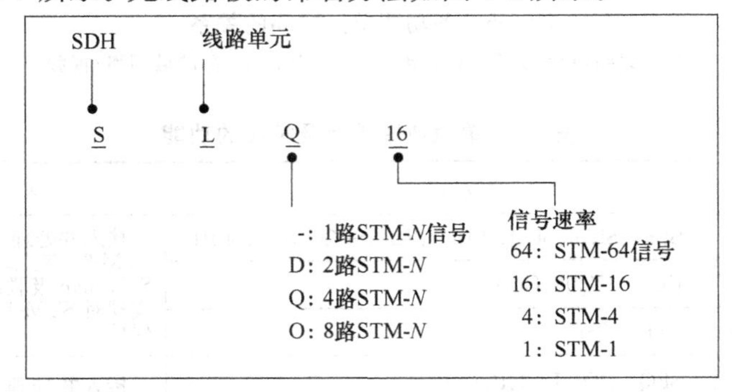

图 6-8 光线路板命名示意图

对于 OptiX OSN 3500 设备，常见的光线路板有：

1. STM-64/16 光接口板——SL64/16 板

SL64 是 1 路 STM-64(10 Gbit/s)同步线路光接口板。主要完成 STM-64 光信号的处理，即实现 VC-4 到 STM-64 之间的变换。SL16 板的前面板如图 6-9 所示，面板上有 1 对可以拔插的 LC 光接口，用于发送和接收 STM-64 光信号。使用可插拔的光模块，便于光模块的维护。SL64 板一般插放在 slot8、11 槽位。

SL16 则是 1 路 STM-16(2.5 Gbit/s)光接口板。主要完成 STM-16 光信号到 VC-4 之间的变换。SL16 板可以插在子架的 slot6～8、11～13 槽位。

2. STM-4 光接口板——SL4/SLD4/SLQ4

SL4/SLD4/SLQ4 板是 STM-4(622 Mbit/s)光接口板，主要实现 VC-4 到 STM-4 之间的变换。SL4/SLQ4/SLD4 板的前面板图如图 6-10 所示，它们主要区别是：

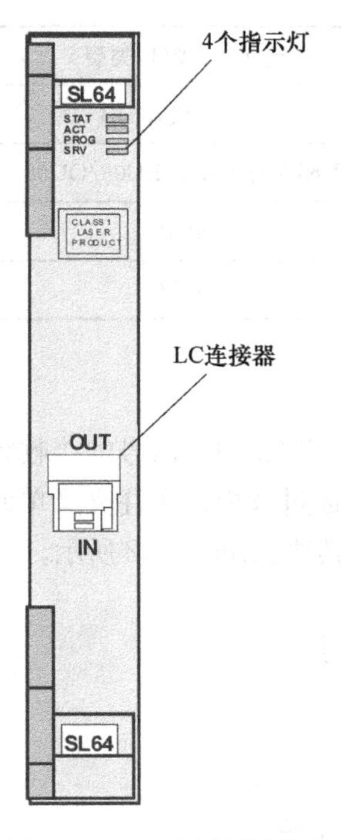

图 6-9　SL64 板的前面板图

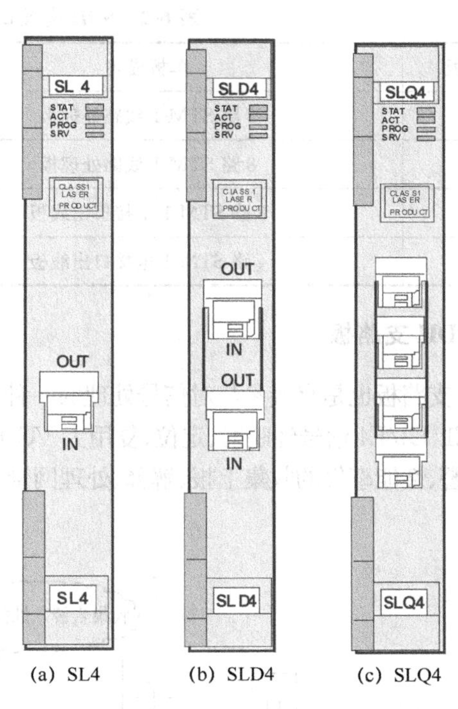

图 6-10　SL4/SLQ4/SLD4 板的前面板图

SL4 是 1 路 STM-4 同步线路光接口板，完成 1 路 STM-4 光信号的接收和发送；

SLD4 是 2 路 STM-4 同步线路光接口板，完成 2 路 STM-4 光信号的接收和发送；

SLQ4 是 4 路 STM-4 同步线路光接口板。完成 4 路 STM-4 光信号的接收和发送。

SL4/SLD4/SLQ4 板一般插在子架的 slot6～8、11～13 槽位。

3. STM-1 光接口板——SLQ1/SL1

SLQ1/SL1 板是 STM-1(155 Mbit/s)光接口板，主要实现 VC-4 到 STM-1 之间的变换。其中：

SL1 是 1 路 STM-1 光接口板，完成 1 路 STM-1 光信号的接收和发送；

SLQ1 是 4 路 STM-1 光接口板，完成 4 路 STM-1 光信号的接收和发送。

SLQ1/SL1 的面板与 SLQ4/SL4 板类似。SLQ1/SL1 板一般插在子架的 slot1～8、11～16 槽位。

(二)SDH 电接口板

常见的 SDH 电接口处理板有 2 路 STM-1 线路处理板 SEP1、8 路 STM-1 线路处理板 SEP，见表 6-2，其中，SEP 板需配合出线板 EU08。图 6-11 为 SEP1 板的示意图。

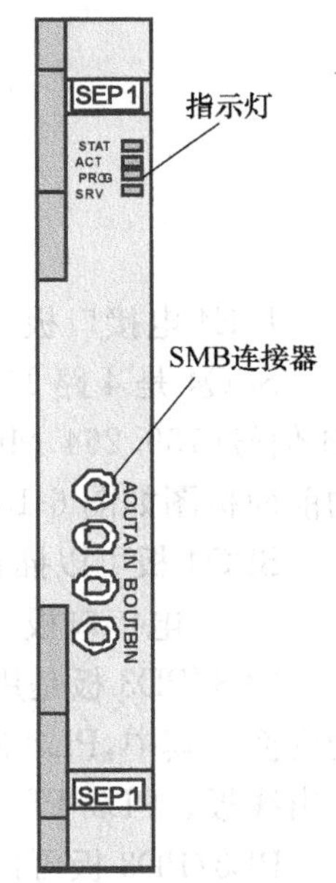

图 6-11　SEP1 板的前面板示意图

SEP1 板可插放在 slot1～6 和 slot13～16 槽位；SEP 板可插放在slot2～5，13～16 槽位，EU04 可插放在 slot19、21、23、25、29、31、33、35 槽位。

表 6-2 SDH 电接口处理板及出线板

单 板	单板描述	连接器(接口)类型
SEP1	2 路 STM-1 线路处理板	面板出线,SMB
SEP	8 路 STM-1 线路处理板	需要配合出线板 EU08/OU08
EU08	8 路 STM-1 电接口出线板	SMB
EU04	4 路 STM-1 电接口出线板	SMB

二、PDH 支路板

PDH 支路板也是直接参与对信号处理的一种单板,它主要完成 E1/E3/E4 信号的接收和发送处理,将 E1/E3/E4 信号经映射、定位、复用为 VC-4 信号,VC-4 信号通过背板被送往交叉单元。同时完成告警、性能事件的收集上报、解释、处理网管下发的配置命令,其功能如图 6-12 所示。

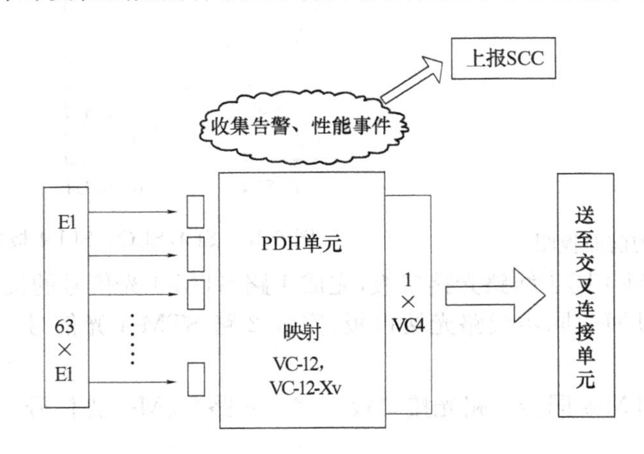

图 6-12 PDH 支路板功能示意图

1. E4 电接口板——SPQ4 板

SPQ4 是 4 路 E4/STM-1 电信号处理板,用于接入和处理 4 路 E4/STM-1 电信号,完成 E4 信号(139.264 Mbit/s)/STM-1 到 VC-4 的变换,MU04 为相应的出线板。SPQ4/MU04 的前面板图如图 6-13 所示。

SPQ4 板可以插在子架的 slot2～5、13～16 槽位。

2. E3 电接口板——PL3/PD3 板

PL3/PD3 板是用于接入和处理 E3 信号的处理板,完成 E3 信号(34.368 Mbit/s)到 VC-4 的变换。其中,PL3 为 3 路 E3 业务处理板,PD3 为 6 路 E3 业务处理板。D34S/ C34S 为对应的出线板。PL3/PD3 板及其出线板与 SPQ4 板类似,只是出线板上的端口数不同。

PL3/PD3 板可以插在子架的 slot2、3、4、5、13、14、15、16 槽位。D34S/C34S 板可以插在子架的 slot19、21、23、25、29、31、33、35 槽位。

3. E1 电接口板——PQ1/PD1/PL1

PQ1/PQM/PL1 板是用于接入和处理 E1 信号的处理板,主要完成 E1 信号(2.048 Mbit/s)到 VC-4 的变换。其中,PQ1 为 63 路 E1 业务处理板,PD1 为 32 路 E1/T1 业务处理板,而 PL1 为 16 路 E1/T1 业务处理板。

PQ1/PD1/PL1 处理板对应的出线板如表 6-3 所示。图 6-14 为 PQ1/ D75S 的面板示意图。

表 6-3 PQ1/PD1/PL1 处理板对应的出线板

单 板	功 能	连 接 器	对应处理板
D75S	32 路 75 Ω E1/T1 电接口倒换出线板	DB44	PQ1
D12S	32 路 120 Ω E1/T1 电接口倒换出线板		PQ1 或 PQM

PQ1/PD1/PL1 一般插在子架的 slot1～5、slot13～16 槽位，D75S/D12S 可以插在子架的 slot19～26、slot29～36 槽位。

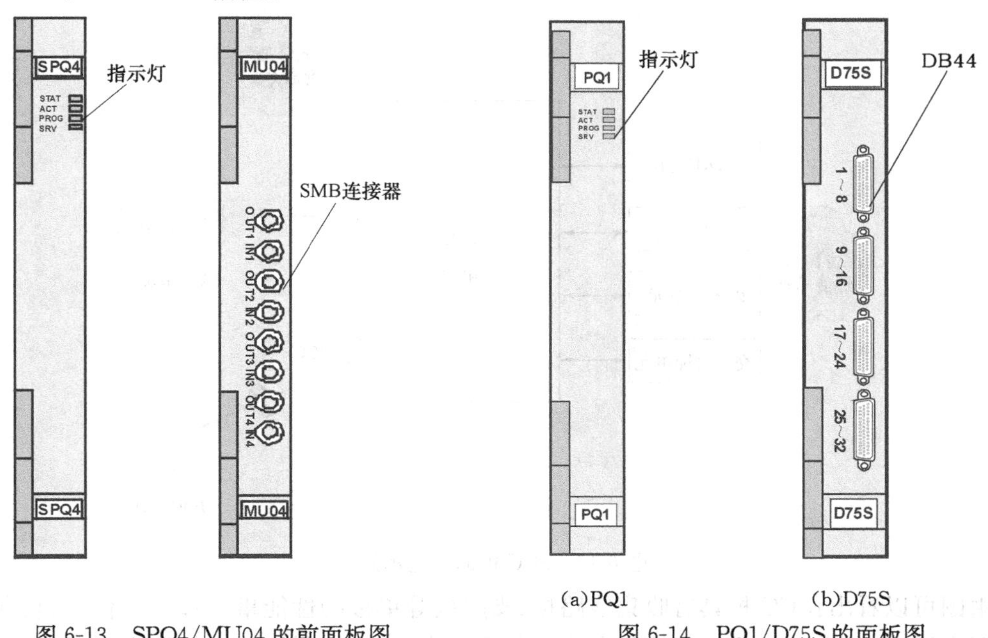

图 6-13 SPQ4/MU04 的前面板图

图 6-14 PQ1/D75S 的面板图

三、交叉时钟单元

对于 OSN 3500，SDH 交叉单元和时钟单元的功能集成在一块单板（GXCS）上。完成交叉连接和系统定时的作用，GXCS 板可插放在子架的 slot9、10 槽位。

交叉单元具有 VC-4 高阶、VC-3/VC-12 低阶的全交叉能力，以及分组数据交叉能力，可提供 SDH 线路板、以太网单板及 PDH 各支路板间业务的灵活调度能力，支持环回、交叉、组播和广播业务。交叉单元的功能如图 6-15 所示。

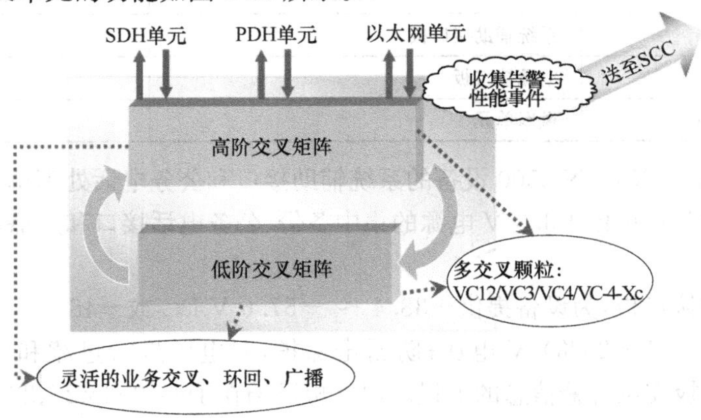

图 6-15 交叉单元的功能示意图

时钟单元具有跟踪外部时钟源或接口时钟源，为本板和系统提供同步时钟源的功能。提供 2 路同步时钟的输入和输出，并且支持对 S_1 字节的处理，以实现时钟保护倒换。

四、系统控制与通信单元（主控单元）

SCC 板是系统控制与通信板，完成主控、公务、通信和系统电源监控的功能，SCC 板可插在子架的 slot17、18 槽位，其功能如图 6-16 所示。

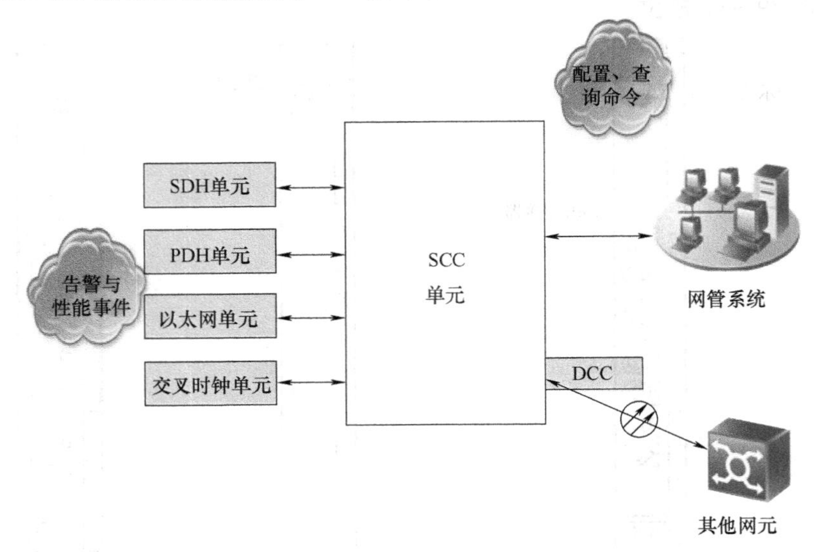

图 6-16　SCC 板的功能示意图

由图可以看出：SCC 板具有收集线路板、支路板等单板的性能事件和告警信息；设备业务的配置和调度；提供 10 M/100 M 兼容的以太网网管接口；控制机柜告警指示灯及智能风扇；支持外部告警输入与内部告警输出等功能。

五、辅助单元

OSN 光传输设备的主要辅助单元如表 6-4 所示。

表 6-4　OSN 设备的主要辅助单元

单　板	单板描述	备　注
AUX	系统辅助接口板	—
PIU	电源接口板	—
FAN/FANA	风扇单元	—

AUX 单板为 OpitX OSN 3500 设备的系统辅助接口和公务电话处理单元，为设备提供各种辅助接口、管理接口、单板＋3.3 V 电源的集中备份、公务电话接口和广播数据接口，可插在子架的 37 槽位。

PIU 板为电源接口板，为设备提供－38.4 ～ －57.6 V DC 或－48～－72 V 的电源接入；为 FAN 板提供 48×(1±20%) V 电压；防雷击保护，对电源进行过滤和屏蔽，提高系统的 EMC 性能；提供单板在位告警信息的上报。PIU 板可插在子架的 slot27、28 槽位。

FAN 板是风扇控制板，完成风扇调速、风扇状态检测、风扇控制板故障上报以及风扇不在位等告警上报等功能。

以上介绍了 OptiX OSN 3500 设备的 SDH 接口单元、PDH 接口单元、交叉时钟单元、主控单位和辅助单元的主要功能和面板信息，关于数据业务处理单元，即以太网单元和 ATM 处理单元，将在第九章介绍。

第三节　OptiX OSN 设备配置

OptiX OSN 设备的配置一般要根据组网结构、接入支路类型和容量来确定。组网结构决定将设备配置成终端复用器 TM、分插复用器 ADM、多分插复用器 MADM、还是再生中继器 REG 等。接入支路类型决定所配单板的类型，如接入支路为 2 Mbit/s，则应配 PL1 板、PD1 或 PQ1 板；接入支路为 34 Mbit/s，则应配 PL3 板；接入支路为 140 Mbit/s，则应配 SPQ4 板等；容量则决定支路板的数量和是否加扩展子架。

此外，为了使设备正常工作，除配置 PDH 支路板、SDH 线路板外，还必须配置交叉板、时钟板、主控板和辅助板等。本节我们以环带链组网为例，说明 OptiX OSN 3500 设备作为 TM、ADM 和 MADM 的配置情况。

1. 配置方案

环形网络是光传输网络中最基本的网络拓扑结构之一。环上业务有很强的自愈能力，为设备的安全运行和维护提供了保证。单环是最基本、最简单的环形网络，也是所有复杂环形网络组网的基础单元。在环形网络中，大量存在的是由单环和单链组成的环带链网络。

环带链的网络结构如图 6-17 所示。图中，网元 A、B、C、D 构成环形网络，网元 D 和 E 构成链形网。环上线路速率 STM-16，链上线路速率 STM-4。网络中各节点间的业务分配如表 6-5 所示。

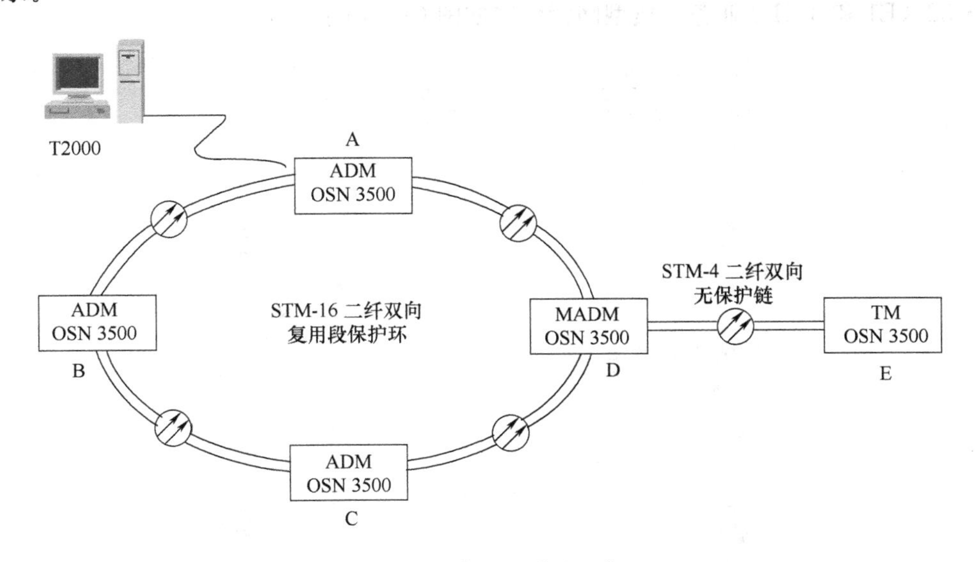

图 6-17　典型环带链网络

2. 配置说明

由表 6-5 可以看出，除网元 D 与网元 E 之间也有业务往来外，网元 A 到其余各个网元均有业务，业务分布比较集中。由各网元所处的传输位置可以看出，网元 A、B 和 C 应配置为 ADM(分插复用器)，网元 E 应配置为 TM(终端复用器)，而网元 D 应配置为 MADM(多分插复用器)。

表 6-5 各节点间业务需求

节点	A	B	C	D	E
A		32×E1	32×E1	32×E1	32×E1
B	32×E1				
C	32×E1				
D	32×E1				3×E3
E	32×E1			3×E3	

3. 典型网元配置

结合上述业务要求,说明各网元的配置情况。

(1)TM 网元的配置

TM 的主要功能是将 PDH 低速信号复用到高速的 SDH 光信号中,完成线路信号与支路信号之间的交叉连接。其功能如图 6-18 所示。TM 主要应用在点对点、线形网的端点上,也经常应用于环带链拓扑结构的端站上。

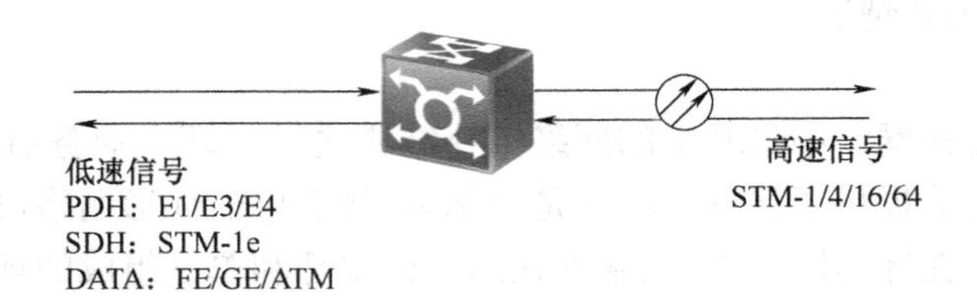

图 6-18 TM 的功能示意图

网元 E 作为 TM 时线路选择一块 SL4 单板,支路选择 1 块 PQ1 单板和 1 块 PL3 单板,支持上下 32×E1 和 3×E3 业务。典型网元配置如图 6-19 所示。

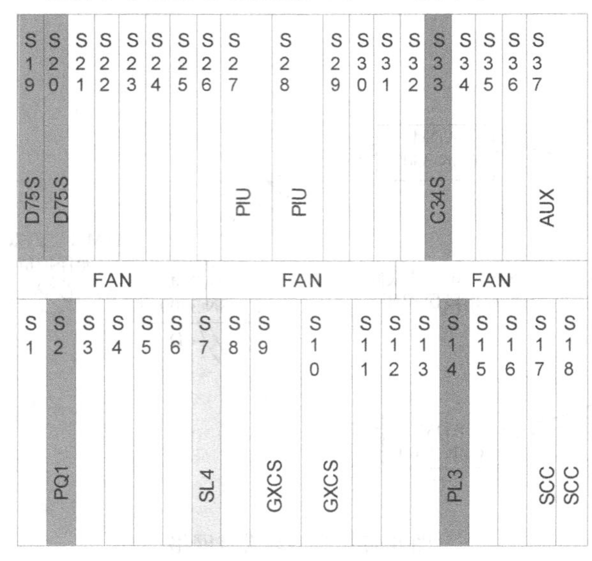

图 6-19 网元 E 作为 TM 的的单板配置

(2)ADM 网元的配置

ADM 是 SDH 网络中应用最为广泛的网元类型,它将同步复用和数字交叉连接功能综合于一体，具有灵活地分插支路信号的能力，其功能如图 6-20 所示。ADM 广泛应用于链形、环形和枢纽形拓扑结构中。

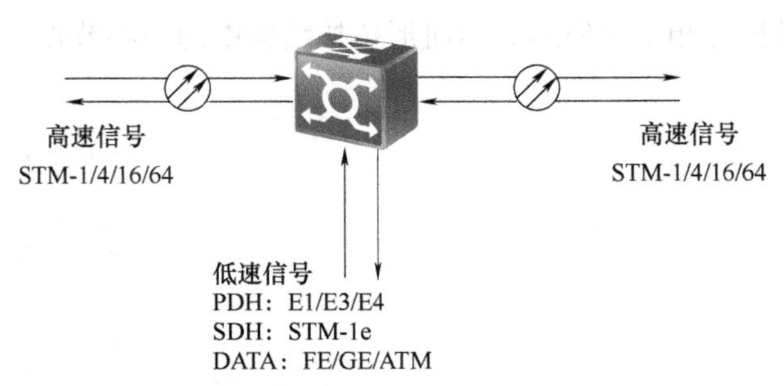

NE A 作为 ADM 的配置为：线路选择 2 块 SL16 单板，分别对应东向线路和西向线路。支路选择 3 块 PQ1 单板，支持上下 4×32×E1 业务，NE A网元配置如图 6-21 所示。NE B、C 的配置如图 6-22 所示。

(3)MADM 网元的配置

MADM 网元可以看成是多个 ADM 的组合。除实现 ADM 的所有

高速信号
STM-1/4/16/64
高速信号
STM-1/4/16/64
低速信号
PDH：E1/E3/E4
SDH：STM-1e
DATA：FE/GE/ATM

图 6-20　ADM 的功能示意图

S19 S20 S21 S22 S23 S24 S25 S26 S27 S28 S29 S30 S31 S32 S33 S34 S35 S36 S37
D75S D75S D75S D75S D75S D75S PIU PIU AUX
FAN FAN FAN
S1 S2 S3 S4 S5 S6 S7 S8 S9 S10 S11 S12 S13 S14 S15 S16 S17 S18
PQ1 PQ1 PQ1 PQ1 SL16 GXCS GXCS SL16 SCC SCC

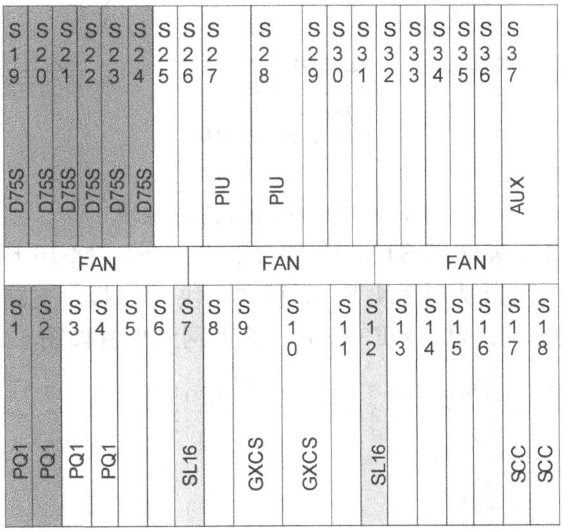

图 6-21　NE A 的单板配置

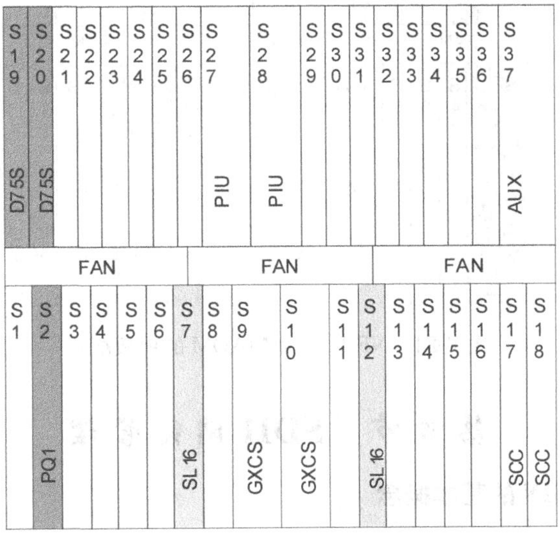

S19 S20 S21 S22 S23 S24 S25 S26 S27 S28 S29 S30 S31 S32 S33 S34 S35 S36 S37
D75S D75S PIU PIU AUX
FAN FAN FAN
S1 S2 S3 S4 S5 S6 S7 S8 S9 S10 S11 S12 S13 S14 S15 S16 S17 S18
PQ1 SL16 GXCS GXCS SL16 SCC SCC

图 6-22　NE B、C 的单板配置

功能外，还可以实现 MADM 中不同 ADM 间的交叉连接，不同 ADM 的速率可以相同，也可以不同。MADM 的功能如图 6-23 所示。MADM 是组建复杂网络的核心单元，可应用于环带链、环相交、环相切、枢纽形拓扑结构中的中心节点。

高速信号
STM-1/4/16/64
低速信号
PDH：E1/E3/E4
SDH：STM-1e
DATA：FE/GE/ATM

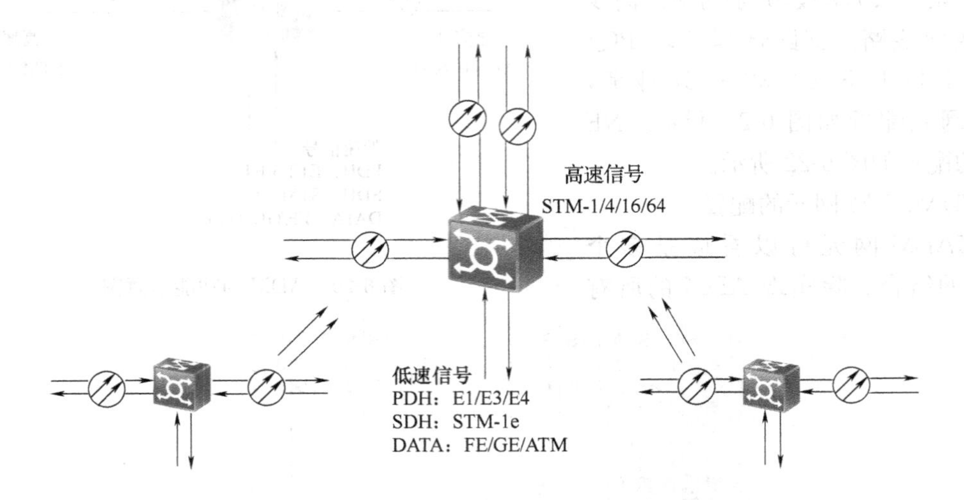

图 6-23　MADM 的功能示意图

网元 D 作为 MADM 需要 2 组 STM-16 光口组成一个 STM-16 环，需要 1 组 STM-4 光口组成一个 STM-4 线性链，所以选用 2 块 SL16 板和 1 块 SL4 板。支路选择 1 块 PQ1 单板和 1 块 PL3 单板，支持上下 32×E1 和 3×E3 业务。典型网元配置如图 6-24 所示。

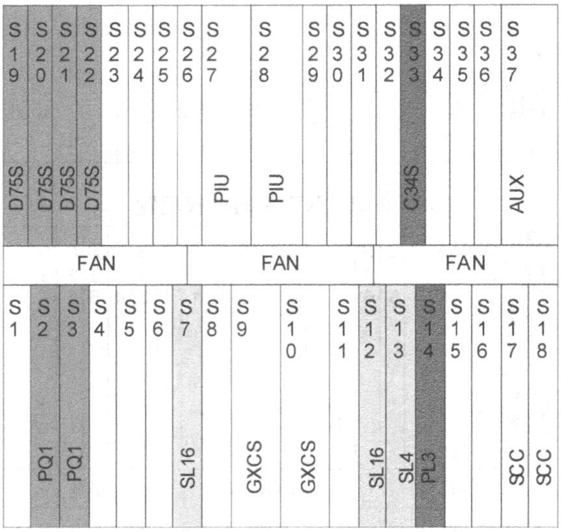

S19 S20 S21 S22 S23 S24 S25 S26 S27 S28 S29 S30 S31 S32 S33 S34 S35 S36 S37
D75S D75S D75S D75S PIU PIU C34S AUX
FAN FAN FAN
S1 S2 S3 S4 S5 S6 S7 S8 S9 S10 S11 S12 S13 S14 S15 S16 S17 S18
PQ1 PQ1 SL16 GXCS GXCS SL16 SL4 PL3 SCC SCC

图 6-24　NE D 作为 MADM 的单板配置

第四节　SDH 网络管理

一、电信管理网 TMN 的基本概念

为了对电信网实施集成统一从而高效地管理，国际电联（ITU-T）提出了电信管理网（TMN）的概念。TMN 的基本概念是利用一个具备一系列标准接口（包括协议和消息规定）

的统一体系结构来提供一种有组织的网络结构，使各种不同类型的操作系统（网管系统）与电信设备互连，从而实现电信网的自动化和标准化管理，并提供大量的各种管理功能。这样既可以降低网络操作、管理和维护的成本，又可以促进网络和业务的发展和演变。

TMN 的规模可大可小，最简单的是单个电信设备与单个操作系统的连接，复杂的则有许多不同的操作系统和电信设备进行互连。TMN 和电信网的一般关系如图 6-25 所示。

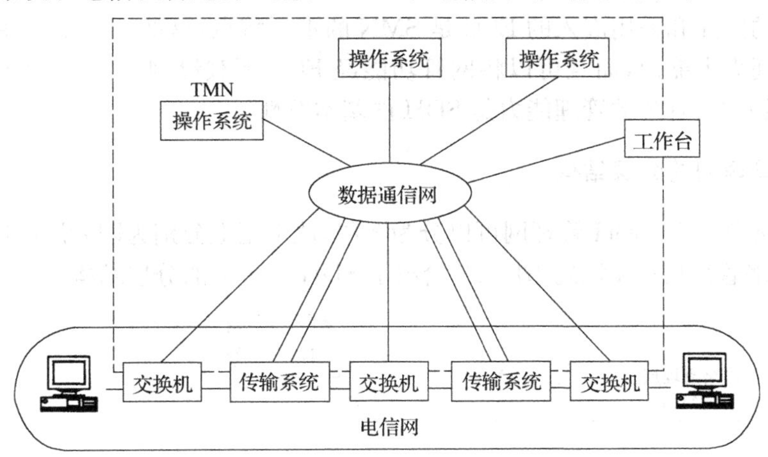

图 6-25 TMN 和电信网的一般关系

二、SDH 管理网的基本概念

SDH 管理网（SMN）是 SDH 传输网络系统中非常重要的一部分，SDH 帧结构中丰富的开销比特，对网络的运行状态进行监测和控制，及时报告网络故障，使网络运行、管理和维护（OAM）的能力大大加强，实现了灵活的业务配置。在实际应用中注重记录网管系统上报的网络性能事件可以最大限度地保证节点信号的安全传输。

1. SDH 管理网的概念

SDH 管理网（SMN）实际就是管理 SDH 网元的 TMN 的子集。它可以细分为一系列的 SDH 管理子网（SMS），这些 SMS 由一系列分离的嵌入控制通路（ECC）及有关站内数据通信链路组成，并构成整个 TMN 的有机部分。

SMN、SMS 和 TMN 的关系可以用图 6-26 来表示。如图所示，TMN 是最一般的管理网范畴，SMN 是其子集，专门负责管理 SDH 网络单元，SMN 又是由多个 SMS 组成。

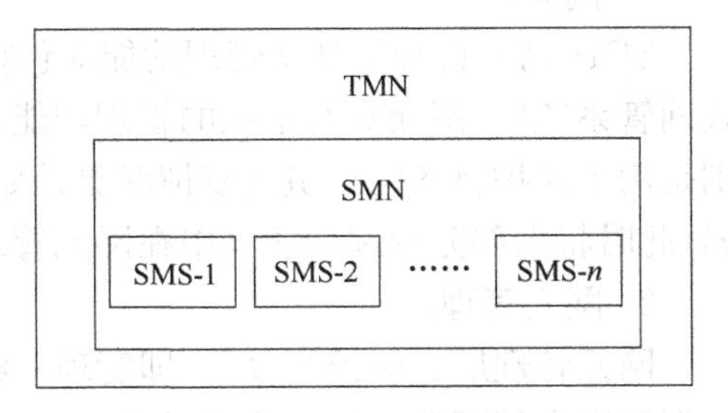

图 6-26 SMN、SMS 和 TMN 的关系

2. SDH 网管 ECC 通道

在 SDH 系统内传送网管消息通道的逻辑通道为 ECC，其物理通道应是 DCC。它是利用 SDH 帧结构中属于段开销（SOH）字节的数据通信通路 $D_1 \sim D_{12}$ 构成 SDH 管理网（SMN）的传送链路。其中 $D_1 \sim D_3$ 字节称为再生段 DCC，用于再生段终端之间交流 OAM 信息，速率为 192 kbit/s（3×64 kbit/s）；$D_4 \sim D_{12}$ 字节称为复用段 DCC，用于复用段终端之间交流 OAM 信息，速率为 576 kbit/s（9×64 kbit/s）。

3. SDH 管理接口

Q 接口——SDH 管理网与 TMN 通信的接口；

X 接口——与其他 TMN 之间的接口；

F 接口——提供设备与本地网管的接口；

T 接口——定时时钟接口，向网络单元 NE 提供时钟。

4. SDH 管理网的特点

具有智能的网元和采用嵌入的 ECC 是 SMN 的重要特点，这两者的结合使 TMN 信息的传送和响应时间大大缩短，而且可以将网管功能经 ECC 下载给网元，从而实现分布式管理。可以说，具有强大的、有效的管理能力是 SDH 的基本特性。

三、SDH 管理网的分层结构

若仅从网络角度看，SDH 管理网可以分为 3 层，从下至上分别为网元层(NEL)、网元管理层(EML)和网络管理层(NML)。图 6-27 给出了 SDH 管理网的分层结构。

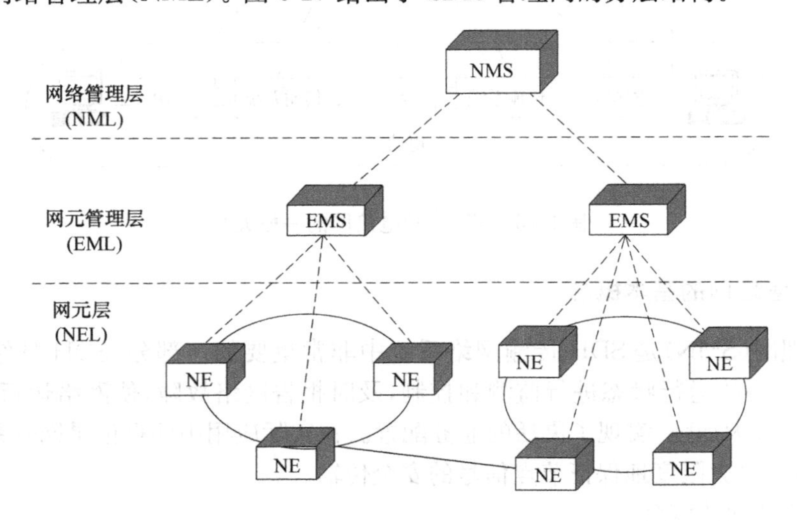

图 6-27 SDH 管理网的分层结构

注：NE—网络单元；EMS—网元管理系统；NMS—网络管理系统

1. 网元层

SDH 网元自身的基本管理功能应包括单个网元的配置、故障管理和性能管理等。在分布式网管系统中，网元具有很强的管理功能，这种方式对提高网络的响应速率有很大的好处，特别是用于保护目的的通道恢复情况更是如此。而在集中式网管系统中，给网元的管理功能较弱，此时将大部分管理功能集中在网元管理层上。

2. 网元管理层

网元管理层直接控制设备，即管理一组网元。网元管理层具有配置管理、故障管理、性能管理和安全管理等功能。这些功能是针对网元有关的管理对象，如 ADM 设备、电源和插件板等。

3. 网络管理层

网络管理层负责对所辖管理区域进行监视和控制。该层能对一个和若干个网元管理系统进行管理和集中监控，从大的方面管理整个网络，细节管理可由网元管理层来完成。例如当网络发生故障时，网络管理层判断也是某个 SDH 网元失效，立即发生恢复指令，隔离故障网元。

而查明这个网元中哪一块板有问题,可以由网元管理层来完成,当然网络管理层也可以调用和显示这些细节。

四、T2000网管概述

T2000网管系统是华为公司SDH网络管理系统,T2000在TMN的结构中处于网元级和网络级之间,即子网级管理系统SNMS(Subnetwork Management System),如图6-28所示。T2000不仅能提供全部网元层的管理功能,还具备部分网络层的管理功能。

T2000能够统一管理华为OptiX OSN系列、OptiX metro系列和WDM设备光传送设备。

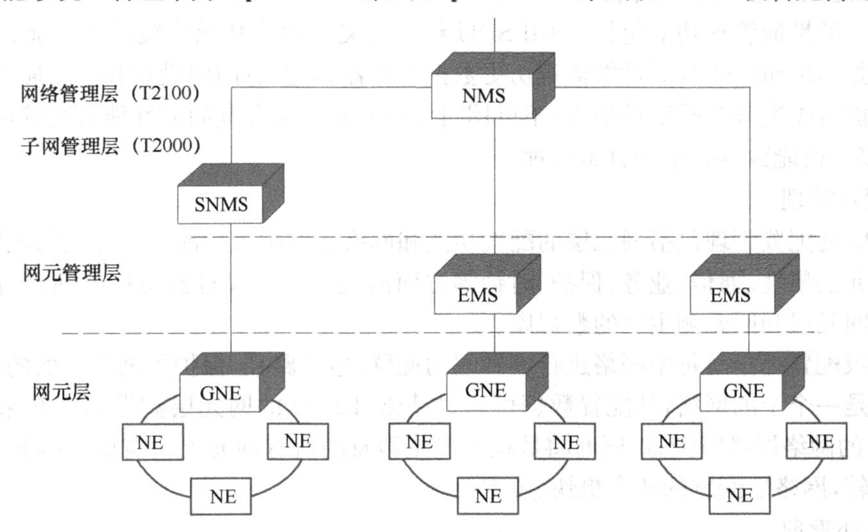

图6-28 T2000在TMN中的位置

NE—网元;GNE—网关网元;EMS—网元管理系统;

SNMS—子网管理系统;T2100—网络管理系统,可管理T2000

(一)T2000网管系统的主要特点

T2000网管系统具有以下特点:

1. 多层次的管理

支持网元层、网元管理层和部分网络层的管理,并可接入上层网管中心。

2. 强大的网管功能

各层网管均具有较完善的故障管理、配置管理、性能管理、安全管理和系统管理功能。

3. 标准的管理接口

管理接口的开发采用符合标准的协议和信息模型,实现与其他网管系统的互通。

4. 友好的人机界面

提供全中文图形操作界面,并提供完备的帮助系统和报表打印。

5. 模块化的软件和硬件结构设计

网元管理和网络管理均采用Client/Server(客户端/服务器)体系结构,可以根据特定组网和用户需求灵活地选择软、硬件配置。

(二)T2000网管系统的主要功能

T2000网管系统的主要功能有:故障管理、性能管理、配置管理、安全管理、拓扑管理、系统管理等。

1. 告警管理功能

告警管理功能可实时监测设备运行过程中产生的故障和异常，并提供告警的详细信息和分析手段，为快速定位故障、排除故障提供有力支持。

T2000 提供了丰富的告警管理功能，包括告警监视策略设置、告警浏览、告警删除、告警转储、告警统计及统计插入等。

2. 性能管理

性能管理周期性或触发性地采集设备、功能、业务或其他对象的性能数据，以记录网络的操作状态、健康状态和业务质量。

T2000 的性能管理功能包括：利用 SDH 结构有关的性能基元采集误码性能、缺陷和各监视项目数据；15 min 和 24 h 性能监视历史数据寄存器和记录；门限设置和门限通知；性能数据分析和性能数据突破门限事件报告；不可用时间的起止记录和其间的性能监视等功能，如性能事件的处理、性能数据收集和日志处理。

3. 配置管理

T2000 的配置管理包括网元层的配置功能和网络层的配置功能。网元层的配置管理用于对每个网元的属性、通信、业务、保护、时钟等方面的配置。配置对象是单个网元，数据保存在 T2000 侧网元层和网元侧主机的数据库。

网络级配置是指对每个网络进行端到端的配置，包括路径、保护子网等方面的配置。它的配置对象是一个个的网络，其配置数据可通过搜索 T2000 的网元层数据构建起来，也可直接在 T2000 的网络层进行配置，同时将数据下发至涉及的所有网元上。与单个网元逐一配置的方式相比较，网络层配置的速度更快、更方便。

4. 拓扑管理

拓扑管理用于构造并管理整个网络的拓扑结构。用户可通过浏览网络拓扑视图实时了解和监控整个网络的运行情况。T2000 的主要拓扑管理功能包括创建拓扑对象、创建子网、创建纤缆、锁定网元图标在拓扑图中的位置等。

5. 安全管理

安全管理包括认证、授权和接入控制等功能，以确保用户能够根据各自的权限进行相应的操作，T2000 采用分权分域的安全管理策略，以及接入控制、密文传输等安全控制，保证网管系统和传送网络数据的安全。具体包括：用户许可证的管理、网元安全的管理、网络和系统安全的管理。

6. 通信管理

通信管理为传送网络的运行、管理和维护（OAM）提供通信通道。用户可以配置 T2000 与网关网元之间的 DCN 和网元之间的通信协议。

（三）主视图界面

T2000 网络管理系统启动以后，就会出现 T2000 网管的主视图界面，如图 6-29 所示。T2000 通过主视图完成网络的拓扑管理。

主视图界面上有菜单项、快捷按钮（工具条）、拓扑对象、拓扑视图、设备类型、告警按钮等几个主要部分。

其中菜单项提供绝大部分系统功能，如文件、视图、配置、故障、性能、路径、报表、系统管理、帮助等功能，而快捷按钮提供几个常用功能的快速入口。例如：用于建立纤缆连接；

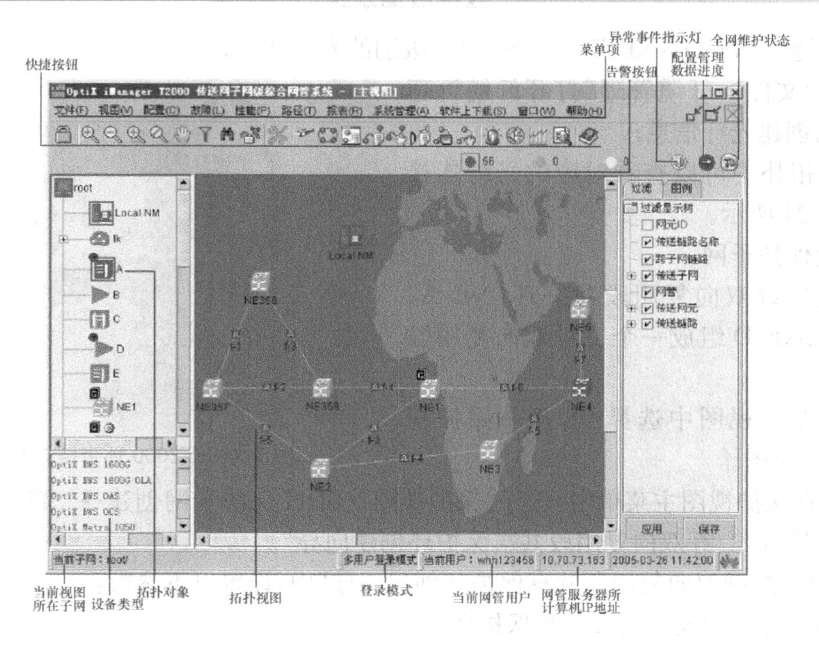

图 6-29　T2000 网管的主视图界面

查看 T2000 网管的在线帮助，网管的版本信息和注册信息。

拓扑视图是指在 T2000 界面中创建的与实际网络设备对应的操作对象。如需使用 T2000 管理某个网元、单板或纤缆，必须先在 T2000 中创建与之对应的拓扑。T2000 通过创建拓扑视图建立与实际网络设备的通信。此时，将网元数据上载到 T2000，在 T2000 上创建的拓扑即具备了与实际网络设备相同的数据。此后，对这些网元、单板进行的配置将直接下发到网元。

（四）T2000 网管系统的简单操作

1. 创建网元及拓扑

下面仍以图 6-17 所示的由 5 个 OptiX OSN 3500 网元组成的 STM-16 的二纤双向复用段保护环带 STM-4 的无保护链为例进行介绍。图中，NE A、NE B、NE C、NE D 为环上的 4 个网元，NE E 是链上的网元。

(1)创建网元

① 启动 T2000 网管 server(服务器)和 client(客户端)，进入 T2000 网管界面。

② 新建 1 个 OSN 3500 的网关网元(如网元 A)，并手工配置网元数据与单板。

③ 用同样的方法新建另外 4 个 OSN 3500 的预配置网元。区别在于这 4 个网元为非网关网元，所属网关是 NE1 网元。

(2)创建 NE A～NE E 间的光纤连接

① 创建环上 NE1～NE4 之间的 STM-16 级别的光纤连接；在光纤属性对话框中选择光纤的各种属性，如源、宿网元，线路速率级别、光纤类型、网元的槽位、板类型与端口号等，如图 6-30 所示。

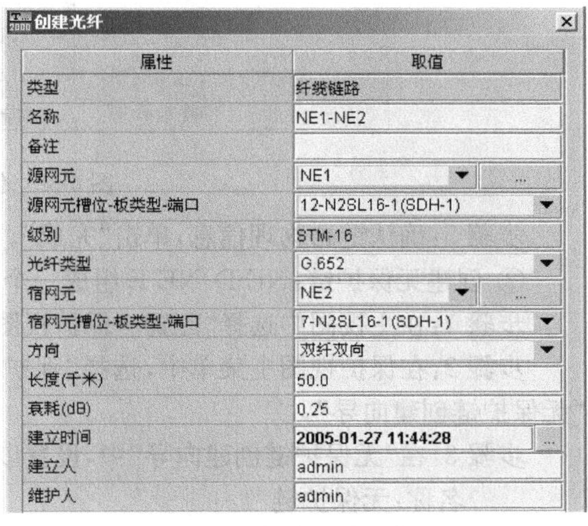
创建光纤

属性	取值
类型	纤缆链路
名称	NE1-NE2
备注	
源网元	NE1
源网元槽位-板类型-端口	12-N2SL16-1(SDH-1)
级别	STM-16
光纤类型	G.652
宿网元	NE2
宿网元槽位-板类型-端口	7-N2SL16-1(SDH-1)
方向	双纤双向
长度(千米)	50.0
衰耗(dB)	0.25
建立时间	2005-01-27 11:44:28
建立人	admin
维护人	admin

图 6-30　创建纤缆连接

② 创建链上 NE D～NE E 之间 STM-4 级别的光纤连接；

③ 选择"文件>纤缆管理"打开纤缆管理界面，查看已创建光纤信息；

④ 在主拓扑中可以查看对应的光纤连接信息，如图 6-31 所示。

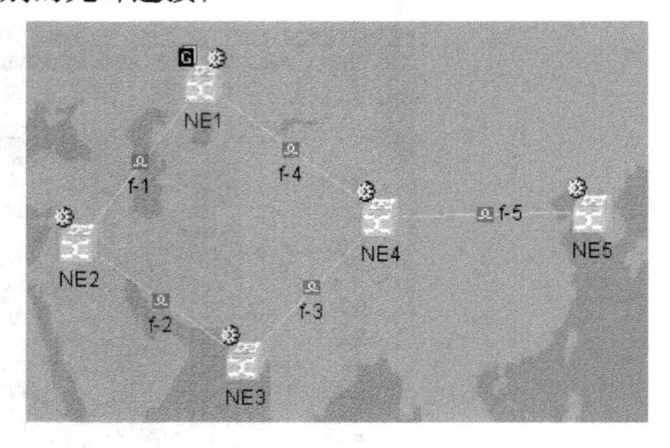

图 6-31　T2000 环带链拓扑视图

(3)创建保护子网

① 创建二纤双向复用段保护环：NE A、NE B、NE C、NE D 组成一个二纤双向复用段保护环。

步骤 1：在主视图中选择"配置→保护视图"，进入保护视图。

步骤 2：在保护视图主菜单中，选择"保护视图→SDH 保护子网创建→二纤双向复用段共享保护环"。进入"二纤双向复用段共享保护环创建向导"。

步骤 3：在"二纤双向复用段共享保护环创建向导"中，设置以下参数：

名称：二纤双向复用段共享保护环_1

容量级别：STM-16

步骤 4：在如图 6-32 所示的保护视图中依次双击 NE A、NE B、NE C、NE D 的图标，将其加入保护子网。节点属性采用默认的"MSP 节点"，单击"下一步"。

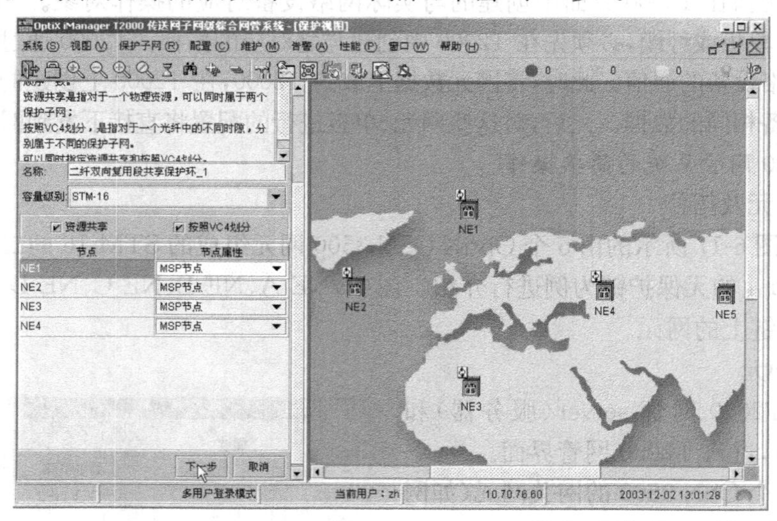

图 6-32　创建保护子网

步骤 5：确认链路物理信息，单击"完成"。界面弹出对话框显示保护子网创建成功。

② 创建无保护链：NE D、NE E 组成一个无保护链。

步骤 1：在主视图中选择"配置→保护视图"，进入保护视图。

步骤 2：在保护视图主菜单中，选择"保护视图→SDH 保护子网创建→无保护链"。进入"无保护链创建向导"。

步骤 3：在"无保护链创建向导"中，设置以下参数：

名称：无保护链_1

容量级别：STM-4

步骤 4:在保护视图中依次双击 NE4、NE5 的图标,将其加入保护子网,单击"下一步"。

步骤 5:确认链路信息,单击"完成"。界面弹出对话框显示保护子网创建成功。

③ 在"配置>保护视图"中查看创建后的保护子网信息,如图 6-33 所示。

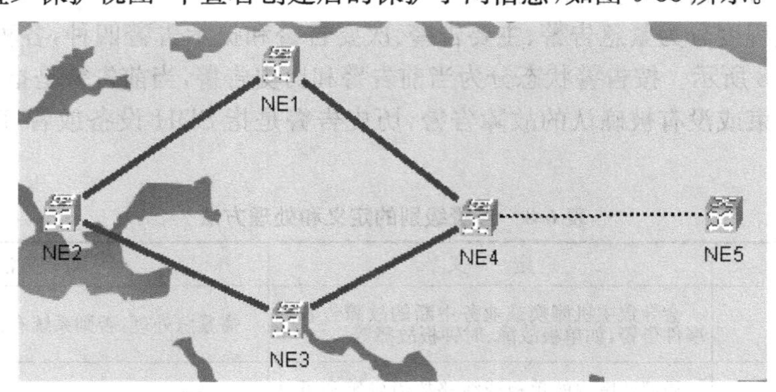

图 6-33　保护子网信息图

关于 T2000 网管的 PDH、SDH 以及以太网等业务的配置在此就不一一说明了,详细可参考 T2000 网管操作手册。

2. T2000 网管系统的例行维护操作

为保证设备安全可靠的运行,网管所在局站的维护人员应每天通过网管对设备的运行状况进行检查。本节对 T2000 网管中的基本维护操作进行介绍。

(1)拓扑视图监视

拓扑视图能够客观实时地显示出网元的网络拓扑结构,并能反映出实际网元之间的物理连接关系和实际工作状态。

① 网元在位指示

在拓扑视图中,可以通过查看网元图标的通信状态标识,确认网管主机与网元间的通信状态,只有与网管主机处于正常通信状态的网元,网管软件才能对其进行监控和管理。

② 网元告警指示

当网元通信正常且上报告警时,在拓扑视图的网元图标上,会根据不同的告警级别显示的不同颜色,如表 6-6 与所示。

表 6-6　网元告警指示灯

告警级别	网元图标颜色
次要告警	黄色
主要告警	橙色
危急告警	红色

③ 网元间连接状态指示

当网元通信状态正常时,在拓扑图中可以查看光纤的连接状态,如表 6-7 所示。

表 6-7　拓扑图中的光纤连接指示

光连接状态	显示状态
正常状态	绿色连线
光纤断	红色连线

(2)告警监视

在 T2000 网管中,通过监视网元的告警信息,用户可以了解网元当前的工作状态,及时发现和处理网元的告警信息,防患于未然。

告警按严重程度分为紧急告警、主要告警、次要告警和提示告警四种,各种告警的定义和处理方法如表 6-8 所示。按告警状态分为当前告警和历史告警,当前告警是指 SDH 设备或者 T2000 上没有结束或没有被确认的故障告警,历史告警是指 SDH 设备或者 T2000 曾经产生的告警。

表 6-8 告警级别的定义和处理方法

告警级别	定 义	处理方法
紧急告警	会导致主机瘫痪或业务中断的故障告警和事件告警,如单板故障、时钟板故障等	需紧急处理,否则系统有瘫痪危险
主要告警	局部范围内的单板或线路故障告警和事件告警	需要及时处理,否则会影响重要功能实现
次要告警	一般性的、描述各单板或线路工作是否正常工作的故障告警和事件告警	发送此类告警的目的是提醒维护人员及时查找原因,消除故障隐患
提示告警	提示性故障告警和事件告警	一般不需处理,只需对网络和设备的运行状态有所了解即可

下面介绍如何浏览全网当前所有监视对象不同级别的告警信息。

① 分别单击 T2000 界面右上方异常事件指示灯,浏览当前全网严重、主要或次要告警。指示灯右边数字显示当前全网未结束的严重告警数量。建议告警监测时一直打开该窗口。

② 单击主菜单上的“故障”,进入告警与事件浏览界面:

在主菜单中选择“故障→当前告警浏览”。

在主菜单中选择“故障→历史告警浏览”。

在主菜单中选择“故障→异常事件浏览”。

在主菜单中选择“故障→当前告警统计”。

若选择“当前告警浏览”,弹出当前告警浏览框,框内列出所选网元符合条件的当前所有告警,并详细列有各条告警的板位号、通道号、结束或确认时间。

若选择“历史告警浏览”,弹出所选网元所有以前上报的告警并给出各条告警的板位、通道号、结束或确认时间。告警与事件浏览界面如图 6-34 所示。

3. 查询系统配置

在设备的运行维护过程中,需要查询网络的配置信息,在网管软件中可以通过配置菜单对网络的配置信息进行查询,这样查询到的是在网管软件中的网络配置,但未必是网元的实际配置,为了获得网元的实际配置和当前工作状态,还经常要进行上载数据等操作。

在网管客户端操作窗口中,通过执行配置菜单的各个选项,可以查询到相关的网络配置信息。

(1)网元连接

在拓扑视图中双击网元间的光纤连接,可查询到当前的连接信息。如果将鼠标移至光连接处,当连线颜色由绿色转为亮色时,也可弹出该连线的基本连接信息,包括光连接收发端的网元名称、单板及线路速率。如图 6-35 所示。

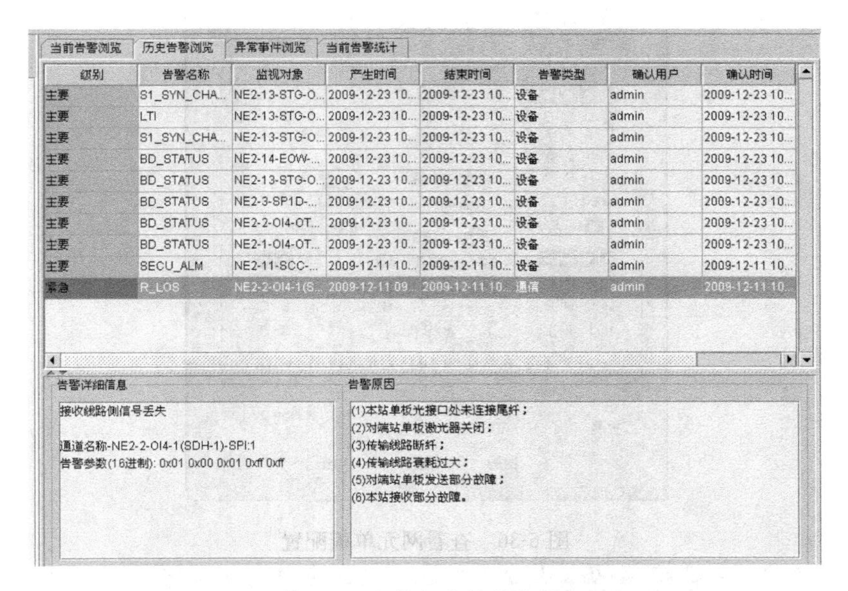

图 6-34　告警与事件浏览界面

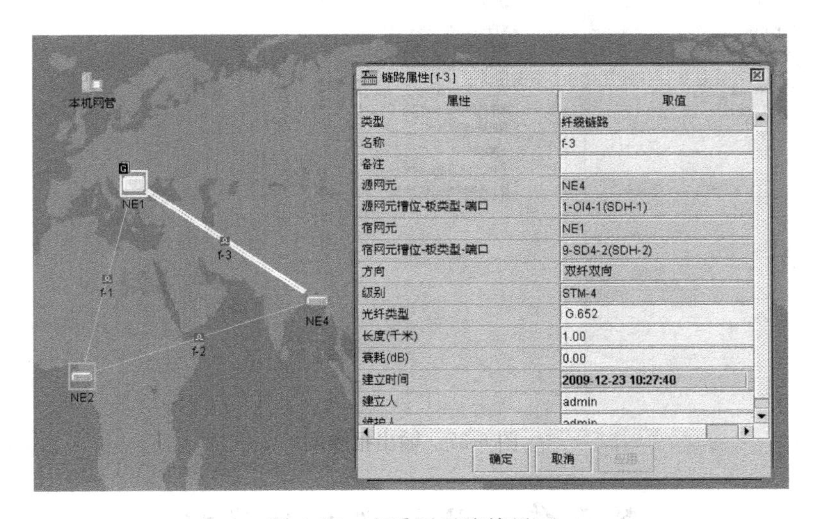

图 6-35　查看网元连接界面

(2)单板配置

在拓扑视图中双击网元图标，进入网元面板图。如图 6-36 所示，图中显示网元的子架、单板和端口。并且各部件图标通过不同的颜色显示其当前的状态。在网元面板图中可查询到单板的配置、告警状态以及各个单板的告警等。

在 T2000 中，网元面板图是配置、监视、维护设备的重要场所。

4. 报表打印

利用网管软件的打印功能，可以打印输出网络配置、用户操作记录、设备性能和告警等信息，输出的报表可作为操作、维护记录和网络分析依据。

在网管软件的客户端操作窗口中，打印输出报表。如图 6-37 所示。

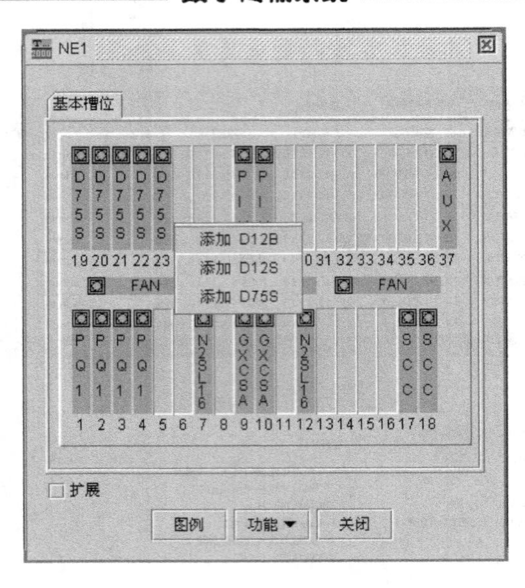

图 6-36　查看网元单板配置

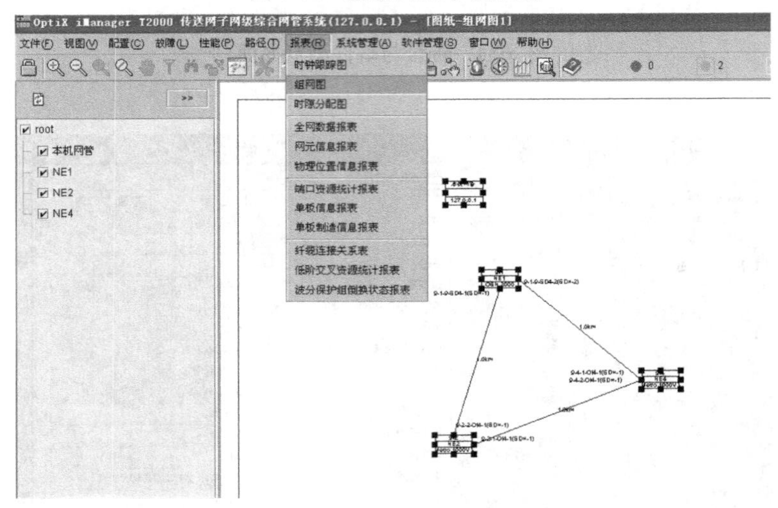

图 6-37　输出报表图

第五节　SDH 设备的维护

SDH 设备是光传输系统的重要组成部分。SDH 设备的日常维护和故障处理是保证光传输系统传输质量的有效措施。

一、SDH 设备的维护

(一)维护的分类

按照维护周期的长短,SDH 设备将维护分为以下几类:

1. 日常例行维护

日常例行维护是指每天必须进行的维护项目。日常维护可以帮助我们随时了解设备运行情况,以便及时维护和排除隐患。在日常例行维护工作中发现的问题须详细记录故障现象。

2. 周期性例行维护

周期性例行维护是指定期进行的维护。通过周期性维护，我们可以了解设备的长期工作情况。周期性例行维护分为月度维护、季度维护和年度维护。

3. 突发性维护

突发性维护是指因为传输设备故障、网络调整等带来的维护任务。如设备损坏、线路故障时需进行的维护。

从这个意义上说，维护是一个范围很广的概念，包括了例行维护和故障处理；故障处理是维护的一类，也就是突发性维护。为了条理的清晰，我们在后面对故障处理单独说明，下面只讲述日常例行维护的内容。

（二）日常例行维护的基本操作

1. 指示灯检查

设备维护人员主要通过设备指示灯来获得设备运行状况和告警信息，因此在每天的日常例行维护中，要经常查看机柜指示灯以及单板指示灯的状态，判断设备是否有告警。

(1)机柜指示灯

机柜指示灯作为监视设备运行状态的途径之一，在日常维护中具有非常重要的作用。机柜指示灯位于机柜前门顶部的中间，有红、橙、黄、绿四个不同颜色的指示灯，其含义如表 6-9 所示。在设备正常工作时，机柜指示灯应该只有绿灯亮。

当机柜指示灯有红灯、黄灯亮时，应进一步查看单板指示灯，并及时通知中心站的网管操作人员，查看设备告警、性能信息。

表 6-9　机柜指示灯及含义

指示灯	名　称	状　态	
		亮	灭
红灯	紧急或主要告警指示灯	设备有紧急或主要告警	设备无紧急或主要告警
橙灯	主要告警指示灯	设备有主要告警	设备无主要告警
黄灯	一般告警指示灯	设备有一般告警	设备无一般告警
绿灯	电源指示灯	设备供电电源正常	设备供电电源中断

(2)单板指示灯

机柜顶部指示灯的告警状态仅可预示本端设备的故障隐患或者对端设备存在的故障。因此，为了解设备的运行状态，在观察机柜指示灯的同时，还需进一步观察设备各单板的告警指示灯。

表 6-10 列出了常见光线路单板指示灯的含义，通过观察单板指示灯的状态，可判断单板是否有告警。单板正常工作时，单板指示灯应该只有绿灯闪烁。

当单板指示灯有红灯、黄灯亮时，应及时通知中心站的网管操作人员，查看设备、单板的告警信息和性能信息。

表 6-10　OSN 设备光线路单板指示灯的含义

指 示 灯	闪 烁 状 态	具 体 描 述
单板硬件状态灯-STAT	绿灯亮	工作正常
	红灯亮	硬件故障
	红灯 100 ms 亮，100 ms 灭	硬件不匹配
	灭	无电源输入

续上表

指　示　灯	闪 烁 状 态	具 体 描 述
业务激活状态灯-ACT	绿灯亮	业务处于激活状态
	绿灯灭	业务处于非激活状态
单板软件状态灯-PRQG	绿灯亮	加载或初始化单板软件正常
	绿灯 100 ms 亮，100 ms 灭	正在加载单板软件
	绿灯 300 ms 亮，300 ms 灭	正在初始化单板软件
	红灯亮	丢失单板软件，或加载、初始化单板软件失败
	灭	无电源输入
业务告警指示灯-SRV	绿灯亮	业务正常
	红灯亮	业务有紧急告警或主要告警
	黄灯亮	业务有次要告警或远端告警
	灭	没有配置业务或者无电源输入

2. 声音告警检查

在日常维护中，设备的告警声通常比其他告警更容易引起维护人员的注意，因此在日常维护中必须保持该告警来源的通畅。

检查设备声音告警功能是否正确设置，并检查声音告警功能是否正常。对于 OptiX OSN 设备，定期检查 SCC 板的 ALMC 指示灯，正常状态是灭。如果 SCC 板的 ALMC 指示灯是绿灯亮，请按 SCC 板上的“ALM CUT”按钮。检查的周期为每天一次。

3. 设备温度检查

检查机房的温度、湿度是否符合设备运行的环境要求。在例行维护中，检查设备温度时，将手放于机盒旁边的通风口处检查风量，同时检查设备温度。如果温度高且风量小，应检查设备散热风扇的防尘网上是否积灰过多；是否散热风扇发生故障。

4. 风扇检查和定期清理

良好的散热是保证设备长期正常运行的重要保证。在机房的环境不能满足清洁度要求时，散热风扇的防尘网很容易积尘堵塞，造成通风不良设备温度上升，严重时可能损坏设备。因此需要定期检查风扇的运行情况和通风情况。

通过观察风扇告警灯“FANALM”，保证风扇时刻处于工作状态，并定期清理风扇的防尘网。

5. 公务电话检查

公务电话对于系统的维护有着特殊的作用，当网络出现严重故障时，公务电话就成为网络维护人员定位、处理故障的重要通信工具，因此在日常维护中，维护人员需要经常对公务电话作一些例行检查，以保证公务电话的畅通。

6. 网管的日常维护项目

网管是日常维护的一个重要工具。为保证设备安全可靠的运行，网管所在局站的维护人员应每天通过网管对设备的运行状况进行检查。

(1)检查网元和单板是否运行正常，是否有告警事件，并对告警事件进行分析。

(2)检查所有网元的性能事件，正常情况下，应无性能事件上报。

(3)检查各网元保护倒换状态是否正常。若发现某网元状态不正常或协议停止，可单独启动该网元协议。

(4)定期对网管数据库进行备份。

(三)设备维护的注意事项

为保证人身和设备的安全,维护人员必须遵守以下操作注意事项:

(1)光接口板上未使用的光口一定要用防尘帽盖住。这样既可以预防维护人员无意中直视光口损伤眼睛,又能起到对光口防尘的作用,以免灰尘进入光口,降低发光口的输出光功率和收光口的接收灵敏度。

(2)日常维护工作中使用的尾纤不再用时,尾纤接头也要戴上防尘帽。

(3)清洁光纤接头和光接口板激光器的光接口,必须使用专用的清洁工具和材料。

(4)用尾纤对光口进行硬件环回测试时一定要加衰耗器,以防接收光功率太强导致收光模块饱和,甚至光功率太强损坏接收光模块。

(5)在更换线路板时,要注意在插拔线路板前,应先拔掉线路板上的光纤,然后再拔线路板。不要带纤插、拔板。

(6)在设备维护前必须按要求做好防静电措施,避免对设备造成损坏。

在接触设备时,如手拿插板、电路板、IC芯片等之前,为防止人体静电损坏敏感元器件,必须佩戴防静电手腕,并将防静电手腕的另一端良好接地。佩带防静电手腕如图6-38所示。

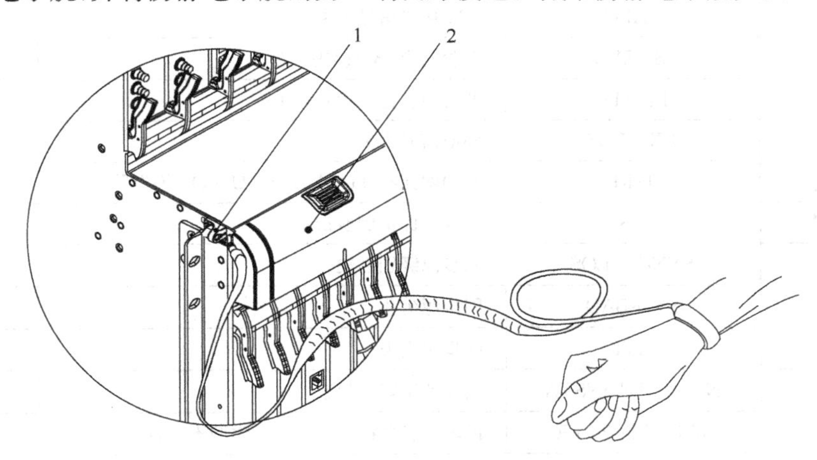

图6-38　佩带防静电手腕图

1—防静电插孔;2—风扇盒

(7)更换单板时要小心插拔,更换单板应严格遵循插拔单板步骤。

(8)调整光纤和电缆一定要慎重,调整前一定要作标记,以防恢复时线序混乱,造成误接。

(9)严禁在网管计算机上运行与设备维护无关的软件,特别注意严禁玩电脑游戏,定期杀毒。

二、SDH设备的故障处理

SDH光传输设备是整个光纤通信系统的传输终端,一旦出现故障,将影响整个系统的业务运行,因此,SDH设备故障的及时处理就显得尤为重要。

(一)SDH设备的告警种类

在SDH光传输设备维护工作中,会遇到很多告警,对告警的有效分析,是解决问题的关键。

表 6-11 给出了华为 OptiX OSN SDH 光传输设备的一些常见告警信号。

表 6-11 SDH 光传输设备常见告警信号

告警位置	告警英文描述	告警中文描述	告警级别
线路告警	R-LOS	接收线路侧帧丢失	紧急告警
	R-LOF	接收线路侧信号丢失	紧急告警
	R-OOF	接收线路侧帧失步	紧急告警
	AU-AIS	管理单元告警指示	主要告警
	AU-LOP	AU 指针丢失	主要告警
	MS-AIS	复用段层为全“1”,可能由于 R_LOS 等引起	主要告警
	MS-RDI	对端站有 R_LOS、R_LOF 或 MS_AIS 告警	次要告警
	B1-EXC	再生段误码过量	次要告警
	B2-EXC	复用段段误码过量	主要告警
	HP-LOM	高阶通道复帧丢失	主要告警
支路告警	TU-AIS	支路单元告警指示	主要告警
	TU-LOP	TU 指针丢失	主要告警
	T-ALOS	2 M 接口信号丢失	主要告警
	B3-EXC	高阶通道(B3)误码过量	主要告警
	LP-TIM	低阶通道追踪识别符失配	次要告警
	EXT-LOS	外部信号丢失	次要告警
	LP-RDI	对端网元有 TU_AIS 或 TU_LOP 等告警	次要告警
保护倒换告警	PS	已发生保护倒换指示	主要告警
时钟告警	SYNC-C-LOS	同步源级别丢失	提示告警
	SYN-BAD	同步源劣化	次要告警
	LTI	同步源丢失	次要告警
主控单元	NESTATE_INSTA	网元处于安装状态	紧急告警
	WRG_BD_TYPE	逻辑安装单板与实际单板类型不一致	主要告警
	POWER_FAIL	SCC 电池电压太低	主要告警
设备告警	POWER-FAIL	电源失效告警	主要告警
	FAN-FAIL	风扇故障	主要告警
	BD-STATUS	单板不在位告警	主要告警

(二)故障定位的基本原则

SDH 光传输设备经过工程安装期间技术人员的精心安装和调测,都能正常稳定地运行。但有时由于多方面的原因,比如受系统外部环境的影响、部分元器件的老化损坏、维护过程中的误操作等,都可能导致 SDH 光传输设备进入不正常运行的状态。此时,就需要维护技术人员能够对设备故障进行正确分析、定位和排除,使系统迅速恢复正常。

由于传输设备自身的应用特点是站与站之间的距离较远,因此在进行故障定位时,首先将故障点准确地定位到单站,这是极其重要和关键的。一旦将故障定位到单站后,我们就可以集中精力,通过数据分析、硬件检查、更换单板等手段来排除该站的故障。

故障定位的一般原则可总结为四句话:先外部,后传输;先网络,后网元;先线路,后支路;先高级,后低级。

1. 先外部,后传输

先外部,后传输就是说在定位故障时,应先排除外部的可能因素,如光纤断,交换故障或电源问题等。

2. 先单站,后单板

在定位故障时,首先要尽可能准确地定位出是哪个站的问题。

3. 先线路,后支路

从告警信号流中可以看出,线路板的故障常常会引起支路板的异常告警,因此在故障定位时,应按“先线路,后支路”的顺序,排除故障。

4. 先高级,后低级

“先高级,后低级”的意思就是说,我们在分析告警时,应首先分析高级别的告警,如危急告警、主要告警;然后再分析低级别的告警,如次要告警和一般告警。

(三)故障定位的常用方法

故障定位的常用方法可简单地总结为“一分析,二环回,三换板”。当故障发生时,首先通过对告警、性能事件、业务流向的分析,初步判断故障点范围。然后,通过逐段环回,排除外部故障或将故障定位到单个网元,以至单板。最后,更换引起故障的单板,排除故障。

1. 告警、性能分析法

SDH信号的帧结构里定义了丰富的、包含系统告警和性能信息的开销字节。因此,当SDH系统发生故障时,一般会伴随有大量的告警和性能事件信息,通过对这些信息的分析,可大概判断出所发生故障的类型和位置。

获取告警和性能事件信息的方式有以下两种:

① 通过网管查询传输系统当前或历史发生的告警和性能事件数据。

② 通过传输设备机柜和单板的运行灯、告警灯的状态,了解设备当前的运行状况。

通过指示灯获取告警的不足:设备指示灯仅反映设备当前的运行状态,对于设备曾经出现过的故障,无法表示。

2. 环回法

环回法是SDH传输设备定位故障最常用、最行之有效的一种方法。该方法最大的一个特色就是定位故障,可以不依赖于对大量告警及性能数据的深入分析。环回法是SDH传输设备维护人员应熟练掌握的一种方法。

(1)环回的分类

① 软件环回和硬件环回

环回从操作手段的不同,分为软件环回和硬件环回。软件环回是指通过网管系统控制某一通路的收、发连接;硬件环回是指使用光纤、电缆将光接口或电接口的收、发端直接相连的环回方式。两种环回操作各有优缺点,其中:

硬件环回相对于软件环回而言,环回更为彻底,但它操作不是很方便,需要到设备现场才能进行操作;另外,光接口在硬件环回时要避免接收光功率过载。软件环回虽然操作方便,但它定位故障的范围和位置不如硬件环回准确。比如,在单站测试时,若通过光口的软件内环回,业务测试正常,并不能确定该光板没有问题;但若通过尾纤将光口自环后,业务测试正常,则可确定该光板是好的。

② 内环回和外环回

环回从信号流向的不同,分为内环回和外环回。外环回是将接收端口的信号再送回对应发送端口的环回方式,而内环回是指将来自交叉连接单元的信号再送回交叉单元的环回方式,如图 6-39 所示。

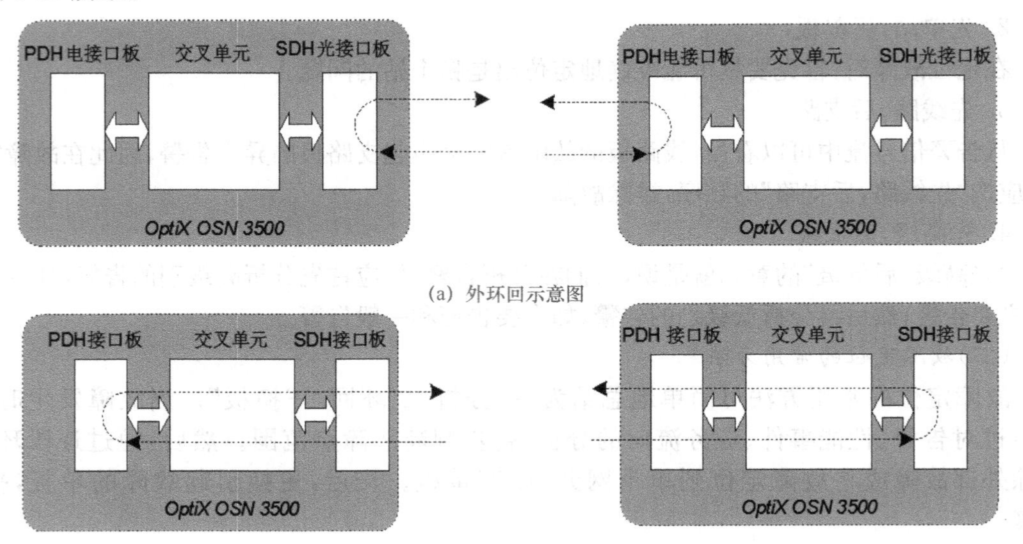

(a) 外环回示意图

(b) 内环回示意图

图 6-39 内、外环回示意图

从信号流向的角度来讲,硬件环回一般都是内环回,也称为硬件自环;软件环回可以是外环回,也可以是内环回。

(2)环回操作

① SDH 接口的环回

SDH 接口的环回分为硬件环回和软件环回。

SDH 光接口的硬件自环是指用尾纤的两端将光接口板的发光口和收光口连接起来,以达到信号环回的目的。硬件自环有两种方式:本板自环和交叉自环,如图 6-40 所示。

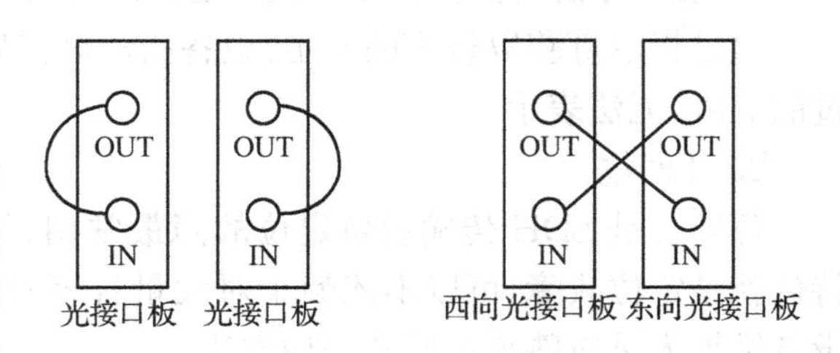

图 6-40 SDH 接口的环回操作示意图

本板自环就是用一根尾纤将同一块光接口板上收、发两个光口连接起来。交叉自环是用尾纤连接西向光接口板的输出端和东向光接口板的输入端,或者连接东向光接口板的输出端和西向光接口板的输入端。只能用于两块光接口板之间,两块光接口板可以是双光接口或者单光接口的单板。

注意:光接口硬件自环时一定要加衰耗器,以免损坏光模块。

SDH 接口的软件环回是指网管中的“VC-4 环回”或“光口环回”设置,均分为内环回和外环回。

② PDH 接口的环回

PDH接口的硬件环回有两个位置：一个是在设备接线区，一个是在数字配线架（DDF架）。如果是对2 M信号进行环回，在设备接线区的硬件环回就是将同一个2 M接口的发端Tx、收端Rx用电缆连接。在DDF架的硬件环回，是指在DDF架上将一个2 M端口的收、发端口用电缆连接起来。

PDH接口的软件环回是指通过网管配置对PDH接口进行的外环回或内环回设置。

3. 替换法

替换法就是使用一个工作正常的物件去替换一个被怀疑工作不正常的物件，从而达到定位故障、排除故障的目的。这里的物件，可以是一段线缆、一个设备或一块单板。

替换法既适用于排除传输外部设备的问题，如光纤、中继电缆、交换机、供电设备等；也适用于故障定位到单站后，用于排除单站内单板的问题。

4. 配置数据分析法

在某些特殊的情况下，如外界环境条件的突然改变，或由于误操作，可能会使设备的配置数据——网元数据和单板数据遭到破坏或改变，导致业务中断等故障的发生。此时，在将故障定位到单站后，可使用配置数据分析法进一步定位故障。

5. 更改配置法

更改配置法所更改的配置内容可以包括：时隙配置、板位配置、单板参数配置等。因此更改配置法适用于故障定位到单站后，排除由于配置错误导致的故障。另外更改配置法最典型的应用就是用来排除指针调整问题。

6. 仪表测试法

仪表测试法一般用于排除传输设备外部问题以及与其他设备的对接问题。仪表测试法常用于以下情况：

① 如我们怀疑电源供电电压过高或过低，则可以用万用表进行测试；

② 如传输设备与其他设备无法对接，怀疑设备接地不良，可用万用表测量对接通道发端和收端同轴端口屏蔽层之间的电压值，若电压值超过0.5 V，则可认为接地有问题；

③ 如传输设备与其他设备无法对接，怀疑接口信号不兼容，可以通过相应的分析仪表观察帧信号是否正常，开销字节是否正常，是否有异常告警等。

7. 经验处理法

在一些特殊的情况下，如由于瞬间供电异常、低压或外部强烈的电磁干扰，致使传输设备某些单板进入异常工作状态。此时的故障现象，如业务中断、ECC通信中断等，可能伴随有相应的告警，也可能没有任何告警，检查各单板的配置数据可能也是完全正常的。经验证明，在这种情况下，通过复位单板、单站重启、重新下发配置或将业务倒换到备用通道等手段，可有效地及时排除故障、恢复业务。

以上故障定位过程中常用的方法各有特点，表6-12所示为各种故障定位方法的对照表。在实际的应用中，维护人员常常需综合应用各种方法，完成对故障的定位和排除。

表6-12　各种故障定位方法对照表

方　　法	适用范围	特　　点	维护人员要求
配置数据分析法	将故障定位到单板	可查清故障原因；定位时间长	最高
告警、性能分析法	通用	全网把握，可预见设备隐患；不影响正常业务	高

续上表

方　法	适用范围	特　点	维护人员要求
更改配置法	将故障定位到单板，排除指针调整问题	复杂	较高
仪表测试法	分离外部故障，解决对接问题	具有说服力；对仪表有需求	较高
环回法	将故障定位到单站，或分离外部故障	不依赖于告警、性能事件的分析、快捷；可能影响 ECC 及正常业务	较高
替换法	将故障定位到单板，或分离外部故障	简单；对备件有需求	低
经验处理法	特殊情况	操作简单	最低

(四)故障处理的基本步骤

对于传输设备的故障处理来说，不管对于哪种类型的故障，其处理过程都是大致相同的，即首先排除传输设备外部的问题，然后将故障定位到单站，接着定位单板问题，并最终将故障排除。

1. 区分传输设备问题还是交换机问题

方法 1：可以通过自环交换机中继接口来判断。如果中继接口自环后，交换机中继板状态异常，则为交换机问题。如果中继接口自环后，交换机中继板状态正常，则一般为传输设备问题。

方法 2：通过测试传输设备 2 M/34 M/140 M 业务通道的好坏，来判断是否是交换机故障。测试时，使用电口环回的方法，如图 6-41 所示。

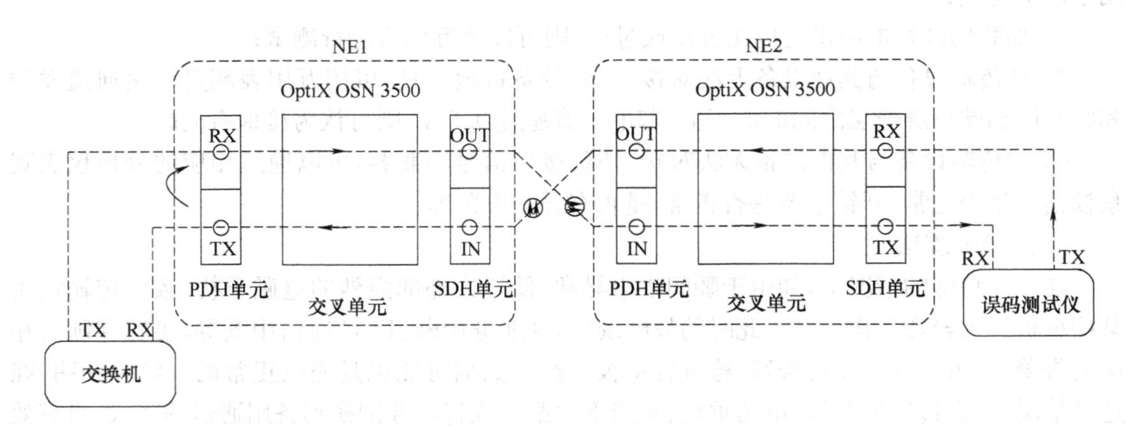

图 6-41　电口环回的方法

图中在站点 NE2 选择一故障业务通道，进行挂表测试，在站点 NE1 的支路板上把对应业务通道设置为内环回，这样就隔离了交换机。如果环回后仪表显示业务正常，则说明传输没有问题，故障可能在交换机或中继电缆；如果业务仍不正常，则说明传输有问题。

2. 光纤故障的排除

如果光缆(光纤)发生故障，光板必然有 R-LOS 告警。为进一步定位是光板问题还是光纤问题，可采取如下方法。

方法 1：使用 OTDR 仪表直接测量光纤。可以通过分析仪表显示的线路衰减曲线判断是否断纤及断纤的位置。但需注意，OTDR 在很近的距离内，有一段盲区。

方法 2:测量光纤两端光板的发送和接收光功率,若对端光板发送光功率正常,而本端接收光功率异常,则说明是光纤问题;若光板发光功率已经很低,则判断为光板问题。

方法 3:测试光板的发光功率正常后,使用尾纤将光板收发接口自环(注意不要出现光功率过载),若自环后光板红灯仍有紧急告警,则说明是光板的问题;若自环后红灯熄灭,则需使用相同的方法,测试对端光板。若对端光板自环后,红灯也熄灭,则可判断是光纤问题。

方法 4:使用替换法。用一根好的光纤来替代被怀疑是故障的光纤,判断是否的确是光纤的问题。

3. 故障定位到单站

上面已经反复强调,故障定位中最关键的一步,就是将故障尽可能准确地定位到单站。而将故障定位到单站,最常用的方法就是"环回法",即通过逐站对光板的外环回和内环回,定位出可能存在故障的站点或光板。另外,告警性能分析法,也是将故障定位到站点比较常用的方法。一般来说,综合使用这两种方法,基本都可以将故障定位到单站。

4. 故障定位到单板并最终排除

故障定位到单站后,进一步定位故障位置最常用的方法就是替换法。通过单板替换法可定位出存在问题的单板。另外更改配置法、配置数据分析法以及经验处理法,也是解决单站问题比较常用和有效的方法。

1. OptiX OSN 智能光传输设备是华为技术有限公司根据城域网现状和未来发展趋势,开发的新一代智能光传输设备,它融 SDH、PDH、Ethernet、ATM 和 WDM 技术为一体,实现了在同一个平台上高效地传送语音和数据业务。

2. OptiX OSN 光传输设备的单板,根据它所完成功能的不同,可以分为 SDH 线路接口单元、PDH 支路接口单元、以太网功能单元、交叉和时钟功能单元、系统控制功能单元等。

3. SDH 光线路板是直接参与对线路信号处理的一种单板,它主要完成 STM-N 信号与 VC-4 信号之间的变换。根据光接口速率、以及面板上光接口的数量不同,光线路板的表示方法也不同,常见的光线路板有 SL64、SL16、SL4/SLD4/SLQ4 等。

4. PDH 支路板也是直接参与对信号处理的一种单板,它主要完成 E1/E3/E4 信号经映射、定位、复用为 VC-4 信号,或进行相反的变换,常见的 PDH 支路板有 SPQ4 板(E4 电接口板)、PL3/PD3 板(E3 电接口板)和 PQ1/PD1/PL1 板(E1 电接口)。

5. OptiX OSN 设备的配置一般要根据组网结构、接入支路类型和容量来确定;组网结构决定将设备配置成终端复用器 TM(应用于点对点或线形网末端)、分插复用器 ADM(应用于线形网中间站点和环形网)还是再生中继器 REG 等;接入支路类型决定所配单板的类型;容量则决定支路板的数量和是否加扩展子架。

6. SDH 管理网(SMN)是 SDH 传输网络系统中非常重要的一部分,它使网络运行、管理和维护(OAM)的能力大大加强,实现了灵活的业务配置。在实际应用中注重记录网管系统上报的网络性能事件可以最大限度地保证节点信号的安全传输。

7. SDH 设备日常维护的基本操作包括声音告警检查、指示灯检查、温度检查、风扇检查和公务电话检查。

8. 故障定位的常用方法可简单地总结为“一分析,二环回,三换板”。当故障发生时,首先通过对告警、性能事件、业务流向的分析,初步判断故障点范围。然后,通过逐段环回,排除外部故障或将故障定位到单个网元,以至单板。最后,更换引起故障的单板,排除故障。

复习思考题

1. 简述 OptiX OSN 3500 设备的特点与应用。

2. OptiX OSN 3500 设备主要包括哪些功能单元?

3. 画图说明 OptiX OSN 3500 设备各功能单元之间的关系。

4. 说明光线路板 SL16、SLQ4,支路板 PQ1、PL3 板的含义与功能。

5. OptiX OSN 3500 设备有多少个槽位? S16 单板、PQ1 单板分别插在子架上的什么槽位?

6. 简述通信系统与控制板 SCC、交叉时钟板 XCS、电源板 PIC、系统辅助接口板 AUX 的功能。

7. 机柜顶端红灯亮,此时设备上有何种告警?

8. SDH 网管的功能有哪些?

9. 什么是 SDH 网管的 ECC 通道?

10. SDH 管理的接口有哪些?

11. SDH 设备日常维护有哪些基本操作?

12. 单板在正常状态下,其运行灯和告警灯的状态是什么?

13. OptiX OSN 3500 设备某个支路板的一个通道有 T-ALOS 告警,可能原因是什么?

14. 在 OptiX OSN 3500 设备中,说明 PD1 板的一个 2M 信号通过哪些单板才能送至光纤上传输?

15. 什么是 SDH 设备的当前告警和历史告警?

16. SDH 设备日常维护应注意哪些事项?

17. 什么是硬环回和软环回? 内环回和外环回? 环回的作用是什么?

18. 简述故障定位的一般原则。

第七章

SDH参数的测试

SDH参数的测试包括SDH光接口、电接口的测试；误码和抖动传输质量指标的测试等等。在SDH设备的维护中，最常用的测试参数是光接口平均发送光功率、接收光功率，以及系统误码特性的测试。本章我们重点学习SDH常用参数的测试、相关测试仪表的功能及简单使用。

第一节　常用测试仪表的使用

在SDH传输系统性能参数的测试过程中，常用的测试仪表有SDH传输分析仪、光功率计、误码仪等。

一、光功率计

光功率计是用来测量光功率大小的仪表，它用于平均发送光功率、接收光功率、光纤链路损耗等参数的测量。光功率计是光纤传输系统中最基本、也是最主要的测量仪表。光功率计的生产厂家及型号很多，本节以加拿大EXFO FPM-300光功率计为例进行介绍。

(一)光功率计的工作原理

光纤传输系统中的光功率比较微弱，其范围大约从nW级到mW级。因此，在光纤传输系统测量中普遍采用光电法制作的光功率计。光电法就是用光电检测器检测光功率，实质上是测量光电检测器在受激吸收后产生的微弱电流。该电流与入射到光敏面上的光功率成正比，通过I/U(电流/电压)变换变成电压信号后，再经过放大和数据处理，便可显示出对应的光功率值的大小。其基本原理如图7-1所示。

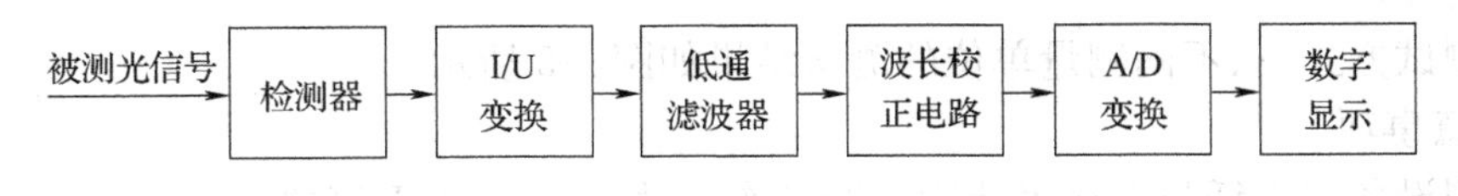

图7-1　光功率计原理框图

(二)光功率计的主要技术指标

1. 波长范围

光功率计的波长范围主要由探头的特性所决定，光探头是一个固态光电二极管，它从光纤传输系统中接收耦合光，并将之转换为电信号。由于不同半导体材料制成的光电二极管对不同波长的光强响应度不同，所以一种探头只能在某一光波长范围内适应，而且每种探头都是在其中心响应波长上校准的。

2. 测量范围

测量范围主要由主机的灵敏度和动态范围所决定。使用不同的探头有不同的光功率测量范围。例如，FPM-300 光功率计的测量范围为－60～＋10 dBm(即 1 nW～10 mW)。

(三)FPM-300 光功率计的结构及使用

1. FPM-300 光功率计的结构

FPM-300 是手持式、自动波长识别、无需归零设置的光功率计。FPM-300 光功率计的结构如图 7-2 所示，其键盘面板如图 7-3 所示。

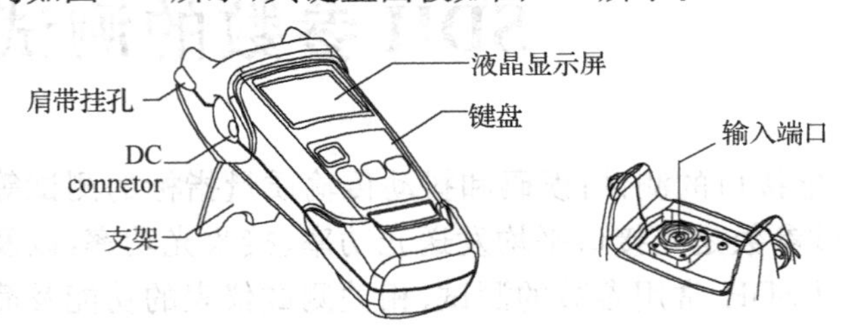

图 7-2　FPM-300 光功率计结构

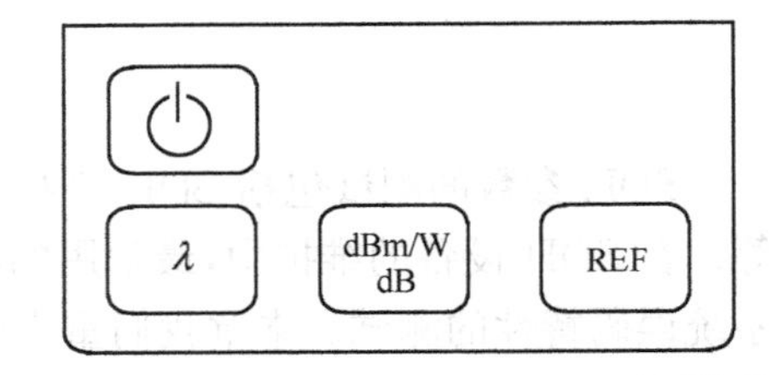

图 7-3　FPM-300 光功率计键盘面板

2. FPM-300 光功率计操作键的功能

FPM-300 光功率计操作键的功能如表 7-1 所示。

表 7-1　FPM-300 光功率计操作键的功能

指　示	功　能
⏻	打开/关闭设备；控制自动关；退出特定模式
λ	可改变测量波长。FPM-300 光功率计有十种波长可供选择：830 nm、850 nm、980 nm、1 300 nm、1 310 nm、1 450 nm、1 490 nm、1 550 nm、1 590 nm、1 625 nm
dBm/W dB	在测量单位 dBm/W 之间切换
REF	使仪表进入相对测量状态

3. 操作流程

使用 FPM-300 光功率计进行测量的操作流程如图 7-4 所示，图中也表示了完成每一步骤所需进行的操作。

不同测试方式下、不同测量单位的测试结果如图 7-5 所示。

4. 注意事项

将被测设备或光纤与光功率计输入端口连接时，应注意以下事项：

① 应使用浸在酒精中的棉球轻轻擦拭待测光纤末端，目视检查光纤末端，确保其清洁。

② 仔细将连接器对准端口，以防止光纤末端碰到端口外部或与其他的表面产生磨擦。如果连接器接口具有凸型固定设计(如 FC 型)，应确认在连接时能正确插入端口的对应凹槽。

③ 将连接器推入，使光纤固定到正确的位置，并确保充分接触。如果光纤没有完全对正或连接，将会出现严重的损耗和反射。

二、误码测试仪

误码测试仪是用来测量光纤传输系统误码性能的仪表。它可用于误码率、误码秒、严重误

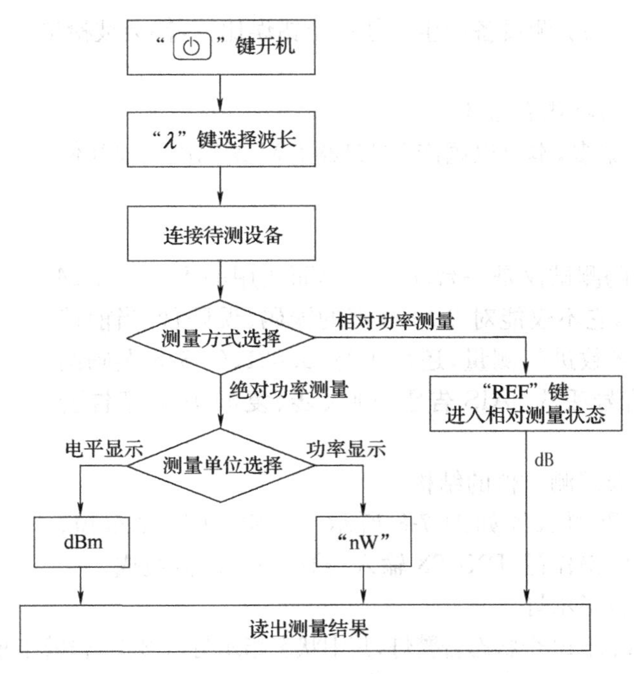

图 7-4　FPM-300 光功率计测量操作流程图

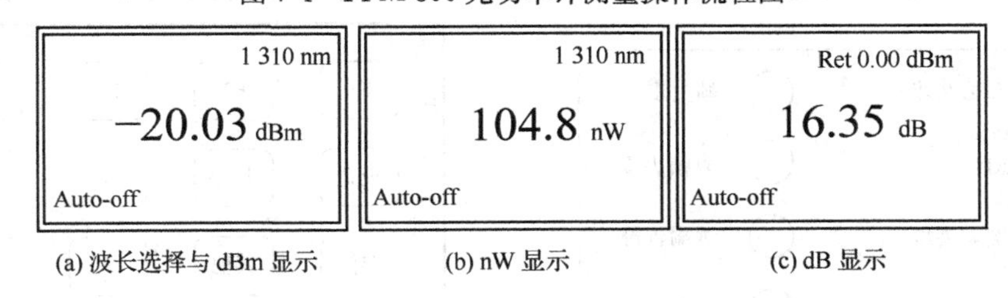

(a) 波长选择与 dBm 显示　(b) nW 显示　(c) dB 显示

图 7-5　测量结果

码秒等系统参数的测量，并可进行 G. 821/G. 826 等指标的分析。

（一）误码测试仪的原理

误码测试仪一般由发送（码型发生）和接收（误码检测）两部分组成，其组成如图 7-6 和图 7-7 所示。发送部分主要由时钟信号发生器、码型发生器、人工码发生器以及接口电路组成。它可以输出各种不同序列长度的伪随机码（从 2^7-1 至 $2^{23}-1$ bit）和人工码，以满足 ITU-T 对不同速率的系统所规定的不同测试用的序列长度。

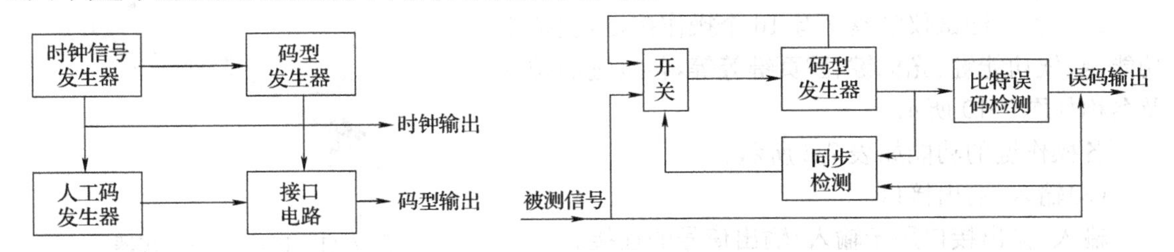

图 7-6　误码测试仪码型发生框图　图 7-7　误码测试仪误码检测框图

误码测试仪的输出码型经被测信道或被测设备后，再由接收部分接收。接收部分由码型发生器、同步检测、开关和比特误码检测等部分组成。接收部分可产生一个与发送部分码型发生器产生的图案完全相同的、且严格同步的码型，以此作为标准，在比特比较器中与输入的图案进行逐比特比较，如果被测设备产生了任一个错误比特，都会被检出一个误码并送给误码计数器显示。

（二）误码测试仪的功能和结构

误码测试仪型号繁多，本节以国产 XG2128 2 M 误码测试仪为例进行介绍。

1. 测试功能

XG2128 2 M 误码测试仪是一台功能简单而实用的手持式 2 M 数字传输系统测试仪，它不仅能对 2 M 通道的误码、误码秒、当前误码率、平均误码率等参数进行测量，还可进行 G. 821、G. 826 误码结果分析，并能进行信号丢失、AIS 告警、帧失步、复帧失步等告警检测。

图 7-8　XG2128 2 M 误码测试仪

2. XG2128 2 M 误码测试仪的结构

XG2128 2 M 误码测试仪如图 7-8 所示。它由 LCD 显示窗、LED 告警状态指示灯、操作键、RX/TX 输入/输出口等部分组成。

（1）LED 告警状态指示灯

2 M 误码测试仪共有 10 个状态告警灯，其中状态指示灯有 2 个，告警指示灯有 8 个，主要指示仪表当前的工作状态、测试过程中是否有告警发生。LED 告警和状态指示灯如图 7-9 所示。

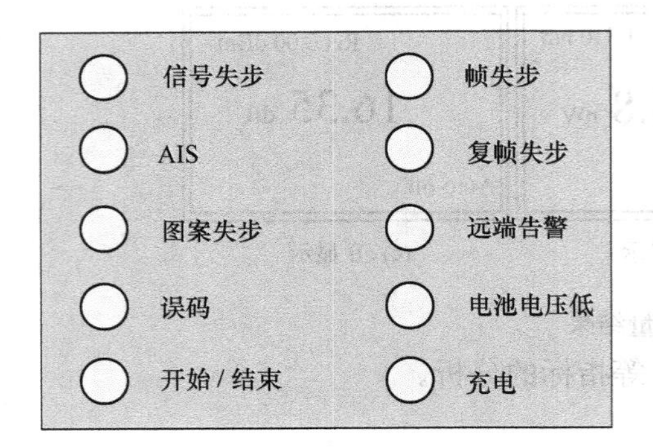

图 7-9　LED 告警和状态指示灯

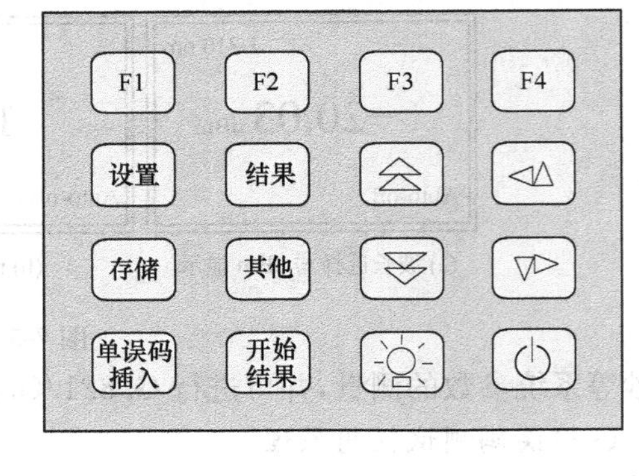

图 7-10　2 M 误码测试仪各按键的排列及名称

如果信号中断或过弱，信号丢失指示灯将会变亮；当接收到 AIS 信号时，此灯将会变亮；当检测到帧失步或复帧失步时，相应的灯将会变亮；当检测到误码时，此灯将会变亮。

（2）操作键

2 M 误码测试仪键盘区有 16 个操作按键，包括主功能键、软功能键、光标键、翻页键等等，各按键的排列及名称如图 7-10 所示。

各操作键的功能如表 7-2 所示。

（3）输入/输出接口

输入/输出接口用于输入/输出信号的连接。

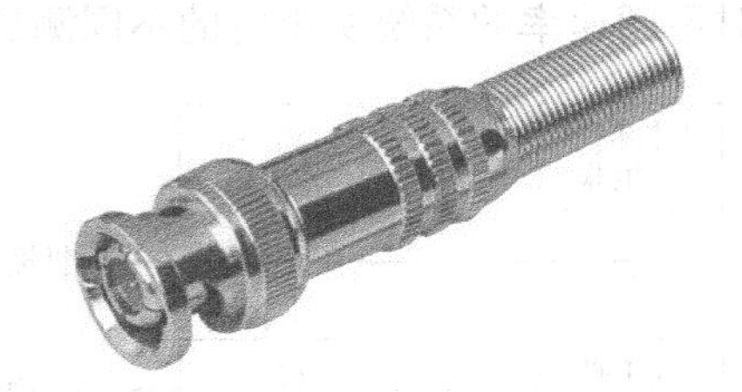

图 7-11　BNC 电缆连接器

误码测试仪的输出信号从 TX 端口输出，接头形式为 BNC，输出阻抗为 75 Ω 非平衡式；接收信号从 RX 端口输入，接头形式为 BNC，输入阻抗为 75 Ω 非平衡式。

BNC 为电缆连接器，它由一根中心针、一个外套和卡座组成，其结构如图 7-11 所示。

表 7-2　XG-2128 2 M误码测试仪操作键的功能

指　　示	功　　能
F1　F2　F3　F4	软功能键，被标识为F1到F4，用于选择LCD底部相应位置的参数或动作
设置	按此键，LCD进入“设置”界面。该界面提供了仪表测试功能选择、参数设定的全部信息
结果	该界面提供了仪表测试过程中的结果统计、性能分析、信号监视和测量的全部信息
单误码插入	每按一次此键，可在被测线路上插入1个已设定类型的误码
⏻	打开或关闭设备
开始结果	测试开始或结束键，按一下开始测试；再按一下结束测试
☼	背光键，根据外界光线情况打开或关闭LCD背光
上翻页　下翻页	上翻页、下翻页键
◁△　▽▷	光标左、上移；右、下移键

(4)LCD显示窗

XG2128 2 M误码测试仪运行后的测试结果是通过液晶显示器LCD完成的。LCD可显示误码、误码率、仪表运行时间、G. 821分析结果、G. 826分析结果等。

(三)操作流程

图 7-12　终接模式(中断业务)误码测试图

下面以终接模式(中断业务)误码测试为例进行介绍。测试连接图如图7-12所示。

使用XG2128 2 M型误码仪进行误码测试的操作流程如图7-13所示。

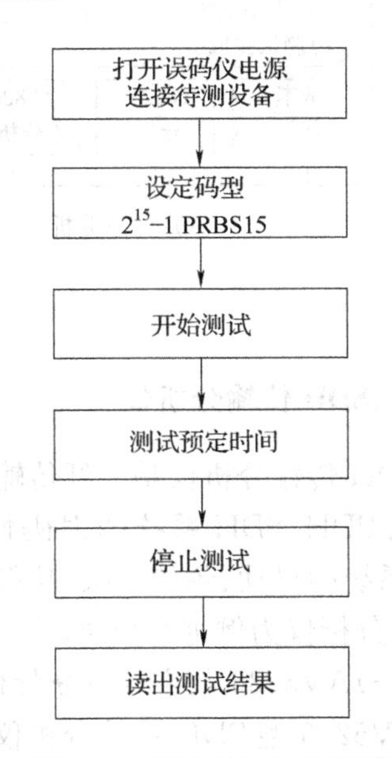

图 7-13　XG2128-2 M型误码仪测试操作流程图

1. 设置参数

按“设置”键，按图7-14进行设置。如选择“功能类型”为终接模式，线路接口为HDB3，测试图案(伪随机序列长度)为$2^{15}-1$，帧类型为非成帧等。

2. 开始测试

按“开始/停止”键，开始测量，测试界面如图7-15所示。再按“开始/停止”键，停止测试。

3. 结果观测

按“结果”键，屏幕显示相应的测试结果，在结果界面中按“F1”、“F2”、“F3”、“F4”可选择基本分析、G. 821分析、G. 826分析、告警秒、信号分析等，如图7-16所示。

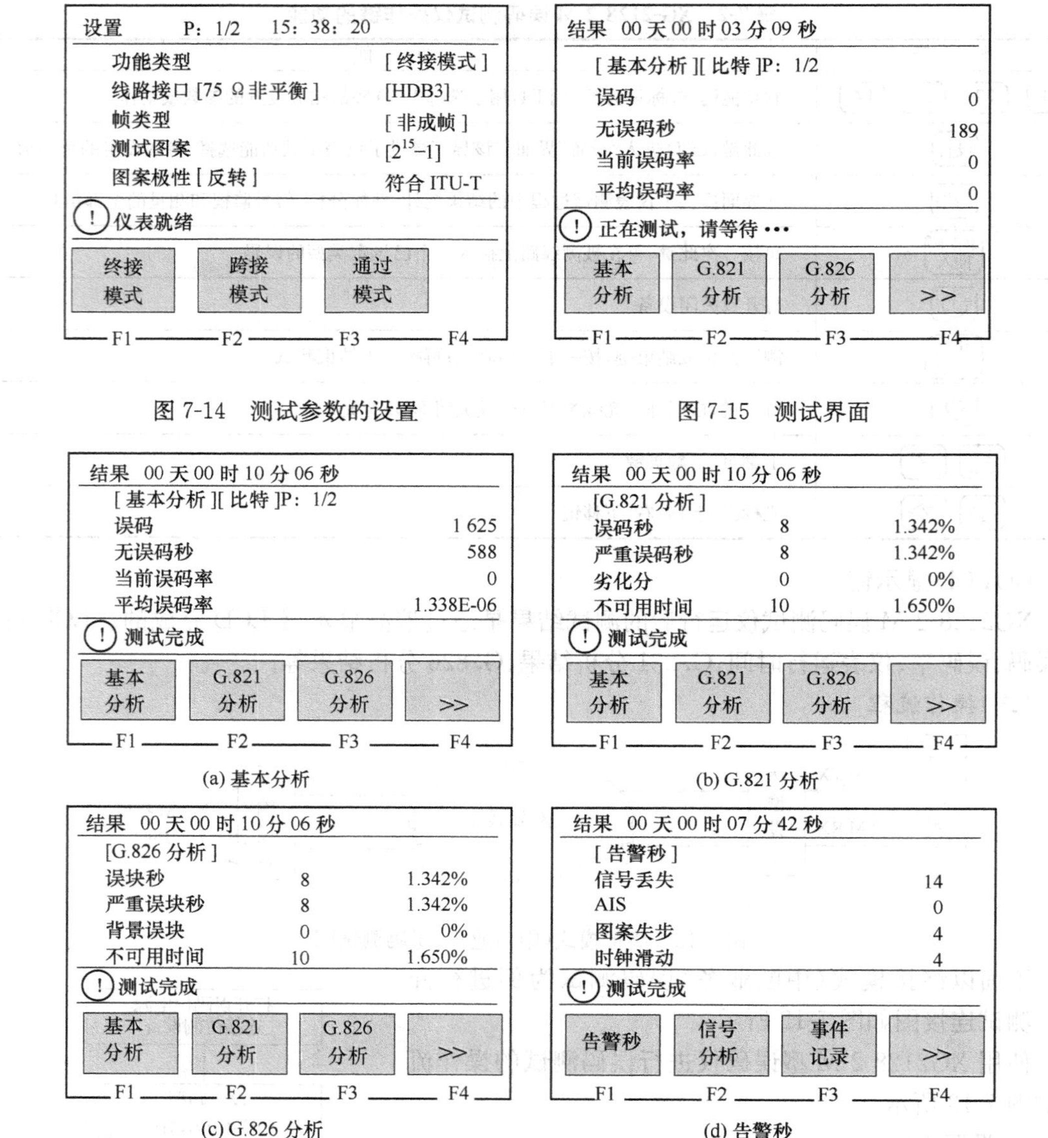

图 7-14 测试参数的设置　　图 7-15 测试界面

(a) 基本分析　(b) G.821 分析　(c) G.826 分析　(d) 告警秒

图 7-16 测试结果显示

三、SDH 传输分析仪

SDH 传输分析仪是光纤传输系统中非常重要的测量仪表。与误码测试仪相比，它不仅可以测试 PDH/SDH 系统的误码性能以及 G. 821、G. 826 误码结果分析，还可以进行 PDH/SDH 系统的抖动、频偏容限、映射、指针、开销等参数的测试。本节以国产 AV5236 型 SDH 数字传输分析仪为例进行介绍。

（一）AV5236 数字传输分析仪的工作原理

AV5236 型 SDH 传输分析仪用于 SDH622 Mbit/s 及以下速率设备的测试，其原理框图如图 7-17 所示。从电路上可分为发射和接收两部分。

1. 发射部分

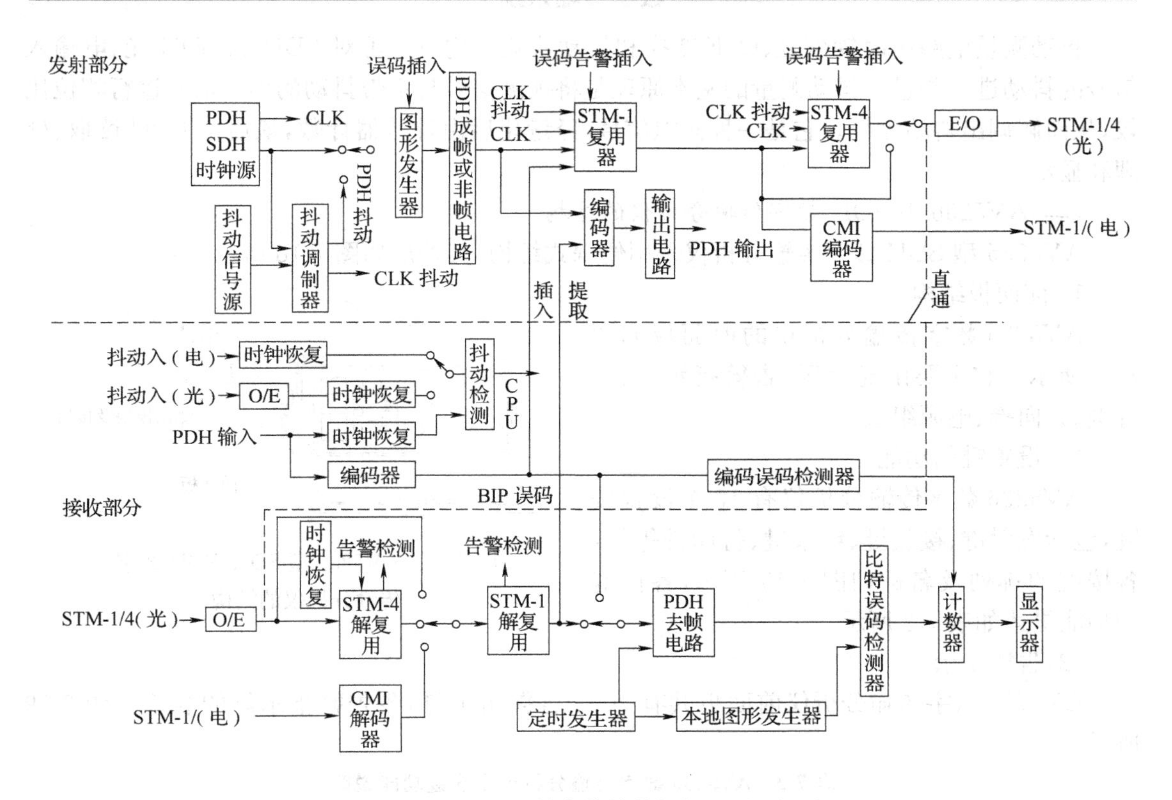

图 7-17 AV5236 数字传输分析仪的原理框图

发射部分由 PDH/SDH 时钟源、抖动信号源、图形发生器、PDH 成帧或非帧电路、STM-1/STM-4 复用器、CMI 编码器和 E/O 变换器等部分组成。首先图形发生器产生各种测试图形，由 PDH 成帧电路将这种图形装入 PDH 帧结构，然后通过 STM-1 复用器映射到 SDH 的容器中，或者直接将图形映射到容器中，形成 STM-1 的帧结构信号。最后由 STM-4 复用器复用为 STM-4 的帧结构信号。

在发射信号中还需要插入误码、告警和抖动。PDH 的误码插入是在图形发生器中进行的。SDH 的误码、告警插入由 STM-1/4 的复用器来完成。抖动加入则分两种情况：PDH 数据抖动是用带抖动的时钟去驱动图形发生器实现的，而 SDH 抖动则靠带抖动的 SDH 时钟在映射、复用过程中产生。图形发生器的数据不带抖动，抖动时钟是由抖动调制器将抖动信号源产生的信号调制到 PDH/SDH 时钟源上形成的。

2. 接收部分

接收部分是一个误码、告警和功能检测器，还可测量频率。由光/电转换(O/E)、时钟恢复、STM-4/STM-1 解复用、PDH 去帧电路、比特误码检测器、本地图形发生器等组成。

输入的 STM-1/4 光信号由 O/E 变换为电信号。经 STM-4/STM-1/解复用器去映射为 PDH 帧信号或非帧信号。如是帧信号，由 PDH 去帧电路屏蔽时隙 TS0 和时隙 TS16，只留下测试图形，将其与本地图形发生器产生的信号在比特误码检测器中比较。如有差错，便是误码。如解复用出来是非帧信号，则直接与本地信号比较。比特误码检测器检测出的误码由计数器计数。最后由 CPU 读取，经数据处理后送显示。这就是 SDH 净荷比特误码的测量过程。SDH 的 BIP 误码、远端块误码、告警和功能是通过读取、处理 STM-1/4 解复用器的指定开销数据来检测的。

抖动测量电路由时钟恢复、O/E 变换和抖动检测器构成。可对 PDH 和 SDH 光、电输入信号的抖动进行测量。抖动测量的基本原理是将被测信号与不带抖动的参考信号进行相位比较,从而解调出抖动信号。它是一种模拟信号,经量化后由计数器计数,最后由 CPU 读取、处理和显示。

(二)AV5236 型 SDH 数字传输分析仪的结构

AV5236 型 SDH 数字传输分析仪采用便携式结构,其外形如图 7-18 所示。

1. 前面板结构

AV5236 数字传输分析仪的前面板如图 7-19 所示。它主要由显示区、告警指示区、设置键、方向键、电源组成。

(1)设置键的功能

AV5236 数字传输分析仪有 16 个设置按键,包括发射键、接收键、结果键、打印键等等,各按键的排列及名称如图 7-19 所示,各按键的功能描述如表 7-3 所示。

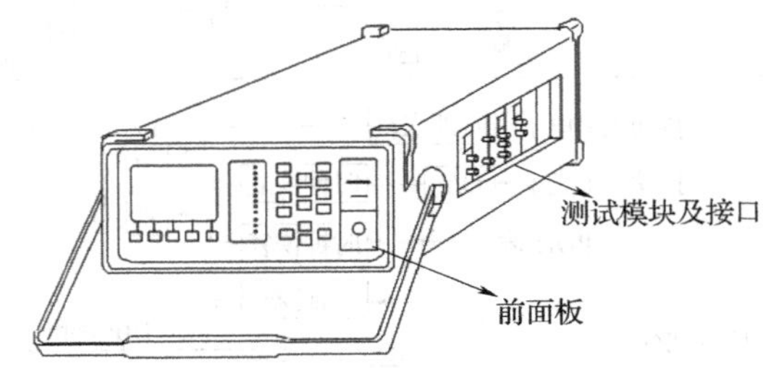

图 7-18　AV5236 型 SDH/PDH 数字传输分析仪的结构

(2)告警指示

AV5236 数字传输分析仪前面板共有 20 个告警指示灯,各告警指示灯的名称如图 7-19 所示。

表 7-3　AV5236 数字传输分析仪设置键功能说明

名　称	功　能
发射	对 PDH/SDH 发射部分的参数进行设置,如速率等级、信号结构等基本参数,以及对发端各种测试功能设置,如告警、误码添加、开销设置等
接收	对 PDH/SDH 接收部分参数进行设置,如速率等级、信号结构等基本参数,以及对接收端各种测试功能设置,如开销捕获、开销监测等
结果	显示测量结果键,包括误码计数、误码分析、告警指示、光功率以及抖动测量结果等
其他	用以设置自测试、日期、面板按键锁定、打印机、声告警等功能
本地	远程/本地操作选择键。远程时,“远程”指示灯亮
开始/停止	测量开始或结束键。绿灯亮为开始测量,绿灯灭为停止测量
显示历史	按此键,在面板告警指示灯上显示曾经发生过的告警。当历史上曾发生过告警时,“历史告警”指示灯亮
清除历史	历史告警清除键。如曾发生过历史告警,按此键时,“历史告警”灯灭
打印	打印测试结果键
走纸	打印机走纸键显示器下面的 5 个软键:根据测量设置由仪器自动定义,并在显示器下端显示

2. 测试接口

AV5236 数字传输分析仪可提供 8 个测试模块,即 STM-1、STM-4、PDH 发送、PDH 接收、抖动发送、抖动接收、控制处理器和电源,各模块的面板图如图 7-20 所示。各测试模块及接口位于仪表的右侧。

AV5236 数字传输分析仪的测试接口有两大类:一类是 SDH STM-1 电口、STM-1 光口、

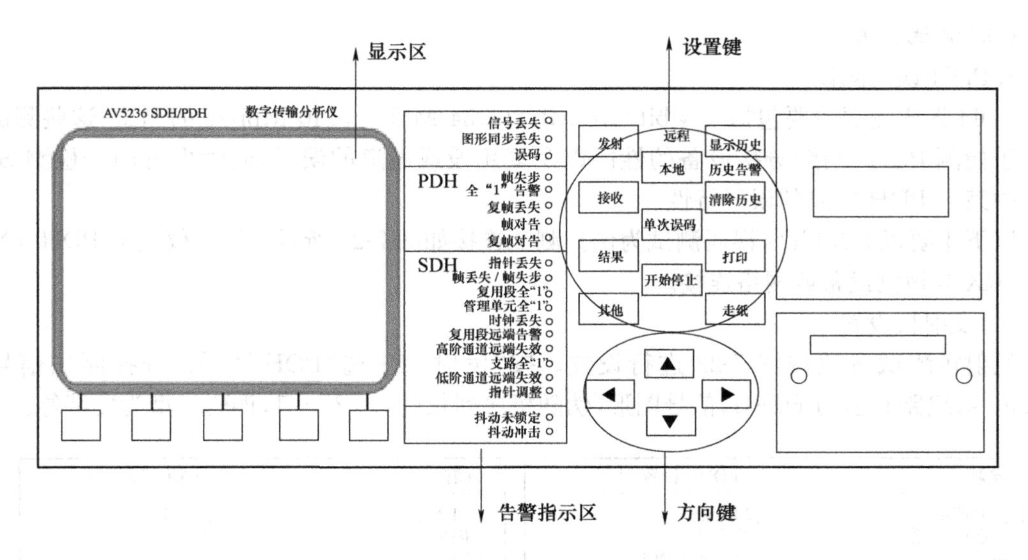

图 7-19 仪器的前面板图

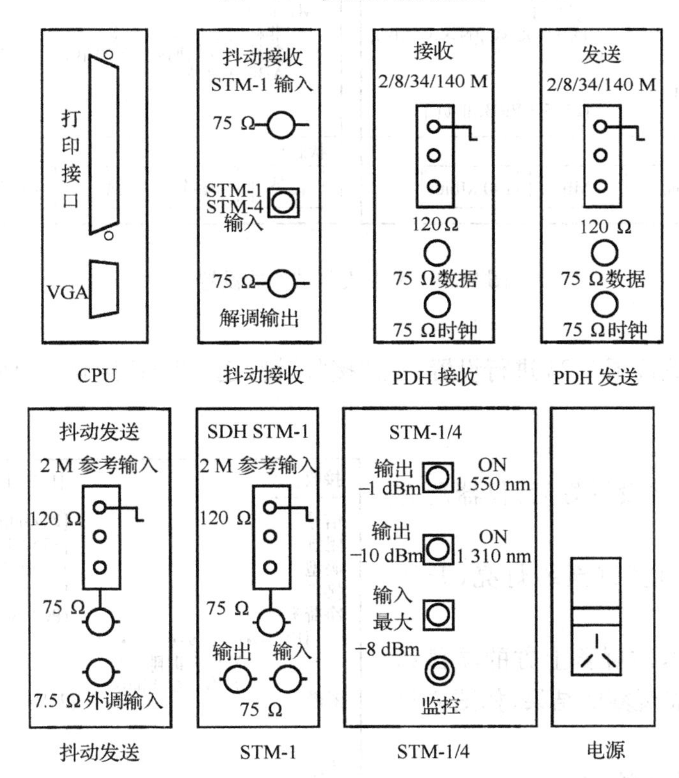

图 7-20 AV5236 数字传输分析仪各插件的面板图

STM-4 光口，在光口提供可选用的波长1 310 nm和1 550 nm；另一类是 PDH 140 Mbit/s、34 Mbit/s、8 Mbit/s、2 Mbit/s 电口。

电口使用 75 Ω 的 BNC 非平衡收发测试端子和 120 Ω 的平衡测试端子，光口使用 FC/PC 连接器。

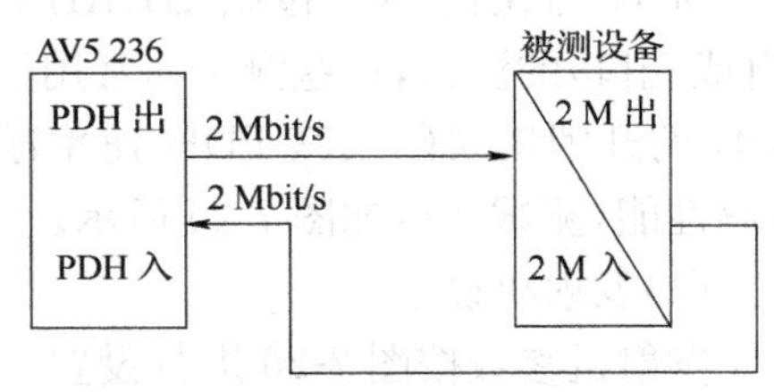

图 7-21 PDH 误码测试连接图

（三）测试应用

1. PDH 误码测试

PDH 误码测试主要包括 2 Mbit/s，8 Mbit/s，34 Mbit/s，140 Mbit/s 的测试，这些测试通常用于检测 PDH 复接/分接设备的性能以及复用段或通道的误码，同时也可用于检测 SDH 网络中某一 PDH 支路的误码特性。

以下主要以 2 Mbit/s 误码测试为例。测试连接如图 7-21 所示，图中，仪表的 PDH TX 及 PDH RX 与被测设备或网络连接。

（1）发射机设置

发射机测试参数按图 7-22 进行设置。按“发射”键，选“PDH”发射，选择测试信号为 2 Mbit/s，线路码型为 HDB3，信号图形（伪随机序列长度）为 $2^{15}-1$，误码类型为比特等。

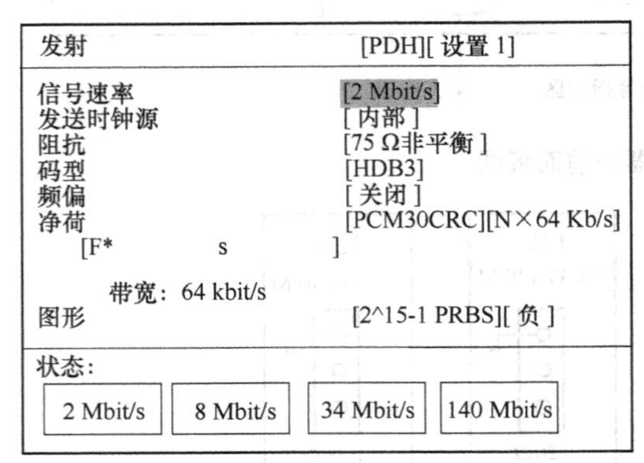

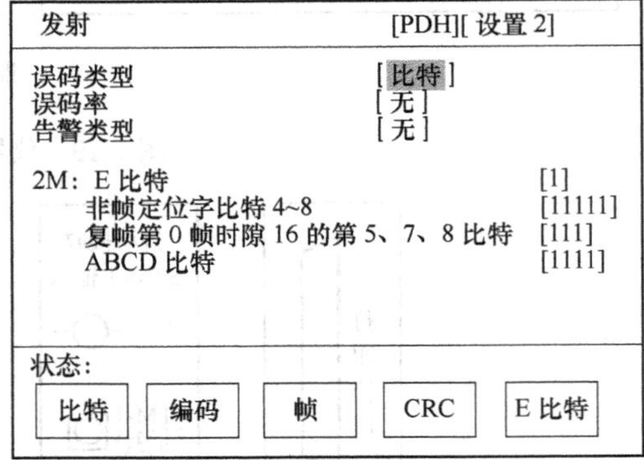

图 7-22　发射机测试参数设置

（2）接收机设置

接收机测试参数按图 7-23 进行设置。按“接收”键，选“PDH”接收，其他参数设置与发射机基本相同。

（3）结果观测

① 按上述连接并设置好后，仪器所有告警灯应关；

② 按“开始/停止”键至绿灯亮，开始测量；

③ 按“结果”键，靠屏幕上方的项目和下方的软键选择所需观察的结果，如图 7-24 所示。

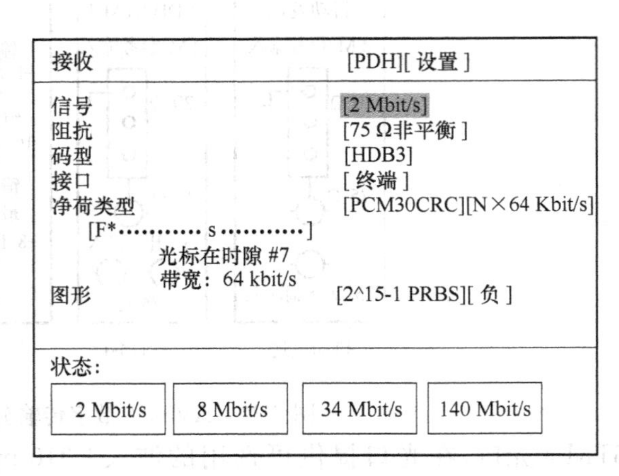

图 7-23　接收机测试参数

2. SDH 误码、告警测试

SDH 的误码测试包括 STM1/4 速率（电或光口）的测试，这些测试通常用于检测 SDH 的开销块误码及其 PDH 速率净负荷误码性能，测试连接如图 7-25 所示。

（1）发射机设置

发射机参数按图 7-26 进行设置。具体为：按“发射”键，选“SDH”发射，选择测试信号为

结果	[PDH 结果][误码统计]
结果类型	[计数]
比特	0
编码	0
帧	0
CRC	0
CRC 远端块	0
已测时间	00 d　00 h 00 m 10 s
状态:	计数　比率

（a）

结果	[PDH 结果][短期误码]
结果类型	[比特]
比特 误码计数	0
比特 误码率	0
已测时间	00 d　00 h 00 m 10 s
状态:	比特　编码　帧　CRC　CRC 远端块

（b）

结果		[PDH 净荷][误码统计]	
结果分析类型		[G.821][比特]	
误码计数	0	通道误码率	00 E 00
误码秒	0	误码秒率	00 E 00
无误码秒	0	无误码秒率	00 E 00
严重误码秒	0	严重误码秒率	00 E 00
不可用秒	0	不可用秒率	00 E 00
劣化分	0	劣化分率	00 E 00
已测时间		00 d　00 h 00 m 10 s	
状态:		G.821　G.826　M.2100　M.2110　M.2120	

（c）

结果	[PDH 结果][告警秒]
帧丢失	0
全 1 告警	0
图形丢失	0
远端告警指示	0
复帧丢失	0
远端复帧告警	0
CRC 复帧丢失	0
已测时间	00 d　00 h 00 m 10 s
状态:	误码统计　短期误码　误码分析　告警秒　翻页

（d）

图 7-24　测试结果

STM-1 电信号，时钟类型为内部时钟，映射方式为 TU-12—TUG-2—TUG-3—VC-4，伪随机测试信号为 $2^{23}-1$ 等。

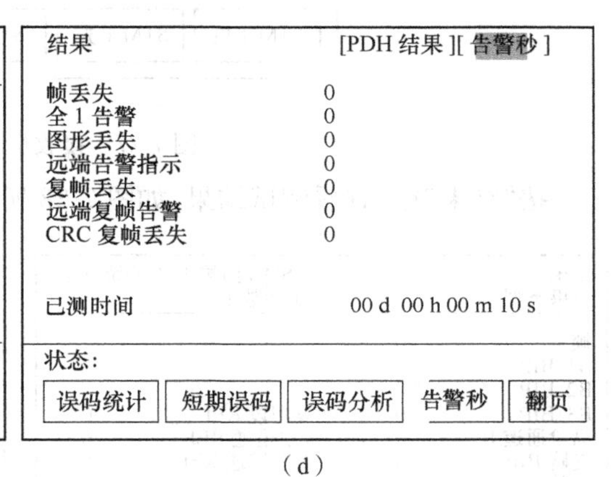

图 7-25　SDH 误码测试连接图

(2)接收机设置

按图 7-27 对接收机参数进行设置，设置参数与发射机基本相同。

(3)结果观测

① 按上述连接和设置好后，仪器所有告警灯应关。

发射	[SDH][设置 1]
信号	[STM-1 电][内部]
时钟	[内部时钟]
频偏	[关闭]
	[前景]
AU4 映射	[TU12]
通道	TUG3 TUG2 TUG12 [1]　[1]　[1]
净荷	[PCM30CRC][非结构化]
状态:	STM-1 电　STM-1 光　STM-4 光

发射	[SDH][设置 2]
图形	[2 ^23-1][负]
误码告警模式	[SDH]
误码插入类型	[A1A2 帧]
插入误码率	[无]
告警类型	[OOF]
单次触发	[无动作]
状态:	无　SDH　PDH 净荷

图 7-26　发射机测试参数设置

② 按“开始/停止”键至绿灯亮，开始测量。

接收
[SDH][设置]
信号速率
[STM-1 电][内部]
接口
[终端]
AU4 映射
[TU12]
通道
TUG3 TUG2 TUG12
[1] [1] [1]
TU 净荷
[PCM30CRC][非结构化]
图形
[2^23-1PRBS][负]
状态：
STM-1 电
STM-1 光
STM-4 光

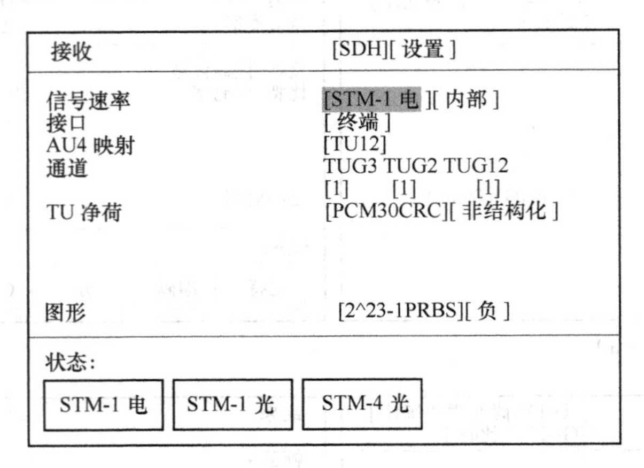

图 7-27　接收机测试参数设置

③ 按“结果”键，查看测试结果，如图 7-28 所示。

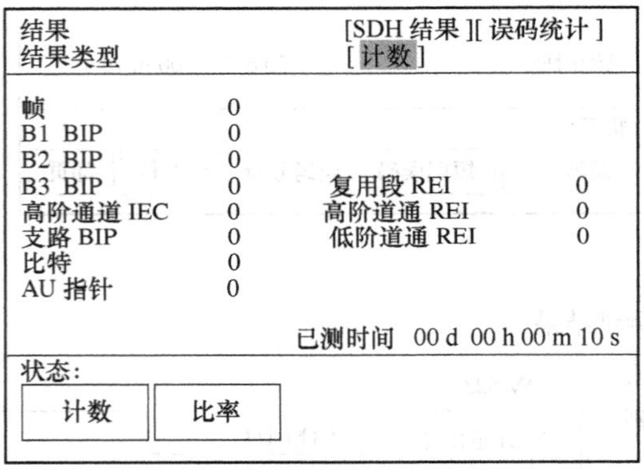

结果
[SDH 结果][误码统计]
结果类型
[计数]
帧 0
B1 BIP 0
B2 BIP 0
B3 BIP 0
复用段 REI 0
高阶通道 IEC 0
高阶道通 REI 0
支路 BIP 0
低阶道通 REI 0
比特 0
AU 指针 0
已测时间 00 d 00 h 00 m 10 s
状态：
计数
比率

(a) 误码统计

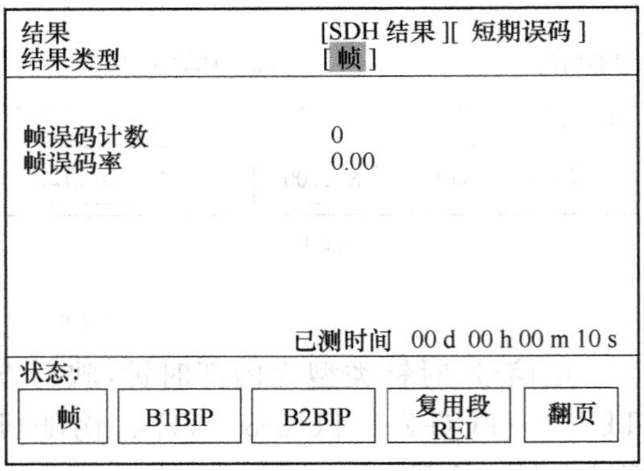

结果
[SDH 结果][短期误码]
结果类型
[帧]
帧误码计数 0
帧误码率 0.00
已测时间 00 d 00 h 00 m 10 s
状态：
帧
B1BIP
B2BIP
复用段 REI
翻页

(b) 短期误码

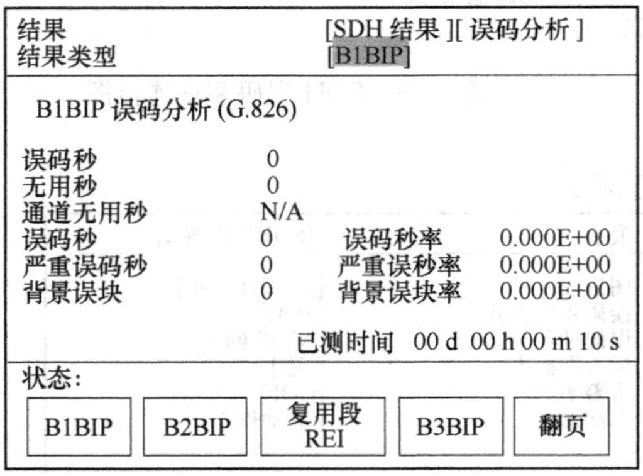

结果
[SDH 结果][误码分析]
结果类型
[B1BIP]
B1BIP 误码分析 (G.826)
误码秒 0
无用秒 0
通道无用秒 N/A
误码秒 0
误码秒率 0.000E+00
严重误码秒 0
严重误秒率 0.000E+00
背景误块 0
背景误块率 0.000E+00
已测时间 00 d 00 h 00 m 10 s
状态：
B1BIP
B2BIP
复用段 REI
B3BIP
翻页

(c) G.826 分析

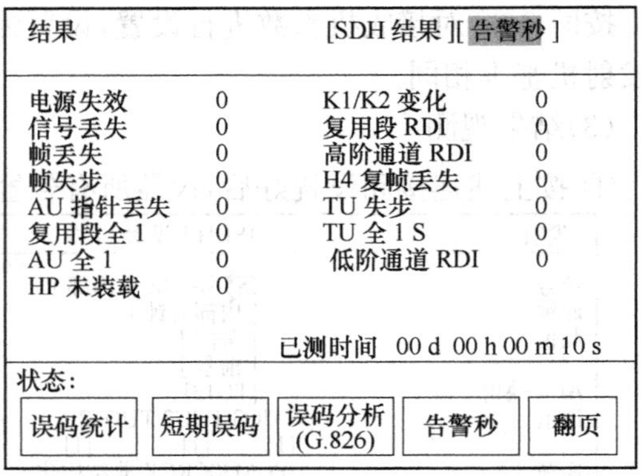

结果
[SDH 结果][告警秒]
电源失效 0
K1/K2 变化 0
信号丢失 0
复用段 RDI 0
帧丢失 0
高阶通道 RDI 0
帧失步 0
H4 复帧丢失 0
AU 指针丢失 0
TU 失步 0
复用段全 1 0
TU 全 1 S 0
AU 全 1 0
低阶通道 RDI 0
HP 未装载 0
已测时间 00 d 00 h 00 m 10 s
状态：
误码统计
短期误码
误码分析 (G.826)
告警秒
翻页

(d) 告警秒

图 7-28　测试结果

第二节　误码性能的测试

误码性能是衡量光纤数字通信系统传输质量的重要指标之一，也是SDH光纤传输系统传输特性中必测的参数。

一、误码的概念

误码是指在数字传输系统中，当发送端发“1”或“0”码时，接收端收到的却是“0”码或“1”码，也就是说，数字信号在传输时发生了错码。误码将影响数字传输系统的传输质量。

衡量误码的主要参数有：误码率(BER)、误码秒(ES)、严重误码秒(SES)、误块(EB)、严重误块秒(SES)等等。

二、测试仪表

测试误码性能的仪表有SDH传输分析仪或误码测试仪。

三、测试原理和步骤

(一)测试原理

光纤传输系统的误码测试可以采用单向测试，也可采用环回测试，如图7-29所示。在实际测试中，通常都采用环回测试，即将对端电接口环回、在本端测试的一种方法。

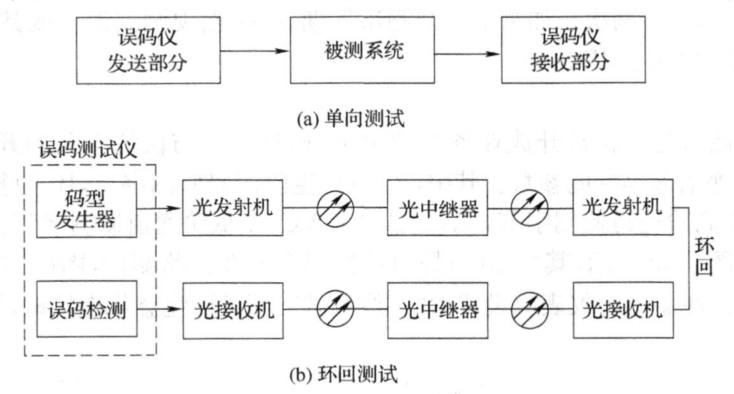

图7-29　误码测量的原理方框图

(二)测试方法

SDH设备可以进行E1、E3、E4、STM-1等接口的误码测试。测试方法可选择在线或离线两种误码测试。

1. 离线测试

离线测试是用得较多的误码测试方法。它是将适当的测试信号(成帧的伪随机二元序列)加到通道的输入口，在通道的输出口接收并分析该测试信号的误码和告警。离线测试的框图见图7-29(b)，其测试步骤为：

(1)先选定一条业务通道(E1、E3、E4、STM-1)，并按被测通道的速率等级，选择适当的伪随机序列(PRBS)或测试信号结构，从被测系统输入口送测试信号。

一般情况下，伪随机序列(PRBS)是仪表产生的具有类似随机信号统计特性的可重复的周期二进制序列，其周期长度为 2^n-1（$n=9$、11、15、23、29、31）。按照我国光同步传输网技术体制规定，SDH 设备的 PDH 接口速率有三种，即 2.048 Mbit/s、34.368 Mbit/s、139.264 Mbit/s。当信号输入口为这三种之一时，发送的伪随机序列要求如表 7-4 所示。

对于 SDH 接口，不管速率是多少，发送的测试信号均具有 SDH 帧结构的测试信号，如表 7-5 所示。

表 7-4　PDH 接口 PRBS 测试信号

比特率(kbit/s)	测试用 PRBS
2 048	$2^{15}-1$
34 368	$2^{23}-1$
139 264	$2^{23}-1$

表 7-5　SDH 接口 PRBS 测试信号

容器	测试用 PRBS
C-4	$2^{23}-1$
C-3	$2^{23}-1$
C-12	$2^{15}-1$

(2)将误码测试仪的收、发连接到此业务通道在本站的 PDH/SDH 接口的收、发端口(误码测试仪的 TX 应接 PDH/SDH 的收端口，误码测试仪的 RX 应接 PDH/SDH 的发端口)，然后在对端站 PDH/SDH 接口作内环回(例如在 DDF 处的硬件自环，或通过网管进行软件环回)，设置好误码仪即可进行测试。

(3)测试结束，从测试仪表上读出测试结果。

(4)用下面的方法判断系统工作正常：第一个测试周期 15 min，在此周期内没有误码和不可用等事件，则确认系统已工作正常；若在此周期内，观测到任何误码或其他事件，应重复测试一个周期(15 min)，至多两次。如果第三个测试周期内，仍然观测到误码或其他事件，则认为系统工作异常，需要查明原因。

2. 在线测试

误码的在线测试是在正常开放业务的情况下，通过监视与误块有关的开销字节 B_1、B_2、B_3、$V_5(b_1,b_2)$来评估误码性能参数。其中，B_1 为再生段误码监测字节，B_2 为复用段误码监测字节，B_3 为 VC-4 高阶通道监测字节，$V_5(b_1,b_2)$为 VC-12 低阶通道监测字节。

测试配置如图 7-30 所示，其中图(a)是通过光耦合器在光路测试，图(b)是通过设备提供的监测接口测试。注意此时仪表应设置为“在线测试”，而且要注意仪表接地，并使用稳压的电源。其测试步骤为：

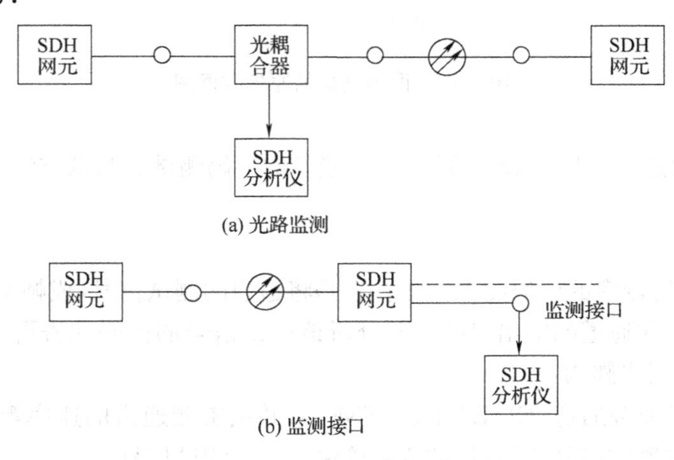

图 7-30　系统误码在线监测测试配置

(1)根据需要测试的实体——再生段、复用段、高阶通道或低阶通道，选择适当的监视点，通过光耦合在光路测试可以监视再生段、复用段、高阶通道和低阶通道的全部误码性能，在监测接口测试只能监视高阶通道和低阶通道的误码性能。

(2)在监视点接入SDH传输分析仪

(3)调整SDH传输分析仪，同时监视相应的参数：B_1、B_2、B_3和V_5(b_1，b_2)。

(4)用离线测试同样的方法判断系统工作正常。

(5)确定系统工作正常后，可进行长期测试，按指标要求设置总的观测时间(例如24 h)，同时在网管上进行相同的监测。启动测试键，开始测试。

(6)测试结束后，从测试仪表或网管上读出测试结果并记录。

第三节　平均发送光功率的测试

一、概念与含义

发射机的发送光功率和所发送的数据信号中"1"码占的比例有关，"1"码越多，光功率也就越大。当发送伪随机信号时，"1"码和"0"码大致各占一半，这时测试得到的功率就是平均发送光功率。

平均发送光功率是发射机耦合到光纤的伪随机数据序列的平均功率在S参考点上的测试值。S点的平均发送光功率应不劣于表7-6给出的指标。当在ODF架上测试时，允许引入不大于0.5 dB的衰减。

表7-6　光接口发送光功率

光接口类别	L-16.2	L-16.1	S-16.1	S-4.1	S-1.1
工作波长(nm)	1 500～1 580	1 260～1 360	1 280～1 335	1 274～1 356	1 261～1 360
指标(dBm)	≥−2	≥−2	≥−5	≥−15	≥−15

二、测试原理和步骤

平均发送光功率的测试原理如图7-31所示，图中的光功率计是用来测量光功率大小的仪表。

平均发送光功率的具体测试步骤如下：

(1)将光功率计的接收波长设置在被测波长上。

(2)将测试用尾纤的一端连接被测光板的OUT(发)接口，将此尾纤的另一端连接光功率计的测试输入口，待接收光功率稳定后，读出光功率值，即为该光接口板的平均发送光功率。

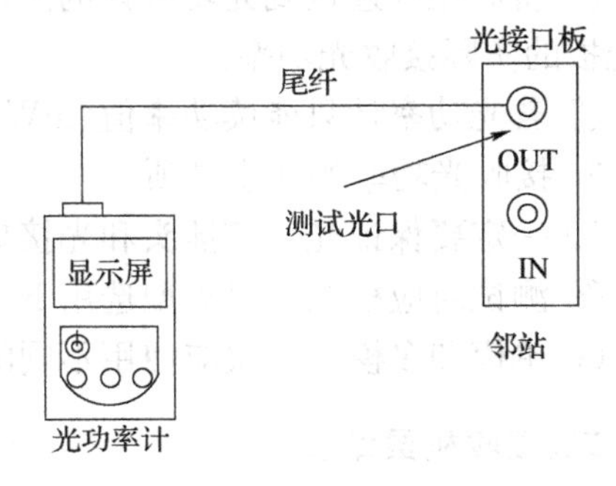

图7-31　平均发送光功率的测试原理图

(3)若光功率计只能读功率值(mW或μW)，不能读电平值(dBm)，则应进行相应的换算，换算公式为：

$$D_p = 10\lg\frac{P(\text{mW})}{1\ \text{mW}}(\text{dBm})$$

测试发送光功率的注意事项：

① 一定要保证光纤连接插头和光接口板拉手条上法兰盘清洁,连接良好。

② 测试时应根据接口类型选用 FC/PC 或 SC/PC 连接插头的尾纤。

③ 单模和多模光模块应使用不同的尾纤。

第四节　接收光功率的测试

接收光功率包括三个参数,分别是平均接收光功率、接收灵敏度和接收过载功率。

一、平均接收光功率的测试

1. 概念与含义

平均接收光功率是指发端发送“0”、“1”等概率的伪随机数据序列时在 R 参考点上平均光功率的测试值。

2. 测试原理和步骤

平均接收光功率的测试原理如图 7-32 所示。

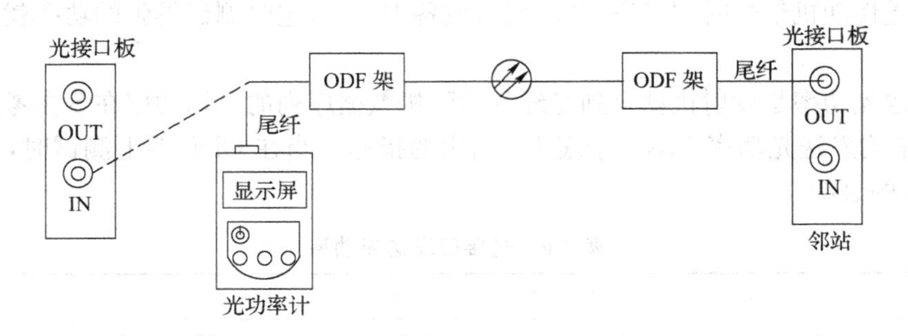

图 7-32　接收光功率的测试原理图

平均接收光功率的具体测试步骤如下:

① 将光功率计的接收波长设置在被测波长上。

② 在本站,选择连接相邻站发光口(OUT)的尾纤,此尾纤正常情况下连接在本站光板的收光口(IN)上。

③ 将此尾纤连接到光功率计的测试输入口,待接收光功率稳定后,读出光功率值,即为本站光板的实际接收光功率。

④ 若光功率计只能读功率值(mW 或 μW),不能读电平值(dBm),则应进行相应的换算。

3. 接收光功率的注意事项

① 一定要保证光连接插头和光接口板拉手条上法兰盘清洁,连接良好。

② 测试时应根据接口类型选用 FC/PC 或 SC/PC 连接插头的尾纤。

③ 单模和多模光模块应使用不同的尾纤。

二、接收机灵敏度

1. 概念与含义

接收机灵敏度是指在 R 参考点上,达到规定的误码率(BER)时,所能接收到的最低平均光功率。接收机的灵敏度一般以电平值(dBm)为单位。在 R 点测试的光接收机灵敏度(BER$\leqslant 10^{-12}$)应不劣于表 7-7 所列指标。

考虑到余度，一般要求出厂的灵敏度比要求的还要小 3dB，比如：L-16.2 接收机的灵敏度为−28 dBm，余度为 3 dB，因此出厂的接收机的灵敏度指标应该为−31 dBm。

表 7-7　光接收灵敏度

光接口类别	L-16.2	L-16.1	S-16.1	S-4.1	S-1.1
指标(dBm)	≤−28	≤−27	≤−18	≤−28	≤−28

2. 测试仪表

SDH 传输分析仪(或误码测试仪)，光衰耗器，光功率计。

3. 测试原理和步骤

光接收机灵敏度的测试原理如图 7-33 所示。若被测设备有几个支路输入口，应在一个比特率较高的支路口送测试信号并检测误码；如果输入支路是 PDH 接口，则码型发生器和误码检测器应分别是传输分析仪或误码测试仪的发送和接收部分；如果输入支路口是 STM-*N* 接口，则码型发生器和误码检测器应分别是 SDH 传输分析仪的发送和接收部分。

光接收机灵敏度具体测试步骤如下：

(1)按图 7-33 所示将误码测试仪、光可变衰减器与被测光纤传输系统连接好。

(2)用误码测试仪向光发射机送入伪随机码测试信号。不同码速的光纤数字通信系统送入不同的测试信号，如速率为 2.048 Mbit/s 的数字系统送入长度为 $2^{15}-1$的伪随机码，速率为 34.368 Mbit/s、139.264 Mbit/s 和 155.520 Mbit/s 的数字系统送入长度为的 $2^{23}-1$ 伪随机码。

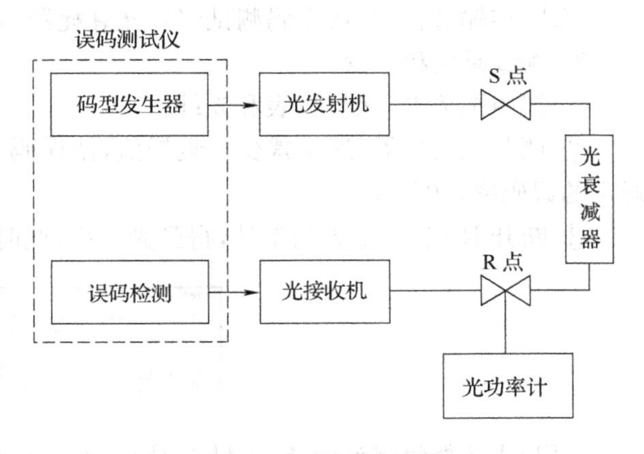

图 7-33　测试装置图

(3)调整光衰减器，逐渐加大光可变衰减器的衰减量，这时光接收机接收到的光功率逐渐减少，使误码测试仪检测误码量接近但不能大于规定的误码率(10^{-10})；并维持一段时间，此时即表示光接收机的误码率已到了不满足指标的临界状态。

(4)断开 R 点，接上光功率计，读取光功率计上的数值，此时即是光接收机的灵敏度。

测试光接收机灵敏度时应注意以下几个方面：

① 一定要注意测试时间的长短，因为误码率是一个统计平均值，只有当测试时间足够长时，测试结果才能准确。各类系统误码率不同时，光接收机灵敏度测试的最小时间 *t* 如表 7-8 所示。

表 7-8　灵敏度测量的最小时间

误码率 \ *t* \ 速率	2 Mbit/s	8 Mbit/s	34 Mbit/s	140 Mbit/s
≤10^{-9}	8 min	2 min	29 min	
≤10^{-10}			5 min	1.2 min
≤10^{-11}			50 min	12 min

应该指出，t 是要求某一误码率时，光接收机灵敏度测试的最小时间，但实际上，测试的时间应大于此时间，才能使测试的结果准确。

② 不同系统对误码率的要求不同，所以测试不同系统的光接收灵敏度时的误码率应符合各个系统对误码率指标的要求。

三、接收机过载光功率

1. 概念与含义

接收机过载光功率是指在 R 参考点上，达到规定的误码率(BER)时，所能接收到的最大平均光功率。在 R 点测试的最小过载光功率应不劣于表 7-9 所列指标。

表 7-9　光支路接口过载光功率

光源类别	L16.2	L16.1	S16.1	S4.1	S1.1
指标(dBm)	≤−9	≤−9	≤0	≤8	≤−8

2. 测试仪表

SDH 传输分析仪(或误码测试仪)，光衰耗器，光功率计。

3. 测试原理和步骤

① 按照图 7-33，接好仪表和光纤；

② 调节光衰耗器，逐步减少光衰耗值，使误码测试仪随时检测到误码量接近但不能大于规定的误码率(10^{-10})；

③ 断开 R 点，接上光功率计，得到光功率，此时就是接收机的过载光功率。

1. SDH 参数的测试包括 SDH 光接口、电接口的测试；误码和抖动传输质量指标的测试等等。在 SDH 设备的维护中，最常用的测试参数是光接口平均发送光功率、接收光功率，以及系统误码特性的测试。

2. 测试误码时，一般以业务接入点为测试点。测试方法可选择在线或离线两种测试方式。测量时可采用单向测试和环回测试。在实际测试中，通常都采用环回测试，即将对端电接口环回，在本端测试的一种方法。

3. 平均发送光功率是发送机耦合到光纤的伪随机数据序列的平均功率在 S 参考点上的测试值。接收光功率包括三个参数，分别是平均接收光功率、接收灵敏度、接收过载功率。其中，平均接收光功率是指发端发送“0”、“1”等概的伪随机数据序列时在 R 参考点上平均功率的测试值；接收机灵敏度是在 R 参考点上，达到规定的误码率(BER)时，所能接收到的最低平均光功率；接收机过载光功率是在 R 参考点上，达到规定的误码率(BER)时，所能接收到的最大平均光功率。

4. SDH 传输分析仪的功能很多，不仅可以测试系统的误码性能参数，还能测试系统的抖动、映射、指针和开销等参数。光功率计是用来测量光功率大小的仪表，它用于平均发送光功率、光接收机灵敏度、光纤损耗等参数的测量。误码测试仪是用来测量光纤传输系统误码性能的仪表。它可用于误码率、误码秒、严重误码秒等系统参数的测量。

复习思考题

1. SDH参数的测试有哪些？
2. SDH传输系统误码测试的方法有哪些？
3. 什么是环回测试法？画出环回测试误码性能的原理方框图。
4. 画出平均发送光功率和接收光功率的测试框图。
5. 简述 SDH 传输分析仪的测试功能。
6. 简述光功率计的功能和工作原理。
7. 简述误码测试仪的功能和工作原理。

第八章 DWDM 传输系统

光纤的传输容量是极其巨大的，而传统的光纤传输系统都是在一根光纤中传输单一波长的光信号，这样的方法实际上只使用了光纤丰富带宽的很少一部分。为了充分利用光纤的巨大带宽资源，增加光纤的传输容量，以波分复用技术 WDM 为核心的新一代的光纤通信技术已经产生。WDM 技术由于具有许多显著的优点而表现出强大的生命力，从而迅速得到推广应用，并向全光网络的方向发展。

第一节 波分复用概述

一、波分复用产生的背景

随着通信业务迅速增长，特别是 IP 技术日新月异的发展，出现了现有光纤传输系统负载能力接近饱和的问题。解决这些问题的方案可以是埋设更多的光纤，或是利用现有的光纤系统进行最大限度的扩容。由于光缆线路的敷设费用很高（据估计约占总投资的三分之二），因此较理想的方案当然是利用现有的光纤系统进行最大限度的扩容。传统的扩容方法是采用空分复用（SDM）或时分复用（TDM）两种方式。

1. 空分复用（SDM）

空分复用是靠增加光纤数量的方式线性增加传输的容量，传输设备也线性增加。在光缆制造技术已经非常成熟的今天，几十芯结构的光缆已经比较普遍，而且先进的光纤接续技术也使光缆施工变得简单，但光纤数量的增加无疑仍然给施工以及将来线路的维护带来了诸多不便，并且对于已有的光缆线路，如果没有足够的光纤数量，通过重新敷设光缆来扩容，工程费用将会成倍增长。而且，这种方式并没有充分利用光纤的传输带宽，造成光纤带宽资源的浪费。作为通信网络的建设，不可能总是采用敷设新光纤的方式来扩容，事实上，在工程之初也很难预测日益增长的业务需要和规划应该敷设的光纤数。因此，空分复用的扩容方式十分受限。

2. 时分复用（TDM）

时分复用也是一种比较常用的扩容方式，从传统 PDH 的一次群至四次群的复用，到如今 SDH 的 STM-1、STM-4、STM-16 乃至 STM-64 的复用。通过时分复用技术可以成倍地提高光传输信息的容量，极大地降低了每条电路在设备和线路方面投入的成本。但利用时分复用方式已日益接近电子器件和光器件的极限速率，并且随传输速率的提高，传输设备的价格也急剧增高。

不管是采用空分复用还是时分复用的扩容方式，基本的传输网络均采用传统的 PDH 或 SDH 技术，即采用单一波长的光信号传输，这种传输方式是对光纤容量的一种极大浪费，因为光纤的带宽相对于目前我们利用的单波长通道来讲几乎是无限的。我们一方面在为网络的拥挤不堪而忧心忡忡，另一方面却让大量的网络资源白白浪费。WDM 技术就是在这样的背景下应运而生的，它不仅大幅度地增加了网络的容量，而且还充分利用了光纤的带宽资源，减少了网络资源的浪费。

从世界范围来看，目前正在建设或将要建设的商用光纤传输系统，基本上都是 WDM 光纤传输系统，原有的光纤传输系统也都将陆续被改造成 WDM 系统。

二、WDM 的概念和分类

1. 波分复用(WDM)的概念

波分复用(WDM)技术是在一根光纤中同时传输多个不同波长光信号的一项技术。其基本原理是在发送端将光发射机发出不同波长的光信号，经波分复用器(光合波器)组合起来，并耦合到光缆线路上的同一根光纤中进行传输，在接收端由波分复用器(光分波器)将组合波长的光信号分开，并作进一步处理，恢复出原信号后送入不同的终端。因此将此项技术称为光波长分割复用，简称波分复用技术，如图 8-1 所示。

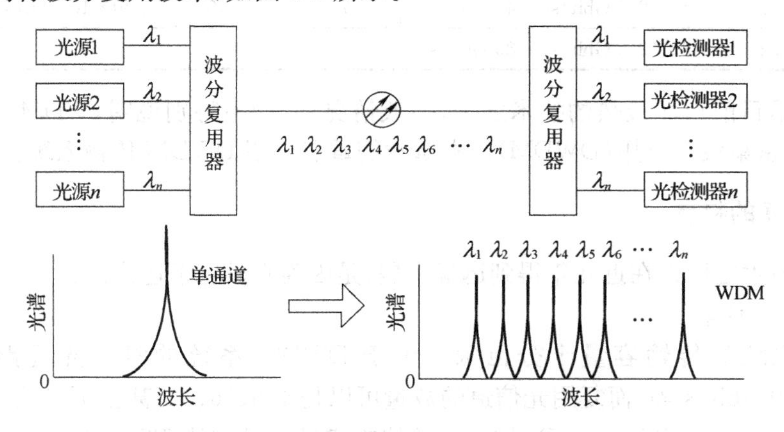

图 8-1 波分复用系统的原理图

2. WDM 的分类

WDM 通常有 3 种复用方式，即 1 310 nm 和 1 550 nm 波长的波分复用、粗波分复用(CWDM)和密集波分复用(DWDM)。

(1)1 310 nm 和 1 550 nm 波长的波分复用

早期的波分复用(WDM)采用的是在光纤的两个低损耗窗口：1 310 nm 和 1 550 nm，每个窗口各传送一路光波长信号，也就是 1 310/1 550 nm 两波长的 WDM 系统，这种系统在我国也有实际的应用。该系统比较简单，波长间隔较大，由于没有合适的光放大器，它只能为一些短距离的应用提供双倍(例如 2×2.5 Gbit/s)的传输容量。

(2)粗波分复用(CWDM)

CWDM 技术是指相邻波长间隔较大的 WDM 技术，相邻信道的间距一般大于等于 20 nm，波长数目一般为 4 波或 8 波，最多 18 波。CWDM 使用 1 200 ～1 700 nm 窗口。

CWDM 采用非制冷激光器、无光放大器件，成本较 DWDM 低；缺点是容量小、传输距离短。因此，CWDM 技术适用于短距离、高带宽、接入点密集的通信应用场合，如大楼内或大楼之间的网络通信。

(3)密集波分复用(DWDM)

简单的说,DWDM 技术是指同一窗口相邻波长间隔较小(一般为 1.6 nm、0.8 nm 或更低)的 WDM 技术。DWDM 的工作波长位于 1 550 nm 窗口,且工作在一个窗口内共享一个掺铒光纤放大器(EDFA),可以在一根光纤上承载 8～160 个波长。DWDM 主要应用于长距离传输系统。

1 550 nm 窗口的工作波长分为 3 部分:即 S 波段、C 波段和 L 波段。其中 1 525～1 565 nm一般称为 C 波段,这是目前系统所用的波段,而正在研究和开发的是 L 波段(1 565～1 625 nm)和 S 波段(1 460～1 525 nm)。一般系统应用时所采用的信道波长是等间隔的,即 $k\times0.8$ nm,k 取正整数。目前,DWDM 系统支持的速率如表 8-1 所示。

表 8-1　DWDM 系统的速率

序　号	波　数	速　率	容　量	序　号	波　数	速　率	容　量
1	4	4×2.5 Gbit/s	10 Gbit/s	5	40	40×2.5 Gbit/s	100 Gbit/s
2	8	8×2.5 Gbit/s	20 Gbit/s	6	32	32×10 Gbit/s	320 Gbit/s
3	16	16×2.5 Gbit/s	40 Gbit/s	7	40	40×10 Gbit/s	400 Gbit/s
4	32	32×2.5 Gbit/s	80 Gbit/s				

DWDM 是目前市场最热的技术之一,一般情况下,如不特别说明,WDM 仅指 1 550 nm 波长区段内的密集波分复用(DWDM)。本章我们重点介绍 DWDM 传输系统。

三、DWDM 的特点

DWDM 技术之所以在近几年得到迅猛发展,是因为它具有下述优点:

1. 超大容量传输

DWDM 系统的传输容量十分巨大。由于 DWDM 系统的复用光通路速率可以为 2.5 Gbit/s、10 Gbit/s 等,而复用光信道的数量可以是 4、8、16、32,甚至更多,因此系统的传输容量可达到 300～400 Gbit/s。而这样巨大的传输容量是目前的 TDM 方式根本无法做到的。目前,(8～32)×2.5 Gbit/s 和 32×10 Gbit/s 的 DWDM 系统已经达到商用水平,而 132×10 Gbit/s的 DWDM 系统也已有报道。

2. 节约光纤资源

对于单波长系统而言,1 个 SDH 系统就需要一对光纤,而对于 DWDM 系统来讲,不管有多少个 SDH 分系统,整个复用系统只需要一对光纤就够了。例如,对于 16 个 2.5 Gbit/s 系统来说,单波长系统需要 32 根光纤,而 DWDM 系统仅需要两根光纤。节约光纤资源这一点也许对于市话中继网络并非十分重要,但对于系统扩容或长途干线来说就显得非常可贵。

3. 平滑升级扩容、多业务接入

只要增加复用光通路数量与设备,就可以增加系统的传输容量以实现扩容,而且扩容时对其他复用光通路不会产生不良影响。所以 DWDM 系统的升级扩容是平滑的,而且方便易行,从而最大限度地保护了建设初期的投资。DWDM 系统的各复用通路是彼此相互独立的,所以各光通路可以分别透明地传送不同的业务信号,如语音、数据和图像等,彼此互不干扰,这给使用者带来了极大的便利。

4. 利用掺铒光纤放大器(EDFA)实现超长距离传输

EDFA 具有高增益、宽带宽、低噪声等优点,在光纤通信中得到了广泛的应用。EDFA 的光放大范围为 1 530～1 565 nm,但其增益曲线比较平坦的部分是 1 540～1 560 nm,它几乎可以覆盖整个 DWDM 系统的 1 550 nm 工作波长范围。所以用一个带宽很宽的 EDFA 就可以对 DWDM 系统的各复用光通路的信号同时进行放大，以实现系统的超长距离传输，避免每个光传输系统都需要一个光放大器的情况。DWDM 系统的超长传输距离可达到数百公里，因此可以节省大量中继设备，降低成本。

5. 可组成全光网络

全光网络是未来光纤传送网的发展方向。在全光网络中，各种业务的上下、交叉连接等都是在光路上通过对光信号进行调制来实现的，从而消除了 E/O 转换中电子器件的瓶颈。例如，在某个局站可根据需求用光分插复用器(OADM)直接上、下几个波长的信号，或者用光交叉连接设备(OXC)对光信号直接进行交叉连接，而不必像现在这样首先进行 O/E 转换，然后对电信号进行上、下或交叉连接处理，最后再进行 E/O 转换，把转换后的光信号输入到光纤中进行传输。DWDM 系统可以与 OADM、OXC 混合使用，以组成具有高度灵活性、高可靠性、高生存性的全光网络，以适应宽带传送网的发展需要。

DWDM 还有一些其他特点，这里不再细述。

由 DWDM 技术的特点可以看出，DWDM 技术对网络的扩容升级、发展宽带业务、充分挖掘光纤带宽潜力、实现超高速通信等具有十分重要的意义，尤其是 DWDM 加上掺铒光纤放大器(EDFA)更是对现代通信网络具有强大的吸引力。

四、DWDM 与 SDH 的关系

DWDM 与 SDH 均属于传送网层，两者都是建立在光纤传输媒质上的传输手段，但 DWDM 系统是在光域上进行的复用、交叉和组网，而 SDH 是在电通道层上进行的复用、交叉连接和组网，DWDM 与 SDH 的关系如图 8-2 所示。

由图 8-2 可以看出，DWDM 与 SDH 之间是客户层和服务层关系，即 DWDM 系统的客户层信号是 SDH 信号，但这并不是说 DWDM 系统只能承载 SDH 信号。DWDM 系统的一个最重要的特点是与业务无关，也就是说业务透明。它可以承载各种格式的信号，无论是 PDH、SDH，还是 IP、ATM 信号。

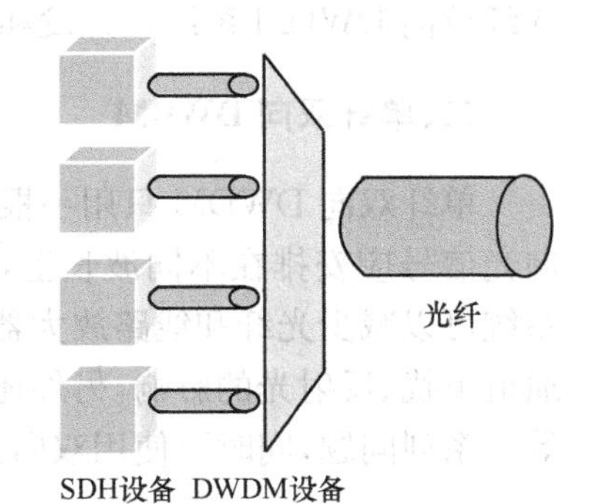

图 8-2　DWDM 与 SDH 的关系

下面我们再来看一下 DWDM 与 SDH 信号的光接口标准。SDH 设备的光接口符合 ITU-T G. 957 和 ITU-T G. 691 建议，该标准对工作中心波长没有特别规定。在 DWDM 系统中，光接口必须满足 ITU-T G. 692 建议。该建议规定了每个光通路的参考频率、通路间隔、标称中心频率(即中心波长)、中心频率偏差等参数。

第二节　DWDM 的基本类型

密集波分复用(DWDM)系统从不同的角度可以分为不同的类型，常见的分类方法有：从传输方向分，可以分为双纤单向波分复用系统和单纤双向波分复用系统；从光接口类型分，可以分为集成式波分复用系统和开放式波分复用系统。

一、双纤单向 DWDM

双纤单向 DWDM 采用两根光纤，一根光纤只完成一个方向光信号的传输，反向光信号的传输由另一根光纤来完成，如图 8-3 所示。在发送端将载有各种信息的、具有不同波长的已调光信号 λ_1、λ_2、…、λ_n，通过光合波器组合在一起，并在一根光纤中单向传输，由于各信号是通过不同光波长携带的，所以彼此之间不会混淆。在接收端通过光分波器将不同光波长的信号分开，完成多路光信号传输。因此，同一波长在两个方向上可以重复利用。

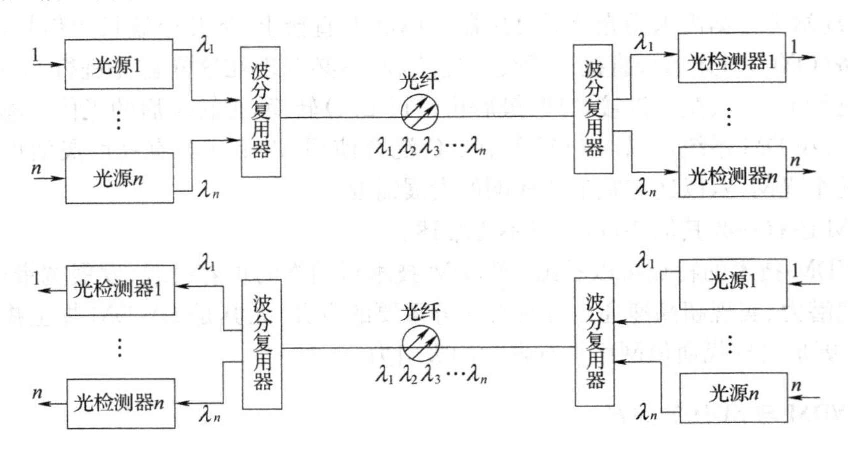

图 8-3　双纤单向传输的 DWDM 系统

双纤单向 DWDM 系统可以充分利用光纤的巨大带宽资源，使一根光纤的传输容量扩大几十倍至几百倍。在长途网中，可以根据实际业务需求逐步增加波长来实现扩容，十分灵活。双纤单向 DWDM 系统在开发和应用方面都比较广泛。

二、单纤双向 DWDM

单纤双向 DWDM 只用一根光纤，在一根光纤中实现两个方向光信号的同时传输，两个方向光信号应安排在不同波长上，如图 8-4 所示。与双纤单向 DWDM 相比，单纤双向 DWDM 系统可以减少光纤和线路放大器的数量。但单纤双向 DWDM 设计比较复杂，必须要考虑多通道干扰、反射光的影响，另外还需考虑串音、两个方向传输的功率电平值和相互间的依赖性等一系列问题，同时要使用双向光纤放大器。

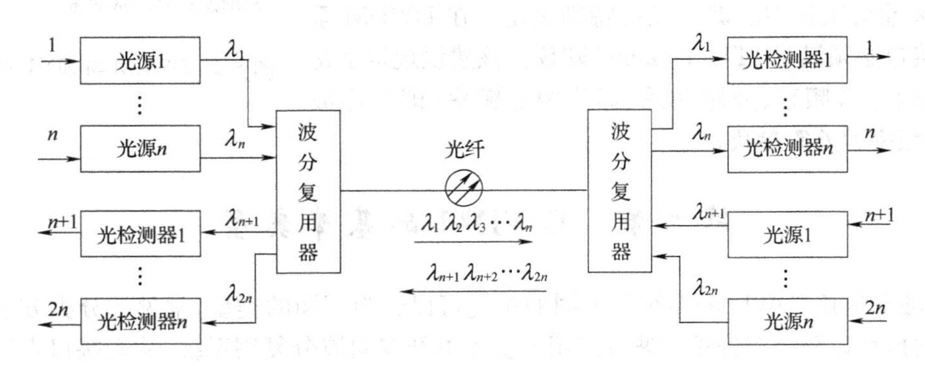

图 8-4　单纤双向传输示意图

从目前来看,大部分 DWDM 系统都是采用双纤单向系统。单纤双向 DWDM 系统只适用于光缆相对比较紧张的情况。

三、集成式 DWDM

集成式 DWDM 系统就是指 SDH 设备发出的光信号波长符合 DWDM 系统的规范,即发出的光信号波长是符合 ITU-T G. 692 建议的标准波长,无需采用波长转换器(OTU),发端只需波分复用器即可完成波分复用(合波)的功能。集成式 DWDM 系统的构造比较简单,没有增加多余设备,如图 8-5 所示。

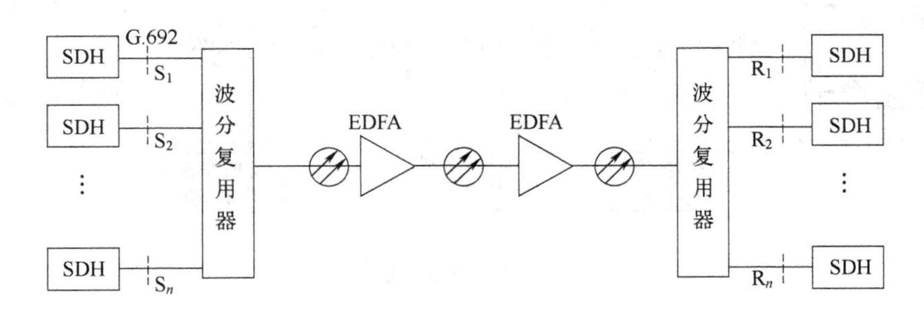

图 8-5 集成式 DWDM 系统

四、开放式 DWDM

开放式 DWDM 系统是指通过波长转换器(OTU),将 SDH 设备发出的非规范的光信号波长(G. 957 建议)转换为标准波长的 DWDM 系统,如图 8-6 所示。开放是指在同一 DWDM 系统中,可以接入不同厂家的 SDH 系统。OTU 对输入的光信号波长没有特殊要求,可以兼容任意厂家的光信号。

具有 OTU 的开放式 DWDM 系统,不再要求 SDH 系统具有 G. 692 接口,可以继续使用符合 G. 957 接口的 SDH 设备,即接纳过去的 SDH 系统,实现不同厂家的 SDH 系统在同一个 DWDM 系统内使用。

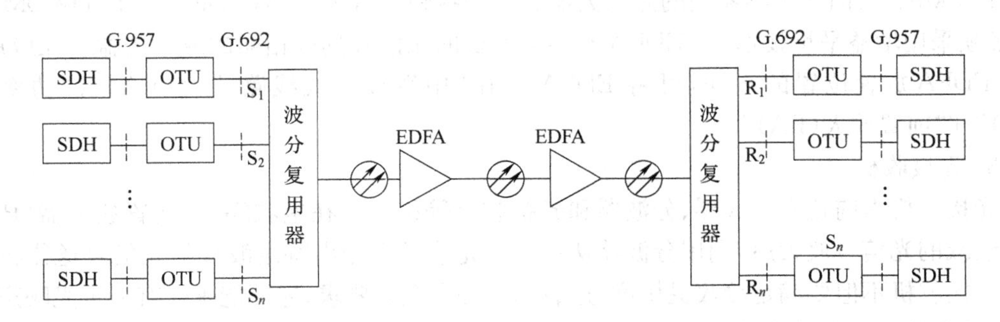

图 8-6 开放式 DWDM 系统

运营者可以根据需要,进行集成式系统和开放式系统的选取。在原 SDH 系统扩容和多厂家 SDH 系统的环境中,可以选择开放式系统,而在新建干线和 SDH 系统较少的地区,可以选择集成式系统。

第三节　DWDM系统的基本结构与工作原理

一、DWDM系统的基本结构

一般来说,DWDM系统主要由光发射机、光中继放大、光接收机、光监控信道和网络管理系统等五个部分组成,如图8-7所示。

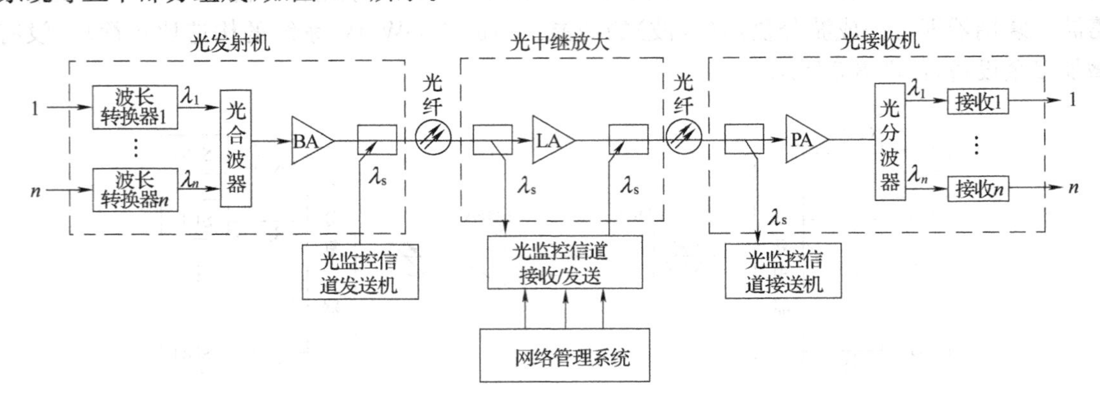

图8-7　DWDM系统总体结构

二、DWDM系统的工作原理

1. 光发射机

光发射机是DWDM系统的核心,它由光波长转换器、合波器和光功率放大器等组成。在发送端,光波长转换器(OTU)首先将SDH设备送来的非特定波长的光信号转换成符合G.692标准的特定波长的光信号,合波器把多个不同波长的光信号合成一路;然后通过光功率放大器(BA)放大输出,注入光纤线路。

2. 光中继器

光中继器用来放大光信号,以弥补光信号在传输中所产生的光损耗。光中继距离一般为80～120 km。目前光中继器用的光放大器大多为掺铒光纤放大器(EDFA)。在DWDM系统中,必须采用增益平坦技术,使EDFA对不同波长的光信号具有相同的放大增益。在应用时,根据EDFA放置位置的不同,可将EDFA用作"中继放大或线路放大(LA)"、"功率放大(BA)"和"前置放大(PA)"。

3. 光接收机

光接收机由前置光放大器、分波器和光接收器等组成。在接收端,光前置放大器(PA)对传输衰减的光信号放大后,利用分波器从主信道光信号中分出特定波长的光信号送往各终端设备。接收机不但要满足接收灵敏度、过载功率等参数的要求,还要能承受有一定光噪声的信号,并要有足够的电带宽性能。

4. 光监控信道

光监控信道的主要功能是监控DWDM系统内各信道的传输情况。其监控原理是在发送端将波长为λ_s(1 510 nm)的光监控信号通过合波器插入到主信道中,在接收端,通过分波器将光监控信号λ_s(1 510 nm)从主信道中分离出来。

5. 网络管理系统

网络管理系统通过光监控信道物理层传送开销字节到其他节点或接收来自其他节点的开销字节对 DWDM 系统进行管理，实现配置管理、故障管理、性能管理、安全管理等功能，并与上层管理系统（如 TMN）相连。

第四节　DWDM 的主要技术

在实际应用 DWDM 技术时，需要许多与其相适应的高新技术和器件，如光源、光分波合波器、光放大器、光纤技术等等。

一、光合波与分波技术

在 DWDM 系统中，发端需要将多个不同波长的光信号合并起来送入同一根光纤中传输，而在接收端需要将接收光信号按不同波长进行分离。波分复用器就是对光波进行合成与分离的无源器件，它分为合波器和分波器。

1. 波分复用器的原理

波分复用器的原理如图 8-8 所示。

在发送端，合波器（OM）的作用是把具有标称波长的各复用通路光信号合成为一束光波，然后输入到光纤中进行传输，即对光波起复用作用。

在接收端，分波器（OD）的作用是把来自光纤的光波分解成具有原标称波长的各复用光通路信号，然后分别输入到相应的各光通路接收机中，即对光波起解复用作用。

由于光合波、分波器性能的优劣对系统的传输质量有决定性的影响，因此，要求合波、分波器的衰耗、偏差、信道间的串扰必须小。

2. 波分复用器的结构和原理

常用的波分复用器有四种：光栅型波分复用器、介质薄膜型波分复用器、耦合型波分复用器和阵列波导波分复用器，如图 8-9 所示。

（1）光栅型

光栅型波分复用器属于角色散型器件，当光射到光栅上后，由于光栅的角色散作用，使不同的光信号以不同的角度出射，然后经过透镜汇聚到不同的输出光纤，从而完成波长选择和分离的作用，反之就可以实现波长的合并。

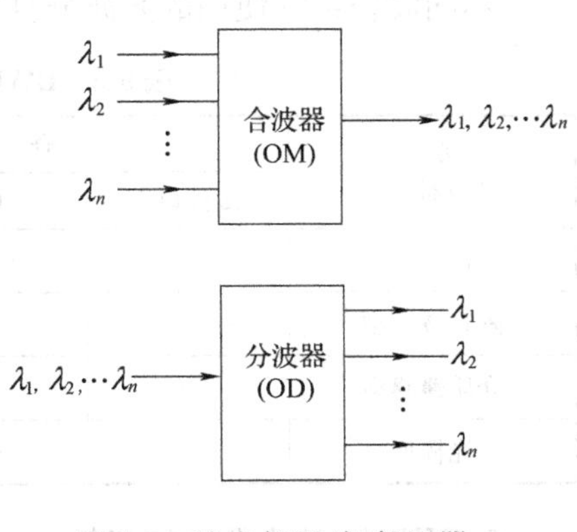

图 8-8　波光复用/解复用器

其优点是：波长选择特性优良，可以使波长间隔小到 0.5 nm 左右；并联工作，插入损耗不会随复用信道的数目增加而增加。缺点是温度稳定性不好。

（2）介质薄膜滤波器型

介质薄膜滤波器型利用几十层不同的介质薄膜组合起来，组成具有特定波长选择特性的干涉滤波器，就可以实现将不同的波长分离或合并。

其优点是：与光纤参数无关，可以实现结构稳定的小型化器件；信号通带比较平坦；插入损耗较低；温度特性很好。缺点是加工复杂，通路数不能太多。

（3）耦合型

耦合型波分复用器通过将多根光纤熔融在一起，使多个输入波长可以耦合在一起，达到波

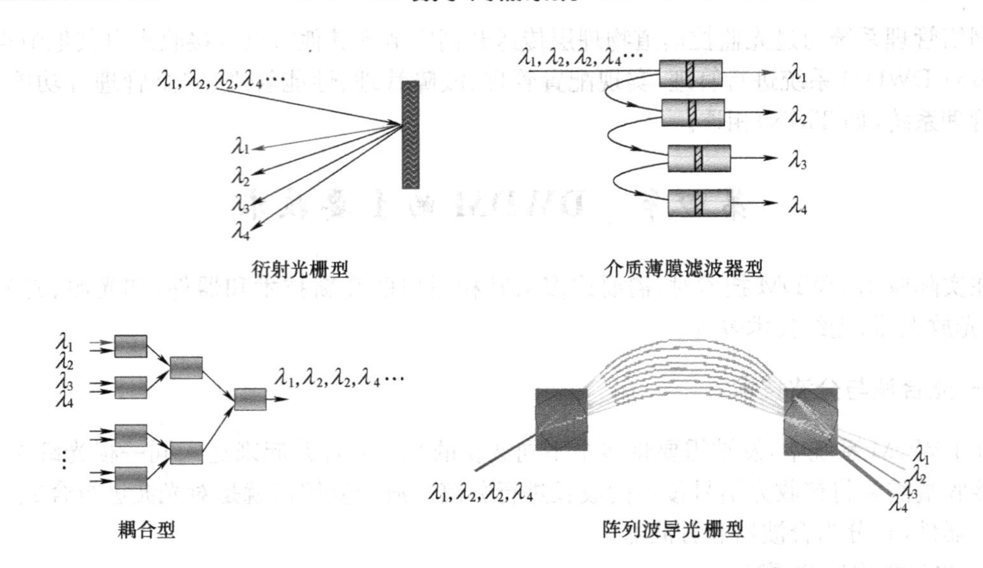

图 8-9 常用波分复用器示意图

长合并的目的,但不能用来将不同波长进行分离。

其优点是:温度特性很好;光通道带宽较好;制造简单,易于批量生产。缺点是尺寸较大,信道隔离度差,复用的波长数少。

(4)阵列波导型

阵列波导波分复用器是以光集成技术为基础的平面波导型器件。优点是并联工作,可以复用的通道数多;尺寸小;易于批量生产。缺点是需要温度补偿,使用起来比较麻烦。

不同波长系统使用的光波分复用器件对应关系如表 8-2 所示。

表 8-2 DWDM 系统与光波分复用器件的对应关系

波分复用器类型	合波器			分波器		
	32 波以下	40 波	80 波以上	32 波以下	40 波	80 波以上
耦合型	√	—	—	—	—	—
阵列波导型	√	√	√	√	√	√
介质薄膜型	√	√	—	√	√	—
光栅型	—	—	√	—	—	√

3. DWDM 的主要性能指标

(1)复用通路数

复用通路数代表波分复用器件进行复用与解复用的光通路数量,与器件的分辨率、隔离度等参数密切相关。

(2)插入损耗

波分复用器件本身对光信号的衰减作用,直接影响系统的传输距离。不同类型的波分复用器件插损值不同,插损越小越好。

(3)隔离度

隔离度表征光波分复用器件中各复用光通路彼此之间的隔离程度。通路的隔离度越高,波分复用器件的选频特性就越好,串扰抑制比也越大,各复用光通路之间的相互干扰影响也越小。

(4)反射系数

在波分复用器件的输入端,反射光功率与入射光功率之比为反射系数。反射系数值越小越好。

二、光放大技术

对于长距离的光传输系统来说,随着传输距离的增加,光功率逐渐减弱,激光器的光源输出通常不超过 3 dBm,为了保证一定的误码率,接收端的接收光功率必须维持在一定的值上,例如 -28 dBm,因此光功率受限往往成为决定传输距离的主要因素。

光放大器(OA)的出现和发展克服了高速长距离传输的最大障碍——光功率受限,这是光纤通信史上的重要里程碑。OA 的形式主要有半导体激光器(SOA)和掺铒光纤放大器(EDFA)两种,前者近年来发展速率很快,已经逐步开始商用,并显示了良好的应用前景;后者较为成熟,已经大量应用,成为目前大容量长距离的 DWDM 系统在传输技术领域必不可少的技术手段。

1. EDFA 的结构

EDFA 主要由掺铒光纤(EDF)、泵浦光源、波分复用器、光隔离器以及光滤波器等组成,如图 8-10 所示。

图 8-10 掺铒光纤放大器结构

波分复用器的作用是将输入光信号和泵浦光源输出的光波耦合入掺铒光纤中。

掺铒光纤(EDF)是一种将稀土元素铒离子 Er^{3+} 注入到石英光纤的纤芯中而形成的一种特殊光纤,其长度大约为 10～100 m。它在泵浦光的作用下可直接对某一波长的光信号进行放大。

光隔离器的作用是抑制反射光,防止反射光影响光放大器的工作稳定,保证光信号只能正向传输。

光滤波器的作用是滤除光放大器的噪声、降低噪声对系统的影响,提高系统的信噪比。

泵浦源为半导体激光器,用于提供能量,其输出光波波长为 980 nm 或 1 480 nm。

2. EDFA 的工作原理

EDFA 的工作机理与半导体激光器基本相同,它之所以能放大光信号,简单来说,掺铒光纤中的铒离子在泵浦光的作用下,形成粒子数反转分布,产生受激辐射,从而使光信号得到放大。

下面分析 EDFA 产生光放大的过程。由理论分析可知,铒离子有三个工作能级:激发态(E3)、亚稳态(E2)和基态(E1),如图 8-11 所示。激发态和基态之间的能量差与 980 nm 的泵浦光子相同,亚稳态和基态之间的能量差与 1 550 nm 的信号光子能量相同。

在没有任何光激励的情况下,Er^{3+} 处在最低能级(基态 E1)上。在外界泵浦源的激励下,基态上的铒离子(Er^{3+})吸收泵浦光的能量而跃迁到激发态上(E3)。处于激发态的铒离子又迅速无辐射地转移到亚稳态上。当泵浦光足够强时，便在亚稳态(E2)上聚集起足够多的铒离子，在E2和E1之间形成粒子数反转分布。当具有1 550 nm波长的信号光通过这段掺铒光纤时，亚稳态(E2)上的Er^{3+}在信号光的作用产生受激辐射跃迁到E1能级，并产生和信号光子同频、同相、同方向的光子，从而大大增加了信号光中的光子数量，即实现了信号光的直接放大。

3. EDFA的应用

根据EDFA在DWDM传输系统中的位置，可以分为三种：功率放大器(Booster Amplifier)，简称BA；线路放大器(Line Amplifier)，简称LA；前置放大器(Preamplifier)，简称PA。

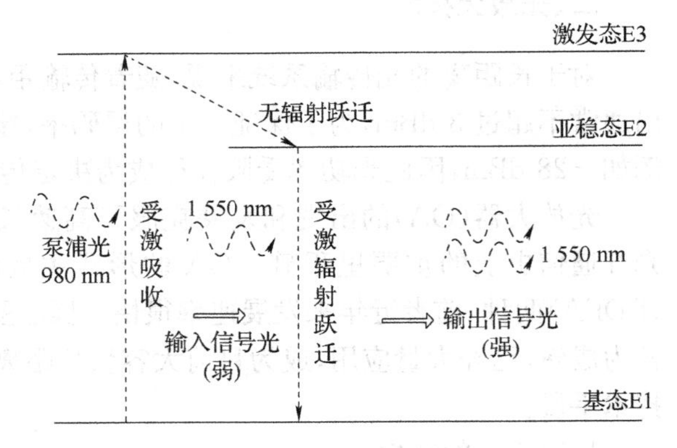

图8-11　铒离子的能带图

(1)功率放大器(BA)

功率放大器是指将EDFA直接置于光发射设备之后对信号进行放大的应用形式，如图8-12所示。功率放大器的主要作用是提高发送光功率，通过提高注入光纤的光功率(一般在10 dBm以上)，从而延长传输距离。应当注意的是：输入到光纤中的功率太高后将出现非线性。非线性效应会消耗有用功率、出现一些新的频率、并会使散射光进入光源影响激光器的正常工作等。所以在应用时一定要注意光纤中各种非线性效应的阈值。

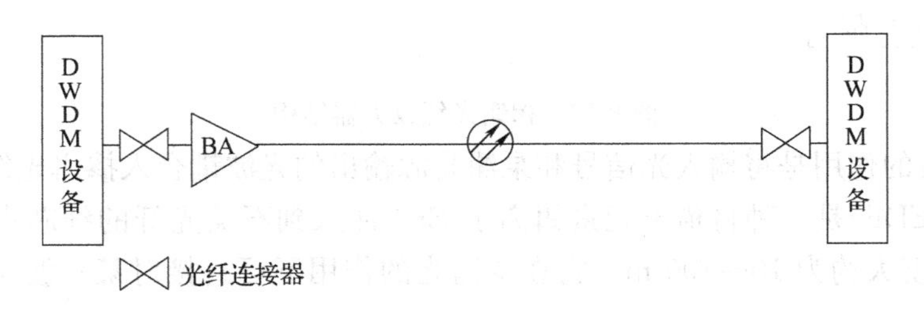

图8-12　功率放大器在DWDM系统中的位置

(2)线路放大器(LA)

线路放大器是指将EDFA直接插入到光纤链路中对信号进行中继放大的应用形式，如图8-13所示。掺铒光纤放大器用作线路放大器是它在光纤传输系统的一个重要应用。用EDFA实现全光中继代替了原来光/电/光的中继方式，有了EDFA后，只要用一只EDFA就可以放大全部的光信号。EDFA在线路中可多级使用，但不能无限制地增加，因为光纤传输系统还要受到光纤色散和EDFA本身噪声的限制等因素的制约。

(3)前置放大器(PA)

前置放大器是指将其置于光接收设备之前对信号进行放大的应用形式，如图8-14所示。前置放大器的作用是抑制光接收机内的噪声，提高光接收机的灵敏度。由于掺铒光纤放大器的低噪声特性，使它很适于作接收机的前置放大器。应用EDFA后，光接收机的灵敏度可提高10～20 dB。

4. EDFA的主要特点

EDFA之所以得到迅速的发展，源于它的一系列特点。

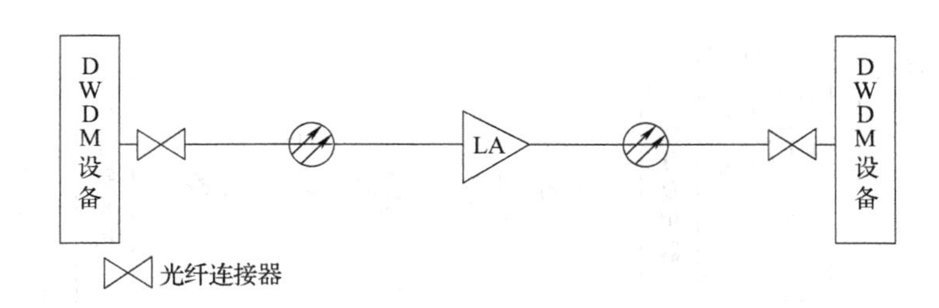

图 8-13 线路放大器在 DWDM 系统中的位置

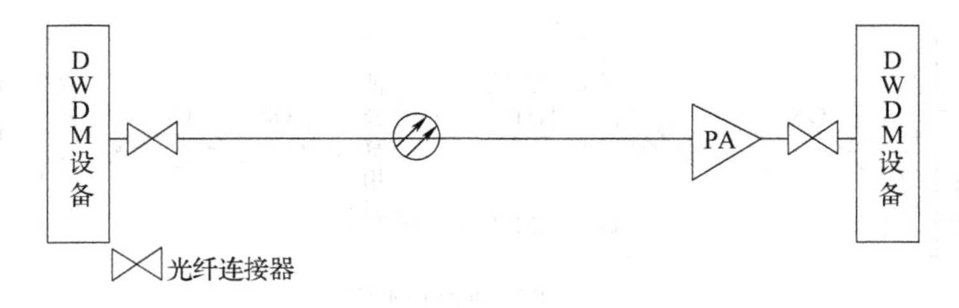

图 8-14 前置放大器在 DWDM 系统中的位置

(1)工作波长处在 1.53～1.56 μm 范围,与光纤最低损耗窗口一致,可在光纤通信中获得广泛应用。

(2)连接损耗低,耦合效率高。因为它是光纤型放大器,因此与光纤连接比较容易,连接损耗可降至 0.1 dB。

(3)增益高且特性稳定、噪声低、输出功率大,增益可达 40 dB,输出功率可达14～17 dBm。

(4)对各种类型、速率与格式的信号传输透明。

除上述优点外,EDFA 也具有波长固定,只能放大 1.55 μm 左右的光波的缺点。

三、光波长转换技术

在介绍光波长转换技术之前,我们先了解一下光纤传输系统的三个光接口标准:

(1)G.957——SDH 设备和系统的光接口;

(2)G.691——带有光放的 SDH 单信道的速率到达 STM-64 系统的光接口;

(3)G.692——带有光放的多信道系统的光接口。

对于 DWDM 设备来说,要承载业务,就必须将符合 G.957/ G.691 要求的光信号转换为符合 G.692 要求的信号格式。在 DWDM 系统中,是用光波长转换单元(OTU)来实现上述功能的,其原理如图 8-15 所示。

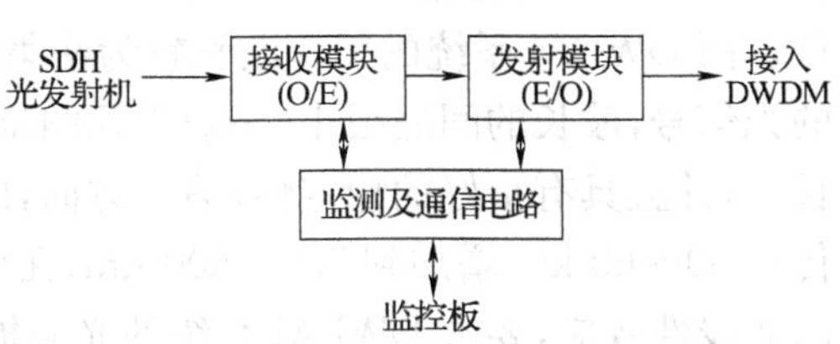

图 8-15 OTU 原理图

由图可以看出,光波长转换单元(OTU)采用光—电—光变换的方法实现波长转换,首先利用光电检测器将从 SDH 光发射机过来的光信号转换成电信号,经过限幅放大、时钟提取/数据再生后,再将电信号调制到激光器或外调制器上,将光通路信号的非标称波长转换成符合 ITU-T 建议 G.692 规定的标称光波长,然后接入 DWDM 系统。

OTU 可以用于 DWDM 系统的发送端、接收端和电再生中继器中,如图 8-16 所示。

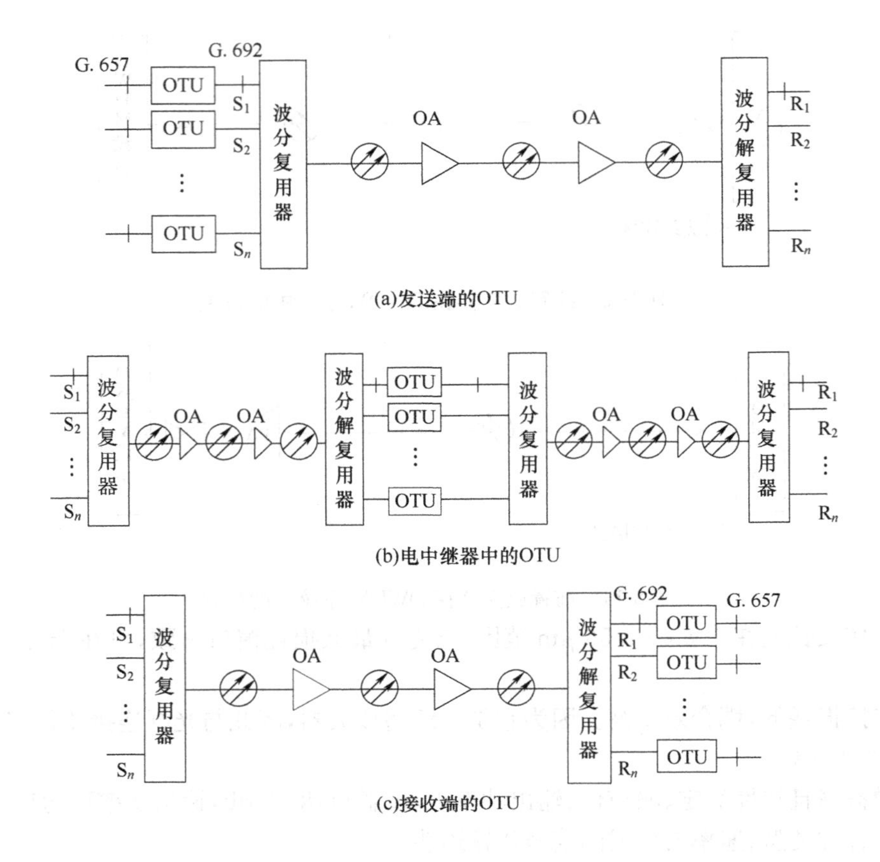

图 8-16　OTU 在 DWDM 系统中的应用

四、光源技术

光源是构成 DWDM 系统的重要器件，目前应用于 DWDM 系统的光源主要是半导体激光器(LD)。在单波长的 SDH 系统中，每个低损耗窗口只传输一个光波信号，对光源的要求较低。而 DWDM 系统的工作波长较为密集，同一低损耗窗口传输多个波长(4、8、16、32、40 …)的光信号，波长的间隔很小，一般为几纳米到零点几纳米，这就要求激光器工作在一个标准波长上，并且具有很好的稳定性；另一方面，DWDM 系统的无电再生中继长度从单个 SDH 系统传输 50～60 km 增加到 500～600 km，在延长传输系统的色散受限距离的同时，为了克服光纤的非线性效应，要求 DWDM 系统的光源提供比较大的色散容限值。

总之，DWDM 系统光源的两个突出的特点是：一是标准而稳定的波长；二是比较大的色散容纳值。

在 DWDM 系统中，采用精密的管芯温度控制技术和波长反馈控制技术可提高波长的稳定性。由于温度是影响激光器输出波长稳定性的最主要原因，因此，精密的管芯温度控制技术通过精密自动温度控制电路(ATC)，保持激光器管芯的温度恒定。该技术的优点是比较容易实现，能够满足通常的要求。缺点是不能解决由于激光器老化引起的波长漂移。

而波长反馈控制技术是利用波长敏感器件的输出电压随激光器输出波长而变动，通过此电压来直接或间接控制激光器的工作电流，使输出波长稳定。其优点是能够达到很高的精度。缺点是实现起来比较复杂，成本较高。

五、监控技术

与一般的SDH系统不同，在利用EDFA技术的光线路放大设备上没有电接口接入，也没有业务信号上、下主信道，只有光信号的放大，而且SDH的开销中也没有对EDFA进行监控的字节，所以必须增加一个电信号以监控EDFA的运行状态，并通过一个额外的光监控通道来传送监控信息。

光监控通道(OSC)的作用就是在一个新波长上传送有关DWDM系统的网元管理和监控信息，包括对各相关部件的故障告警、故障定位、运行中的质量参数监控、线路中断时备用线路的控制、EDFA的监控等，从而使网络运营者能够有效地对DWDM系统进行管理。

1. 光监控信道的要求

DWDM系统中OSC应满足如下要求：

(1)监控通路不应限制光放大器中泵浦光源的光波长(980 nm和1 480 nm)。

(2)监控通路不应限制两线路放大器间的传输距离。

(3)监控通路不应限制未来在1 310 nm波长的业务。

(4)线路放大器失效时，监控通路应仍然可用。

(5)OSC的传输为双向传输。双向传输保证一旦一根光纤被切断，监控信息仍可以被线路终端接收。

2. 光监控信道的工作波长和速率

对于采用掺铒光纤放大器(EDFA)技术的光线路放大器，EDFA的增益区为1 530 nm～1 565 nm，光监控通路选择位于EDFA有用增益带宽的外面，我国规定选用1 510 nm。因此这种技术也称为带外波长监控技术。

由于DWDM系统的监控信息只局限在EDFA中继器的工作状态方面，所以实际系统中对监控信息量的需求并不是很大；另外为了满足在光放大器出现故障的情况下，监控通路仍能正常工作的要求，其接收灵敏度应该比较高，从而使监控通路信号能不经光放大器的放大也能覆盖业务主信号的最大传输距离。综合以上考虑，监控通路的工作速率定为2 Mbit/s。

3. 光监控通道的实现

光监控通道的实现原理如图8-17所示。从图中可以看出，为了保证OSC所传送的监控信息可以在每个光中继放大器和DWDM系统局站上解出或接入，而且不受光放大器的影响，在发送端应该在功率放大器(OBA)之后，用一个两波合波器OM2把OSC信息接入到主信道之中；在接收端则在DWDM系统的前置放大器(OPA)之前，用一个两波分波器OD2把OSC信息分解出来。

六、光纤技术

在DWDM中，每一波长都携带一定的光功率，再加上掺铒光纤放大器的应用，注入光纤的光功率较大(14～17 dBm)，高的光功率还会引起光纤的非线性效应，主要包括受激拉曼散射、受激布里渊散射、自相位散射、交叉相位调制和四波混频效应等。其中，四波混频(FWM)是指两个以上不同波长的光信号在光纤的非线性影响下，除了原始的波长信号外还会产生许多额外的混合成分(或叫边带)，图8-18所示为两个波长(f_1，f_2)的四波混频。从图上可以清楚地看到由于四波混频产生了两个新的频率成分$2f_1-f_2$和$2f_2-f_1$。N个原始波长信号经四波混频将产生$N^2(N-1)/2$个额外的波长信号。

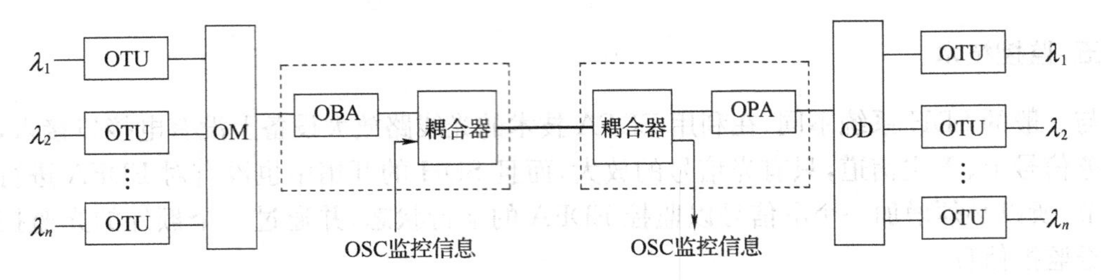

图 8-17 光监控通道的实现原理

—— 线路光纤；—— 内部光纤；OD—光分波器；OM—光合波器；
OBA—光功率放大器；OPA—光前置放大器；OTU—光转换单元

四波混频边带的出现会导致信号功率的大量耗散。当各通路按相等的间隔分开时混频产物直接落到信号通路上，则会引起信号脉冲幅度的衰减，致使接收器输出的眼图开启程度减小，于是误码性能降低。但四波混频的机理及实验都说明光纤的色散越小，四波混频的效率越高，光纤的色散对四波混频有很好的抑制作用。因此，克服四波混频最有效的方法是采用非零色散光纤或光纤的非零色散窗口。

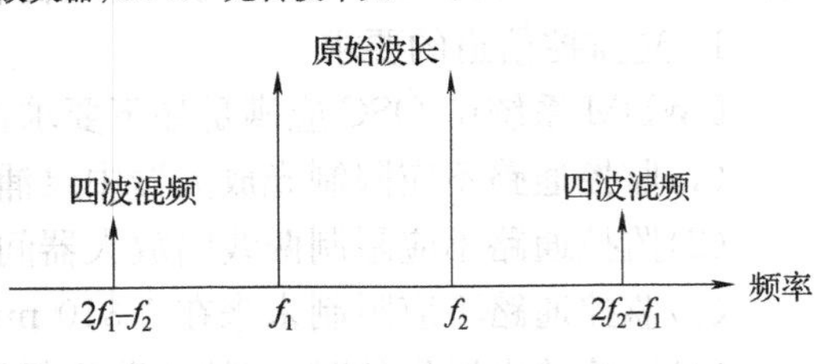

图 8-18 四波混频（FWM）示意图

零色散位移光纤，即 G. 653 光纤，在 1 550 nm 窗口的色散为零，不能抑制 FWM，故它不能应用在 DWDM 系统中。

G. 652 光纤的零色散在 1 310 nm 窗口，它在 1 550 nm 窗口有足够的色散，故 G. 652 光纤可以抑制 FWM 的影响，即支持 DWDM 的应用。但是，G. 652 光纤在 1 550 nm 处的色散太大，约为 18 ps/km · nm，会引起过大的波形失真，因此对长距离或高比特率的传输需要作色散补偿。

非零色散位移光纤（NZDF），即 G. 655 光纤，在 1 550 nm 窗口色散为 1～4 ps/km · nm，既大到对非线性有很好的抑制作用，又小到足以进行长距离的高速传输，不需要色散补偿，是 DWDM 系统的理想之选。

因此，在已铺设的标准光纤（G. 652）线路上，可利用 G. 652 光纤进行 DWDM 扩容，新建线路尽量采用 G. 655 光纤。

第五节 DWDM 系统的网元类型与组网

一、DWDM 系统的网元类型

DWDM 系统的网元，也称为 DWDM 设备根据实现功能的不同可分为光终端复用设备（OTM）、光分插复用设备（OADM）、光线路放大设备（OLA）电中继设备（REG）等几种类型。

1. 光终端复用设备（OTM）

与 SDH 的 TM 类似，光终端复用器（OTM）的主要功能是在光域上将多个不同波长的支路信号复用形成 DWDM 信号，并送入到光纤中传输；在相反方向则为逆过程，即可从 DWDM 信号中分出各不同波长的光支路信号，其功能如图 8-19 所示。

2. 光分插复用设备（OADM）

光分插复用设备是在光域上实现支路信号的分插和复用的设备。类似于 SDH 的 ADM 设备，OADM 的基本功能是从 DWDM 传输线路上选择性地分出或插入一个或多个波长，而不影响其他信道的透明传输，其功能如图 8-20 所示。如果选择某个或某些固定的波长通道进行分插复用，节点的路由是确定的，则称为固定波长的 OADM，这种方式缺乏灵活性，但可靠性性高、时延小；如果分插复用的波长通道是可配置的，则称为可配置 OADM，这种方式能使网络波长资源得到良好的分配，但结构复杂。

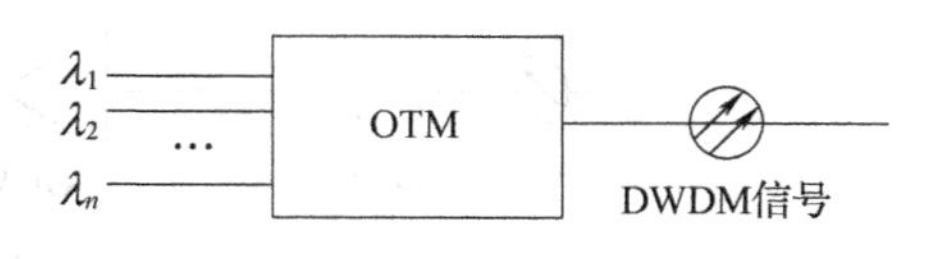

图 8-19　OTM 功能示意图

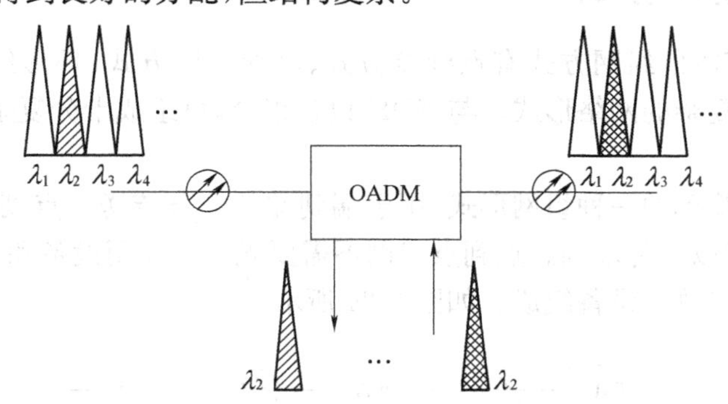

图 8-20　OADM 功能示意图

3. 光线路放大设备(OLA)

光线路放大设备放置在中继站上，用来放大来自线路的 DWDM 微弱光信号。其功能如图 8-21 所示。光线路放大设备(OLA)只有放大功能，而无上、下业务的功能。

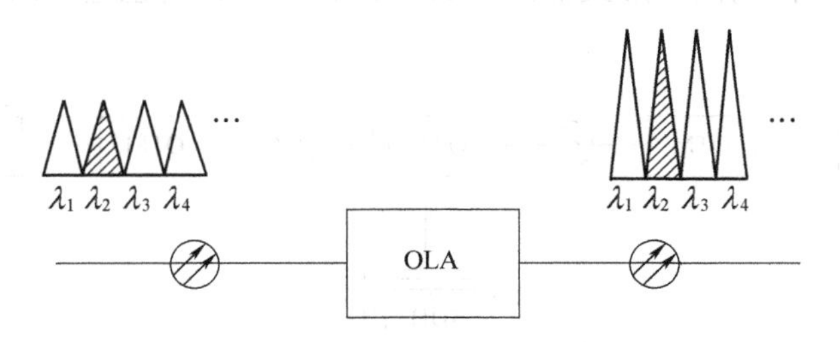

图 8-21　OLA 功能示意图

光线路放大设备(OLA)的核心是掺铒光纤放大器(EDFA)，与 SDH 光线路放大器不同的是：DWDM 系统的 OLA 设备还要完成光监控通道处理的功能，如图 8-22 所示。

4. 电中继设备(REG)

上述光线路放大设备(OLA)只有光放大的功能，而没有对信号的再生能力。DWDM 信号在传输一定距离后，由于受到光纤色散和 EDFA 本身噪声的影响，其传输质量将严重下降。因此，DWDM 线路将可多级使用 OLA，但不能无限制地增加。一般每 600～800 km 需要加一个电中继设备(REG)，以改善光信噪比、通道光谱特性和系统的定时特性，抑制抖动，延长传输距离，如图 8-23 所示。

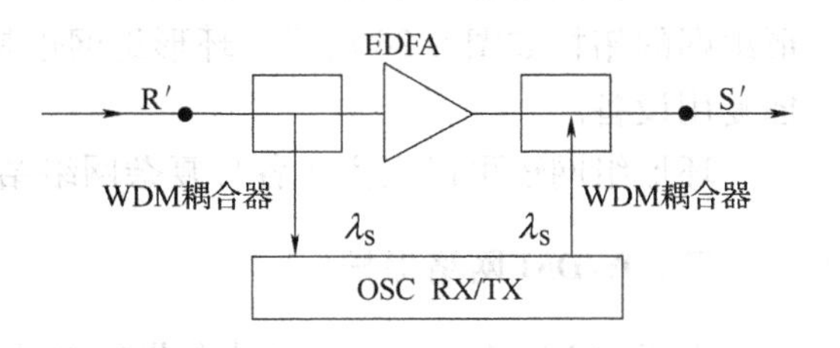

图 8-22　光线路放大设备中的监控信号

电中继设备(REG)通过光/电/光(O/E/O)转换，完成对光信号的放大、再生功能。同样，电中继设备(REG)也无上、下业务的功能。

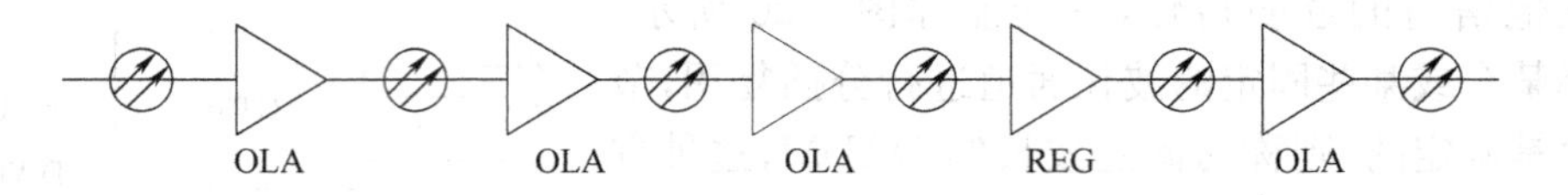

图 8-23　电中继设备在 DWDM 系统的应用

二、DWDM 系统的组网方式

DWDM 系统最基本的组网方式有点到点方式、链形组网方式、环形组网方式，由这三种方式可组合出其他较复杂的网络形式。与 SDH 设备组合，可组成十分复杂的光传输网络。

1. 点到点组网

点到点组网是最简单的一种组网形式，用于端到端的业务传送。点到点也是最基本的组网形式，其他组网方式以此为基础。点到点组网不需要光分插复用设备和电中继设备，只由光终端复用设备和光线路放大设备组成。如图 8-24 所示。

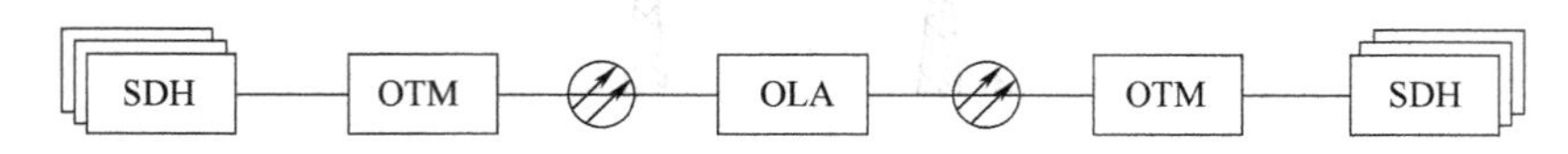

图 8-24　点到点组网示意图

2. 链形组网

当部分波长需要在本地上下业务，而其他波长继续传输时，就需要采用光分插复用设备组成的链形组网。链形组网的网络形式如图 8-25 所示。链形组网也是目前 DWDM 设备最普遍的一种组网方式。

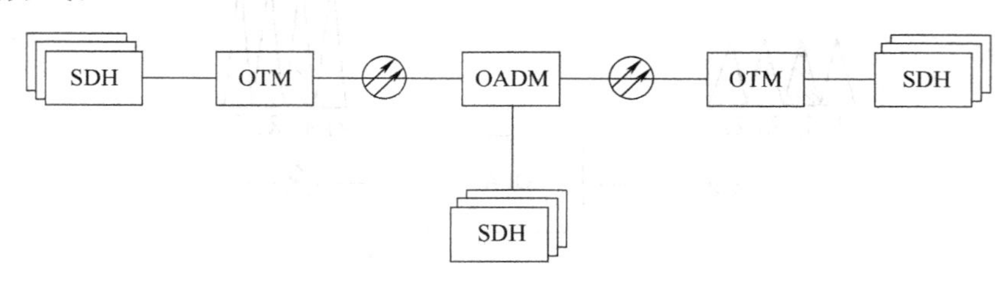

图 8-25　链形组网示意图

3. 环形组网

为了提高传输网络的保护能力，在 DWDM 网络的规划中，绝大多数都采用环形组网。环形组网的拓扑如图 8-26 所示。环形组网也是一种应用非常广泛的组网方式，其节点采用光分插复用设备。

环形组网还可以衍生出各种复杂网络结构。例如：两环相切、两环相交、环带链等。

三、DWDM 网络保护

由于 DWDM 系统承载的业务量很大，因此安全性特别重要。DWDM 网络主要有两种保护方式：一种是基于光通道的 1+1 或 1:n 的保护，另一种是基于光线路的保护。

1. 光通道保护

(1)1+1 光通道保护

1+1 光通道保护如图 8-27 所示。这种保护机制与 SDH 系统的 1+1 复用段保护类似，所有的系统设备都需要有备份，SDH 终端、复用器/解复用器、光线路放大器、光缆线路等，

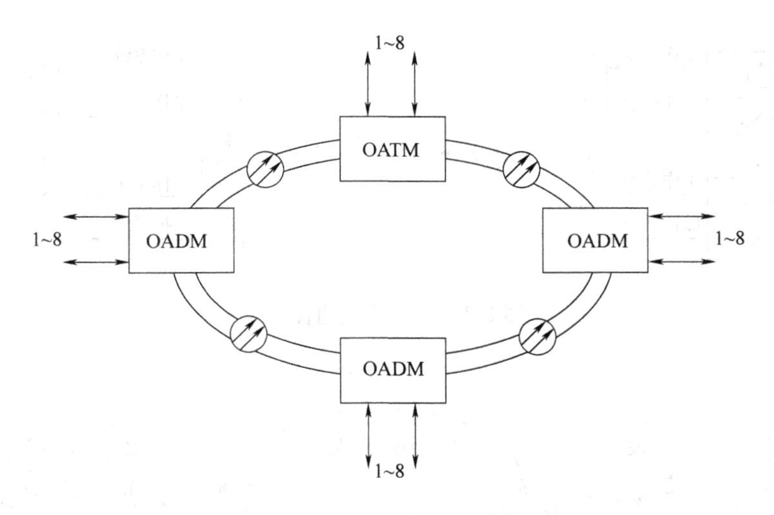

图 8-26　环形组网示意图

SDH 信号在发送端被永久桥接在工作系统和保护系统，在接收端监视从这两个 DWDM 系统收到的 SDH 信号状态，并选择更合适的信号。这种方式的可靠性比较高，但是成本也比较高。在一个 DWDM 系统内，每一个光通道的倒换与其他通道的倒换没有关系，即工作系统里的 TX_1 出现故障倒换至保护系统时，TX_2 可继续工作在工作系统上。

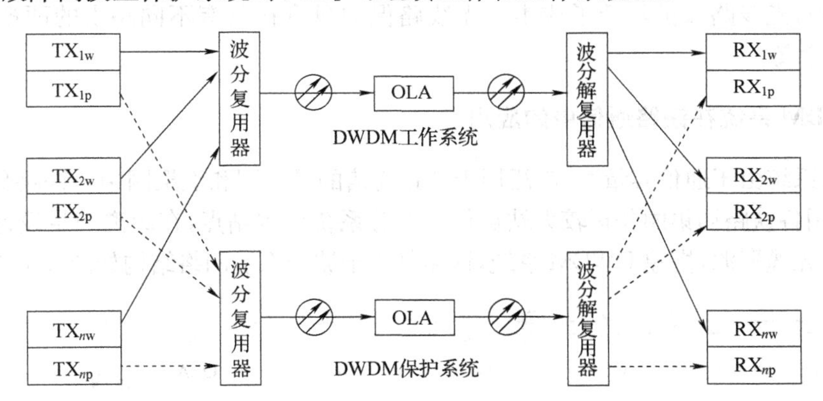

图 8-27　1＋1 光通道保护

w—工作通道；p—保护通道

(2)1∶n 光通道保护

考虑到一条 DWDM 线路可以承载多条 SDH 通路，因而也可以使用同一 DWDM 系统内的空闲波长通道作为保护通路。

图 8-28 所示为 1∶n 保护的 DWDM 系统，其中 n 个波长通道作为工作波长，一个波长通道作为保护系统。但是考虑到实际系统中，光纤、光缆的可靠性比设备的可靠性要差，只对系统保护，而不对线路保护，实际意义不是太大。

2. 光线路保护

如图 8-29 所示。在发射端和接收端分别使用 1∶2光分路器和光开关，或采用其他手段，在发送端对合路的光信号进行功率分配，在接收端，对两路输入光信号进行优选。

这种技术只在线路上进行 1＋1 保护，而不对终端设备进行保护，只有光缆和 DWDM 的线路系统（如光线路放大器）是备份的，而 SDH 终端和复用器等则是没有备份的。相对于 1＋

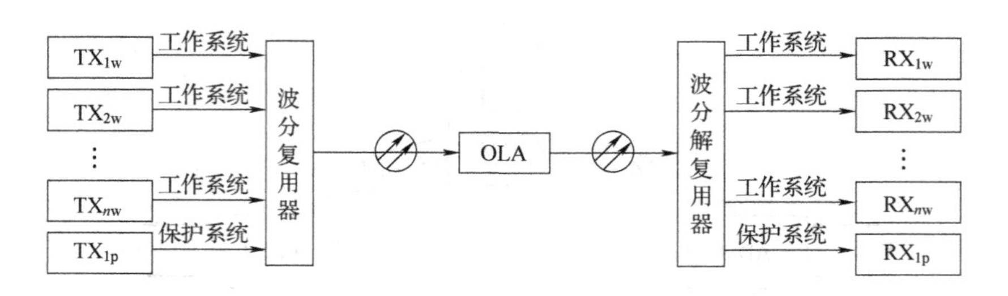

图 8-28　1:n 光通道保护

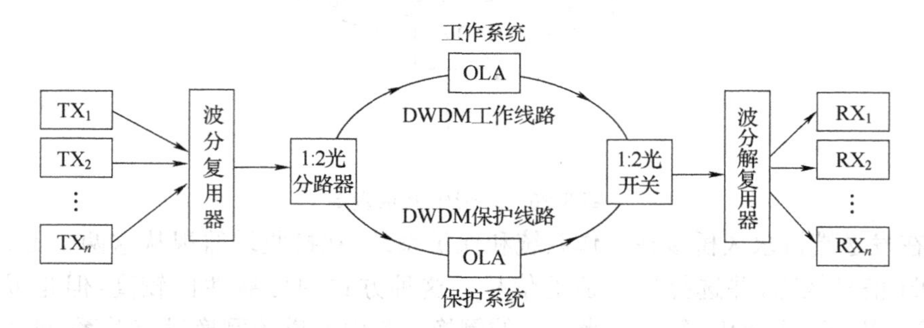

图 8-29　光线路保护

1 光通道保护，光线路保护降低了成本。光线路保护只有在具有不同路由的两条光缆中实施时才有实际意义。

四、DWDM 系统在铁路通信中的应用

DWDM 系统由于通信容量大，广泛用于铁路通信的骨干网和汇聚网中。铁路骨干波分复用系统主要利用各铁路局集团公司较大站点作为波分系统设置站点，在距离满足设计要求的前提下，利用骨干光缆资源，搭建 DWDM 系统，铁路某骨干波分系统网络结构如图 8-30 所示。

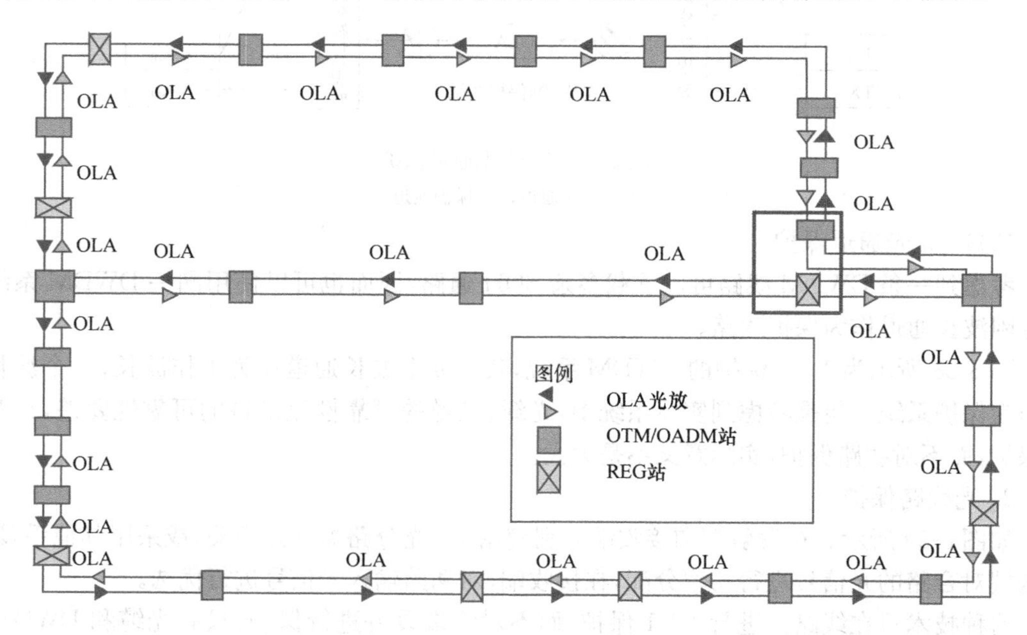

图 8-30　DWDM 系统在铁路应用的示意图

铁路波分复用传送系统(DWDM)主要采用 40 波或 32 波为主,速率为 10 Gbit/s 和 2.5 Gbit/s,目前已形成东北环、西南环、京沪穗环、东南环和西北环五大基础波分复用系统。这些重要的基础骨干光传送网系统和大量的光缆,为全国铁路通信提供了充足的基础传送承载条件。

第六节 320G DWDM 设备

OptiX BWS 320G 骨干光传输系统(下面简称 OptiX BWS 320G 系统)是华为技术有限公司研制出的新一代大容量、长距离密集波分复用光传输产品,该系统在单根光纤中复用的波长通道数量可达 32 个,即可同时传送 32 个不同波长承载的 STM-64 信号,单根光纤传输总容量可达 320 Gbit/s。

一、OptiX BWS 320G 系统的特点

1. 平滑的扩容能力

OptiX BWS 320G 系统具有平滑扩容的能力,可以配置 1～32 个业务通道,每通道的最大传输速率为 10 Gbit/s。大多数情况下,运营商会先开通少数几个通道,预留一定数量的通道以满足日后业务扩容的需要。OptiX BWS 320G 系统可以满足用户这一需求,系统增加新的通道时,只需在设备上增加相应的光转换单元(OTU)即可,不需要改变已有的设备,扩容十分方便灵活。

2. 多种业务的接入

OptiX BWS 320G 系统可以接入符合 ITU-T G.691 建议的 STM-64 速率等级的 SDH 光信号,以及符合 ITU-T G.957 建议的 STM-16/4 速率等级的 SDH 光信号,还可以接入 IP、ATM 及千兆以太网等数据业务。

3. 主信道与光监控通道独立

OptiX BWS 320G 系统的设计使得主信道和光监控通道相互独立。这样,当主信道发生故障和需要维护时不会影响光监控通道的工作,光监控通道发生故障和需要维护时也不会影响主信道的工作。

4. 可升级的光分插复用技术

OptiX BWS 320G 系统可以利用 OADM 光模块在任何光分插复用站提供多达 8 个通道的业务分插,并可在不同的站点分插不同的通道。当在单站分插通道数量超过 8 个时,推荐采用两个光终端复用设备背靠背的方式构成 OADM 设备,这种方式较之用 OADM 光模块方式更为灵活,可任意分插 1 到 32 个通道,更易于组网。

5. 光复用段保护(OMSP)

OptiX BWS 320G 系统可以利用不同的光缆路由,提供光复用段保护,从而大大提高系统的可生存性。

6. 统一的智能化网管

OptiX BWS 320G 系统的网管系统和 OptiX 系列 SDH 产品的网管是统一的,它们能够实现网管上的互通。在 SDH 和 DWDM 网元同时存在的地方,OptiX BWS 320G 系统的网管数据既可以以自己的监控通道为路由传输,也可以以 SDH 的 ECC 为路由传输,非常灵活方便,特别是在没有光线路放大设备的应用中,OptiX BWS 320G 系统通过 SDH 的 ECC 通道传递

监控信息，可以省去自身相对昂贵的光监控通道，最大限度地节省用户投资。

二、320G DWDM 系统单板介绍

OptiX BWS 320G 系统的 DWDM 设备有光终端复用设备(OTM)、光线路放大设备(OLA)、光分插复用设备(OADM)和电中继设备(REG)等几种类型。无论是哪一种设备，都是由一些功能各异的单板组成。

OptiX BWS 320G 系统的单板可分为：光波长转换单元、光复用/解复用、分插复用单元、光放大单元、光监控单元、主控单元、开销处理单元、其他可选功能单元，如表 8-3 所示。

表 8-3 单板类型及功能

单板的分类	单板名称	单板全称
波长转换单元	TWF	STM-64 FEC 功能发送端光波长转换板
	RWF	STM-64 FEC 功能接收端光波长转换板
	TWC	STM-16 发送端光波长转换板
	RWC	STM-16 接收端光波长转换板
	TFC	STM-16 FEC 功能发送端光波长转换板
	RFC	STM-16 FEC 功能接收端光波长转换板
	LWC	STM-16 收发合一光波长转换板
	TRF	STM-64 FEC 功能再生中继光波长转换板
	LWE	千兆以太网光波长转换板
	LWX	任意速率光转换板
	LWM	多速率光波长转换板
光放大单元	WPA	多波长光前置放大器
	WLA	多波长光线路放大器
	WBA	多波长光功率放大器
复用/解复用单元	M32、M16	32、16 通道光合波板
	D32、D16	32、16 通道光分波板
分插复用单元	MR2	双路光分插复用板
其他功能单元	OLP	光线路保护板
	VOA	可调光衰减板
	MS2	多通道处理板
	SC1,SC2	光监控通道处理板
	SCA	光监控通道接入板
	OHP	开销处理与公务板
	SCS	信号合路分路板
	SCC	系统控制与通信板

各单板之间的关系如图 8-31 所示。

(一)光波长转换单元

光波长转换单元的作用就是实现发送/接收端的光波长转换，使 OptiX BWS 320G 系统成

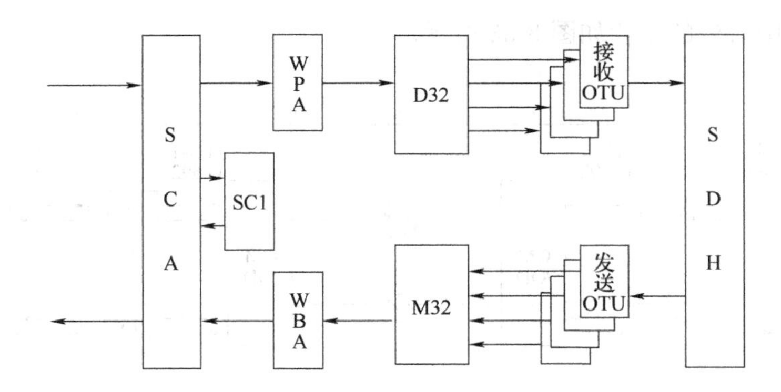

图 8-31 OptiX BWS 320G 系统单板之间的关系图

SCA—光监控通道接入板；SC1—光监控通道处理板；WPA—多波长光前置放大器；

WBA—多波长光功率放大器；M32/ D32—通道光合波/光分波板

为开放式 DWDM 系统。它又可以从传输速率、纠错能力等方面进行分类。下面重点介绍几种有代表性的波长转换板。

1. STM-64 FEC 功能光波长转换单元 TWF/RWF

TWF/RWF 都含有前向纠错(FEC)功能。FEC 是一种纠错编码技术，采用 FEC 技术可使单板具有相当强的纠错能力。

TWF 板是发送端的波长转换板，其功能是将符合 ITU-T G. 691 建议波长的 STM-64 光信号转换为符合 ITU-T G. 692 建议标准波长的光信号，完成 10 Gbit/s SDH 光传输设备信号的接入。RWF 板是接收端的波长转换板，其作用与 RWF 板相反。

光转换板 TWF/RWF 在 DWDM 系统中的位置如图 8-32 所示。

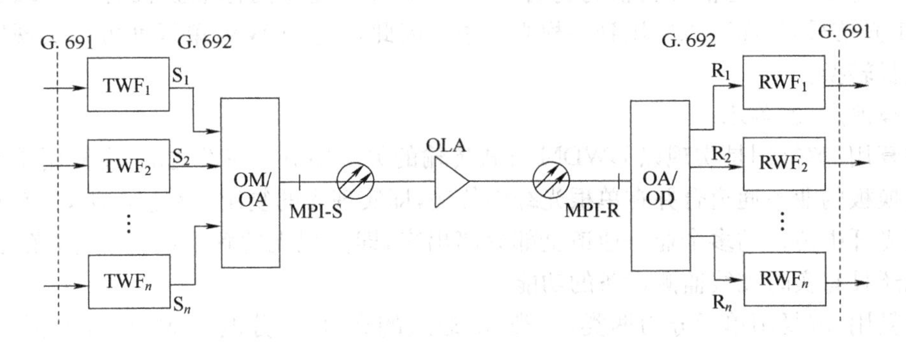

图 8-32 TWF 板在 OptiX BWS 320G 系统中所处的位置

OM—光合波器；OD—光分波器

2. 千兆以太网光波长转换单元 LWE

LWE 板是用于 OptiX BWS 320G 系统的双向千兆以太网光转换板，其客户端设备为千兆路由器或其他 GE 设备。作用是将符合 IEEE 802. 3z 标准的 1. 25 Gbit/s 速率以太网光信号(光波长 1 310 nm 或 850 nm)转换成具有 ITU-T G. 692 建议特性的光信号，从而可以将多路千兆以太网信号复用进一根光纤中并在光纤上传输。同时还可以将速率为 1. 25 Gbit/s、符合 ITU-T G. 692 建议特性的光信号转换为符合 IEEE 802. 3z 标准的以太网光信号(光波长 1 310 nm或 850 nm)。

LWE 将千兆信号经波长转换后直接上 DWDM 系统传输，一方面合理利用光纤带宽，使 IP 在广域网传输带宽达到 40 Gbit/s(32 通道系统)，另一方面也极大地降低了成本。LWE 板在DWDM系统中所处的位置如图8-33所示。

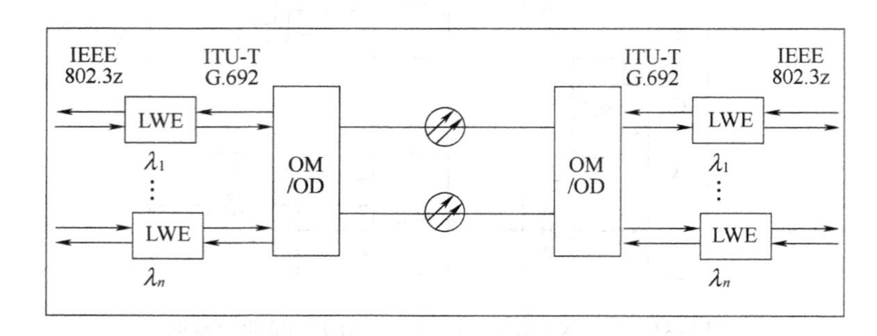

图8-33 LWE板在OptiX BWS 320G系统中所处的位置
OM—光合波器;OD—光分波器

3. 任意速率光转换单元LWX

LWX板的作用就是实现发送、接收端的光波长转换,即将1 280～1 565 nm波长范围内的任意速率(34 Mbit/s～1.25 Gbit/s)光信号转换为符合ITU-T G.692建议的标准波长的光信号,从而可以复用到一根光纤中,使OptiX BWS 320G系统成为开放式DWDM系统。

LWX是收发合一的波长转换板,在系统中的位置同千兆以太网光波长转换板(LWE),主要用于传输数据业务如FE、GE、ESCON、FICON、Fiber Channel、FDDI等。

4. 多速率光波长转换单元LWM

LWM板的作用就是将1 280～1 565 nm波长范围内符合ITU-T G.957建议的STM-16、STM-4或STM-1光信号转换为符合ITU-T G.692建议的标准波长的STM-16、STM-4或STM-1光信号,从而可以复用到一根光纤中。因此,一块LWM单板就可以实现以上三种速率的波长转换。

(二)合波/分波单元

光的复用/解复用是实现以DWDM方式传输的关键环节。在发送端,光复用单元将来自多个光转换板的业务通道合并在单根光纤中传输,即实现光的复用。在接收端,光解复用单元将在单根光纤中传输的多个业务通道全部分离出来,即实现光的解复用。此外,光的复用/解复用单元还具有实时在线监测设备的功能。

光的复用/解复用单元分为两类:一类32通道的光合波/分波板M32/D32;另一类是16通道光合波/分波单元M16/D16。

(三)光放大单元

光放大单元根据它们在DWDM系统中的位置不同,分为三种:光功率放大单元WBA、光前置放大单元WPA和光线路放大单元WLA。

1. 光功率放大单元WBA

WBA板一般安装在系统的发送端,通常简称为功放,用来提高发送的光功率,补偿无源光器件的插入损耗。

2. 光前置放大单元WPA

WPA板一般安装在系统的接收端,通常简称为前放(预放),用来提高光接收机的接收灵敏度,补偿无源光器件的插入损耗。

3. 光线路放大单元WLA

WLA板一般安装在系统的光中继站，通常简称为线放，用来补偿线路光缆造成的光信号功率衰减，延长传输距离。WLA板分如下两种情况：

(1)在不需要进行色散补偿(一般为短跨距情况)或分插复用时，为提高短跨距光信噪比，可采用WBA来单独实现；

(2)在需要进行色散补偿(一般为长跨距情况)或分插复用时，可采用WPA+WBA两种放大器联合实现以优化系统光信噪比。

光放大单元在系统中的位置如图8-34所示。

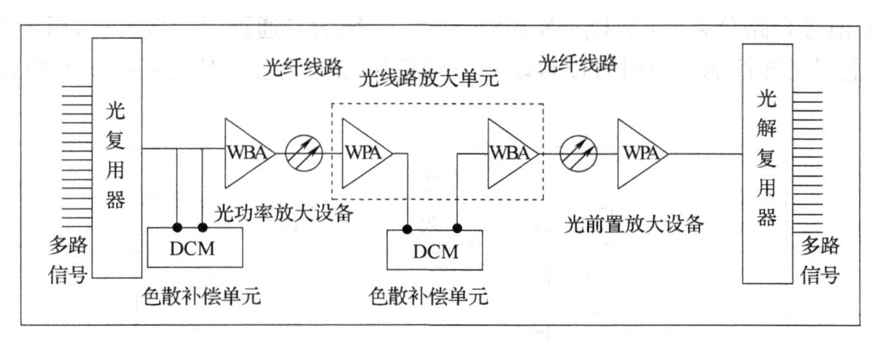

图8-34 光放大单元在OptiX BWS 320G系统中所处的不同位置

(四)光分插复用单元MR2

MR2板即双路光分插复用板，它是光分插复用设备OADM最重要的功能单元。

MR2板提供光的分插复用功能。一块MR2板可以在本地分插两路业务通道，分插通道的载波波长是固定的。两块MR2板级联可以实现四路业务通道的分插。OptiX BWS 320G系统最多可以在本地分插八路业务通道。

从光路连接关系上来说，MR2的输入和输出主信道分别接WPA的输出和WBA的输入光口，MR2在本地分插的各业务通道则分别接波长转换板的输入和输出光口(开放式设备)。

(五)其他功能单元

1. 光监控通道单元

如前所述，我国规定DWDM光监控信道的工作波长为1 510 nm，光监控通道处理板就是对光监控通道进行处理的单板，简称监控板。根据其所在位置的不同，又分为中继站双路监控板和终端站单路监控板，其板名分别为SC2和SC1。

光监控通道与主信道采用WDM方式传输，两者的合波和分波是由光监控通道接入板SCA完成的。

2. 开销处理单元OHP

OHP (Overhead Processor)即为开销处理板，简称开销板。它在OptiX BWS 320G系统中承担的是不同设备之间相互通信的任务，如提供用户通路、公务电话通路等。

3. 光线路保护单元OLP

通过对OLP板的使用，OptiX BWS 320G系统实现了光纤线路保护，根据接收端所接收到的光功率，当主用光纤性能下降时可以自动倒换到备用光纤上去。

4. 系统控制与通信单元SCC

SCC板实现对DWDM网元设备的管理及通信。SCC板的主要功能包括：

(1)同网元的各单板进行通信，完成单板配置及单板性能、告警数据的收集；

(2)通过 DCC 通道和各个网元通信,实现对整个网络的管理。同时具备与网络管理系统联络的 F 接口和 Q 接口。

5. 可调光衰减单元 VOA

VOA 即可调光衰减单元,能够实时检测和调节信道的光功率,用于维持功率值在系统要求的范围内。在相应软件的控制下,VOA 与光线路放大单元配合可以实现自动功率控制(ALC)。VOA 板在光线路放大设备中,位于 WPA 板和 WBA 板之间。

6. 信号合路分路板 SCS

SCS 即信号合路分路板,是 OptiX BWS 320G 系统的光通道保护接入板,用于提供光纤通道保护,当主用光纤性能下降时可以自动切换到备用光纤上去。其在系统中的应用如图 8-35 所示。

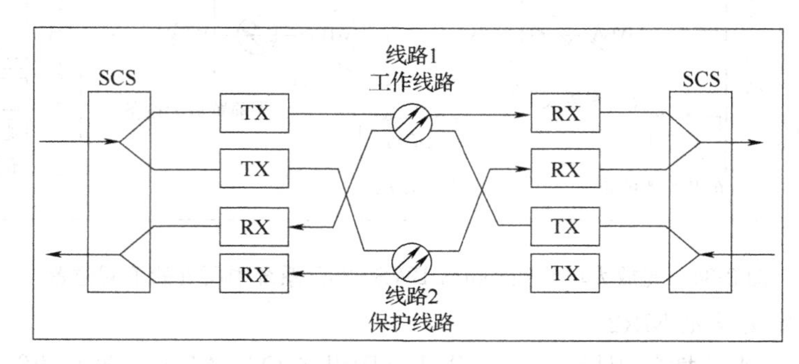

图 8-35 SCS 板在 OptiX BWS 320G 系统中所处的位置

三、OptiX BWS 320G 的设备配置

1. 光终端复用设备

光终端复用设备(OTM)的主要功能是将不同波长的光信号复用形成 DWDM 信号,并送入光纤中传输。

OTM 按功能单元划分主要包括:光转换单元、光复用(合波)单元、光放大单元、光解复用(分波)单元、光监控通道处理单元、系统控制与通信单元及开销处理单元等。OTM 的组成框图如图 8-36 所示。

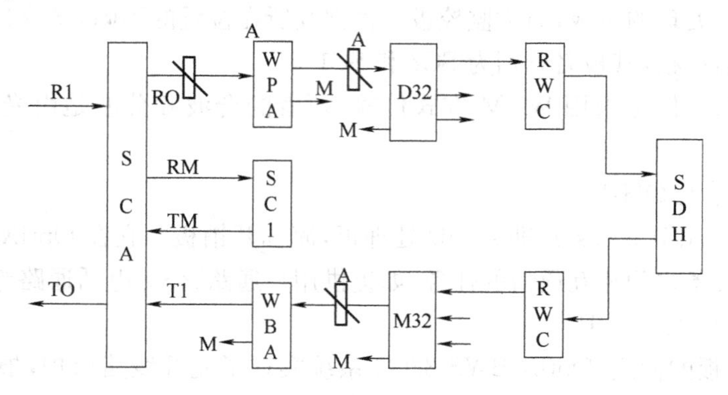

图 8-36 光终端复用设备原理框图

TWC/RWC—发送/接收端光波长转换板;SC1—单向光监控通道处理版;
SCA—光监控通道接入板;M32/D32—光合波/分波板;A—光衰减器;
WPA/WBA—光前置/功率放大器板;M—检测光口

在发送方向，OTM 把波长为 $\lambda_1 \sim \lambda_{32}$ 的 32 个 SDH（如 STM-64）信号经合波板 M32 复用成一个最大容量为 320 Gbit/s 的 DWDM 主信道信号，然后由 WBA 板对其进行光放大，并在光监控通道接入板（SCA）上加入波长为 λ_s 的光监控通道信号后，再向对端发送。

在接收方向，OTM 先经 SCA 板把光监控通道信号取出，然后对 DWDM 主信道信号进行光放大，色散补偿，而后经分波板 D32 解复用成 32 个特定波长的信号，再送到用户设备上。

2. 光线路放大设备

光线路放大设备（OLA）放置在中继站上，用来放大来自线路的微弱光信号。光线路放大设备按功能单元划分主要包括：光放大单元、光监控通道处理单元、系统控制与通信单元和开销处理单元，如图 8-37 所示。

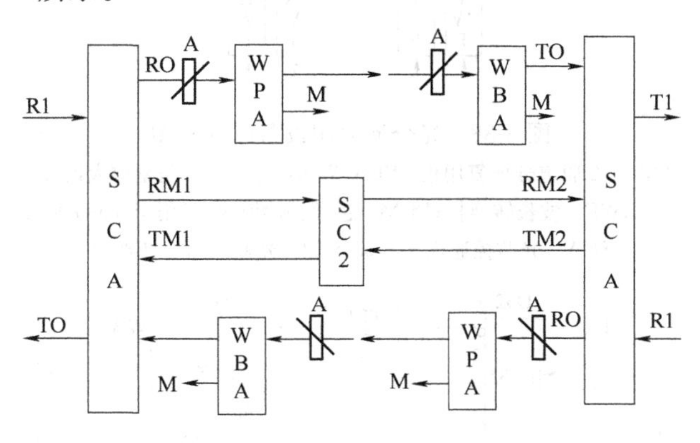

图 8-37 光线路放大设备原理框图

SC2—双向光监控通道处理板；M—检测光口；A—光衰减器；
WPA/WBA—光前置/功率放大器板；SCA—光监控通道接入板

掺铒光纤线路放大器（EDFA）是光线路放大设备（OLA）的核心。在每个传输方向上，光线路放大设备首先分离出光监控通道，获取传输信号的监控信息；同时，WPA 和 WBA 对主信道进行光放大。然后将主信道与经过处理的光监控通道合并送入光纤线路。

3. 光分插复用设备

光分插复用设备（OADM）是在光域上实现支路信号的分插和复用的设备。OADM 按功能单元划分主要包括：光放大单元、色散补偿单元、光监控通道处理单元、光分插复用单元、光转换单元（只用于开放式设备），如图 8-38 所示。图中最关键的功能单元是光分插复用板 MR2。

光分插复用设备在两个传输方向上对信号的处理都是相同的。首先是提取光监控信号，然后对监控信号进行处理，处理方式与光线路放大设备是相同的，主信道经过光前置放大后先进行色散补偿，再进入光分插复用单元中进行通道的分插，并与本地插入的其他通道合并在一起，然后进行光功率放大，最后与经过处理的光监控通道合并在一起发送。对于开放式光分插复用设备，在本地分插的通道要进行光转换处理。

4. 电中继设备

对于需要进行再生段级联的中继站，要用到电中继设备（REG），其作用是改善光信噪比、抑制抖动，延长传输距离。电中继设备按功能单元划分主要包括：光放大单元、光监控通道处理单元、光解复用单元、光转换单元、光复用单元、系统控制与通信单元和开销处理单元，如图 8-39 所示。

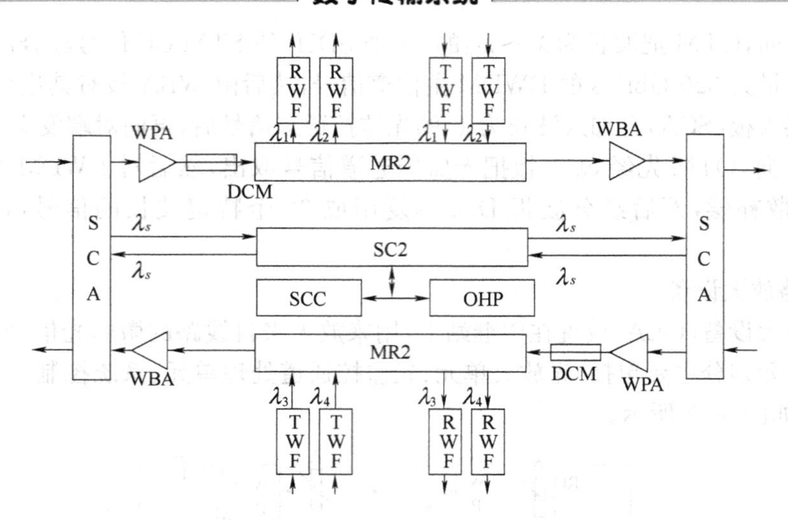

图 8-38　光分插复用设备原理框图

MR2—2 通道分插复用板；WBA/WPA—光功率/前置放大器板；
TWF/RWF—波长转换板；DCM—色散补偿模块(只用于 320G 系统)；
SCA—光监控通道接入板；SC2—光监控通道处理板

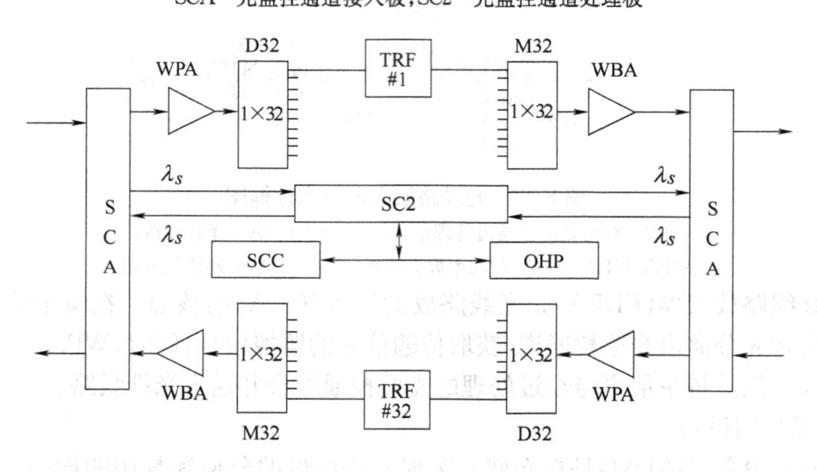

图 8-39　电中继设备原理框图

WBA/WPA—功率/和前置放大器板；TRF—再生中继光波长转换板；
SCA—光监控通道接入板；SC2—光监控通道处理板；M32/D32—光合波/分波板

在 REG 中，首先是光监控通道与主信道的分离，然后对主信道进行光前置放大，之后对合波信号进行解复用，再对各单波进行光电转换和信号的放大、再生处理，电光转换，光的复用，主信道光功率放大，最后与经过处理的光监控通道合并再送入光纤中继续传输。

第七节　DWDM 设备日常维护与故障处理

一、DWDM 设备日常维护

(一)维护的分类

与 SDH 设备维护类似，DWDM 设备按照维护周期的长短分为日常例行维护、周期性例行维护和突发性维护三类。

1. 日常例行维护

日常例行维护是指每天必须进行的维护项目。它可以帮助我们随时了解设备运行情况，以便及时发现问题、解决问题。

2. 周期性例行维护

周期性例行维护是指定期进行的维护。周期性例行维护分为月度维护、季度维护和年度维护。

3. 突发性维护

突发性维护是指因为传输设备故障、网络调整等带来的维护任务。如设备损坏、线路故障时我们需进行的维护。

(二)例行维护的基本原则

例行维护的基本原则就是:在例行维护工作中及时发现和解决问题,防患于未然。

一名好的维护人员,并不完全在于他能多么迅速地定位和解决故障告警,而更在于在故障产生前,他能够通过例行的维护工作及时发现故障隐患和排除故障隐患,使设备能长期稳定地运行。对设备良好、有效的维护,不仅能够减少设备的故障率,并且可以延长设备的使用寿命。

(三)例行维护项目

1. 设备声音告警检查

设备的告警声通常比其他告警更容易引起维护人员的注意,因此在日常维护中必须保持该告警来源的通畅。

2. 机柜指示灯观察

设备维护人员主要通过告警指示灯来获得告警信息,因此在日常维护中,要时刻关注告警灯的闪烁情况,据此来初步判断设备是否正常工作。

在机柜顶上,有红、黄、绿三个不同颜色的指示灯,各指示灯表示的含义如表 8-4 所示。

通过观察机柜顶部的告警指示灯可获得设备是否有高级别(紧急和主要)的告警。

表 8-4 机柜顶指示灯及含义

指示灯	名 称	状 态	
		亮	灭
红灯	紧急告警指示灯	当前设备有紧急告警,一般同时伴有声音告警	当前设备无紧急告警
黄灯	主要告警指示灯	当前设备有主要告警	当前设备无主要告警
绿灯	电源指示灯	当前设备供电电源正常	当前设备供电电源中断

3. 单板指示灯观察

在例行维护中,观察单板指示灯的状态,可判断单板的运行和业务等是否正常。系统中所有单板除 SCA 板(监测信道接入板)外,各单板的拉手条上都有一个红灯和一个绿灯。

(1)绿灯是运行灯,其闪烁状态的含义如表 8-5 所示。

表 8-5 OptiX BWS 320G 系统单板绿色运行指示灯

运行灯状态	状态描述	运行灯状态	状态描述
快闪:每秒闪烁 5 次	未开工状态	慢闪:2 s亮 2 s灭	与主控板通信中断,处于脱机工作状态
正常闪烁:每隔 1 s闪 1 次	正常开工状态		

运行灯慢闪是一个不容易察觉的危险状态。某些板处在该状态，此时网管上该板显示“不在位”，无法对该板进行监测。

(2)红灯是告警灯，其闪烁状态的含义如表 8-6 所示。

表 8-6 OptiX BWS 320G 系统单板红色告警指示灯

告警灯状态	状态描述	告警灯状态	状态描述
常灭	无告警发生	每隔 1 s 闪烁 1 次	有次要告警发生
每隔 1 s 闪烁 3 次	有紧急告警发生	常亮	单板存在硬件故障，自检失败
每隔 1 s 闪烁 2 次	有主要告警发生		

4. 设备温度检查

将手放于子架通风口上面，检查风量，同时检查设备温度。在网管性能中通过 PMU 检测设备运行温度，设备的长期工作温度应该为 0℃～40℃，如果温度值超过此范围，可以通过把设备前门打开或把机房空调打开来调整温度。

5. 风扇检查和定期清理

良好的散热是保证设备长期正常运行的关键，因此需要定期检查风扇的运行情况和设备的通风情况。

(1)保证风扇时刻处于打开状态——风扇子架的开关指示灯亮。

(2)确保各小风扇运转正常——绿色运行指示灯长亮，红色告警灯熄灭。

定期清理防尘网，每月至少 2 次。

6. 公务电话检查

公务电话是网络维护人员定位、处理故障的重要通信工具，因此在日常维护中，维护人员需要经常对公务电话作一些例行检查，以保证公务电话的畅通。

7. 光谱分析测试

设备正常运行时，可能出现某路光功率下降的情况，虽然还不至于影响业务，而且此时网管和设备也不会出现任何告警，但对设备的正常运行存在潜在的威胁，所以定期测试光谱，分析各路信号的传输质量非常重要。把本站的 M32 板、D32 板、WBA 板或 WPA 板的 M 检测口的信号输入光谱分析仪或接入 MS2 板进行分析，比较各路信号的光功率、信噪比等数值是否出现较大的变化。

如果某路信号光功率明显降低，则要根据信号流的流向，依次测量每个尾纤接头的光功率，直到找出光功率下降的根本原因。一般情况下，尾纤受损或尾纤接头脏的可能性最大，也有可能是波长转换板故障。

8. 网管的例行维护项目

网管是例行维护的一个重要工具。为保证设备的安全可靠运行，网管站的维护人员应每天通过网管对设备进行检查。网管的例行维护项目主要包括告警检查、性能事件检查、网管数据库的维护和网管计算机本身的维护等几方面。

二、DWDM 设备常见故障的处理

1. 网元全部业务中断

(1)故障现象

本网元接收端放大板上报 MUT_LOS 告警，且 OTU 单板上报 R_LOS、R_LOF、R_OOF

告警,本网元全部业务中断。

(2)原因分析及应急措施

网元全部业务中断分以下三种情况:

① 系统有光监控信道,放大板上报 MUT_LOS 告警且监控单板上报 R_LOS 告警。判断为线路光纤中断。

处理方法:检查 ODF 与波分设备之间的尾纤,若尾纤有问题,清洁或更换尾纤。若尾纤没问题,处理光缆故障。

② 系统有光监控信道,放大板上报 MUT_LOS 告警,监控信道板无告警。判断为光功率异常。

处理方法:检查 FIU 单板与放大板之间尾纤;检查监控信道光功率变化情况,若监控信道接收光功率降低,检查是否光缆衰减过大,若是,需处理光缆故障。若本站与上游站之间的光缆正常,检查上游站点的发送光功率。如故障站点的光缆正常,检查其放大板输入功率,如输入功率正常,更换放大单板。

③ 系统无光监控信道,放大板上报 MUT_LOS 告警。判断为光发大器故障或光缆故障。

处理方法:检查本站放大板输入功率,如输入功率正常,更换本站放大单板。检查上游站放大板功率,如输入功率正常、输出功率变低,更换上游站放大单板。检查 ODF 与波分设备之间的尾纤,若是尾纤有问题,清洁或更换尾纤。若尾纤没问题,处理光缆故障。

2. 单波业务中断

(1)故障现象

OTU 单板波分侧 IN 口上报 LOS、LOF、R_OOF、OTU_LOF 等告警,单个波道业务中断。

(2)原因分析及应急措施

① 对端站点 OTU 单板故障或尾纤有问题。

处理方法:检查对端站点 OTU 单板客户侧输入光功率和波分侧输出光功率是否正常。若异常,更换对应单板或者尾纤。检查对端站点放大板输入光功率是否正常,以判断 OTU 与 MUX 板之间尾纤是否正常。若异常,更换或清洁对应尾纤。

② 本站 OTU 单板故障。

处理方法:测试 OTU 单板输入光功率,若正常,判断为本站 OTU 单板故障,更换此单板。

3. 客户侧业务中断

(1)故障现象

OTU 单板客户侧 RX 口上报 LOS、LOF、R_OOF、IN_POW_LOW 等告警,该客户侧业务中断。

(2)原因分析及应急措施

原因一:与 OTU 单板对接的客户设备单板输出光功率异常。

处理方法:测试对接客户设备单板的输出光功率,如果功率异常,更换客户设备单板。

原因二:OTU 单板与客户设备之间尾纤问题。

处理方法:若客户设备输出功率正常,测试 OTU 单板输入功率,若异常,清洁或更换尾纤。

原因三:OTU 单板故障。

处理方法:若 OTU 单板输入光功率正常,更换此 OTU 单板。

原因四:本站 OTU 瞬报 R_OOF、LOF 告警,同时下游的 OTU 单板也在同一时刻上报此告警,可判断是客户设备问题。

处理方法:处理客户设备存在的问题。

4. 光功率明显降低

(1)故障现象

本站所有 OTU 单板光功率都有明显地下降,信噪比低于 OTU 的信噪比容限。导致业务出现大量误码和频繁瞬断。

(2)原因分析及应急措施

原因 1:光缆或合波部分的尾纤衰减劣化或者受到物理损伤,导致光纤上衰耗增大,收光功率的下降会导致信噪比的下降。

处理方法:检查合波部分的尾纤,更换尾纤。处理光缆故障。

原因二:对端站点或者本站光放板增益降低。

处理方法:检查放大板增益是否异常。若异常,更换相应放大板。

1. 波分复用(WDM)是在一根光纤中同时传输多个不同波长光信号的一项技术。WDM 通常有 3 种复用方式,即 1 310 nm 和 1 550 nm 波长的波分复用、粗波分复用(CWDM)和密集波分复用(DWDM)。

CWDM 相邻信道的间距一般大于等于 20nm,波长数目一般为 4 波或 8 波,最多 18 波,CWDM 使用 1 200 ~1 700 nm 窗口。DWDM 相邻信道的间距一般为隔为 0.8 nm,或更低,波长数目一般为几十波或上百波。目前 DWDM 一般工作在 C 波段(1 525~1 565 nm)。

2. DWDM 技术具有超大容量;对数据透明传输;系统升级时能最大限度地保护已有投资;可以节约大量光纤;可组成全光网络等特点。

3. DWDM 系统按传输方向的不同有双纤单向和单纤双向两种。按光接口类型的不同分为开放式 DWDM 和集成式 DWDM 两种。

4. DWDM 系统主要由光发射机、光中继放大、光接收机、光监控信道和网络管理系统五部分组成。

5. DWDM 系统中的关键技术是光源、光复用/解复用器、光放大器、光波长转换器、光监控信道和光纤等。

6. DWDM 系统的网元有光终端复用器(OTM)、光线路放大器(OLA)、光分插复用器(OADM)和电再生中继器(REG),其常见的组网形式有点对点、链形和环形等。

7. OptiX BWS 320G DWDM 系统在单根光纤中复用的波长通道数量可达 32 个,即可同时传送 32 个不同波长承载的 STM-64 信号,单根光纤传输总容量可达 320 Gbit/s。

8. 与 SDH 设备维护类似, DWDM 设备按照维护周期的长短,分为日常例行维护、周期性例行维护和突发性维护三类。

复习思考题

1. 什么是WDM技术？为什么要引入WDM技术？

2. 什么是CWDM和DWDM？它们的波长间隔、工作波段分别为多少？

3. DWDM系统由哪几部分组成？各部分的主要作用是什么？

4. 我国规定的光监控通路的光波长是多少？工作速率是多少？

5. 集成式DWDM与开放式DWDM的区别是什么？

6. 什么是双纤单向DWDM系统？什么是单纤双向DWDM系统？

7. 光传输系统的三个光接口标准是什么？DWDM使用的光接口规范是什么？

8. DWDM系统中常用的波分复用器有哪些？

9. 光波长转换单元(OTU)的功能是什么？说明它在DWDM系统中的应用。

10. 最适合DWDM系统使用的是哪种光纤？为什么？

11. 什么是EDFA？简述EDFA的主要特点。

12. EDFA放大器中常用的泵浦光源的波长为多少？

13. EDFA按使用场合不同，可分为哪三种放大器？其作用主要是什么？

14. DWDM系统常用的网元设备有哪些？简述其功能。

15. DWDM系统的组网方式有哪些？

16. 简述OLA与REG的异同点。

17. DWDM网络主要的保护方式有哪些？简述其保护原理。

18. 了解OptiX BWS 320G设备的单板功能。

19. OptiX BWS 320G DWDM系统中OTM设备、OLA设备按功能单元划分主要包括哪几部分？

20. 了解OptiX BWS 320G设备的日常维护项目。

第九章

基于 SDH 的多业务传送平台(MSTP)

20 世纪 90 年代起，互联网开始突飞猛进的发展，使得通信网上的 IP 流量日渐增多，形成了所谓的城域网。城域网的业务范围不仅有语音，还有数据和图像等，是全业务网络。原先以承载话音为主要目的的 SDH 技术无论在容量，还是在接口能力上都已经无法满足业务传输与汇聚的要求。于是多业务传送平台(MSTP)技术应运而生。

第一节　MSTP 的概念

一、MSTP 概述

MSTP(Multi-Service Transport Platform)多业务传送平台是基于 SDH 的多业务传送技术，它能够同时实现 TDM、ATM、以太网、IP 等多业务的接入处理和传送。MSTP 技术是 SDH 技术的发展，与现有 SDH 网络有很好的兼容性，既继承了 SDH 的优点，又尽量避免了 SDH 的缺点，是随着城域网的发展出现的传输/接入设备。

基于 SDH 的多业务传送节点除应具有标准 SDH 传送节点所具有的功能外，还具有以下主要功能：

(1)具有 TDM 业务、ATM 业务或以太网业务的接入功能；

(2)具有 TDM 业务、ATM 业务或以太网业务的传送功能，包括点到点的透明传送功能；

(3)具有 ATM 业务或以太网业务的带宽统计复用功能；

(4)具有 ATM 业务或以太网业务映射到 SDH 虚容器的指配功能。

基于 SDH 的多业务传送节点可根据设备容量和其在网络中的定位可以分别应用在城域网的核心层、汇聚层的接入层。

二、MSTP 的主要特点

(1)利用 SDH 的网络体系，支持多种物理接口

MSTP 典型的接口有：电路交换接口、光接口、ATM 接口、以太网接口、xDSL 接口、FR 接口和 E1/T1 接口。

(2)简化网络结构，支持多协议处理

MSTP 典型的业务有：IP、ATM、SDH/SONET、以太网/快速以太网/吉比特以太网、TDM 等。MSTP 对多业务的支持是由于其具有对多种协议的支持能力，通过对多种协议的支持来增强网络边缘的智能性。通过对不同业务的聚合、交换或路由来提供不同类型传输流的分离。

(3)提高光传输容量利用率，降低成本

目前城域网核心带宽为 240 Gbit/s～400 Gbit/s,边缘带宽则为 6 Gbit/s～50 Gbit/s,直接将 SDH 系统及 DWDM 系统用在接入端成本偏高。MSTP 系统能提供的传输容量从 STM-1 到 STM-64,复用的波长从 1 310 nm 到 1 550 nm,对各种业务都有合适的传输速率接入,信道利用率高。

(4)高可靠性

MSTP 继承 SDH 的保护特性,实现 99.999%的工作时间、小于 50 ms 的自动保护恢复时间。

(5)多网元功能集成,有效带宽管理

MSTP 可集传统 SDH 网 ADM/DXC/DWDM 功能于一体,具有更细"粒度"的交换和交叉连接,网络拓扑结构(线形、网形、环形)的逻辑结构与物理结构相分离,配置方便,避免了大量的手工线路连接和复杂的网络间协调,从而大大降低了管理成本。

三、SDH 在 MSTP 技术中的地位

SDH 作为传输网,相当于 OSI 开放系统互联网络分层协议中的最底层——物理层,它为网络运营者提供了灵活、可靠的搭建多种网络的传输平台。

MSTP 技术本身就是基于 SDH 技术的,它在 SDH 技术的基础上,通过与以太网和 ATM 技术的结合,实现多种业务在 SDH 系统中的传输。可以说,没有 SDH 技术就没有 MSTP 技术,SDH 技术是 MSTP 技术的基础。另一方面,以太网技术、ATM 技术与 SDH 技术相结合时,又促进了 SDH 技术的发展。链路容量自动调整(LACS)协议就是这种结合的产物,它解决了利用固定带宽的 SDH 虚容器来传送带宽需要不断变化的以太网业务所遇到的带宽不匹配的问题,同时也增强了 SDH 的带宽管理功能。因此,MSTP 技术是 SDH 技术的延伸,是现有 SDH 技术的前向推进。

第二节 MSTP 原理

MSTP 多业务传送的含义是同时支持时分复用和分组交换两种技术。也就是说多业务传送平台不仅能提供基于时分复用的专用通道,而且能直接提供以太网接口,甚至具有 ATM 信元交换和以太网二层交换的能力。

一、MSTP 框图

基于 SDH 的多业务传送节点功能模型如图 9-1 所示。图中,多业务传送节点的接口类型主要有:TDM 接口(T1/E1、T3/E3)、SDH 接口(OC-N/STM-N)、以太网接口(10/100BaseT、GE)、和 ATM 接口(155M)等。

由图 9-1 可以看出,PDH、SDH 接口加上后续的 VC 处理和段开销处理部分,就是以前的 SDH 设备框图。因此,MSTP 就是在原 SDH 之上增加了 ATM 和以太网接口,以及相应的信号处理能力,对 SDH 其余部分的功能没有多少改变。

1. PDH 接口

PDH 接口使用较多的是 2 M 专线。它本质上是 TDM 2M 业务,可以为大客户提供很高的业务质量。根据不同需求,一般可以提供 2 M 语音专线和 2 M 数据专线。2 M 语音专线是将大客户的用户交换机接入到骨干网,MSTP 平台提供 2 M 语音业务的透传。2 M 数据业务为大客户提供数据通道,将大客户的路由器接入到 IP 汇聚网络,如图 9-2 所示。

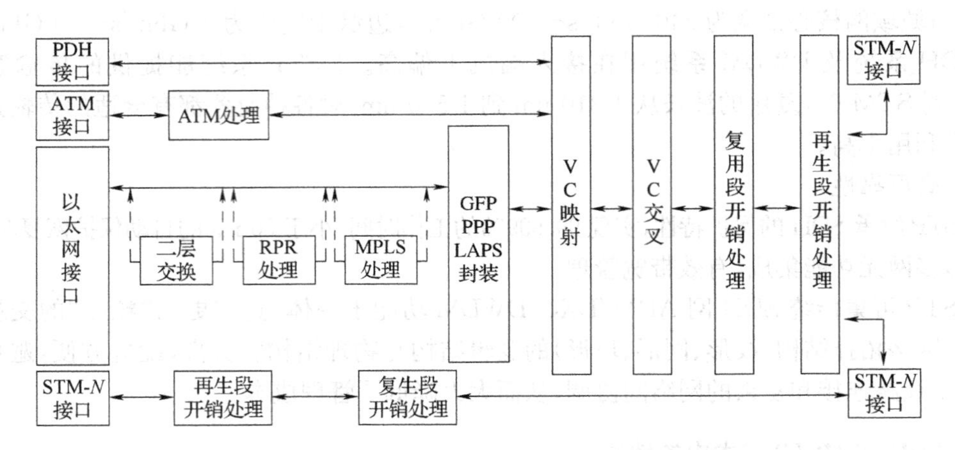

图 9-1　MSTP 原理框图

RPR—弹性分组环；MPLS—多协议标签交换；GFP—通用成帧协议；
PPP—点到点协议；LAPS—链路接入协议

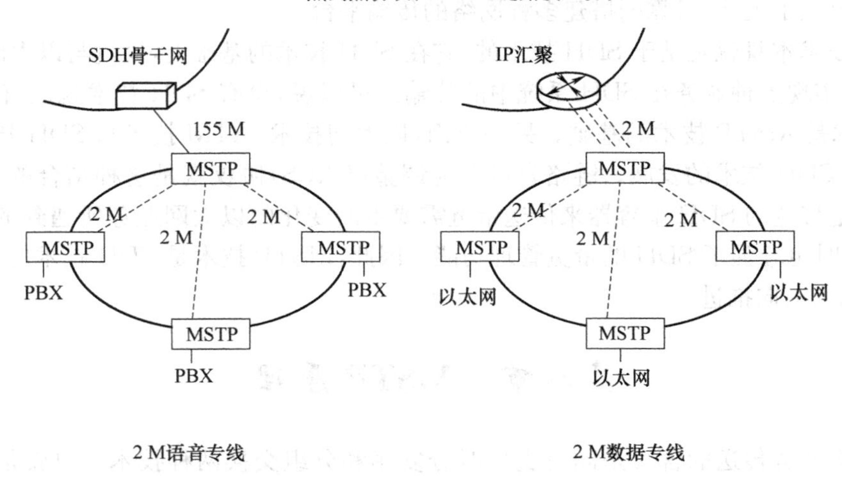

图 9-2　2 M 专线示意图

2. 以太网接口

以太网接口用于有效地可靠地接入以太网业务。以太网信号一般先经过以太网处理模块完成流量控制、VLAN(虚拟局域网)处理、二层交换、性能统计等功能，再利用 GFP(通用成帧协议)或 LAPS(链路接入协议)或 PPP(点到点协议)等封装后，映射到 SDH 系统不同的虚容器中进行传输。

对于基于 SDH 的多业务传送节点，以太网接口映射到 SDH 虚容器应符合如表 9-1 所示的要求。

表 9-1　以太网映射到 SDH 虚容器对应关系

以太网接口	SDH 映射单位	以太网接口	SDH 映射单位
10/100 Mbit/s 自适应接口	VC-12-*X*c/v	1 000 Mbit/s 接口	VC-4-4c/v
	VC-3		VC-4-8c/v
	VC-3-2c/v		VC-4-*X*c/v
	VC-4		

MSTP 处理以太网接口过来的信号有以下几种方式。

(1)以太网透传方式

以太网透传方式是把来自以太网接口的以太网帧或 IP 数据包不经过二次层交换，直接进行协议封装和速率适配，映射到 SDH 的虚容器 VC 中，然后通过网络进行点到点透明传送，如图 9-3 所示。

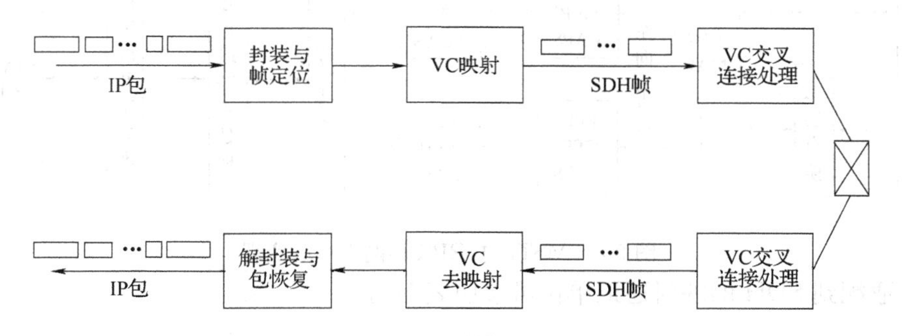

图 9-3　MSTP 中以太网透传方式的实现

以太网透传方式使用简单，是“物理层隔离”，安全性好，比较适合银行、数据中心等对数据安全性和质量有较高要求的客户，但是带宽消耗比较大，费用相对比较高。

(2)以太网二层交换方式

以太网二层交换方式是指在一个或多个以太网接口与一个或多个独立的网络链路之间，提供基于以太网链路层的交换。根据数据包的 MAC 地址，实现以太网接口侧不同端口与系统侧不同 VC 通道之间的任意包交换。

这种方式与不带二层交换功能的 MSTP 相比变化是将以太网业务映射入 VC 虚容器之前，先进行以太网二层交换处理，如图 9-4 所示。本地数据流进入 MSTP 网前先汇聚，再通过点对点透传至 MSTP 网的终结点，使得各个节点可以共享共同的传输通道，节省了网络带宽和局端接口，但安全性比透传方式为低，时延也比较大。

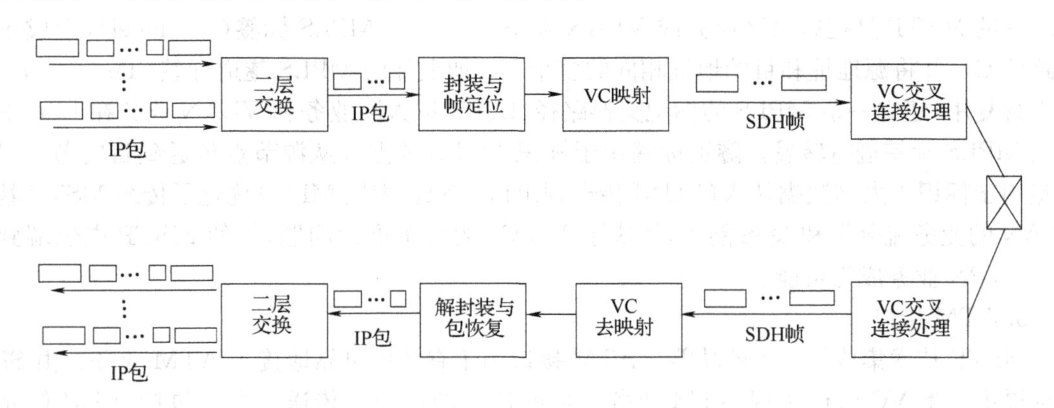

图 9-4　MSTP 中以太网二层交换方式的实现

(3)以太环网方式

RPR(弹性分组环)是一种新的 MAC 层协议，用来增强 MSTP 设备以太网数据业务的传送功能。RPR 环网用以太网技术为核心，它不仅有效地支持环形拓扑结构、在光纤断开或连接失败时可实现快速恢复，而且使用空间重用机制来提供有效的带宽共享功能，具备数据传输的高效、简单和低成本等典型以太网特性，标准为 IEEE 802.17。可在 MSTP 的 SDH 层上抽取部分时隙采用 GFP 协议进行 RPR 到 SDH 帧结构的映射，构建 RPR 逻辑环，通过 RPR 板卡上的快速以太网接口和千兆以太网接口接入业务。MSTP 中 RPR 承载以太网业务的传送模型如图 9-5 所示。

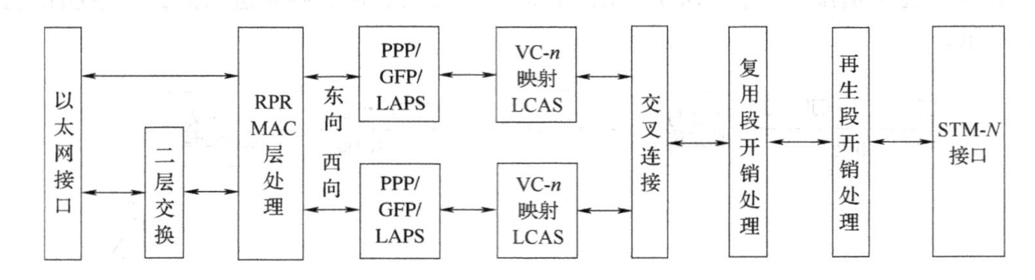

图 9-5　MSTP 中 RPR 环网方式的实现

RPR 适配到 SDH 的映射通道单位可参照表 9-2。

表 9-2　RPR MAC 适配到 SDH 的映射通道单位

RPR 环路带宽	SDH 映射单位	RPR 环路带宽	SDH 映射单位
≤155 Mbit/s	VC-12-Xc/v	≤2.5 Gbit/s	VC-3-Xc/v
	VC-3-Xc/v		VC-4-Xc/v
≤622 Mbit/s	VC-12-Xc/v	2.5 Gbit/s 以上	VC-4-Xc/v
	VC-3-Xc/v		
	VC-4-Xc/v		

(4)MPLS 方式

MPLS(多协议标记交换)技术在端到端的业务配置，QoS，VPN 等方面具有优势。内嵌 MPLS 的 MSTP 是把以太网业务或 VLAN 业务加上内层 MPLS 标签(VC label)，形成虚拟电路(VC)，并将源地址和目的地址相同的多个 VC 加上外层 MPLS 隧道标签(Tunnel Label)后进行复用，建立一条 MPLS 的标记交换路径(LSP)，以太网业务和 VLAN 业务在 LSP 中按外层 MPLS 标签进行转发。隧道标签用于标识 MPLS 数据包从源节点传送到目的节点，VC 标签用于标识以太网数据从入口 UNI 传送到出口 UNI。内嵌 MPLS 优化了传统 MSTP 基于 VLAN 的业务流分类和 QoS 能力，解决了 VLAN 的可扩展性问题，并使 MSTP 提供端到端的 L2 VPN 业务成为可能。

3. ATM 接口

MSTP 技术集成了 ATM 功能。ATM 接口用于有效地可靠地接入 ATM 业务。由 SDH 系统提供一条 VC 通道实现 ATM 业务数据的透明的点到点传送。主要包括 ATM 信元向 SDH 帧的映射和去映射方法、虚容器的复用处理、VC 通道的级联方法、传输带宽的管理方法等，如图 9-6 所示。

4. SDH 接口

基于 SDH 的多业务传送节点的 SDH 接口要求如表 9-3 所示。

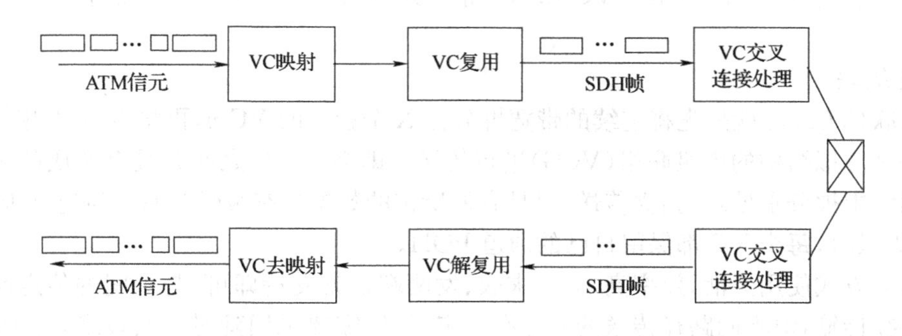

图 9-6　MSTP 中 ATM 信元透传方式的实现

表 9-3　SDH 接口类型及其要求

接　口	接口种类	采用的标准
光　口	STM-1	GB/T 16814—1997
	STM-4	GB/T 16814—1997
	STM-16	GB/T 16814—1997
	STM-64	G. 691—2000
电　口	155M	GB/T 16814—1997

二、VC 级联与虚级联

MSTP 设备不但可以直接提供各种速率的以太网接口，而且支持以太网业务带宽可配置，灵活地承载不同带宽的业务。VC 级联与虚级联均是针对业务进行传输带宽改变的方法。例如，以 VC-12(可装 2 M)为单位进行级联时，可以使用 5×VC-12 来承载 10 Mbit/s 以太网业务，而不会形成单一 VC-12 承载时造成的网络瓶颈，也不会形成 VC-3(可装 34 M)承载时造成的浪费。

级联就是将多个虚容器彼此关联复合在一起构成一个较大的虚容器，这样的大容器仍然具有数字序列完整性。所谓数字序列完整性是数字传输的一种特性，具有这种特性的传输过程应不改变任何信号码元的顺序。级联分为连续级联和虚级联两种方式，如图 9-7 所示。

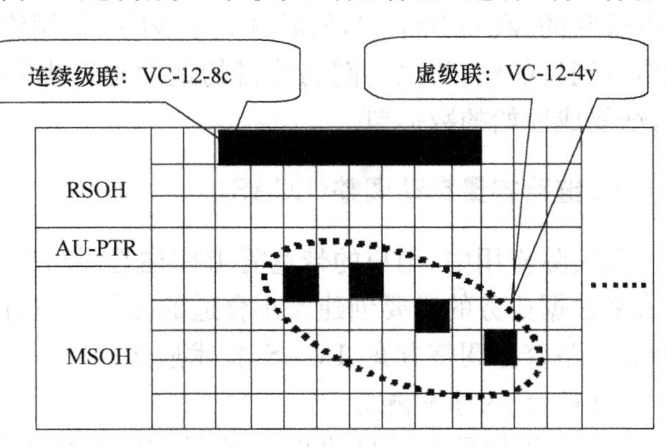

图 9-7　连续级联和虚级联示意图

1. 连续级联

连续级联又称相邻级联，就是将多个虚容器组合起来，形成一个组合容量更大的容器的过程，该容器可以当作保持比特序列完整的单个容器使用，共用相同的通道开销 POH。当需要承载的业务带宽不能和 SDH 定义的一套标准虚容器(VC-n)有效匹配时，可以使用 VC 连续级联。这种方式实现简单，缺点是这些捆绑的 VC 必须作为一个整体处理，要求端到端所经过的所有设备都支持该功能。

连续级联可写为 VC-4-*X*c、VC-12-*X*c 等。其中，*X* 是级联中 VC 的个数，c 表示连续级联。

2. 虚级联

虚级联(VCAT)就是先将连续的带宽拆分为 X 个独立的 VC-*n*，再将 X 个不相邻的 VC-*n* 级联成一个虚拟结构的虚级联组(VCG)进行传送。即多个 VC 之间并没有实质的级联关系，它们在网络中被分别处理、独立传送，只是它们所传的数据具有级联关系。与连续级联不同的是，在虚级联时，每个 VC 都保留自己的通道 POH。

虚级联方式使用灵活，效率高，只要求收、发两端设备支持即可，与中间的传送网络无关，可实现多径传输，但不同路径传送的业务有一定时延，需要采用延时补偿技术，对于高速率的以太网业务处理比较复杂。

虚级联写为 VC-4-*X*v、VC-12-*X*v 等，其中 X 为 VCG(虚级联组)中的 VC 个数，v 代表虚级联。

虚级联技术解决了 SDH 带宽和以太网带宽不匹配的问题。它是通过将多个 VC-12 或者 VC-4 捆绑在一起作为一个 VCG(虚级联组)形成逻辑链路。这样 SDH 的带宽就可以为 N×2 M或者 N×155 M。当以 VC-12 为单位组成 VCG 时一般称为低阶虚级联，每个 VC-12 叫做一个成员(member)。同样，以 VC-4 为成员的虚级联叫做高阶虚级联。

连续级联与虚级联都能够使传输带宽扩大到单个 VC 的 *X* 倍，它们的主要区别在于构成级联的 VC 的传输方式。以 VC-4 的级联为例：连续级联是在同一个 STM-*N* 中，利用相邻的 C-4 级联成为 VC-4-*X*c，成为一个整体结构进行传输；而虚级联是将分布在同一 STM-*N* 中的不相邻 VC-4 或分布在不同 STM-*N* 的 VC-4(可能同一路由，也可能不同路由)按级联的方法，形成一个虚拟的大结构 VC-4-*X*v，利用其进行业务信号传输。这种技术可以级联从 VC-12 到 VC-4 等不同速率的容器。用小的容器级联可以得到非常小颗粒的带宽调节，相应的级联后的最大带宽通常也较小。例如，如果做 VC-12-*X*v 的级联，它的带宽调整粒度为 2 Mbit/s，其所能提供的最大带宽只能到 Xv×2 Mbit/s。虚级联由于每个 VC-*n* 的传输所通过的路径有可能不同，在各 VC-*n* 之间可能出现传输时延差，在极端情况下，可能出现序列号偏后的 VC-*n* 比序列号偏前的 VC-*n* 先到达宿终节点的情况，给客户信号的还原带来困难。例如 IP 数据包由 3 个虚级联的 VC-3 所承载，然后这 3 个 VC-3 被网络分别独立地透传到目的地。由于是被独立地传输到目的地，所以它们到达目的地的延迟也是不一样的，这就需要在目的地进行重新排序，恢复成原始的数据包。

三、链路容量自动调整(LCAS)

在实际应用中，用户的带宽需求往往是随着时间而改变的。VC 虚级联虽然提供了一种方法来根据业务的需要创建大小合适的传输带宽，但并不能为网络提供动态带宽的分配能力，因此，链路容量调整方案(LCAS)技术应运而生。

1. LCAS 的基本概念

LCAS 即链路容量自动调整，它是利用虚级联 VC 中某些开销字节传递控制信息，在发送端与接收端之间提供一种无损伤、动态调整线路容量的控制机制。

LCAS 包含两个含义：一是可以自动删除虚级联组(VCG)中失效的 VC 或把正常的 VC 添加到虚级联组(VCG)之中。二是自动调整 VCG 的容量，即根据实际应用中被映射业务流量大小和所需带宽来调整 VCG 的容量。

LCAS 的实施是以虚级联技术的应用为前提的，能够实现在现有带宽的基础上动态地增减带宽容量，满足虚级联业务的变化要求；还可提高业务的传输质量。LCAS 技术和虚级联技术相结合，成为 MSTP 网元设备的重要功能和技术基石，可以更加有效地利用网络资源，同时也为以太网业务提供了一种简单、经济的端到端的连接，进而提升设备的带宽可扩展性能，并提升整个网络性能。

2. LCAS 的帧结构

作为基于 SDH 的协议，LCAS 是通过定义 SDH 帧结构中的空闲开销字节来实现的。如图 9-8 所示，对于高阶虚级联，LCAS 控制信息利用了 VC-4 通道开销的 H_4 字节；低阶虚级联则利用了 VC-12 通道开销的 K_4 字节。与 VC 虚级联相同的是它们的信息都定义在同样的开销字节中。与 VC 虚级联不同的是 LCAS 是一个双向握手的协议。在传送净荷前发送端和接收端通过控制信息的交换保持双方动作的一致。显然，LCAS 需要定义更多的开销来完成它相对复杂的控制。高阶虚级联和低阶虚级联时 LCAS 的帧结构分别如图 9-9 和图 9-10 所示。

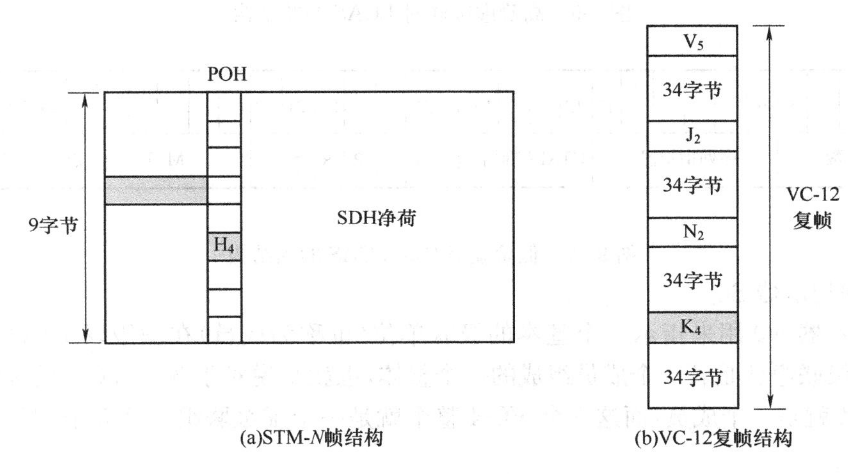

图 9-8　H_4、K_4 字节在 SDH 帧结构中的位置

(1)复帧指示器 MFI

复帧指示器也可以看成是一个帧计数器，某一帧的 MFI 值总是上一帧的值加 1。其标识帧序列的先后顺序，实际上也就是标识了时间的先后顺序。因此，接收端可以通过复帧指示器之间值的差来判断从不同路径传来的帧之间时延差的大小。

在高阶虚级联的情况下(如图 9-9 所示)，每 16 个帧组成一个复帧。一个复帧当中就有 16 个 H_4 字节。每一行的 8 个比特是一个 H_4 字节，共有 16 行。这 16 个 H_4 字节可以表达一条完整的 LCAS 信息。

复帧指示器在这里分成两个部分 MFI1 和 MFI2。MFI1 位于每个 H_4 字节的后 4 个比特，它的取值范围为 0～15，标识每一帧在复帧中的位置。MFI2 位于第一个和第二个 H_4 字节的前四位，共 8 个比特。它是用来标识复帧的，其取值范围是 0～255。

在低阶虚级联的情况下，每 32 个帧组成一个复帧。一个完整的 LCAS 信息由 32 个 K_4 字节中的第 2 比特组成。K_4 字节是由 4 个 VC-12 帧组成的一个复帧中的通道开销。由于 K_4 字节复帧的周期是 500 ms(125 μs×4)，故完成一组 LCAS 信息的单向传送需要 4×125 μs×32＝16 ms。

bit1	bit2	bit3	bit4	bit5	bit6	bit7	bit8
MFI2复帧指示器2（1~4位）				0	0	0	0
MFI2复帧指示器2（5~8位）				0	0	0	1
CTRL控制字				0	0	1	0
GID组识别符				0	0	1	1
保留（0000）				0	1	0	0
保留（0000）				0	1	0	1
CRC-8				0	1	1	0
CRC-8				0	1	1	1
MST成员状态				1	0	0	0
MST成员状态				1	0	0	1
保留（0000）				1	0	1	0
保留（0000）				1	0	1	1
保留（0000）				1	1	0	0
保留（0000）				1	1	0	1
SQ序列指示器（1~4位）				1	1	1	0
SQ序列指示器（5~8位）				1	1	1	1

MFI1：复帧指示器1
bit5~bit8

图 9-9　高阶虚级联时 LCAS 的帧结构

1				5	6					11	12			15	16	17			20	21	22							29	30		32
帧计数					序列指示器						CTRL控制字				GID	R	R	R	R	ACK		MST成员状态							CRC-3		

图 9-10　低阶虚级联时 LCAS 的帧结构

(2)序列指示器 SQ

序列指示器 SQ 用来指示一个基本的级联单位(也称为成员)在虚级联组(VCG)中的位置。一个虚级联组就是若干个成员组成的一个整体,也就是说对于 5 个 VC-4 的高阶虚级联,每一个 VC-4 就是一个成员,而这 5 个 VC-4 整个就是一个虚级联组。这 5 个 VC-4 的 SQ 值分别为 0～4。

显然,SQ 的最大值就决定了一个虚级联组 VCG 可以包含的最多成员数。高阶虚级联和低阶虚级联的 SQ 值分别用 8 bit 和 6 bit 来表示。所以高阶虚级联和低阶虚级联的最大级联个数分别为:255 和 63 个。

(3)组识别符 GID

GID 是一个伪随机数。同一个组中的所有成员,都拥有相同的 GID。这样可以标识来自同一个发送端的成员。

(4)循环冗余校验 CRC

CRC 的作用是对整个控制包进行校验。

(5)成员状态 MST

MST 用来标识组中每个成员的状态。

(6)重排序确认位 RSA

RSA 为 1 比特,容量调整后接收端通过将 RSA 取反来表示调整过程结束。

(7)控制域 CTRL

CTRL 为 4 比特,用于传送从发送端到接收端的链接信息,提供虚级联组 VCG 中每个成员 VC 的状态信息,以便接收端采取相应的措施。CTRL 的含义如表 9-4 所示。

表 9-4　CTRL 控制字段含义

值	命令	说　明	值	命令	说　明
0000	FIXED	使用固定带宽,即不支持 LCAS	0011	EOS	正常传输,指示序号结束
0001	ADD	将当前成员增加入组中	0101	IDLE	当前成员空闲,或将被移除该组
0010	NORM	正常传输	1111	DNU	未使用,收端报告为故障状态成员

3. 链路容量调整过程

LCAS 最大的优势莫过于链路容量的动态调整功能。这种带宽的变化可能是由于业务的突然增加而带来的容量需求的增大,也有可能是部分链路出现故障而引发的带宽减少。作为一个双向握手协议,在任何调整进行之前,发送端和接收端之间首先需要交换控制信息,然后再传输净荷。

(1)链路容量增加

图 9-11 所示为链路容量增加的过程。这里假设原来的 VCG 中有 n 成员,现在需要增加一个成员。首先网络管理系统向发送端和接收端发出链路容量调整的请求。发送端找到一个 CTRL= IDLE 的空闲成员并将其 CTRL 字段改为 ADD 发送到接收端。

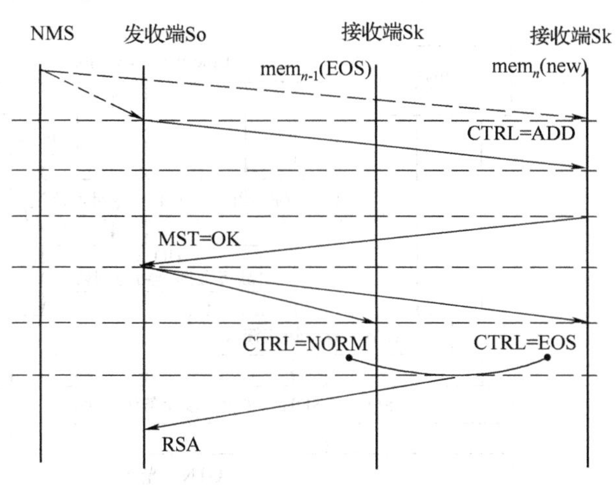

图 9-11　链路容量增加过程

接收端检查无误后将新加成员的 MST 置为 OK 表明该成员可以被加入。发送端接到 MST=OK 的信息后一方面将原来 VCG 中最后一个成员 mem_{n-1} 的 CTRL 置为 NORM,另一方面将新加进来的 mem_n 成员的 CTRL 设为 EOS。同时还要改变新成员 mem_n 的 SQ 值,新的 SQ 值应当是 mem_{n-1} 的 SQ 值加 1。在这些过程完成之后,接收端将 RSA 取反表明链路容量调整结束。发送端在接收到这个确认信息之前都不会接收任何新的改变容量的请求。

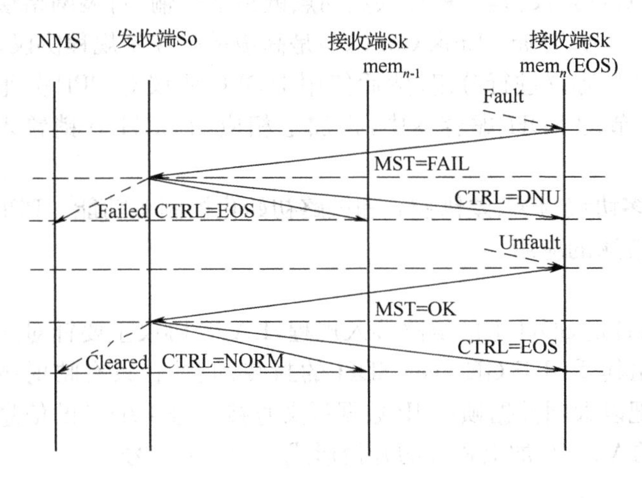

图 9-12　出错成员的动态调整

(2)出错成员的动态调整

当接收端检测到某个成员出现错误会将其从 VCG 中除去。如图 9-12 所示,接收端将出现错误的成员的 MST 设置为 FAIL。发送端接收到这个信息之后,一方面向网管报告,另一方面将出错的成员的控制字设置为 DNU。图 9-12 的例子中出错的成员若是最后一个成员 mem_n,那么就需要把前一个成员 mem_{n-1} 的 CTRL 设置为 EOS。经过一段时间，接收端若检测到成员 mem_n 的错误消失了，就会将该成员的 MST 置为 OK。请求加入这个成员。发送端也一面将清除错误的信息告知网管，一面加入这个成员。

四、MSTP 的协议栈

由于以太网业务数据具有突发和不定长等特性，与严格要求同步的 SDH 帧有较大的区别，因此需要引入合适的数据链路层适配协议来完成以太网数据的封装，以实现到 SDH VC 的帧映射。MSTP 支持 PPP/LAPS/GFP 等多种链路层封装协议，如图 9-13 所示。

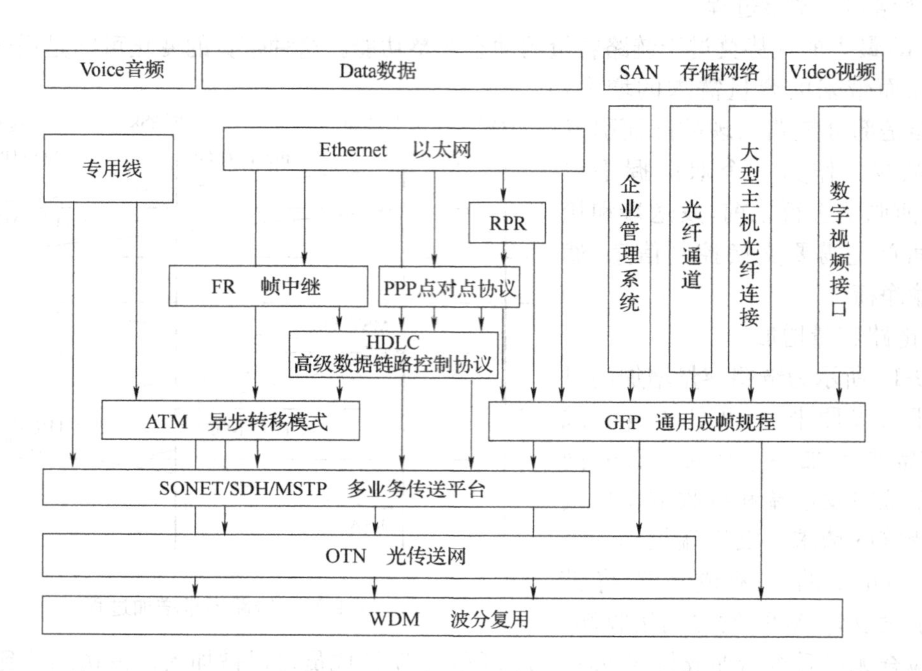

图 9-13 MSTP 支持的协议栈

HDLC—高级数据链路控制协议；PPP—点对点协议

1. PPP/HDLC 协议

PPP(Point to Point Protocol)是点对点协议，是一种提供点到点链路上传输、封装网络层数据包的数据链路层协议；HDLC(High Level Data Link Control)是高级链路控制规程协议。

PPP/HDLC 是将 IP 数据报通过 PPP 协议进行分组，然后使用 HDLC 协议对 PPP 分组进行定界装帧，最后将其映射到基于字节的 SDH 虚容器中，再加上相应的 SDH 开销置入 STM-N 帧中。

在这种映射方式中，PPP 协议提供多协议封装、差错控制和链路初始化控制等功能。PPP 是一套较早的封装协议，目前已得到了普遍的应用。

2. LAPS 协议

LAPS(Link Access Procedure-SDH)是 SDH 上的链路接入规程，LAPS 协议主要针对大颗粒业务的映射，用于提高封装效率，尤其适用于 GE over SDH 的封装；但是它只有映射技术，没有多通道捆绑能力。LAPS 协议把以太网数据帧或 IP 数据报文直接装进 LAPS 的信息部分，然后再将 LAPS 帧映射进 SDH 的 VC 中，加上相应的开销形成 STM-N 信号。

3. 通用成帧规程 GFP

GFP(General Framing Procedure)是目前流行的一种比较标准的封装协议，它提供了一种把信号适配到传送网的通用方法。相对于PPP和LAPS,GFP协议更复杂一些,但其标准化程度更高,用途更广,封装效率更高,是以太网封装协议的主要发展方向。

GFP帧结构参见图9-14。具体来讲,GFP帧包含两部分:GFP核心头和GFP净负荷。

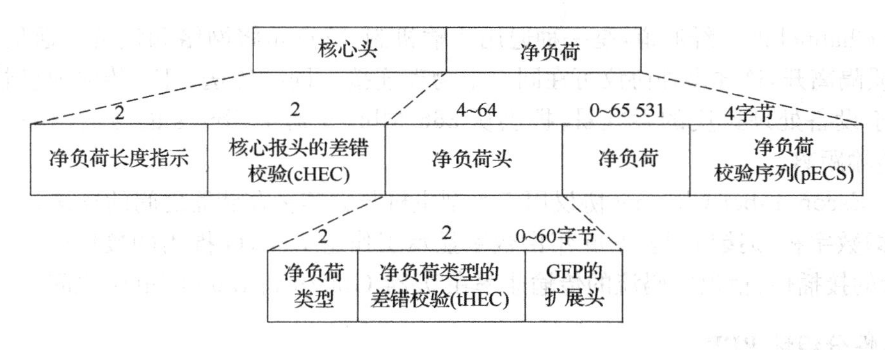

图9-14 GFP帧结构

(1)GFP帧核心头提供了帧描述功能,长为4个字节,其中前2个字节用于指示净负荷长度,为PLI域,后2个字节用于进行帧头校验为cHEC域。

(2)GFP净负荷由净负荷头、净负荷以及净负荷校验序列三部分组成。净负荷头的作用是在多业务环境中区分不同的业务以及保证净负荷类型的完整性等,它包括2字节的净负荷类型、2字节的净负荷类型的差错校验和0～60字节的净负荷扩展头;净负荷区用来承载净负荷信息,其长度可变;净负荷校验序列用来保护净负荷区信息的完整性。

GFP采用基于HEC检错的自定界技术来实现数据包的定界。为了识别不同长度的数据包,GFP在帧头中提供了净负荷长度指示,便于数据流中提取出封装好的数据包。这种显示帧长度的方式可减少边界搜索处理时间,对于有较高同步需求的数据链路来说相当重要。由于GFP针对各种长度(包括变长)的用户数据包进行完整的封装,不需要进行数据包的分段和重组,从而大大地简化了链路层的映射/解映射的逻辑关系。

GFP是一种用于宽带传输的协议标准,非常适合把上层的数据封装成适于SDH网传输的帧格式,适应不同的传输速率,保证数据传输的延时和QoS,便于在SDH网中实现简单、灵活、可扩展的数据传输和交换。以太网帧经过GFP封装进入SDH帧的过程参见图9-15。

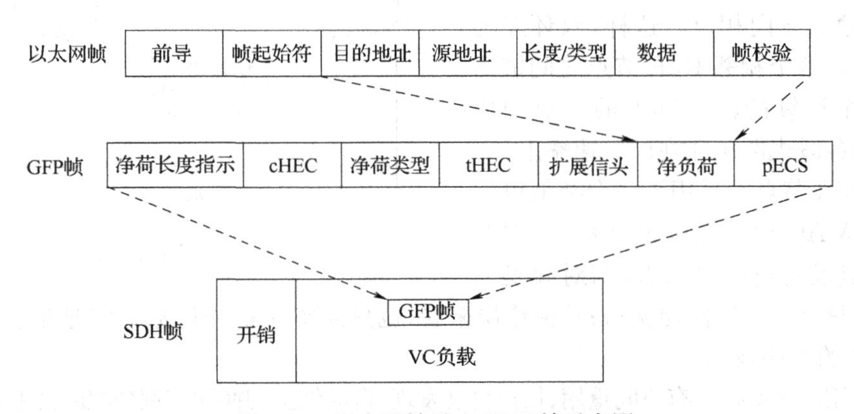

图9-15 以太网帧进入SDH帧示意图

4. 其他协议

Ficon即大型主机光纤连接,是由IBM开发的一种主机通道,支持数据传输速率达

1 Gbit/s,通过光纤可实现的传输距离为 10～20 km。

Escon 即企业管理系统连接,IBM 开发的一种主机通道类型,支持在光纤上数据传输速率达 200 Mbit/s。根据配置的不同,Escon 传输距离在 3～10 km 之间,依光纤质量和产品功能特性而定。

Fiber Channel 即光纤通道,是一种通用传输机制,特点是将网络和设备的通信协议与传输物理介质隔离开,这样多种协议可在同一个物理连接上同时传送。FC 传输速度快,它可以提供接近于设备处理速度的吞吐量,提供从 266 Mbit/s 到 4 Gbit/s 的传输速率,支持超过 10 km的传输距离。

Ficon、Escon、Fiber Channel 协议用于大型主机与大容量存储器之间的连接。

DVI 即数字视频接口,是 1999 年由数字显示工作组 DDWG 推出的接口标准,其外观是一个 24 针的接插件,信道中码流的传输速率在 0.24 Gbit/s 到 1.65 Gbit/s 之间。

五、弹性分组环 RPR

1. RPR 的基本概念

弹性分组环(RPR)技术是一种在环形结构上优化数据业务传送的新型 MAC 层协议,能够适应多种物理层(如 SDH、DWDM、以太网等),可有效地传送数据、语音、图像等多种业务类型。

RPR 弹性分组环技术具有三个特征:一是业务的传送可以根据网络的状况进行灵活的适应,故称为“弹性”;二是业务的传送基本单元是一个个的数据包,而不是像 SDH 使用固定帧的格式进行处理,故为“分组”;三是要求设备组网时具有“环形”的拓扑结构。

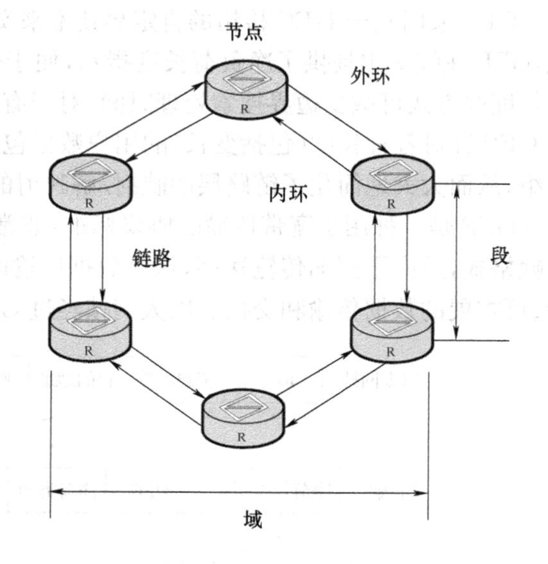

图 9-16　RPR示意图

与 SDH 拓扑结构类似,弹性分组环的拓扑结构是由分组交换节点组成的双光纤环,相邻节点通过一对光纤连接。如图 9-16 所示。靠近外部的环称为外环,靠近里边的称为内环。外环和内环都传送数据包和控制包,且传输的方向相反。这样,双环互为保护和备份。两个相邻 RPR 节点之间链路称为段,多个连续的段和其上的节点构成域。环上的各段光路工作在同一速率上。

每个 RPR 节点都采用了一个类似以太网的 48 位 MAC 地址作为地址标识,因此从 RPR 节点设备链路层来看,两对收发的物理光接口只是一个链路层接口;从网络层来看,也只需要分配一个接口 IP 地址。

2. RPR 的主要技术

RPR 采用的主要技术有空间重用、拓扑自动发现、自动保护切换和带宽分配的公平策略等。

(1)空间重用

RPR 环采用了空间重用 SRP(Spatial Reuse Protocol)协议,提供了寻址、读取数据包、带宽控制和控制信息等功能来保证在空间上没有重复的业务流,数据包可以互不影响地按照各自的线路、带宽在源节点和目标节点之间传输。这样,多个节点可以同时收发分组,数据包在目的节点被接收并从环路剥离,因而提高了整个RPR环带宽的利用率,特别在环上节点数较多的情况下,带宽的利用率改善尤为明显。同时由于RPR采用两个反向的环(内环和外环)来传输业务,不用预留保护带宽。因此,RPR光纤带宽使用率相对SDH提高一倍,从而最大限度地利用了光纤的传输带宽。

(2)拓扑自动发现

RPR支持拓扑自动发现。通过RPR的拓扑发现原理,可以使每个节点能了解到环的拓扑信息、每一段线路质量以及环上各个节点所具备的能力等。这样,当每个节点开始传输数据时,都能根据已获得的信息迅速决定应该在哪个方向(外环或内环)上传输或转发数据,以取得最高的带宽利用率。当环路增加节点、减少节点、光纤中断、节点失效等事件发生时,与此相关的节点都会被触发拓扑信息更新,进行网络的拓扑结构图和线路质量状态信息表的升级。这个过程是弹性分组环QoS保障的基础。它的保护切换机制也是基于这种工作状态的可见性。

(3)自动保护倒换

如上所述,RPR是通过传输方向相反两个光环进行组网的,这种组网方式使得RPR具有非常强的故障自愈能力。当某一光环切断时,RPR可通过第二层的保护机制自动为数据包切换到另一环路上,使网络仍能工作。

RPR的保护倒换方式主要有两种:绕回(Wrap)方式和源路由(Steering)方式。绕回(Wrap)保护的机制为:当某一传输环路线路失效时,通过信令通知网络节点,在失效链路两端的节点处环回。此时业务流要先沿原路到达环回处,才被切换到另一环路去,再环回,最终达到目的节点。源路由(Steering)保护机制为:当某一传输环路失效时,失效处两端节点会发出第二层的控制信令,并沿光纤方向通知各个节点。业务流源节点接收到这个信息后,立即向另一个方向的光纤上发送业务信息,从而实现保护倒换。同时,在保护切换时,节点会考虑业务流不同的服务等级,根据同一节点的切换原则,依次向反方向环切换业务。两种机制都能在50 ms的时间里完成保护倒换功能。而基于源路由的保护倒换机制由于不需要“折回”,因此保护倒换时间更短,同时也更能节约带宽。图9-17示出这两种保护倒换的过程。

(4)带宽分配的公平策略

RPR中的每个节点都使用一种分布式的传输控制算法,将环中的带宽作为全局资源来公平分配。第一,全局公平,每个节点通过控制转发数据量(从邻节点来)和发送数据量(本节点的)的比率来公平地享有环中的带宽,以免带宽被某一节点大量占用而造成其他节点“饿死”。第二,局部优化,充分利用环中的空闲带宽。RPR环中的每个节点通过一些周期复位的计数器监视自己发送和转发数据分组的数目,通过一定的算法计算出对线路带宽的使用率,然后用控制帧向外广播。这种反馈机制能让环中的节点知道整个网络的可承载容量,随时调整数据的速率,既能多发数据以提高带宽利用率,也能暂缓发送以减少拥塞。

(5) 带宽统计复用和动态争用

RPR支持A、B、C三种业务类型。A类业务对端到端的时间延迟和抖动有严格的要求,如语音、视频等。B类业务提供对延迟不太敏感的业务要求,如数据业务。C类为最低级别的业务,提供尽力传送,适合端到端的延迟和抖动都不敏感的业务。

RPR根据业务类型划分了保留带宽、可回收带宽和争用带宽,通过对可回收带宽的争用和争用带宽的复用,实现了带宽的统计复用和动态争用。

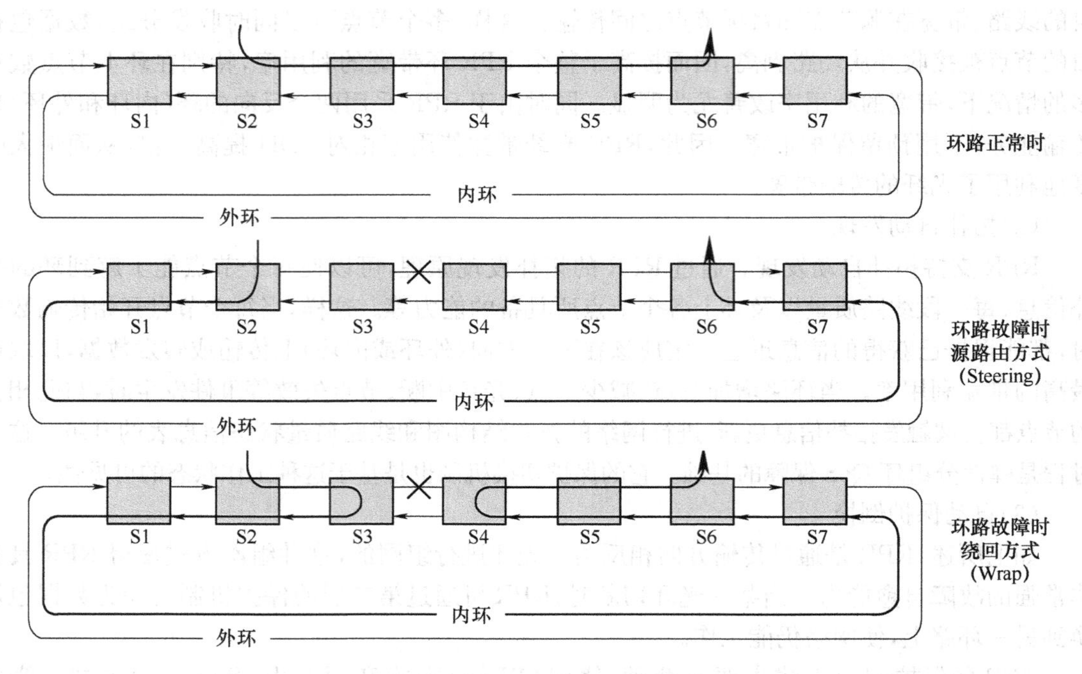

图 9-17　RPR 的保护方式

第三节　MSTP 设备

在光纤通信的初期，光纤传输设备与数字复接设备是分立的。SDH 技术出现时，就将光传输与复接功能综合在一个设备上，还增加了数字交换功能和电信网络管理功能（TMN）。MSTP 诞生于互联网时代，它继承了 SDH 所有优秀基因，增加了传输信号的各种接口，还让通信信号的处理具有了计算机和网络的功能，使 MSTP 设备成为一个光电综合、传输交换综合以及软、硬件功能齐全的通信设备。MSTP 设备不但是通信网的一部分，也是互联网的一部分。

一、MSTP 设备的优势

MSTP 设备所具有的特点使其在城域网的建设中发挥着重要的作用。MSTP 设备的优势主要表现在以下几个方面：

（1）MSTP 既有一定的技术前瞻性（面向未来的基于 IP 的全光网络），又有良好的后向兼容性（能够兼容传统的基于 SDH 技术的 ATM＋IP 的多业务组网）。因此，MSTP 是城域网转型期的较为理想的过渡性技术。由于网络转型是一个相对缓慢的、渐进的过程，所以，MSTP 技术在相当长一段时间内将有广阔的生存空间和发展前景。

（2）MSTP 设备在网络中的角色可以灵活配置，因此系统拥有较好的扩展性。在网络建设初期，由于业务量较小或者对业务量特征掌握不充分，可以对 MSTP 设备采用较低的配置，这样不但可以减少投资风险，而且可以节约建设成本。当需要对网络进行性能调整或者系统扩容时，可以对 MSTP 进行平滑的升级。

（3）MSTP 集成了多种传送网和数据网的设备功能，如将 ADM、DXC、TM、DWDM 甚至 ATM 交换功能、以太网二层交换功能进行了有效组合，这样就减少了网络中网元的类型，简化了网络结构。具有地讲,传统的 SDH 设备只能支持电路交换和接入,数据业务的接入需要附加的设备。而 MSTP 可以直接提供多种业务的接入,大大减化了系统的构成。

(4)采用 MSTP 设备组网时,由于网络中网元类型的减少,网络的维护和管理成本也会降低。尤其是 MSTP 设备可使用统一的网络管理系统,减少了业务开通时间、提高了网络监测能力,为提高网络服务质量提供了必要的条件。另外,网络中网元类型的减少同样也减少了网络互联互通的压力,提高了网络设备间协同工作的能力。

(5)MSTP 设备支持多种网各拓扑结构,如线形、星形、环形、网形等,能够应用在城域网的核心层、汇聚层和接入层,支持多种业务类型和高层应用。

二、MSTP 设备的配置

(一)MSTP 设备的类型

MSTP 设备集成了传统 SDH 设备的多种功能,通过硬件组合和软件灵活配置,MSTP 设备可以成为以下设备类型:终端复用器(TM)、分插复用器(ADM)、数字交叉连接设备(DXC)等。

1. 终端复用器

MSTP 设备可以配置成终端复用器(TM)模式,如图 9-18 所示。TM 用于有保护或无保护的点对点传输或链路传输。在无保护链路中,没有保护通道,如果工作通道出现故障时,则其上的承载业务将中断;在有保护的网络中,网络除了有业务传输工作通道外,还有业务传输保护通道,从而避免了以上现象发生。

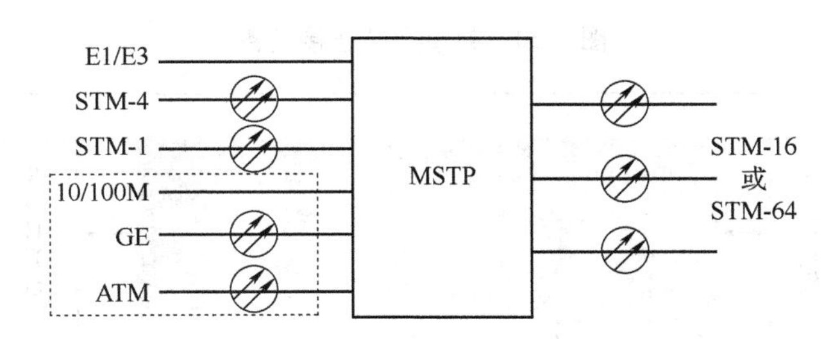

图 9-18　终端复用器

2. 分插复用器

MSTP 设备可以作为分插复用器(ADM)用于有保护的环形或无保护的线性网络中,用以提供业务的上、下服务,如图 9-19 所示。MSTP 设备作为 ADM 是其在传输层应用的主要方式。ADM 设备也可以组成 ADM 链路和 ADM 环,应用线形网络和环形网络。其中,ADM 环的应用最为普遍。

3. 数字交叉连接设备

MSTP 设备具有数据交叉连接功能,可以作为数字交叉连接设备用于多个 MSTP 环形网络或链路传送网络的互联节点,根据应用要求可以实现 VC-12、VC-4 或更高速率等级上的业务交叉功能,如图 9-20 所示。

无论是哪一种 MSTP 设备,都是在原 SDH 设备的基础上,增加了各种数据接口单元,如千兆以太网接口单元、10/100M 快速以太网接口单元,以及 ATM 接口单元等,以实现多种业务的接入和处理。图 9-21 示出了 MSTP 设备的体系结构。

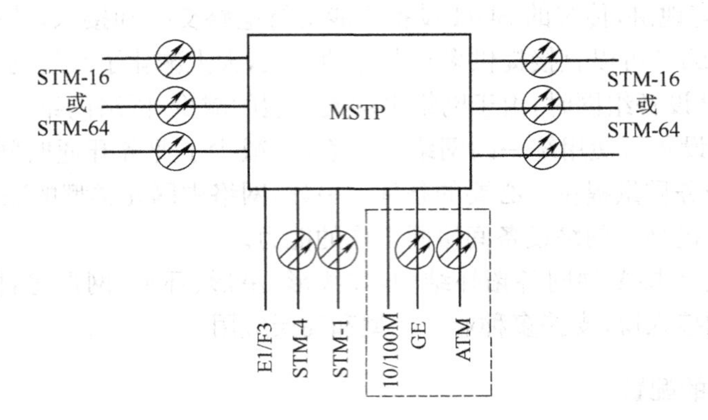

图 9-19　分插复用器

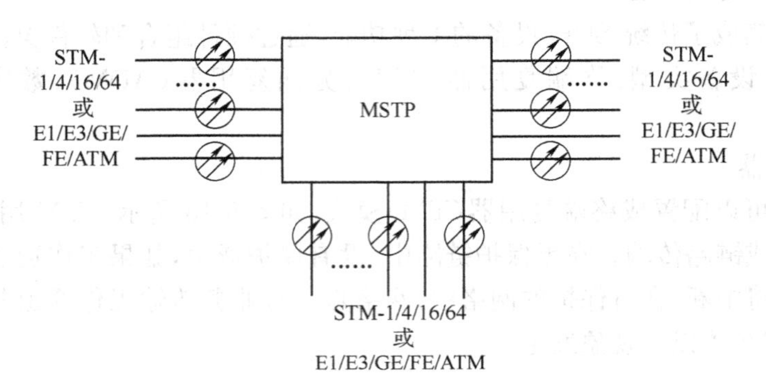

图 9-20　数字交叉连接设备

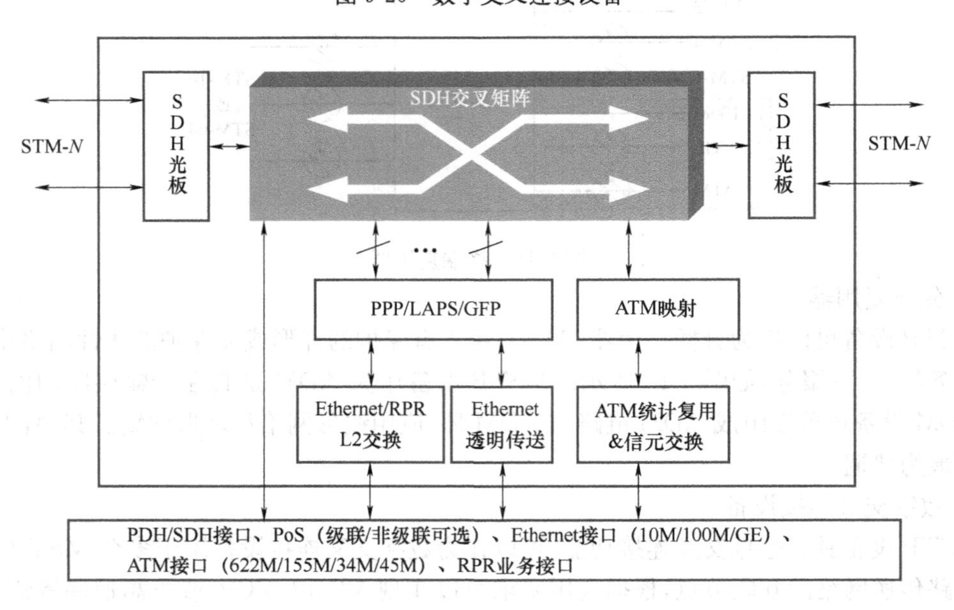

图 9-21　MSTP 的体系结构

(二)MSTP 设备的单板

华为公司的 OptiX OSN 光传输设备即为 MSTP 设备，它融 SDH、PDH、Ethernet、ATM 和 WDM 技术为一体，实现了在同一个平台上高效地传送语音和数据业务。

MSTP 设备的单板根据它所完成的功能，可以分为以下几类：SDH 功能单元、PDH 功能单元、以太网功能单元、ATM 功能单元、交叉连接和时钟功能单元、系统控制功能单元、辅助单元、电源单元、风扇单元等。

除以太网功能单元和 ATM 功能单元外，MSTP 设备的其他功能单元与 SDH 相同，在此就不再介绍了。下面仍以 OptiX OSN 3500 设备为例，重点介绍以太网功能单元、弹性以太网单元和 ATM 功能单元。

1. 以太网功能单元

OptiX OSN 3500 设备具有很强的以太网业务接入能力，提供 10M/100M 以太网电接口(RJ-45)或 1 000M 以太网光接口(LC)接入。以太网单元将分组数据进行封装、映射后，送入交叉单元。以太网板的功能如图 9-22 所示。

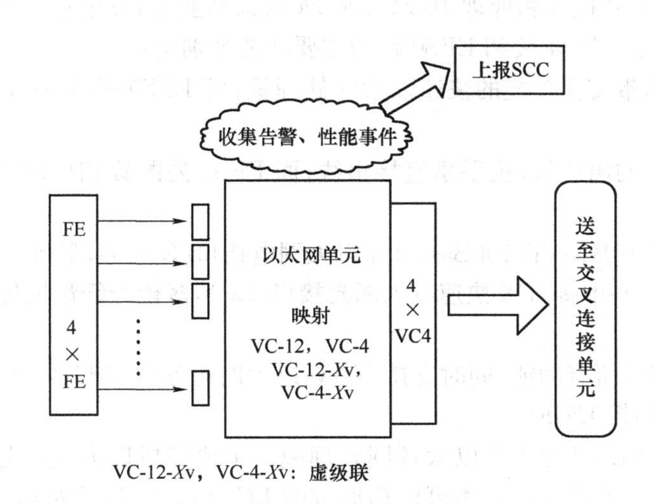

图 9-22　以太网板的功能

以太网板的命名方法如图 9-23 所示。

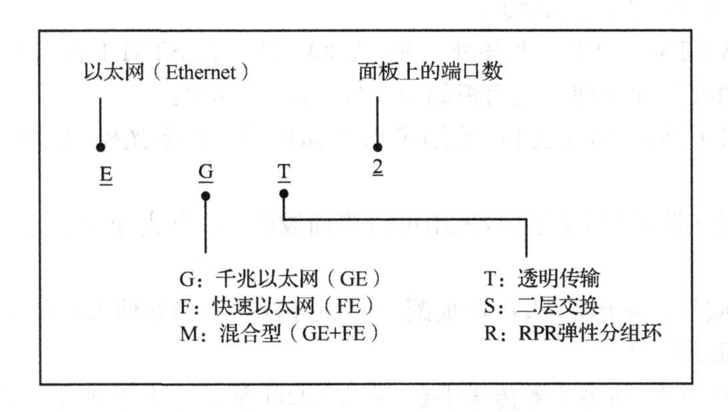

图 9-23　以太网板的命名方法

(1)千兆以太网接口板 EGS2

EGS2 板是二路交换式千兆以太网处理板，完成 GE(Gigabit Ethernet)业务的透明传输、GE 业务的汇聚、FE(Fast Ethernet)业务到 GE 业务的汇聚和二层交换等功能。

EGS2 板提供 2 路 LC 型 1 000 BASE-SX/LX 千兆以太网光接口，光接口采用可以热插拔的 LC 光接口，传输距离多模达 550 m，单模达 10 km(也可根据实际需要选用 40 km 和 70 km

的光模块)。

EGS2 板支持 VC-12、VC-3 级别的虚级联映射方式,支持的最大上行带宽为 2.5 Gbit/s。

(2)千兆以太网接口板 EGT2

EGT2 板是 2 路 1 000 BASE-SX/LX 千兆以太网透明传输板,完成 GE 业务的透明传输。与 EGS2 板相比,EGT2 板没有二层交换的功能。

EGT2 板采用可以热插拔的 LC 光接口,传输距离多模光纤达 550 m,单模光纤达10 km。

EGT2 板支持 VC-3、VC-4、VC-3-*X*v 和 VC-4-*X*v 的映射方式,支持的最大上行带宽为 2.5 Gbit/s。

(3)快速以太网处理板 EFS4/EFS0

EFS4/EFS0 板主要接入和处理 10 M/100 M 以太网业务,完成以太网信号的透明传输、汇聚和二层交换功能。EFS4 板和 EFS0 板的主要功能区别是:

① EFS4 是 4 路带交换功能的快速以太网处理板;而 EFS0 是 8 路带交换功能的快速以太网处理板。

② EFS4 无对应的出线板,拉手条直接出线;而 EFS0 需配置相应的出线板 ETF8、EFF8 或 ETS8。其中:

ETF8 提供 8 路 10Base-T/100Base-TX 以太网电接口(RJ-45),最远传输距离达 100 m;

EFF8 提供 8 路 100Base-FX 快速以太网光接口(LC),多模光纤最远传输距离达 2 km,单模光纤达 15 km;

ETS8 支持 ETF8 所有功能,同时支持 100M 以太网业务的 TPS 保护。

2. 弹性以太环网板 EMR0

EMR0 是 12 路 FE+1 路 GE 以太环网处理板。主要完成以太网信号的接入、处理和组建弹性分组环的功能。GE 端口采用可以热插拔的 LC 光接口,传输距离多模光纤达 550 m,单模光纤达 10 km。

图 9-24 示出了部分以太网单板的面板图。

3. ATM 处理单元 ADL4/ADQ1

ADL4 是 1 路 STM-4 ATM 业务处理板,ADQ1 是 4 路 STM-1 ATM 业务处理板,主要完成 ATM 业务的接入和处理。其面板如图 9-25 所示。其中:

ADL4 板提供 1 路 STM-4 接口,采用可以热插拔的 LC 型光模块。光模块类型支持 S-4.1 和 L-4.1;

ADQ1 板提供 4 路 STM-1 接口,采用可以热插拔的 LC 型光模块。光模块类型支持 I-1, S-1.1 和 L-1.1。

ADL4 和 ADQ1 板与 PL3/PD3 单板配合时还可以接入和处理 E3 ATM 业务。

(三)MSTP 设备的配置

MSTP 是基于 SDH 的多业务传送平台,它在 SDH 基础之上增加了 ATM 和以太网接口以及相应的信号处理能力,其余部分基本不变。因此 MSTP 设备配置时,除了要配置 SDH 所具有的 SDH 线路单元、PDH 支路单元、通信与控制板单元、时钟交叉单元、电源单元、辅助单元外,为了完成数据信息的接入、处理和传输,还要配置它所特有的以太网处理单元、弹性以太网单元和 ATM 处理单元等。各单元之间的关系如图 9-26 所示。

1. 以太网业务的配置

(1)配置方案

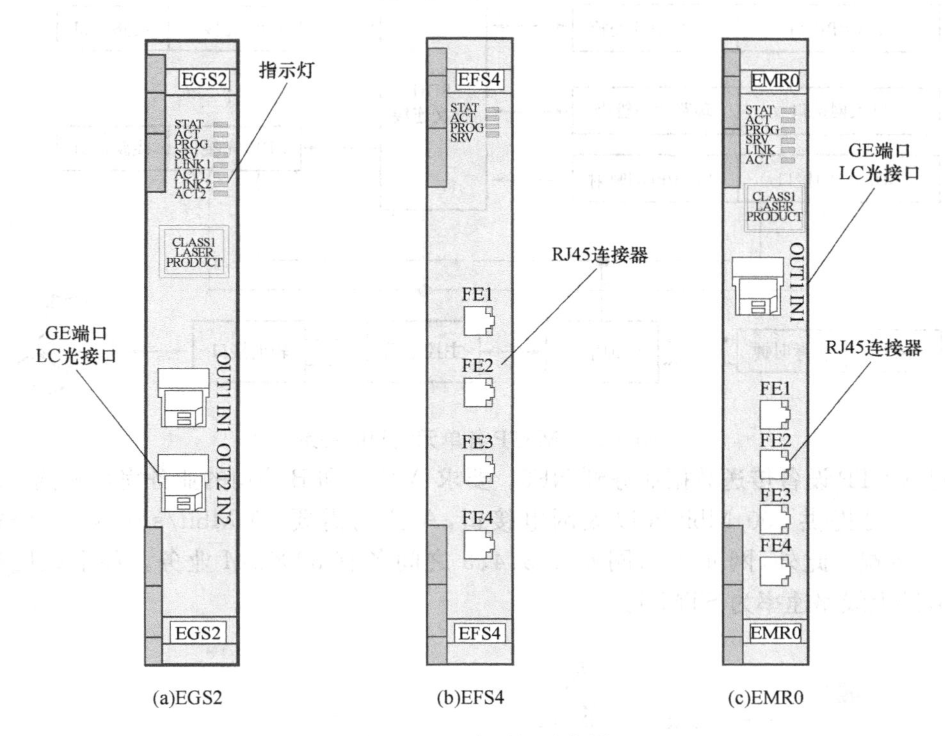

(a)EGS2　　(b)EFS4　　(c)EMR0

图 9-24　以太网板示意图

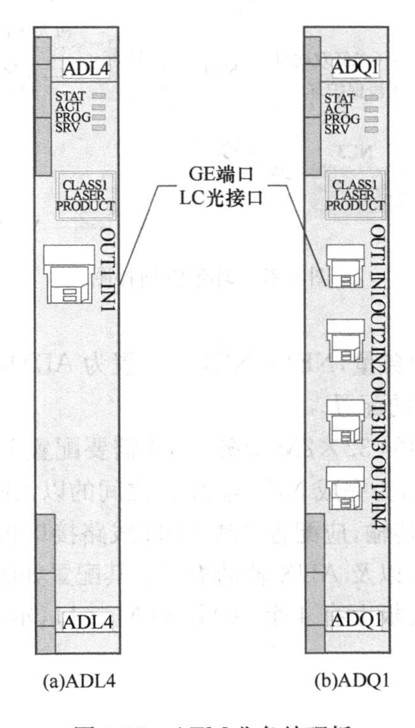

(a)ADL4　　(b)ADQ1

图 9-25　ATM 业务处理板

在图 9-27 所示的环带链网络结构中,用户对以太网业务有如下要求:NE1 的 A、B 两公司

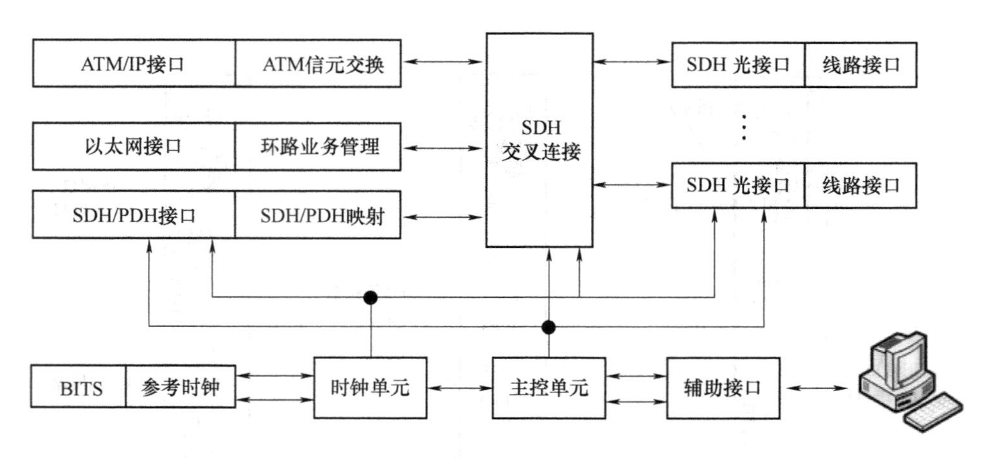

图 9-26　MSTP 各单元之间的关系

需要通过 MSTP 设备传送数据业务到 NE5。要求 A 公司和 B 公司的业务完全隔离。A 公司和 B 公司均可提供 100 Mbit/s 以太网电接口，A 公司需要 10 Mbit/s 带宽，B 公司需要 40 Mbit/s带宽。此外，网元 1 与网元 2、3、4、5 之间各有 32×2M 业务。环上线路速率为 STM-16，链上线路速率为 STM-4。

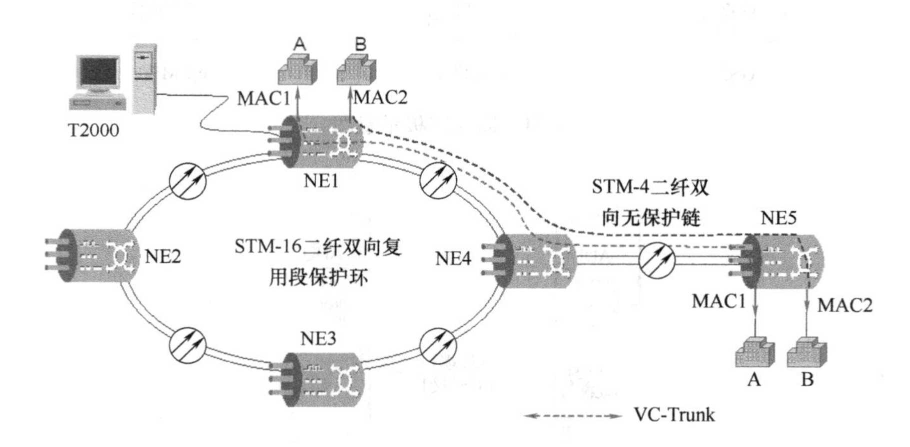

图 9-27　环带链拓扑图

(2)设备配置

根据上述的业务类型和业务量，NE1～NE4 应配置为 ADM，而 NE5 则配置为 TM。下面以 NE1 为例说明 MSTP 设备的配置。

为实现它与其他网元之间的 32×2M 业务，NE1 需要配置 PDH 支路接口板，具体为 4 块 PQ1 板和 6 块出线板 DS75 板，为完成 NE1 与 NE5 之间的以太网业务，还要在 NE1 上增加以太网单板 EFS4。为完成线路传输，应配置 2 块 SDH 线路接口板 SL16，此外还需配置 PIC 电源板、SCC 系统通信与控制板，以及 AUX 辅助板等。其配置如图 9-28 所示。

图中的 EFS4 以太网板面板上有 4 个 10M/100M 接口，本配置使用 2 个 10M/100M 接口，分别分配给公司 A 和 B。

2. ATM 业务的配置

(1)配置方案

在图 9-29 所示的环形网络中，要求将 NE2、NE3 和 NE4 各节点上 ATM 设备的业务传送到中心节点 NE1 的 ATM 交换机,中心节点 NE1 的 ATM 交换机提供 1 个 155 Mbit/s 的光接口接入各节点的 ATM 业务。

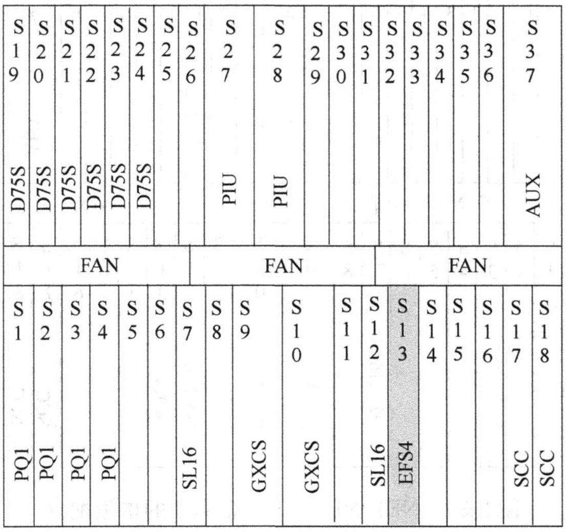

S19 S20 S21 S22 S23 S24 S25 S26 S27 S28 S29 S30 S31 S32 S33 S34 S35 S36 S37
D75S D75S D75S D75S D75S D75S
PIU PIU
AUX
FAN FAN FAN
S1 S2 S3 S4 S5 S6 S7 S8 S9 S10 S11 S12 S13 S14 S15 S16 S17 S18
PQ1 PQ1 PQ1 PQ1
SL16
GXCS GXCS
SL16
EFS4
SCC SCC

图 9-28 NE1 的以太网配置

155 M 光接口
NE1
20 M
155 M 光接口
10 M
10 M
NE2
STM-16 二纤双向复用段保护环
NE4
30 M
155 M 光接口
10 M
155 M 光接口
NE3
155 M 光接口
20 M
155 M 光接口
20 M
OptiX OSN 3500
ATM交换机
DSLAM

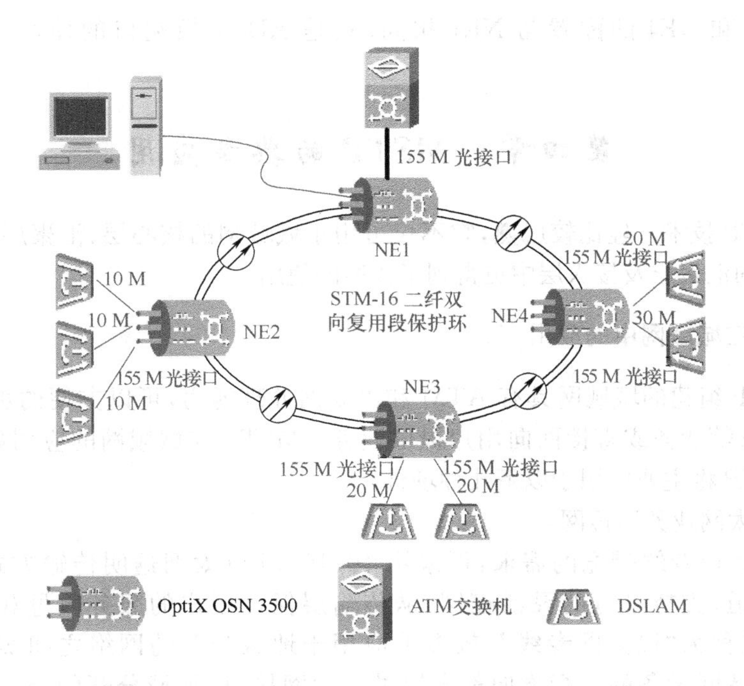

图 9-29 ATM 业务组网和端口分配

(2)设备配置

根据业务类型和业务量,各网元均应配置为 ADM,并需要在网元上配置 ATM 处理板,即 ADQ1 板、SL16 光线路传输板,以及 SCC 板、PIC 板和 AUX 板等。NE1 的单板配置如图 9-30 所示。

图 9-30 中的 ADQ1 板有 4 路 STM-1 光接口,本配置使用 3 个 STM-1 光接口,分别实

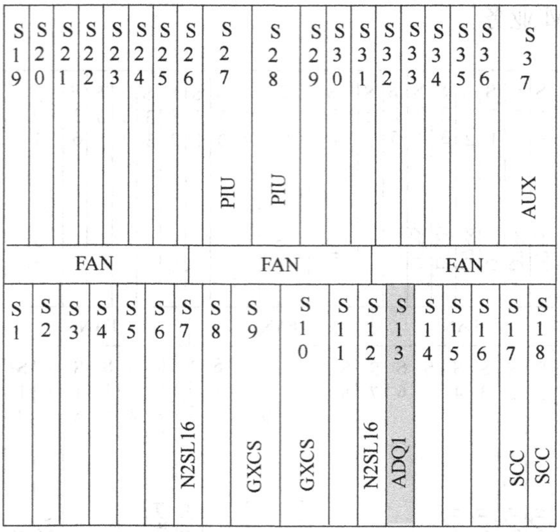

S19	S20	S21	S22	S23	S24	S25	S26	S27	S28	S29	S30	S31	S32	S33	S34	S35	S36	S37
								PIU	PIU									AUX

FAN	FAN	FAN

S1	S2	S3	S4	S5	S6	S7	S8	S9	S10	S11	S12	S13	S14	S15	S16	S17	S18
						N2SL16		GXCS	GXCS		N2SL16	ADQ1				SCC	SCC

图 9-30　NE1、NE2、NE3 和 NE4 的单板配置

现 NE1 与 NE2、NE3 和 NE4 之间的 ATM 业务；2 块 SL16 板实现两个线路上光信号的传输。

NE2、NE3 和 NE4 的配置与 NE1 相同，只是 ADQ1 板端口的使用不同，在此不再叙述。

第四节　MSTP 的典型应用

目前，MSTP 技术已经比较成熟，它不仅可用于城域网的核心层、汇聚层和接入层，而且在铁路通信网的汇聚层及接入层中也得到了普遍的使用。

一、MSTP 在城域网中的应用

利用 MSTP 组建的城域网具有 ATM 和以太网处理能力，可以方便的承载网络中现有 TDM、IP、ATM 等业务或直接面向用户提供业务。MSTP 在城域网的应用如图 9-31 所示。具体而言，MSTP 将主要应用于以下几种场合。

1. 承载以太网业务透传网

为满足大客户专线带宽的需求，可采用 10/100M 以太网透明传输方式，建立点到点的独立传输通道，支持带宽的灵活控制，从传输层保证用户的服务质量和通信安全。通常，这种方式又称为“以太网专线”，较多地应用于地域分开的网络之间实现互联。现在大部分用户局域网设备的上行方向都会提供以太网接口，地域分开的企业或部门间的跨网络互联需求也越来越多，采用 MSTP 设备提供的以太网透明传输通道可以根据实际的带宽需求为互联网段分配带宽，并且其传输通道工作稳定好，因此有着很好的应用前景和发展空间。

2. 承载 ADSL 宽带接入网

目前 ADSL 宽带接入用户数量增加快，在一些城市 ADSL DSLAM(数字用户线接入复用器)上行仍采用 ATM 接口，但是，ATM 网络容量已经不足以满足 ADSL 业务的进一步发展，

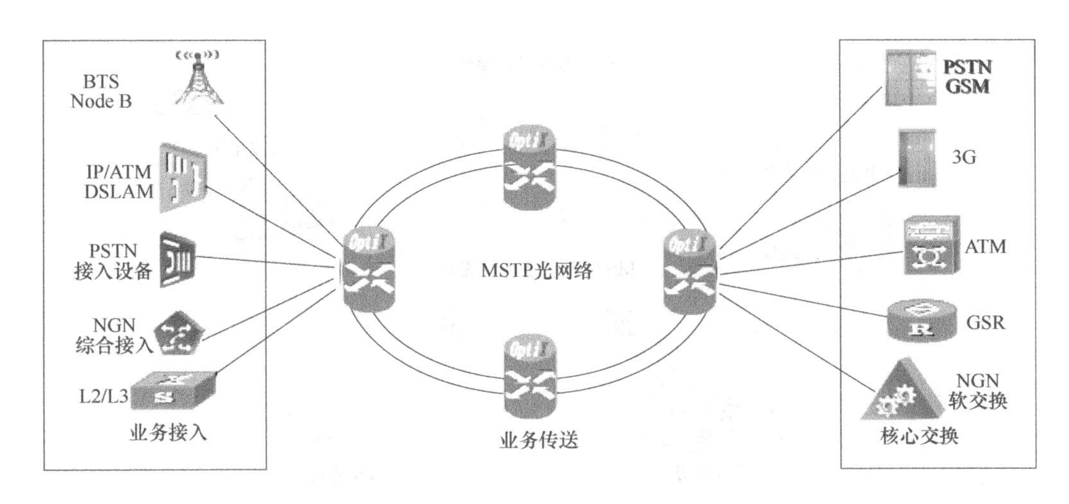

图 9-31 MSTP 在城域网中的应用

继续扩容和新建 ATM 网络成本高,且不可避免的面临技术和设备支撑不足的风险。对于以太网上行的 ADSL 接入网,DSLAM 到宽带远程接入服务器(BRAS)之间的汇聚网络主要承载于 IP 城域网的接入层,而大多数 IP 城域网接入层采用较低端的以太网交换机组建,无法在接入段保证传输的 QoS,与 LAN 接入用户共同处于一个较大的广播域内,容易受到病毒的攻击,安全性低。

采用 MSTP 提供的以太网/ATM 业务接入和处理功能,对 ADSL DSLAM 上行业务进行以太网/ATM 业务汇聚和收敛后可传送到 BRAS,不但可以提供上行通道的带宽利用率,还能减少对核心网设备的 GE、ATM 端口占用;同时还能提高以太网上行的 ADSL 在接入段的 QoS、安全性等方面的保障。

3. 承载 3G 无线接入网

MSTP 用于实现 3G 网的传输承载要分别满足 3G 核心网和无线接入网的传输要求。对于 3G 核心网,RNC 至 MSC/SGSN 的链路带宽比较饱和,MSTP 网络只需提供 ATM 155 M 业务的透明传输;而对于无线接入网,在传输过程中则需要业务汇聚和收敛,MSTP 需提供 ATM 业务汇聚。

MSTP 网络在承载 3G 无线接入业务时可以在本地和网络两侧进行业务汇聚,实现带宽收敛,这样既能提供传输网带宽利用率,又能减小对 RNC(无线网络控制器)设备的压力,节省 RNC 设备的物理端口,达到合理利用 MSTP 优势,降低建设成本的目的。

另外,MSTP 网络还可以采用 VP-Ring 的方式对 BTS Node B 业务进行收集和汇聚,传送给 RNC,同时还利用 VP-Ping 的保护特性实现 ATM 业务层面的保护倒换。

二、MSTP 在铁路通信网的应用

MSTP 设备在铁路通信网中已经大规模应用,主要作为电力远动系统、视频监控系统、数据网系统以及防灾等系统的承载通道。MSTP 设备多用于铁路通信网的汇聚层和接入层,当 MSTP 用来实现接入层接入功能时,多采用环形和线形拓扑结构,当其应用在汇聚层时,多采用环形互连的形式。其在铁路的应用如图 9-32 所示。

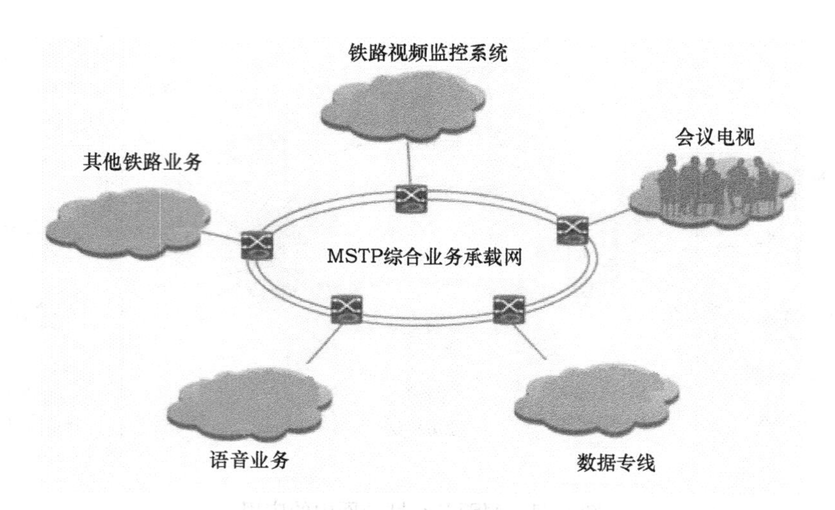

图 9-32 MSTP 在铁路通信中的应用

本章小结

1. MSTP 是基于 SDH 的多业务传送技术，它能够同时实现 TDM、ATM、以太网、IP 等多业务的接入处理和传送。MSTP 技术是 SDH 技术的发展，与现有 SDH 网络有很好的兼容性，既继承了 SDH 的优点，又尽量避免了 SDH 的缺点，是随着城域网的发展出现的传输/接入设备。

2. MSTP 的虚级联和链路容量自动调整技术可以很好地解决 SDH 速率级别与以太网速率不匹配的问题。通用成帧协议能够以很小的开销把各种数据协议包封装起来，在 SDH 帧中安全可靠地传输。

3. 级联就是将多个虚容器彼此关联复合在一起构成一个较大的虚容器，这样的大容器仍然具有数字序列完整性。所谓数字序列完整性是数字传输的一种特性，具有这种特性的传输过程应不改变任何信号码元的顺序。级联分为连续级联和虚级联两种方式，其表示方式分别为 VC-*n*-*X*c、VC-*n*-*X*v，n 表示级联的级别，*X* 表示级联中 VC 的个数，c 表示连续级联，v 表示虚级联。

4. 弹性分组环 RPR(Resilient Packet Ring)技术是在吸取 SDH 和 Ethernet 技术的基础上发展起来的一种新的传输技术，可以把它理解为一种新的 MAC 层协议，主要运用在环形网络中。

5. MSTP 设备集成了传统 SDH 设备的多种功能，通过硬件组合和软件灵活配置，MSTP 设备可以成为以下设备类型：终端复用器（TM）、分插复用器（ADM）、数字交叉连接设备（DXC）等。

复习思考题

1. 什么是 MSTP？有什么特点？

2. MSTP 有哪些接口？其框图与 SDH 相比有何区别？

3. 什么是级联？简述连续级联与虚级联的异同点。

4. 说明 VC-12-8c、VC-4-12v 的含义。

5. 什么是链路容量自动调整(LCAS)协议？它在 MSTP 中的作用是什么？

6. LCAS 协议是怎样实现链路容量自动调节的？

7. MSTP 的数据封装技术有哪些？

8. 简述 MSTP 设备的类型。

9. 了解华为 OSN 3500 MSTP 设备的单板类型和功能。

10. 了解 MSTP 设备在城域网和铁路通信网中的应用。

第十章

光传送网(OTN)

随着IP承载网所需的电路带宽和颗粒度的不断增大,以VC调度为基础的SDH网络在交叉调度和扩展性方面呈现出明显不足,不能满足未来骨干网节点的Tbit以上的大容量业务调度;WDM网络虽提高了系统的容量、实现了业务透明传输,但缺少对光信道精确的监视能力,以及灵活的调度能力和组网能力。于是,作为基础承载网的光传送网OTN应用而生。OTN作为承载宽带IP业务的理想平台,代表了下一代传送网的发展方向。

第一节　OTN的基本概念

一、OTN的概念

OTN(Optical Transport Network)光传送网是由一系列光网元经光纤链路互联而成,能提供光通道承载任何客户信号,并提供客户信号的传输、复用、路由、管理、监控和生存性功能的网络。OTN是以波分复用技术为基础,在光层组织网络的传送网,是下一代的骨干传送网。

OTN技术将SDH的可运营和可管理能力应用到WDM系统中,同时具备了SDH的安全与调度和WDM大容量远距离传送的优势,能最大程度地满足多业务、大颗粒、大容量的传送需求,同时可以为数据业务提供最低的时延抖动,最完善的OAM能力,近乎无限的升级扩容潜力,并节省大量的光纤资源。

OTN的概念是在1998年由国际电信联盟电信标准化部门(ITU-T)正式提出,从其功能上看,OTN在子网内可以以全光形式传输,而在子网的边界处采用光/电/光转换。这样,各个子网可以通过3R(再放大、再整形、再定时)再生器连接,从而构成一个大的光网络,因此,OTN可以看作是传送网络向全光网演化过程中的一个过渡应用。并将其作为未来网络演进的理想基础。

二、OTN的技术特点

OTN通常也称为OTH(Optical Transport Hierarchy,光传送体系),是G. 872、G. 709、G. 798等一系列ITU-T的建议所规范的新一代光传送体系。OTN的优势主要体现在以下几个方面。

(1)多种客户信号封装和透明传输

基于ITU-T G. 709的OTN帧结构可以支持多种客户信号的映射和透明传输,如SDH、ATM、以太网等。目前对于SDH和ATM可实现标准封装和透明传送,但对于不同速率以太网的支持有所差异。ITU-T为10GE业务实现不同程度的透明传输提供了补充建议,而对于40GE、100GE以太网、光纤通道(FC)和吉比特无源光网络(GPON)等,其到OTN帧中标准化的映射方式目前正在讨论之中。

(2)大颗粒的带宽复用、交叉和配置

OTN 目前定义的电层带宽颗粒为光通道数据单元(ODU-k, $k=1,2,3$),即 ODU-1(2.5 Gbit/s)、ODU-2(10 Gbit/s)和 ODU-3(40 Gbit/s),光层的带宽颗粒为波长,相对于 SDH 的 VC-12/VC-4 的调度颗粒,OTN 复用、交叉和配置的颗粒明显要大很多,对高带宽数据客户业务的适配和传送效率显著提升。

(3)强大的开销和维护管理能力

传统的 WDM 设备只能监控光功率等少量光层信息,无法实现基于业务通道的监控,运维管理不便,且无法提供基于业务通道的保护等功能。OTN 借鉴了 SDH 的优点,在帧结构中定义了完善丰富的监控字节,使其具备同 SDH 一样的运维管理能力。其中多层嵌套的串联连接监视(TCM)功能,可以实现嵌套、级联等复杂网络的监控。

(4)强大的组网和保护能力

通过 OTN 帧结构、ODU-k 交叉和多维度可重构光分插复用器(ROADM)的引入,大大增强了光传送网的组网能力,改变了基于 SDH VC-12/VC-4 调度带宽和 WDM 点到点提供大容量传送带宽的现状。前向纠错(FEC)技术的采用,显著增加了光层传输的距离。另外,OTN 将提供更为灵活的基于电层和光层的业务保护功能,如基于 ODU-k 层的子网连接保护(SNCP)、基于波长的光通道保护、光子网连接保护和基于 ODU-k 的环网保护等。

作为新型的传送网络技术,OTN 并非尽善尽美。最典型的不足之处就是不支持 2.5 Gbit/s以下颗粒业务的映射与调度。另外,OTN 标准最初制定时并没有过多考虑以太网完全透明传送的问题,这使得 OTN 组网时可能出现一些业务透明度不够或者传送颗粒速率不匹配等问题。目前 ITU-T 的相关研究组正在积极组织讨论以解决 OTN 目前面临的一些缺陷,以便逐渐建立兼容现有框架体系的新一代 OTN 网络架构。

三、OTN 的相关标准体系

OTN 概念和整体技术架构是在 1998 年由 ITU-T 正式提出的,在 2000 年之前,OTN 的标准化基本采用了与 SDH 相同的思路,即以 G.872 光网络分层结构为基础,分别从网络节点接口(G.709)、物理层接口(G.959.1)等方面进行了定义。此后,OTN 作为继 PDH、SDH 之后的新一代数字光传送技术体制,经过近 10 年的发展,其标准体系日趋完善,目前已形成一系列框架性标准,如图 10-1 所示。图中:

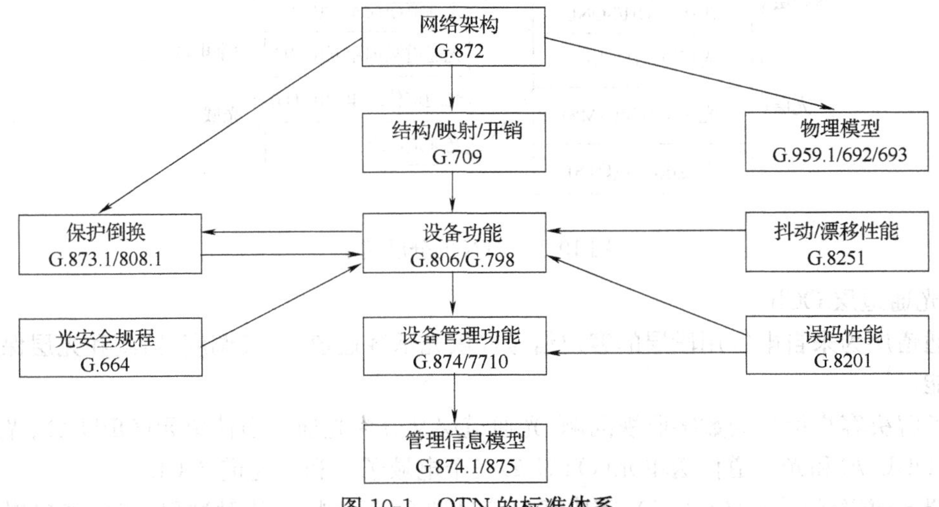

图 10-1　OTN 的标准体系

(1)G. 872:定义了光传送网的网络架构;

(2)G. 709:定义了 OTN 帧结构、各个层网络的开销功能,及 OTN 的映射、复用、虚级联;

(3)G. 798:定义了 OTN 的原子功能模块,各个层网络的功能,包括客户/服务层的适配功能、层网络的终结功能、连接功能等;

(4)G. 7710:通用设备管理功能需求,适用于 SDH、OTN;

(5)G. 874:OTN 网络管理信息模型和功能需求。描述 OTN 特有的五大管理功能;

(6)G. 808. 1:通用保护倒换,适用于 SDH、OTN;

(7)G. 873. 1:定义了 OTN 线性 ODU-*k* 保护;

(8)G. 8251:根据 G. 709 定义的比特率和帧结构定义了 OTN NNI(网络节点接口)的抖动和漂移要求;

(9)G. 8201:定义了 OTN 误码性能;

(10)OTN 物理层特性在 G. 959. 1 及 G. 664 等中规定。

目前标准化的工作主要集中在以下几个方面:适应 FC(光纤通道)/GE 等低速信号和 40/100 Gbit/s 以太网等更高速率的信号传送的帧结构,如 ODU-0、ODU-4;透明的 10/40 Gbit/s 以太网信号传送,如 ODU-*k* 共享保护环;FEC 应用的互联互通问题等。国内已经制定的标准有《光传送网体系设备的功能块特性》、《光传送网网络节点接口》、《光传送网(OTN)物理层接口技术要求》等,这些标准对光层物理参数、G. 709 封装、OTN 设备模型等做了完善的规范。

第二节　OTN 的网络分层和帧结构

一、OTN 的网络分层

我们知道,SDH 传送网纵向可分为多个层次,如低阶通道层(VC-12)→高阶通道层(VC-4)→复用段层(MS)→再生段层(RS),每个层次采用通道开销 POH、段开销 SOH 独立监控。与 SDH 网类似,ITU-T 为 OTN 定义了一套完整的层网络结构,对于各层网络都有相应的管理监控机制。OTN 的网络分层模型如图 10-2 所示,从上到下依次为光通道层、光复用段层和光传送段层。

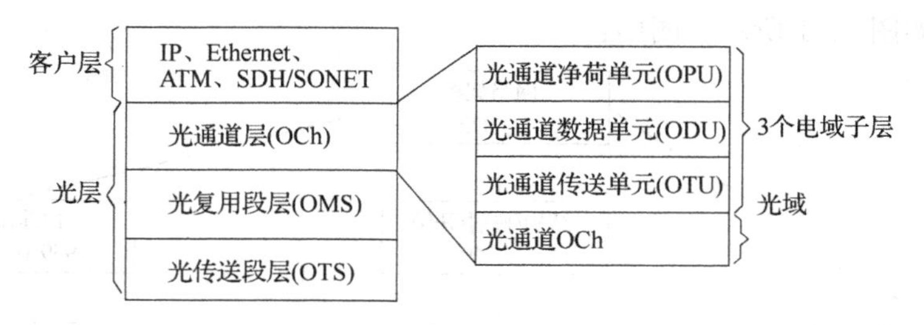

图 10-2　OTN 的分层模型

1. 光通道层 OCh

光通道层为来自电复用段层的客户信号提供光承载通道、交叉调度、监测和光层保护与恢复等功能。

为了解决客户信号的数字监视问题,光通道层又分为光通道净荷单元(OPU-*k*)、光通道数据单元(ODU-*k*)和光通道传送单元(OTU-*k*)三个电域子层和光通道(OCh)。

① 光通道净荷单元(OPU-*k*):完成客户信号到 OPU-*k* 帧的映射过程,即将客户层净荷信

息适配到 OPU-*k* 的速率上。

② 光信道数据单元(ODU-*k*):提供客户信号的数字包封功能,这一层也叫数据通道层。

③ 光信道传送单元(OTU-*k*):提供 OTN 成帧和 FEC(前向纠错)处理功能,这一层也叫数字段层。

④ 光通道(OCh):对 OTU-*k* 信号调制,形成特定的波长信号,并添加通道相关开销。光通道 OCh 的客户信号是 OTU-*k* 信号。

光通道净荷单元(OPU-*k*)、光通道数据单元(ODU-*k*)和光通道传送单元(OTU-*k*)三个电域子层都支持客户信息的传送。它们具有不同的帧结构和开销字节,即不同的传输速率,但承载有相同的信息容量。*k* 表示它们的容量,即传送颗粒的大小,*k*=1,2,3。如 ODU-1 表示 2.5 Gbit/s,ODU-2 表示 10 Gbit/s,ODU-3 表示 40 Gbit/s。

2. 光复用段层 OMS

光复用段层 OMS 对多个 OCh 信号进行波分复用。提供从多个独立的特定波长信号转换为主信道信号的功能,以及复用段保护和恢复等服务功能。

3. 光传送段层 OTS

光传送段层 OTS 为光信号在不同类型的光媒质(G. 652、G. 653、G. 655 光纤等)上提供传输功能,用来确保光传送段适配信息的完整性,同时实现光放大器或中继器的检测和控制功能。

二、OTN 的帧结构

OTN 规定了类似于 SDH 的块状帧结构,如图 10-3 所示。它包括 OPU-*k* 净负荷区域和开销区域两部分。OPU-*k* 净负荷区域用来装入各种业务,开销区域字节用于系统的运行、维护和管理 OAM。

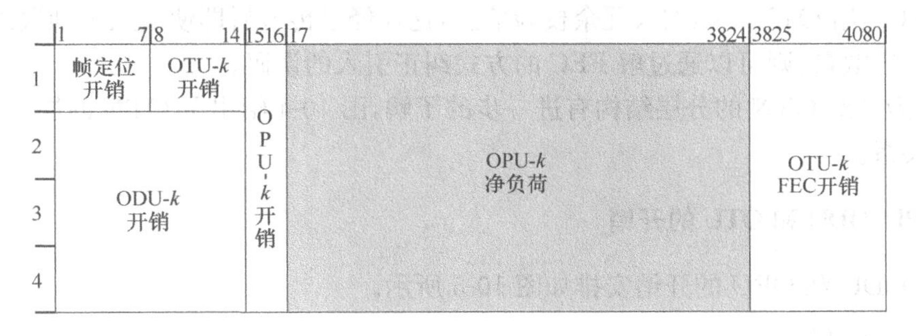

图 10-3　OTN 的帧结构

OTN 的开销分为两大类:非关联开销和关联开销。非关联开销在 OSC 监控信道上传输,包括光传送段开销、光复用段开销和光通道非关联开销。关联开销是和净负荷的信息结构一起传输的,如 OTU-*k* 开销、ODU-*k* 开销和 OPU-*k* 开销。

OTN 的帧结构及长度是固定不变的,对于不同速率的 OTU-*k* 信号,即 OTU-1,OTU-2,和 OTU-3 具有相同的帧长度,即都是 4×4 080=16 320 字节=130 560 bit,但它们的帧周期是不同的(参见表 10-1)。这一点与 SDH STM-*N* 的帧结构不同。SDH STM-*N* 帧周期均为 125 μs,不同速率的信号其帧的大小是不同的。

G. 709 已经定义了 OTU-1,OTU-2 和 OTU-3 的速率,关于 OTU-4 速率的制定还在进行中,尚未最终确定。OTU-*k* 的类型及速率如表 10-1 所示。

表 10-1 OTU-*k* 的类型及速率

OTU 类型	OTU 的标准速率	帧长度	速率容限	帧周期
OTU-1	2.666 Gbit/s	130 560 bit	±20 ppm	48.971 μs
OTU-2	10.709 Gbit/s			12.191 μs
OTU-3	43.018 Gbit/s			3.035 μs
OTU-4(制定中)				

三、OPU、ODU 和 OTU 的帧结构

1. OPU-*k* 帧

OPU-*k* 的帧结构是一个字节为单位的长度固定的块状帧结构，共 4 行 3 810 列，占用 OTU-*k* 帧中的列 15 至列 3 824。

OPU-*k* 帧由 OPU-*k* 开销和 OPU-*k* 净负荷两部分组成。最前面的两列为 OPU-*k* 开销(列 15 和列 16)，共 8 个字节，列 17 至列 3 824 为 OPU-*k* 净负荷。OPU-*k* 开销主要用来配合实现信息净负荷在 OTN 帧中的传输，例如开销中有一部分是为了实现净负荷速率和实际的 OPU-*k* 速率的适配。

2. ODU-*k* 帧

ODU-*k* 帧由两部分组成，分别为 ODU-*k* 开销和 OPU-*k* 帧。其中，ODU-*k* 的开销占用 OTU-*k* 帧第 2，3，4 行的前 14 列。第一行的前 14 列被 OTU-*k* 开销占据。

3. OTU-*k* 帧

OTU-*k* 帧，即为 OTN 帧，它由 OTU-*k* 开销(含帧定位开销)，ODU-*k* 帧和 OTU-*k* FEC 三部分组成，总共 4 行 4 080 字节，如图 10-3 所示。这里强调一下 OTU-*k* FEC 的作用。OTU-*k* FEC是给 OTU-*k* 帧加入冗余校验信息，这样经过传输后即使引入个别误码，但只要误码不超过一定数量，则可以通过解 FEC 的方式纠正引入的误码。

最后，为了对 OTN 的分层结构有进一步的了解，图 10-4 给出了 OTN 的层次结构及信息流之间的关系。

四、OPU、ODU 和 OTU 的开销

OTU、ODU 和 OPU 的开销安排如图 10-5 所示。

1. OTU-*k* 开销

OTU-*k* 开销所在的位置为 OTU-*k* 帧第 1 行第 1 列至第 1 行第 14 列，共 14 个字节。这 14 字节分成三部分，分别为帧定位节(FAS)、复帧定位字节(MFAS)和 OTU-*k* 开销字节(OTU-*k* OH)。OTU-*k* OH 又可分为 SM，GCC0 和 RES 三部分。OTU-*k* 各部分开销的名称和含义如下：

FAS：帧定位字节，用来定义帧开头的标记。

MFAS：复帧定位字节，MFAS 最多支持由 256 个帧构成的复帧。

SM：段监视字节。用于 OTU-*k* 段层的踪迹监测、差错检测、缺陷指示等。

GCC0：通用通信通道字节。GCC0 与 GCC1、GCC2 字节，都可做为管理信息的传送通道，类似于 SDH 的 D1～D12 字节。

RES：预留字节。

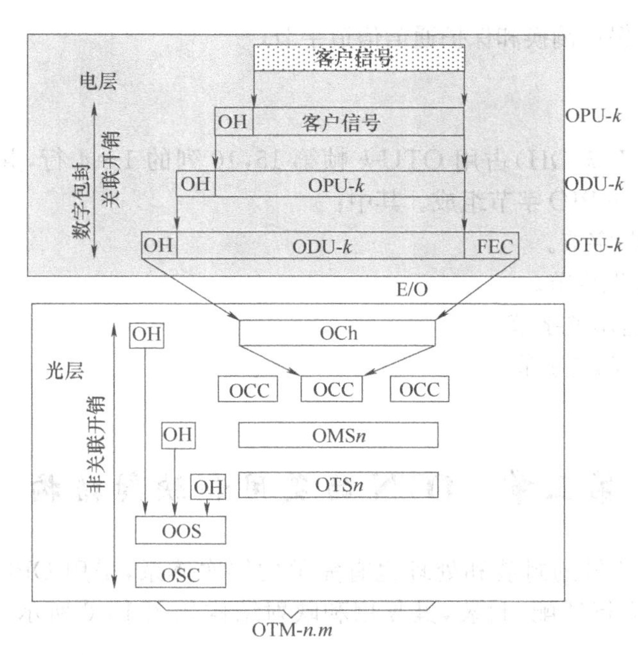

图 10-4　OTN 的层次结构及信息流之间的关系

OH—开销;FEC—前向纠错;OCC—光通道载波;OOS—OTN 非关联开销;

OSC—监控通道;OMSn—复用段层;OTSn—光传送段层

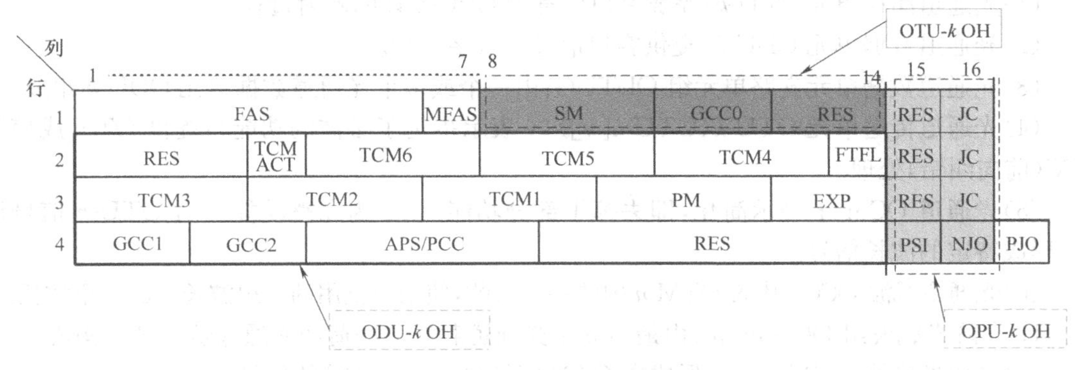

图 10-5　OPU、ODU 和 OTU 的开销字节

2. ODU-*k* 开销

ODU-*k* 开销(ODU-*k* OH)占用 OTU-*k* 帧第 2,3,4 行的第 1～14 列,共 42 个字节。ODU-*k* OH 由 PM 和 TCM 和其他开销字节组成。其中 PM 只有一组开销,而 TCM 有 6 组开销,分别为 TCM1-6。PM 和 TCM 代表 ODU-*k* 帧中不同的监测点。ODU-*k* OH 中各部分的名称及含义如下:

TCM1-6:6 层的连接监视字节,用于检测 ODU-*k* 的各种连接情况。

TCM ACT:连接监视的激活和去激活字节。

PM:通道监视字节。其功能与 SM 字节类似,具有监视 ODU-*k* 通道状态、差错检测等功能。

FTFL:故障类型和故障定位字节。

EXP:试验用字节。

GCC1、GCC2:通用通信通道字节。

APS/PCC：自动保护倒换和保护通信信道字节；

RES：预留字节。

3. OPU-*k* 开销

OPU-*k* 开销（OPU-*k* OH）占用 OTU-*k* 帧第 15，16 列的 1～4 行，共 8 个字节。OPU-*k* OH 由 JC、PSI、NJO 和 PJO 字节组成。其中：

JC：码速调整控制字节。

PSI：载荷结构标识字节。

NJO：用于正码速调整字节。

PJO：用于负码速调整字节。

RES：预留字节。

第三节　OTN 的复用和映射结构

OTN 对于客户信号的封装和处理也有完整的层次体系，采用 OPU-*k*、ODU-*k*、OTU-*k* 等信号模块对数据进行适配、封装，其复用和映射结构如图 10-6 所示。

一、基本的信息单元

OTN 的复用和映射结构中涉及的信息单元有：

(1)光通道净荷单元 OPU-*k*：完成客户信息到 OPU-*k* 帧的映射过程。

(2)光通道数据单元 ODU-*k*：提供客户信号的数字包封。

(3)光通道数据单元支路单元组 ODTUG：由一个或多个光通道数据单元 ODU-*k* 组成。

(4)光通道传送单元 OTU-*k*(OTU-*k*[v])(v 表示指定了必需的功能)：提供 OTN 成帧和 FEC(前向纠错)处理。

(5)光通道 OChr(r 表示简化，即去掉了部分功能，无 r 为完整功能)：对 OTU-*k* 信号调制，形成特定的波长信号。

(6)光通道载波 OCCr：代表 OTM-*n* 内的一个时隙，使用被复用的一组波长中的一个波长。

(7)*n* 阶光载波组 OCG-*nr*. *m*：由最多 *n* 个光通道载波的净荷和光通道载波开销构成。

(8)光传送模块 OTM-*nr*. *m*：形成在 OTN 网络单元之间传输的信号。

二、映射和复用

1. 映射

映射是完成各信息单元之间的速率适配的过程。在 OTN 复用映射结构中，各种客户层信息经过光通道净荷单元 OPU-*k* 的适配，映射到 ODU-*k* 中，然后在 ODU-*k*、OTU-*k* 中分别加入光通道数据单元和光信道传送单元的开销，再映射到光通道层 OCh，调制到光信道载波 OCC 上。

2. 复用

OTN 的复用，分为时分复用和波分复用两部分。

(1)时分复用

OTN 的时分复用采用字节间插的方式，实现电域三个子层信号的复用。图 10-6 示出了各种时分复用单元之间的关系以及可能的复用结构。可能的复用路径有：最多 4 个 ODU-1 信号时分复用到 1 个 ODTUG-2 中，4 个 ODU-2 或 16 个 ODU-1 信号可以复用到 ODTUG-3 中。

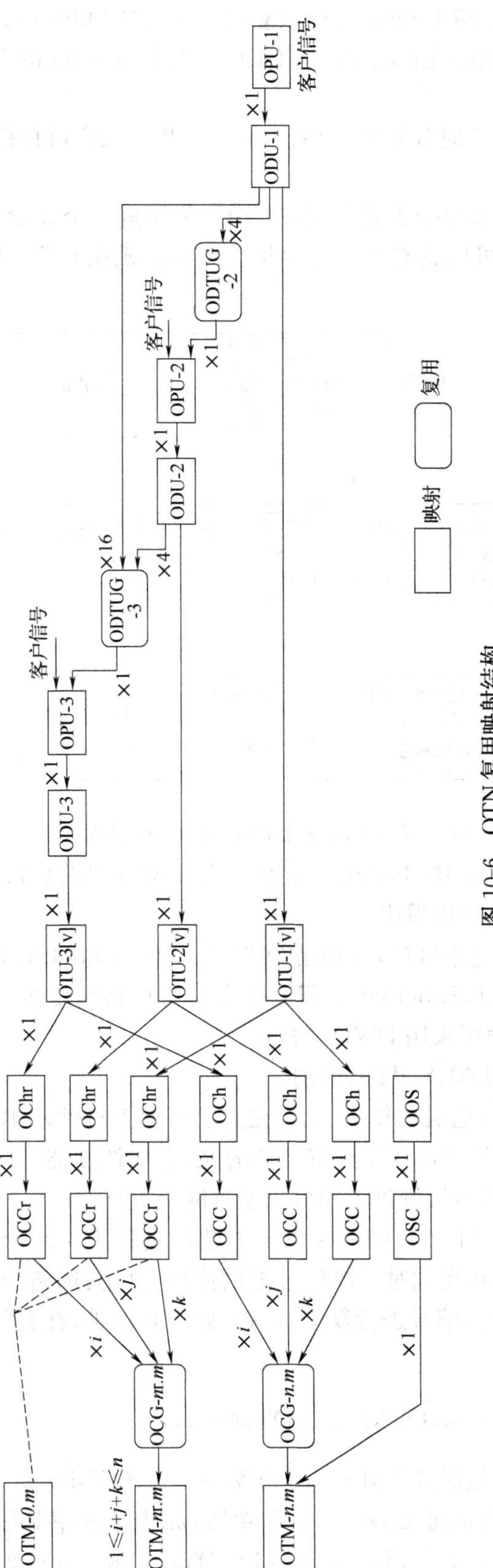

图 10-6　OTN 复用映射结构

GE 信号也可称作 OPU-0，两个 OPU-0 可以复用并映射到 OPU-1 中。随着 IP 业务的迅猛发展，不久的将来的 GE 就如同现在的 E1，而 ODU-0 必将如 SDH 的 VC4/VC12 一样成为 OTN 的基础业务颗粒。

图 10-7 示出了 4 个 ODU-1 时分复用到 OTU-2 的过程。大家可自行分析其复用过程。

(2)波分复用

通过波分复用将最多 $n(n\geqslant1)$ 个光通道载波 OCCr 复用进一个 n 阶光载波组 OCG-$nr.m$ 中，OCG-$nr.m$ 中的支路时隙可以具有不同的容量。然后形成在 OTN 网络单元之间传输的 OTM 信号。

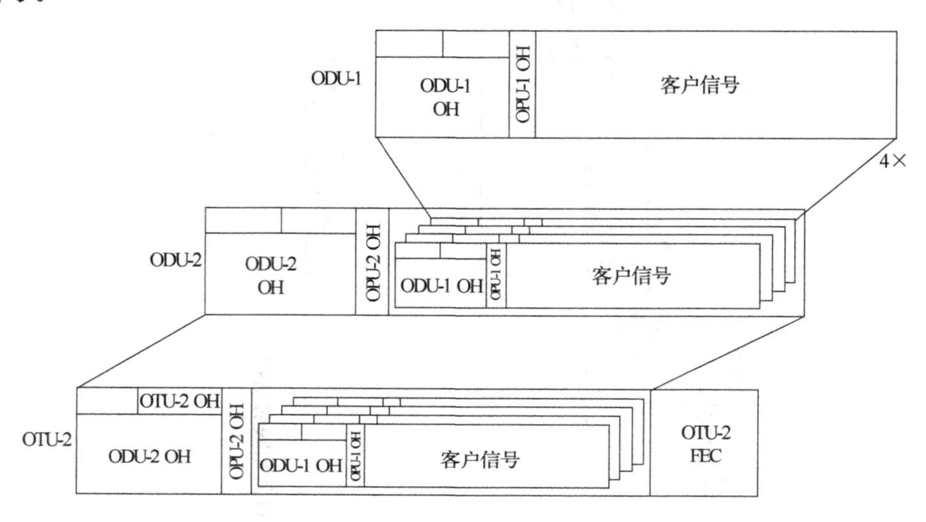

图 10-7　ODU-1 时分复用到 OTU-2 的过程

对于完整功能的 OTM -$n.m$ 接口，OSC 通过波分复用被复用进 OTM-$n.m$ 中。

由 OTN 的复用映射结构，可以看出：

① OTN 具有不同的网络速率接口，分别是 OPU-1，OPU-2 和 OPU-3。

② 可以实现 SDH/SONET，Ethernet，ATM，IP 等业务的透明传输。

③ 为实现 Tbit 传输，传输层采用 DWDM 技术。

最后强调一下 OTN 与 WDM、SDH 的区别。

OTN 和 WDM 都是面向传送层的技术，二者在光层平台上特性基本相同，主要区别在于电层 OTU 的实现。与 WDM 相比，OTN 具有灵活的光、电层调度能力，并具有光、电层丰富而标准的开销字节，绝大多数的运维管理工作可以通过网管进行。

与 SDH 相比：OTN 只适用于 2.5 Gbit/s 以上大颗粒业务接入，而 SDH 对大、小颗粒业务都适用；OTN 是同时在电域和光域对客户信号提供传送、复用、选路、监控和生存处理的功能实体，而 SDH 是在电域对客户信号进行复用、选路、监控和保护，在光纤上进行同步信息传输的方式。

三、光传送层信号(OTM-$nr.m$，OTM-$n.m$，OTM-0.m)

目前典型的光传送层信号包括：OTM-$n.m$、OTM-16r.m、OTM-0.m。在光传送信号的表示式中，n 表示最高容量时承载的波数，$n=0$ 表示单波；m 表示速率等级，取值范围为 $m=1$(OTU-1)、$m=2$(OTU-2)、$m=3$(OTU-3)、$m=12$(OTU-1 和 OTU-2 混合传输)、$m=23$

(OTU-2 和 OTU-3 混合传输)、$m=123$(OTU-1、OTU-2、OTU-3 混合传输)；r 表示不支持光层开销和光监控通道(OSC)。

1. OTM-0.m

OTM-0.m 信号是 OTM-$nr.m$ 的一个特例($n=0$)。支持单波长光通路，OTM-0.m 也称为黑白光口(1 310 nm 或 1 550 nm)。定义了 3 种 OTM-0.m 接口信号，即 OTM-0.1、OTM-0.2 和 OTM-0.3，每种承载一个包含 OTU-k[v]信号的单波长光通路。图 10-8 示出了 OTM-0.m 的映射方式。

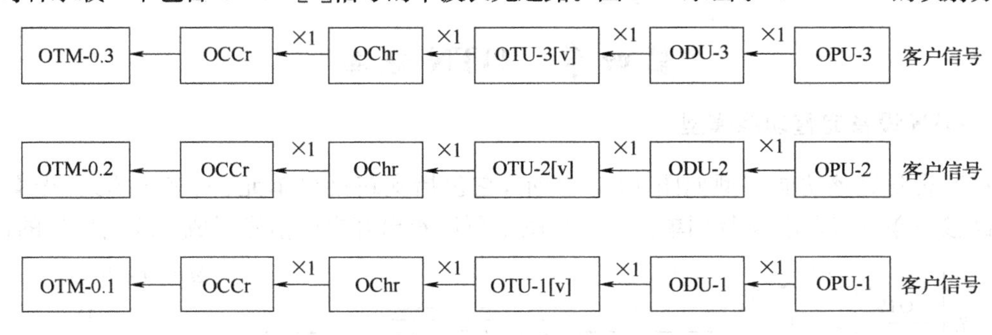

图 10-8　OTM-0.m 结构的映射方式

2. OTM-16r.m

OTM-16r.m 信号支持 16 个不同波长的光通道，固定信道间隔。OTM-16r.m 没有光监控通道，因此该接口使用 OTU-k[v]的段监控开销进行监视和管理。定义了 6 种 OTM-16r.m 接口信号，分别是：

OTM-16r.1，承载 i($i\leqslant16$)个 OTU-1 信号；

OTM-16r.2，承载 j($j\leqslant16$)个 OTU-2 信号；

OTM-16r.3，承载 k($k\leqslant16$)个 OTU-3 信号；

OTM-16r.123，承载 i($i\leqslant16$)个 OTU-1，j($j\leqslant16$)个 OTU-2 和 k($k\leqslant16$)个 OTU-3，其中，$i+j+k\leqslant16$；

OTM-16r.12，承载 i($i\leqslant16$)个 OTU-1 和 j($j\leqslant16$)个 OTU-2，其中，$i+j\leqslant16$；

OTM-16r.23，承载 j($j\leqslant16$)个 OTU-2 和 k($k\leqslant16$)个 OTU-3，其中，$j+k\leqslant16$。

图 10-9 示出了 2 种定义的 OTM-16r.m 接口信号的复用结构。

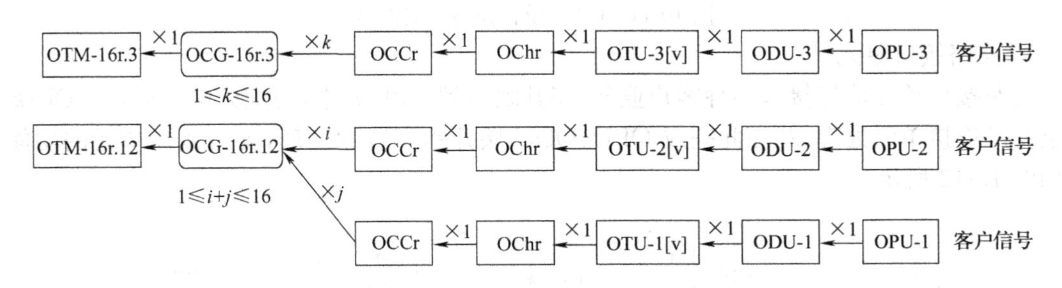

图 10-9　OTM-16r.m 复用结构

3. OTM-$n.m$

OTM-$n.m$ 支持 n 个不同波长的光通道，固定信道间隔。OTM-n.m 有 1 路独立的光监控信道(OSC)用于传送 OTM 开销信号(OOS)，OTM 开销信号包括：OTS、OMS 和 OCh 开销。同样可有 6 种 OTM-n.m 接口信号，分别为 OTM-n.1、OTM-n.2、OTM-n.3、OTM-n.123、OTM-n.12 和 OTM-n.23。图 10-10 示出了 OTM-n.1 接口信号的复用结构。

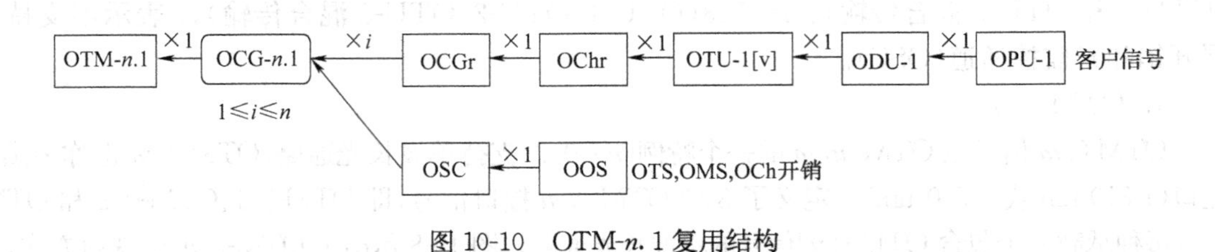

图 10-10 OTM-n.1 复用结构

第四节 OTN 设备

一、OTN 设备完整功能模型

OTN 设备完整功能模型如图 10-11 所示，它包括支路接口单元、电交叉单元、光交叉单元、线路接口单元、复用/解复用单元等。从图中可以看出客户层信号形成光线路信号的过程。

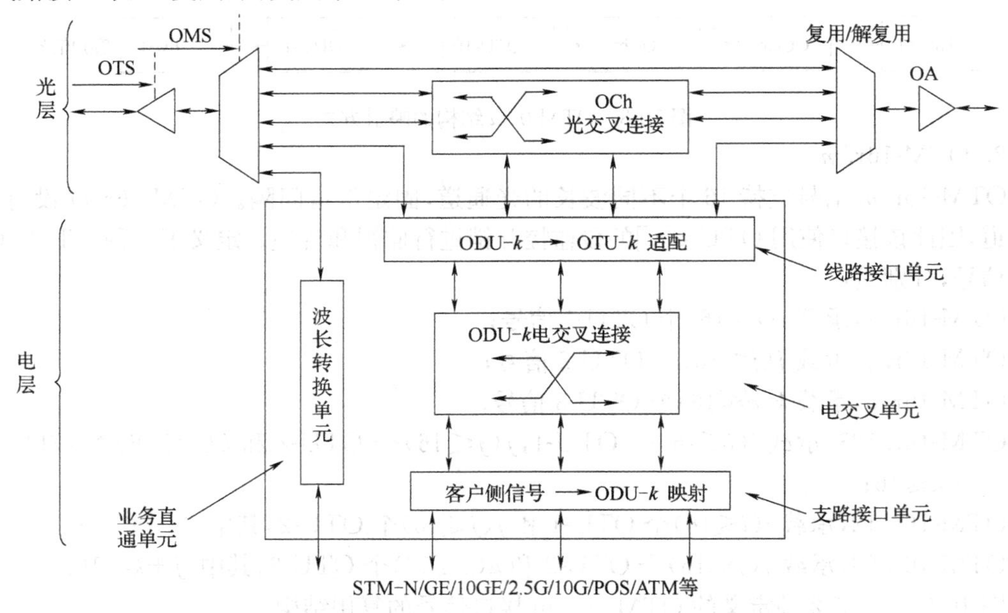

图 10-11 OTN 设备完整功能模型

1. 支路接口单元

支路接口单元能够接入各种客户业务，将其映射到 OPU-k 中，适配到电层通道 ODU-k 后送电交叉连接单元处理，并在此完成 OPU、ODU 层开销字节的处理，支路接口单元的功能模型如图 10-12 所示。

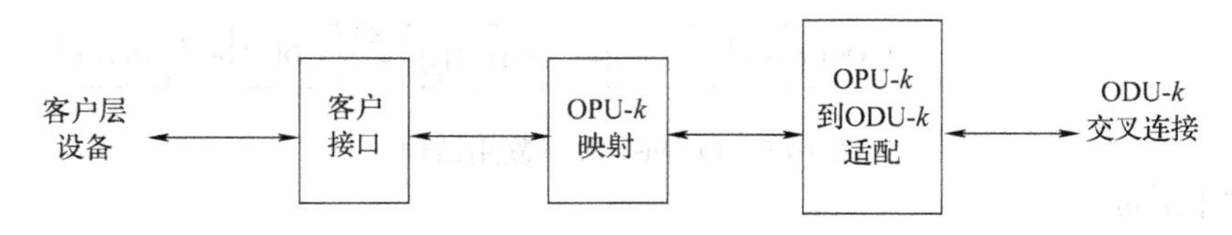

图 10-12 支路接口的功能模型

2. 线路接口单元

线路接口单元完成从电交叉连接单元来的 ODU-k 通道信号到 OTU-k 线路帧的映射和复用处理，支持 OTU-k 帧处理，产生适合于在光纤线路中传输的 OCh 信号，其功能模型如图

10-13所示。

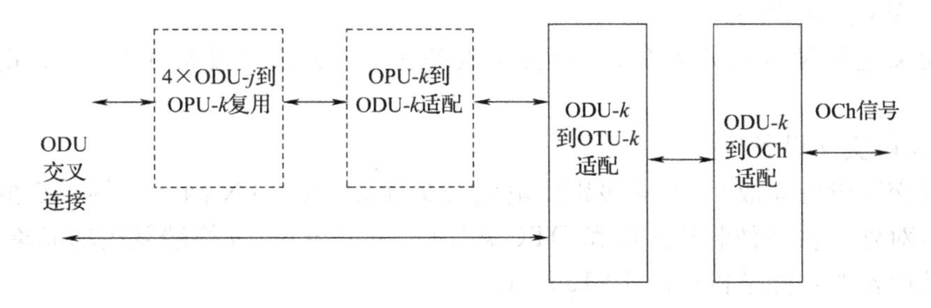

图 10-13 线路接口的功能模型

3. 交叉连接单元

电交叉连接单元完成支路接口、线路接口间的 ODU-k 信号的透明交叉连接、信号质量监控及保护倒换功能。光交叉连接单元以光波为交叉颗粒,实现波长级别业务的调度和保护恢复。

4. 复用/解复用单元

复用/解复用单元完成多个独立的特定波长的光信号经波分复用转换为主信道信号的功能。

由图 10-11 看出,OTN 设备同时提供 ODU-k 电层和 OCh 光层调度能力。波长级别的业务可以直接通过 OCh 交叉,其他需要调度的业务经过 ODU-k 交叉。两者配合可以优势互补,又同时规避各自的劣势,可以进一步提高效率,增加灵活性。

需要强调的是:OTN 能对大颗粒业务进行灵活的调度和保护,支持多个光线路方向,都是基于 ODU-k 的大容量的电交叉矩阵。没有这个模块则不能称之为"真正的 OTN 设备"。

二、OTN 设备类型

依据《OTN 网络对节点设备总体要求》的要求,OTN 设备可分为以下两大类:即 OTN 终端复用设备和 OTN 交叉连接设备。

1. OTN 终端复用设备

OTN 终端复用设备是指支持 OTN 的客户接口,支路接口适配、线路接口处理功能的 WDM 设备,其功能结构如图 10-14 所示。

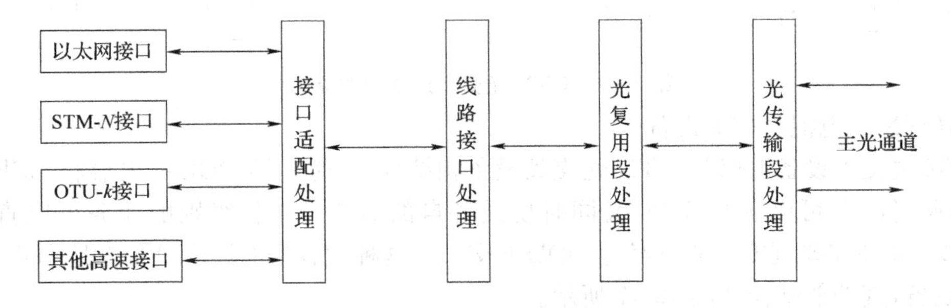

图 10-14 OTN 终端复用设备功能示意图

这种 OTN 设备用白光 OTU-k 接口代替传统 SDH 设备和以太网等客户业务接口,实现不同厂商 WDM 设备对接。通过 OTN 的信号开销可以实现对波长通道端对端的性能和故障监测。

目前国内大多数采用 OTN 终端复用设备建设,但是随着 40G/100G 网络建设,OTN 终端复用设备的多业务传送能力不足，最终会过渡到光电混合交叉 OTN 设备。

2. OTN 交叉连接设备

OTN 交叉连接设备又分为 OTN 电交叉设备、OTN 光交叉设备和 OTN 光电混合交叉设备。

(1)OTN 电交叉设备

OTN 电交叉设备完成 ODU-*k* 级别的电路交叉功能，为 OTN 网络提供灵活的电路调度和保护能力，对外提供各种业务接口和 OTU-*k* 接口，也可与 OTN 终端复用功能集成在一起。OTN 电交叉设备的功能结构如图 10-15 所示。

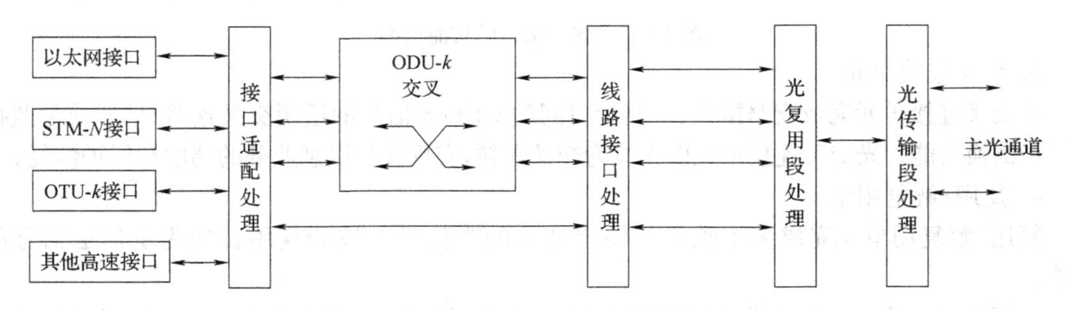

图 10-15　OTN 电交叉设备的功能结构

(2)OTN 光交叉设备

OTN 光交叉设备(也称 OCh 设备)以光波长为交叉颗粒，提供 OCh 光层调度能力，实现波长级别业务的调度和保护恢复，目前这类设备的形态为 ROADM(可重构的光分插复用器，可以动态上下业务波长，并且业务波长的功率也是可以管理的)。OTN 光交叉设备的功能结构如图 10-16 所示。

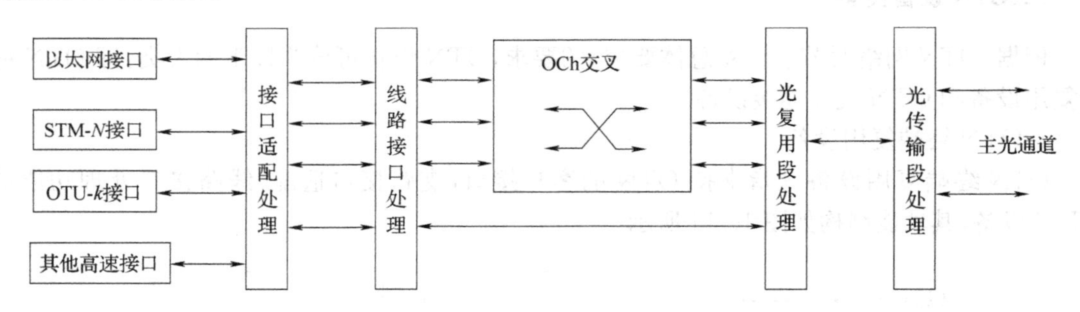

图 10-16　OTN 光交叉设备的功能结构

(3)OTN 光电混合交叉设备

OTN 电交叉设备可以与 OTN 光交叉设备相结合，同时提供 ODU-*k* 电层和 OCh 光层调度能力，两者配合可以优势互补，又同时规避各自的劣势。波长级别的业务可以直接通过 OCh 交叉，其他需要调度的业务经过 ODU-*k* 交叉。这种大容量的调度设备就是 OTN 光电混合交叉设备，其功能结构如图 10-17 所示。

OTN 光电混合交叉设备才是完整功能的 OTN 设备，也是当前和未来 OTN 的主要设备形态，在实际网络中也将会大量应用。

三、OptiX OSN 6800 设备

OptiX OSN 6800 设备称为华为下一代智能光传送平台。它采用 OTN 技术及全新的架

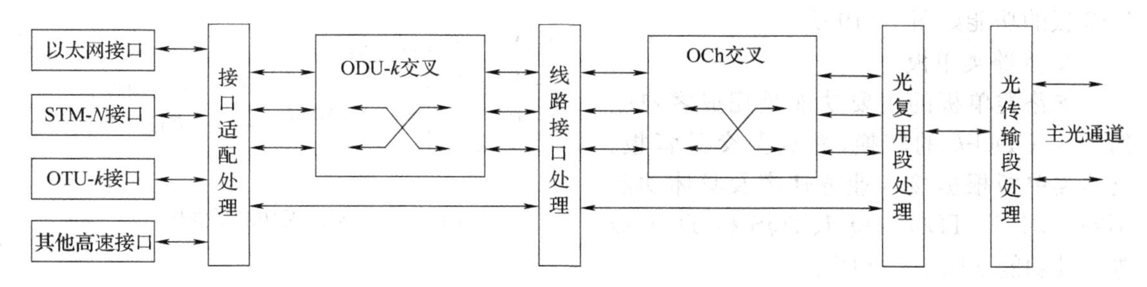

图 10-17　OTN 光电交叉设备的功能结构

构设计，可实现动态的光层调度和灵活的电层调度，并具有高集成度、高可靠性和多业务等特点。OptiX OSN 6800 设备的外观如图 10-18 所示。

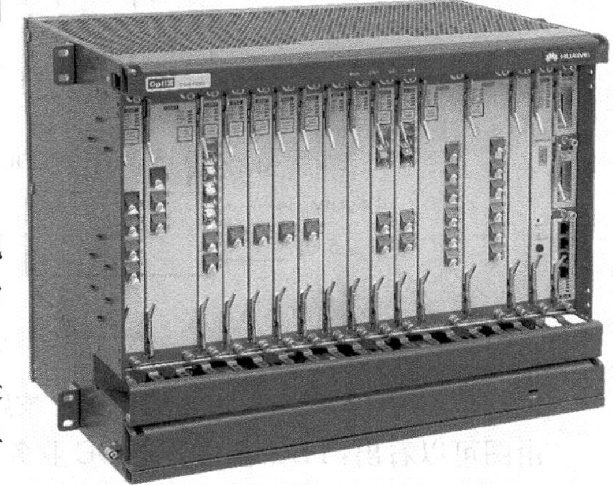

图 10-18　OptiX OSN 6800 设备外观图

（一）OptiX OSN 6800 设备的特性

1. 传输容量

OptiX OSN 6800 提供两种波分复用技术规格：一是密集波分复用技术 DWDM，频率间隔为 100 GHz 和 50 GHz，单波可支持 2.5 Gbit/s、5 Gbit/s、10 Gbit/s 和 40 Gbit/s 四种速率。二是粗波分复用技术 CWDM，波长间隔为 20 nm，单波可支持 5 Gbit/s 速率。

OSN 6800 DWDM 系统最多可接入 80 波（典型 16 个节点），每波最大可支持 40 Gbit/s 速率；OSN 6800 CWDM 系统最多可接入 18 波，每波最大可支持 5 Gbit/s 速率。

2. 传输距离

对于 40 Gbit/s 速率，支持最长 1 200 km 的无电中继传输；对于 2.5 Gbit/s、5 Gbit/s 和 10 Gbit/s速率，支持最长 1 500 km 无电中继传输；对于 CWDM 系统，支持最长 80 km 的传输距离。

3. 交叉能力

OptiX OSN 6800 支持 ODU-1、ODU-2、GE 业务的电层集中调度，支持 GE 业务、ODU-1 级别通过交叉板实现的集中调度，GE 和 ODU-1 业务分别可支持最大 160 Gbit/s、320 Gbit/s 的交叉调度容量。

4. 保护机制

OptiX OSN 6800 提供完善的网络保护机制，包括光线路保护、光通道保护、子网连接保护 SNCP、ODU-k 环网保护、光波长共享保护（OWSP）。

（二）OptiX OSN 6800 设备的主要单板

OptiX OSN 6800 设备提供多种功能类单板，包括光波长转换类单板、支路类单板、线路类单板、光合波和分波类单板、光分插复用类单板、交叉类单板和光保护类单板等。

1. 线路单板

线路单板的作用是将交叉调度过来的 4 路 ODU-1 映射到 OTU-2，并转换成符合 ITU-T G.694.1 建议的 DWDM 标准波长。同时可以实现上述转换的逆过程。

线路单板单元包括 NS2 板和 ND2 板。其中，NS2 板可将 4×ODU-1 或 1×ODU-2 汇聚成 OTU-2 光接口板，ND2 板可将 8 路ODU-1信号或者 2 路 ODU-2 信号映射到 OTU-2 信号。

NS2 板的功能如图 10-19 所示。

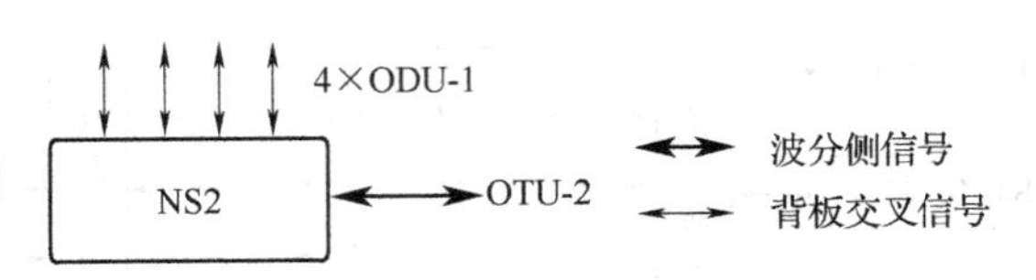

图 10-19　NS2 板功能示意图

2. 支路类单板

支路类单板的主要功能是完成客户端信号与 ODU-k 的转换，并送至交叉背板。支路类单板根据接入业务速率及具体功能不同，可分为 TDG、TQM、TQS 和 TQX 板等。其功能如图 10-20 所示。

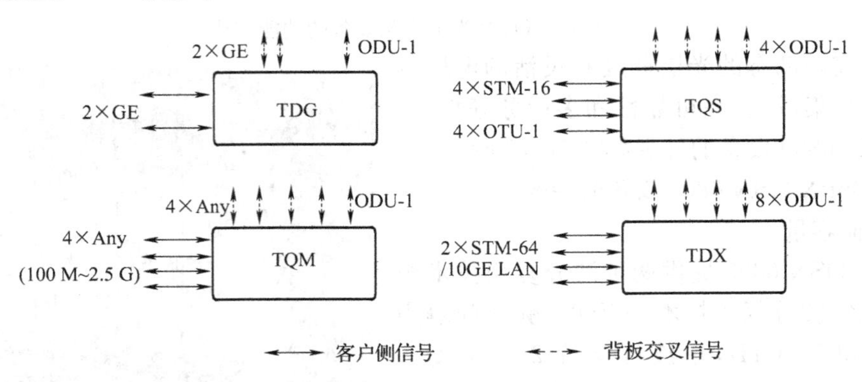

图 10-20　支路类单板功能示意图

由图可以看出：TDG 板将 2 路 GE 业务光信号转换为 2 路 GE 电信号，或者复用为 1 路 ODU-1 电信号；TQM 板可将 4 路 100 M bit/s～2.5 Gbit/s 之间任意速率的光信号，转换为 4 路电信号或者复用到 1 路 ODU-1 电信号；TQS 板将 4 路 STM-16/OTU-1 业务光信号转换为 4 路 ODU-1 电信号；而 TDX 板将 2 路 10GE LAN/STM-64 业务光信号通过交叉调度转换为 8 路 2.5 Gbit/s 的 ODU-1 电信号。

3. 光波长转换类单板

光波长转换单元 OTU 的主要功能是将接入的 1 路或多路客户侧信号经过汇聚或转换后，输出符合 ITU-T G.694.1 建议的 DWDM 标准波长或符合 ITU-T G.694.2 建议的 CWDM 标准波长，以便于合波单元对不同波长的光信号进行波分复用。

OptiX OSN 6800 的所有波长转换单元均为收发一体形式，可以同时实现上述过程的逆过程。表 10-2 列出了部分光波长转换类单板的名称、客户及波分侧的业务类型。其功能如图 10-21 所示。

表 10-2　光波长转换类单板的名称

单板	单板名称	客户侧业务类型	波分侧业务类型
LQM	4 路任意速率(100 Mbit/s ～2.5 Gbit/s)业务汇聚波长转换板	Any(100 M～2.5 G)	OTU-1
LDG	双发选收双路 GE 业务汇聚板	GE	OTU-1/STM-16
L4G	4×GE 线路容量波长转换板	GE	OTU 5G/FEC 5G
LOG	8 路 GE 业务汇聚 & 波长转换板	GE	OTU-2

4. 静态光分插复用类单板

静态光分插复用单元的主要功能是从合波光信号中分插出单波光信号，送入光波长转换单元；同时将从光波长转换单元发送的单波光信号复用进合波光信号。静态光分插复用单元

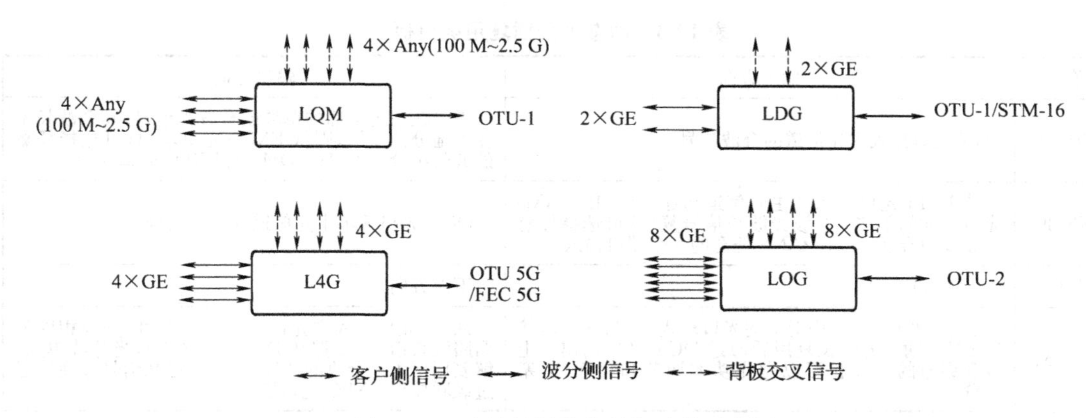

图 10-21　光波长转换类单板功能示意图

包括下列单板：

MB2：可扩容双路光分插复用板，从合波信号中分插复用 4 路波长信号，其中有 2 路波长信号经扩展光口输出。

MR2：2 路光分插复用板，从合波信号中分插复用 2 路波长信号；

MR4：4 路光分插复用板，从合波信号中分插复用 4 路波长信号；

MR8：8 路光分插复用板，从合波信号中分插复用 8 路波长信号。

5. 动态光分插复用类单板

动态光分插复用类单板的主要功能是从合波光信号中分插出任意的单波光信号，送入光波长转换单元；同时将从光波长转换单元发送的任意单波光信号复用进合波光信号。

动态光分插复用类单板包括下列单板：

RDU9：ROADM 分光板，完成 8 路信号的下波功能。

RMU9：ROADM 合波板，完成 8 路信号的上波功能。

ROAM：动态波长接入板，实现 40 波内业务波长的动态上下、穿通、阻断、实现环内业务波长的动态调度功能。

WSD9：波长选择性倒换分波板，实现任意波长到任意端口的动态可配置的分波功能。

WSM9：波长选择性倒换合波板，实现任意波长到任意端口的动态可配置的合波功能。

图 10-22 示出了部分动态光分插复用类单板的功能，表 10-3 给出了输入、输出信号的流向。

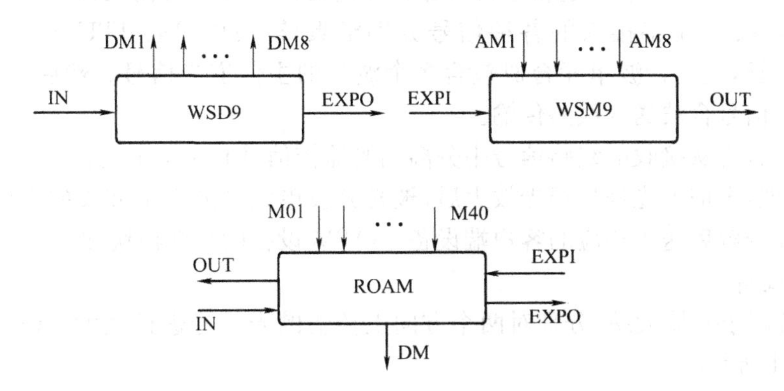

图 10-22　动态光分插复用类单板功能示意图

表 10-3　动态光分插复用类单板

单板	输入方向	输出方向
WSD9	IN 光口接入主光信道的合波信号	需要在本地下插的单波或合波光信号，其余波长不在本地分插复用，则从 EXPO 光口输出（可选择任意的波长组合从 DM1～DM8 或 EXPO 光口输出）
WSM9	从 EXPI 光口输入的主光信道与通过 AM1～AM8 光口上插的单波或合波光波长信号复用（可选择任意的波长组合从 AM1～AM8 任意的 8 个端口输入）	OUT 光口输出主光信道的合波信号
单板	上波方向	下波方向
ROAM	通过 M01～M40 中对应的光口输入，并与从级联接口 EXPI 输入的波长复用后通过 OUT 光口输出。上波和穿通的各波长可以做光功率调节和穿通、阻塞设置	从 IN 光口接入主光信道的合波信号，分成相同的两路波长信号。1 路从 DM 光口输出至光分波单元，解复用出本地接收的各波长；另 1 路光信号穿通后通过级联接口 EXPO 光口输出

6. 光合波和分波类单板

光合波和分波单元的主要功能是将不同波长的光信号进行合波或分波处理。包括：

ACS：OADM 接入板；

D40/M40：40 波分波板/合波板；

D40V/M40V：40 波自动可调光衰减分波板/合波板；

FIU：光纤线路接口板；

ITL：梳状滤波器。

7. 交叉类单板

交叉单元包括交叉连接和时钟处理板 XCS 板。XCS 不仅具有时钟处理的功能，还支持 ODU-1 信号、ODU-2 信号或者 GE 业务的电层集中调度。

此外，OptiX OSN 6800 设备还有光纤放大器单元、光监控信道单元、光保护单元、光谱分析单元、光可调衰减单元在此就不一一介绍了。

（三）OptiX OSN 6800 设备的网元类型

OptiX OSN 6800 采用模块化设计，最小单元是一些功能不同的单板，而不同功能单板的有机组合构成了不同类型的设备，以满足不同的实际需求。

OptiX OSN 6800 DWDM 系统可配置成 4 种设备类型，分别是：光终端复用设备 OTM、静态光分插复用设备 FOADM、动态光分插复用设备 ROADM 和光线路放大设备 OLA。

（1）OTM 设备

OTM 设备应用于终端站，逻辑上可以分为发送方向和接收方向两部分。OTN 在发送方向，通过波长转换单元将接入的各种信号分别汇聚/转换成符合 ITU-T G.694.1 建议的 DWDM 标准波长，经光合波单元合成包含多个波长的主信道光信号。然后对主信道进行光放大，与光监控信号合波送入线路传输。

在接收方向，先从接收的线路信号中分离出光监控信号和主信道光信号，光监控信号送入光监控单元处理，主信道光信号经光放大后，被光分波单元分成多个波长的光信号，再经波长转换单元转换/分解后送入相应的客户端设备。OTM 设备的功能模块如图 10-23 所示。

（2）OLA 设备

OLA 设备用于光放大站，分别对两个方向上传输的光信号进行放大。OLA 设备的功能模块如图 10-24 所示。

首先从接收的线路信号中分离出光监控信号和主信道光信号，光监控信号送入光监控单元处理，主信道光信号通过光放大单元进行放大，然后与处理后的光监控信号合波，送入光纤线路传输。

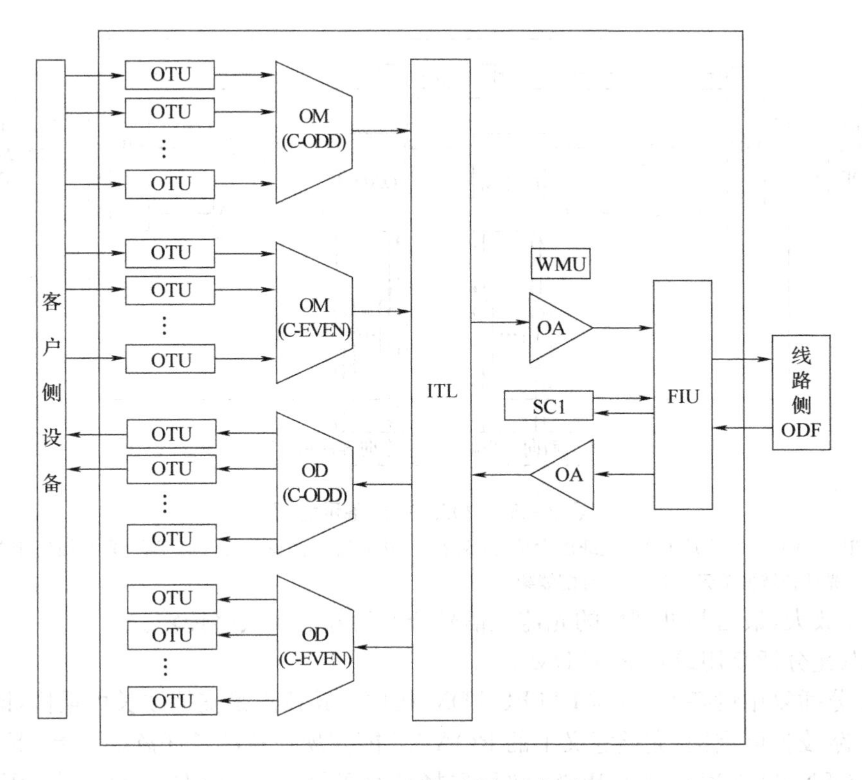

图 10-23　OTM 设备示意图

OTU—光波长转换单元；OA—光放大单元；OM—光合波单元；OD—光分波单元；SC1—单路光监控信道单元；FIU—线路接口单元；ODF—光纤配线架；ITL—梳状滤波器；WMU—波长检测单元；C-ODD—C 波段奇数通道；C-EVEN—C 波段偶数通道

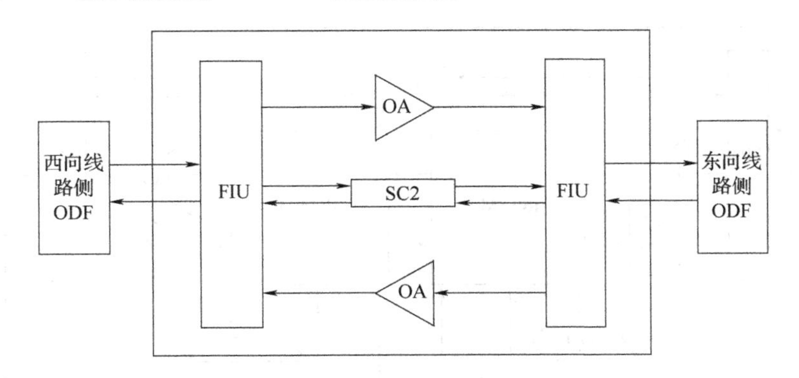

图 10-24　OLA 设备示意图

FIU—光纤线路接口单元；SC2—双路光监控信道单元；OA—光纤放大器单元；ODF—光纤配线架

(3)静态光分插复用设备 FOADM

FOADM 设备完成从合波信号中分插复用固定的波长。光合波单元和光分波单元构成的 FOADM 设备一般应用在中心站点，由两个 OTM 背靠背组成，其优点是扩容时不中断业务。图 10-25 为光分插复用单元构成的 FOADM 设备功能模块示意图。

首先从接收的线路信号中分离出光监控信号和主信道光信号，光监控信号送入光监控单元处理，主信道光信号经光放大后送入光分插复用单元，部分波长被分离出来后进入波长转换单元，进而送入本地的客户端设备；其余波长不在本地分插复用，穿通后与本地插入的波长复

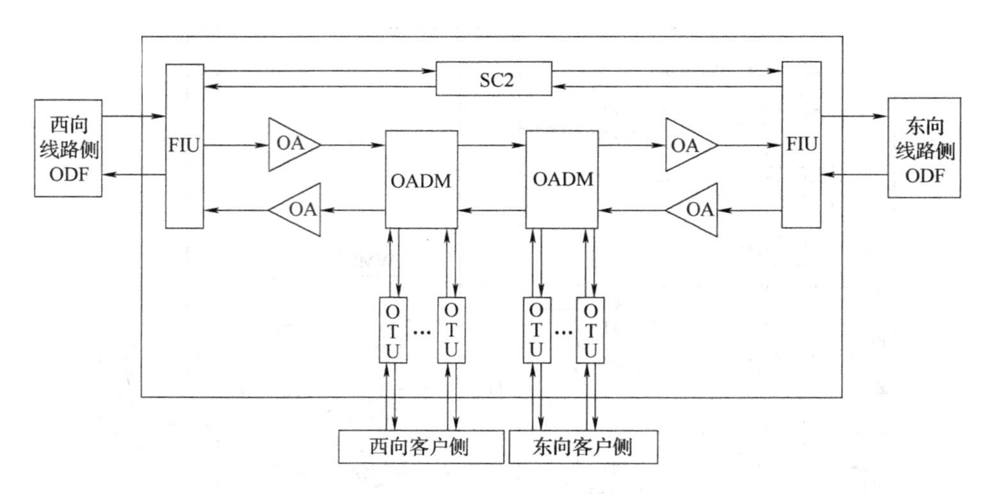

图 10-25 FOADM 设备示意图

FIU—线路接口单元；OA—光纤放大单元；SC2—双路光监控信道单元；OADM—光分插复用单元；OTU—光波长转换单元；ODF—光纤配线架

用，再进行光放大，最后与处理后的光监控信号合波后并送入线路传输。

(4)动态光分插复用设备 ROADM

动态光分插复用设备 ROADM 与 FOADM 相比。其特点是支持波长可重构，即穿通波长和本地上下路波长可重构，完整意义上的 ROADM 能实现任意波长任意端口上、下功能。

OptiX OSN 6800 通过基于 WSS(波长选择性交叉器)的多维 ROADM 功能可实现环内的全动态波长上下功能，并支持环间扩展，可实现最大 4 维度的光波长调度。

ROADM 设备的功能模块示意图如图 10-26 所示。

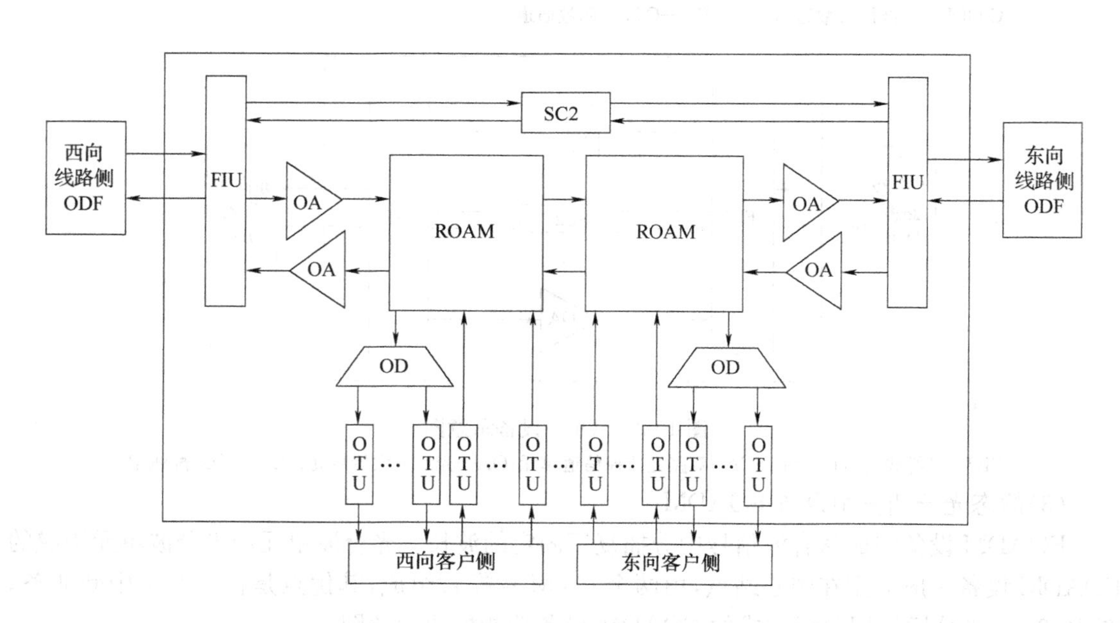

图 10-26 ROADM 设备示意图

FIU—线路接口单元；OA—光纤放大器单元；SC2—双路光监控信道单元；OD—光分波单元；OTU—光波长转换单元；ROAM—动态波长接入板；ODF—光纤配线架

首先从接收的线路信号中分离出光监控信号和主信道光信号，光监控信号送入光监控单元处理，主信道光信号经光放大后送入至ROAM单板，需要输出的波长通过分波单元或光分插复用单元解复用后送入波长转换单元，进而送入本地的客户端设备；不在本地分插复用的波长，穿通后与本地插入的波长复用，再进行光放大，最后与处理后的光监控信号合波并送入线路传输。

四、OTN的应用

目前基于OTN的智能光网络将为大颗粒宽带业务的传送提供非常理想的解决方案。相对SDH而言，OTN技术的最大优势就是提供大颗粒带宽的调度与传送，因此，在不同的网络层面是否采用OTN技术，取决于主要调度业务带宽颗粒的大小。按照网络现状，骨干传送网以及城域传送网的核心层调度的主要颗粒一般在2.5 Gbit/s及以上，因此，这些层面均可优先采用优势和扩展性更好的OTN技术来构建。对于城域传送网的汇聚与接入层面，当主要调度颗粒达到2.5 Gbit/s量级或者未来标准化的ODU-0颗粒量级时，亦可优先采用OTN技术构建。OTN在传送网中的应用如图10-27所示。

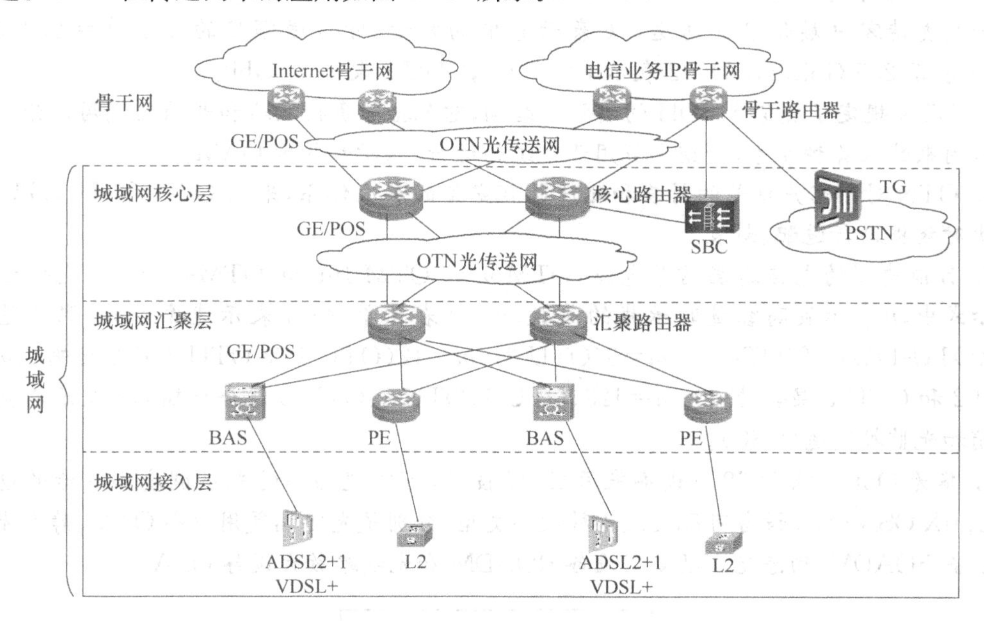

图10-27　OTN在传送网中的应用

以下是OTN设备在长途干线网络上的两个典型应用案例。

1. 哈尔滨铁路路局的干线网络

哈尔滨路局干线网络是铁路首条OTN干线。它是采用OTN技术而构建新一代40×10 G波分网络，其特点是：

(1)采用环形保护，实现路局内网络级保护，并为铁路线提供双系统保护；

(2)采用ODU-*k*电交叉实现业务灵活调度，满足IP业务及未来视频业务发展需要；

(3)统一网络管理，实现业务端到端的调度，减轻维护压力。

2. 中国移动京汉广国家干线

京汉广国家干线采用业界最成熟、功能最强大的OTN设备建设40波×40 G系统。它具有以下特点：

(1)该系统采用OTN电交叉，实现业务灵活上下；

(2)超大容量、超大带宽、超长距传送，满足移动业务传送需求OTN设备支线路分离结构；

(3)业务配置灵活度高,开通周期短,电中继模式,节省投资。

1. OTN光传送网是由一系列光网元经光纤链路互联而成,能提供光通道承载任何客户信号,并提供客户信号的传输、复用、路由、管理、监控和生存性功能的网络。

2. OTN吸收了SDH和WDM的优点,具备完善的保护和管理能力,将成为大颗粒宽带业务传送的主流技术。

3. ITU-T为OTN定义了一套完整的层网络结构,对于各层网络都有相应的管理监控机制。OTN网络从上到下分为:光通道层、光复用段层和光传送段层。

4. 光信道净荷单元(OPU-k)、光通道数据单元(ODU-k)和光通道传送单元(OTU-k)三个电域子层支持客户层信息的传送。k表示它们的容量,即传送颗粒的大小,$k=1,2,3$。如ODU-1表示2.5 Gbit/s,ODU-2表示10 Gbit/s,ODU-3表示40 Gbit/s。

5. OTN规定了类似于SDH的块状帧结构,它包括净负荷区域和开销区域两部分。净负荷区域用来装入各种业务,开销字节用于系统的运行、维护和管理OAM。

6. OTN对于客户信号的封装和处理也有完整的层次体系,采用OPU、ODU、OTU等信号模块对数据进行适配、封装。

7. 目前典型的光传送层信号包括:OTM-$n.m$、OTM-16r.m、OTM-0.m。在光传送信号的表示式中,n表示最高容量时承载的波数,$n=0$表示单波;m表示速率等级,取值范围为$m=1$(OTU-1)、$m=2$(OTU-2)、$m=3$(OTU-3)、$m=12$(OTU-1和OTU-2混合传输)、$m=23$(OTU-2和OTU-3混合传输)、$m=123$(OTU-1、OTU-2、OTU-3混合传输);r表示不支持光层开销和光监控通道(OSC)。

8. 华为OptiX OSN 6800设备采用OTN技术,可实现动态的光层调度和灵活的电层调度。OptiX OSN 6800设备可配置成4种设备类型,分别是光终端复用设备OTM、静态光分插复用设备FOADM、动态光分插复用设备ROADM和光线路放大设备OLA。

1. 什么是OTN?它有何特点?

2. OTN与SDH、WDM有何不同?

3. OTN网络是如何分层的?

4. OPU-k、ODU-k、OTU-k的中文名称是什么?k的含义是什么?

5. 试说明ODU-1、ODU-2、ODU-3的信息容量。

6. 简述如图10-28所示OTN的复用体系。

7. OTM-40.123表示什么含义?

8. 简述OTN电交叉设备、OTN光交叉设备和OTN光电交叉设备的区别。

9. 华为OTN设备OptiX OSN 6800常用的网元类型有哪些?

10. OptiX OSN 6800设备的支路单元和线路单元分别有哪些单板?

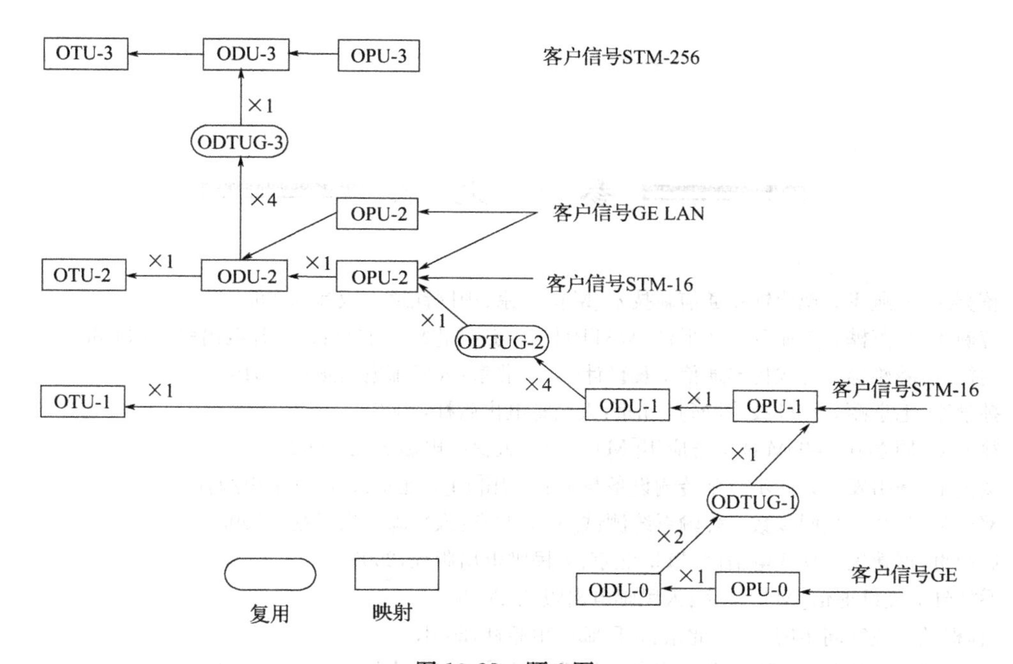

图 10-28　题 6 图

11. 静态光分插复用设备 FOADM 与动态光分插复用设备 ROADM 的主要区别是什么？

12. 目前的 OTN 设备主要应用在哪些场合？

参 考 文 献

[1] 蒋笑冰,户燕飞. 现代铁路通信新技术[M]. 北京:中国铁道出版社,2006.
[2] 曹蓟光,吴英桦. 多业务传送平台(MSTP)技术与应用[M]. 北京:人民邮电出版社,2003.
[3] 谢桂月,陈雄等. 有线传输通信工程设计[M]. 北京:人民邮电出版社,2010.
[4] 孙学康,毛京丽. SDH 技术[M]. 北京:人民邮电出版社,2002.
[5] 徐宁榕,周春燕. WDM 技术与应用[M]. 北京:人民邮电出版社,2002.
[6] 杨世平,张引发. 光同步数字传输设备与工程应用[M]. 北京:人民邮电出版社,2002.
[7] 邓忠礼,赵晖. 光同步数字传输系统测试[M]. 北京:人民邮电出版社,1999.
[8] 唐纯贞,严建民. 现代电信网[M]. 北京:人民邮电出版社,2009.
[9] 乔桂红. 光纤通信[M]. 北京:人民邮电出版社,2005.
[10] 程根兰. 数字同步网[M]. 北京:人民邮电出版社,2001.
[11] 中国邮电电信总局. SDH 传输设备维护手册[M]. 北京:人民邮电出版社,1997.
[12] 吴凤修. SDH 技术与设备[M]. 北京:人民邮电出版社,2006.
[13] 胡先志. 光网络与波分复用[M]. 北京:人民邮电出版社,2003.
[14] 高炜烈. 光纤通信[M]. 北京:人民邮电出版社,1999.